U0223832

中空纤维膜
制备方法与应用

Preparation and Applications of
Hollow Fiber Membranes

肖长发　安树林　刘　振　等著

化学工业出版社

·北京·

内 容 简 介

中空纤维膜作为重要的分离膜材料，相关技术发展迅速，已成为水处理领域深受关注的核心技术。本书充分反映了中空纤维膜分离技术领域的前沿和焦点问题，主要介绍了中空纤维膜的基本理论、制备方法及其应用，包括溶液相转化法、熔融纺丝-拉伸法、热致相分离法、熔融纺丝-拉伸界面致孔法、聚四氟乙烯中空纤维膜、中空纤维复合膜、纤维增强型中空纤维膜、中空纤维反渗透膜、无机中空纤维膜等，还重点阐述了中空纤维膜结构与性能关系等内容。

本书以作者多年工作积累与实践经验为基础，具有较强的理论性、科学性、系统性，兼具实用价值和独创性。本书对纤维材料、材料科学与工程，以及化工、环境、水处理等领域的科研和工程技术人员有较强的借鉴与参考作用，同时也可作为高等院校相关专业的教学参考书。

图书在版编目（CIP）数据

中空纤维膜制备方法与应用/肖长发等著 .—北京：
化学工业出版社，2021.7
ISBN 978-7-122-39098-1

Ⅰ.①中… Ⅱ.①肖… Ⅲ.①化学纤维-薄膜-制备-研究 Ⅳ.①TQ34

中国版本图书馆 CIP 数据核字（2021）第 087487 号

责任编辑：朱　彤　　　　　　　　　　　　文字编辑：王文莉　陈小滔
责任校对：宋　夏　　　　　　　　　　　　装帧设计：刘丽华

出版发行：化学工业出版社（北京市东城区青年湖南街 13 号　邮政编码 100011）
印　　装：北京盛通数码印刷有限公司
787mm×1092mm　1/16　印张 22　字数 550 千字　2024 年 1 月北京第 1 版第 1 次印刷

购书咨询：010-64518888　　　　　　　　售后服务：010-64518899
网　　址：http://www.cip.com.cn
凡购买本书，如有缺损质量问题，本社销售中心负责调换。

定　　价：158.00 元　　　　　　　　　　　　　　　　版权所有　违者必究

中空纤维膜是指毛细管状、具有分离特性的功能纤维材料。与板式膜、管式膜等相比，中空纤维膜具有比表面积大、自支撑性好、膜组件装填密度高、占地面积小、分离过程能耗低以及不产生二次污染等特点，是一类重要的分离膜材料。为实现污水资源化和水环境治理，当前中空纤维膜分离技术发展迅速，已成为水处理领域深受关注的核心技术，同时在化工、医药、生物、食品、电子、能源等领域的应用范围也不断扩大，成为促进传统产业升级和新兴产业发展的重要技术手段，也为节能减排、清洁生产、提升系统效率等提供了有力的技术支撑。近年来，我国中空纤维膜市场规模稳步增长，其中水处理领域的中空纤维膜产值约占 89.3%，中空纤维膜产能超过 1 亿平方米/年，从事中空纤维膜研发、设计、生产的企业近 200 家。虽然我国已经成为中空纤维膜生产和应用大国，但制造技术、产品种类和质量水平等与发达国家相比仍有较大差距。本书的编写，旨在促进我国中空纤维膜分离技术和膜产业的进步与发展。

本书系统介绍了中空纤维膜制备方法方面的研究成果、基础理论及其应用。全书共分 10 章。第 1 章绪论介绍了分离膜的相关定义和基本原理，阐述了中空纤维膜国内外发展状况、制膜原料与制膜的基本方法，以及中空纤维膜结构与性能的表征等。第 2 章介绍了溶液相转化法制备中空纤维膜基本原理，阐述了聚偏氟乙烯、聚砜、聚醚砜、聚丙烯腈、聚氯乙烯等聚合物中空纤维膜的制备方法以及膜结构与性能。第 3 章介绍了熔融纺丝-拉伸制膜的基本原理，阐述了聚丙烯、聚乙烯中空纤维膜制膜工艺以及膜结构与性能。第 4 章介绍了热致相分离法制膜基本原理，阐述了聚偏氟乙烯、聚丙烯、超高分子量聚乙烯、含氟共聚物等中空纤维膜制备方法以及膜结构与性能。第 5 章介绍了熔融纺丝-拉伸界面致孔法的基本原理以及在制备聚偏氟乙烯中空纤维膜、聚全氟乙丙烯中空纤维膜方面的应用。第 6 章介绍了凝胶纺丝-烧结法、糊料挤出-拉伸法和包缠法制备聚四氟乙烯中空纤维膜的基本原理及其应用。第 7 章介绍了以中空纤维多孔基膜为增强体的中空纤维复合膜制备方法以及膜结构与性能。第 8 章介绍了以纤维或纤维集合体为增强体的纤维增强型中空纤维膜制备原理、工艺特点和几种纤维增强型中空纤维膜的结构与性能。第 9 章介绍了中空纤维反渗透膜制备的基本原理及其应用。第 10 章介绍了无机中空纤维膜制备的基本原理和常用方法以及应用示例等。

全书由肖长发、安树林、刘振等著。具体编写分工如下：第 1 章由肖长发执笔；第 2 章由安树林、李先锋执笔；第 3 章由刘振、张宇峰执笔；第 4 章由李先锋、李娜娜、刘海亮、刘振执笔；第 5 章、第 6 章由黄庆林执笔；第 7 章由刘海亮、石强、肖长发执笔；第 8 章由王纯、肖长发执笔；第 9 章由陈凯凯、孟建强执笔；第 10 章由谭小耀执笔。全书由肖长发主编和统稿，安树林、刘振负责校对工作。本书的编写，得到了省部共建分离膜与膜过程国家重点实验室的支持，权全博士、黄岩博士和张泰、冀大伟、闫静静、程金雪博士研究生等对本书的完成也都作出贡献。

本书许多内容凝结着"纤维新材料"团队暨教育部"全国高校黄大年式教师团队"多年来的研究工作积累和国家自然科学基金、国家重大基础研究计划（973）、国家高技术研究计划（863）等项目（课题）成果，力求兼顾专业性、科学性、实用性和通俗易懂，期望在传播中空纤维膜科技知识的同时，为推进我国中空纤维膜产业的创新发展作出积极贡献。在此，谨向给予本书相关研究工作支持的国家自然科学基金委、科技部、教育部等部门以及参与相关研究和本书编写工作的教师、工程技术人员、学生一并表示衷心的感谢！

迄今，国内未见有关中空纤维膜方面的专门书籍问世。本书抛砖引玉，希望为我国中空纤维膜分离技术的科学普及与推广应用发挥积极作用。限于作者的水平和能力，书中难免存在疏漏之处，敬请读者批评指正。

肖长发
2023 年 2 月

目录

第1章

绪论

1.1 引言

1.1.1 分离与分离膜

1.1.1.1 分离

自然界中的物质可分为单质（由同种元素组成）、化合物（由两种或两种以上元素组成）和混合物。单质和化合物均属纯净物（由同一种物质组成的物质），物理和化学性质完全相同，所以纯净物是不能分离的。混合物是由两种或两种以上物质混合组成的，混合物中各种物质仍保持其原有的属性，可通过适当的物理方法对混合物中所含的物质进行分离。在化学工业中，分离（separation）实际上是借助混合物中各种物质在物理或化学性质上的差异，通过适当的方法或装置，将待分离的物质与混合物分开的过程。混合物中各种物质的性质越相近，分离就越困难，反之亦然。例如，水与乙醇分子中都含有较强极性的羟基（—OH），二者的混合物较难分离，而通常液态油性有机化合物分子上只含非极性的 C、H 等元素，所以油与水的混合物较易分开。在分离过程中常涉及富集（enrichment）、浓缩（concentration）和纯化（purification）等概念。富集是指使混合物中特定物质浓度增加的过程；将溶液中部分溶剂蒸发掉，使溶液中存在的所有溶质（溶解在溶剂中的物质）浓度提高的过程称为浓缩；通过分离操作进一步除去杂质使目标产物纯度提高的过程称为纯化。实现分离的方法多种多样，可将待分离的物系分为均相混合物和非均相混合物两类。对于非均相混合物，机械分离是常用的分离方法，过滤、沉降、离心分离等也是基本的分离方法。对于均相混合物，则需引入或产生另一相，使之成为非均相混合物后才能实现分离。均相混合物的分离多属于传质分离过程，常常伴有动量和热量传递。

通常，传质分离过程的分离基础是被分离组分在两个不同相中的分配，也被称为平衡分离过程，如蒸馏、萃取、吸收等分离过程。蒸馏是利用混合液体或液-固体系中各组分沸点的差异，使低沸点组分优先蒸发，再冷凝以分离整个组分的过程，如通过蒸馏将海水中的盐除去，得到可饮用的淡水（图1-1）。萃取是利用化合物在两种互不相溶（或微溶）的溶剂中溶解度的不同，使其从一种溶剂内转移到另一种溶剂中的过程，如以丙烷为溶剂，采用萃取操作可从植物油中提取维生素；吸附是指固体或液体表面对气体或溶质的吸着现象，如利用活性炭的吸附作用可去除水中某些有害的有机物质。另一类分离过程是依靠不同组分在某种驱动力（如压差、电动势差、浓度差）的驱动下通过某种介质（如半透膜）的速率不同而实现分离，被称为速率分离过程或场分离过程，如沉降、离心分离、电泳、过滤、膜分离、电磁分离等。随着科技不断发展，新的分离方法亦不断出现，如离子交换等，是借助化学反应来实现分离过程的，可称之为反应分离过程[1]。

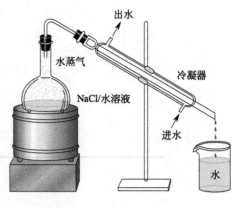

图 1-1 盐水蒸馏除盐实验

1.1.1.2 分离膜

分离膜（本书中简称"膜"）是指具有选择性分离功能的薄层物质，可使流体内的一种或几种物质透过，而其他物质不能透过，从而起到分离、纯化和浓缩等的作用（图 1-2）。因此，分离膜有两个突出特征：首先，膜是两相之间的界面，分别与两侧的流体相接触；其次，膜具有选择透过性，这也是膜与膜分离过程的固有特性。分离膜可以是固态、液态，也可以是气态，水处理领域应用的绝大多数都为固态膜。

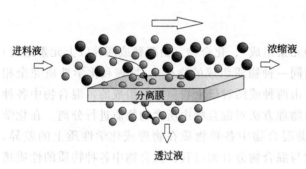

图 1-2 膜分离示意

1.1.2 膜的结构与性能

1.1.2.1 对称膜

根据膜的结构特点，可将分离膜分为对称膜和非对称膜。图 1-3 为几种主要类型膜的结构[2]。如图 1-3（a）、（b）所示，对称膜包括微孔膜和致密膜两类，膜的化学和物理结构在各个方向上是一致的。对于对称微孔膜，膜两侧或内外

表面的结构较疏松，形态均一。虽然对称微孔膜是各向同性的，但由于膜的结构中对称元素的存在，也可以是各向异性的，如中空纤维膜的径向各向异性膜、双皮层中空纤维膜及其他横向各向异性膜等也都属于对称膜。图 1-3(c) 所示荷电膜又称带电膜或离子交换膜，可以是致密或微孔的，通常为非常精细的微孔，膜壁携带固定的正电荷或负电荷离子。带正电荷离子的膜称为阴离子交换膜，可从周围流体中吸引阴离子；带负电荷离子的膜称为阳离子交换膜，可从周围流体中吸引阳离子。

在显微镜下可观察到对称微孔膜的孔隙。依据孔隙孔径的大小，微孔膜可分为普通过滤、微滤（MF）、超滤（UF）、纳滤（NF）和反渗透（RO）膜（如图 1-4 所示，反渗透膜的孔径甚小，通常可视为无孔膜），在水处理等领域得到广泛应用。

致密膜又称非微孔膜（孔径小于 1.5nm），结构致密，材质常为玻璃、橡胶、金属或有机聚合物等，多用于气体分离或渗透气化等膜分离过程。

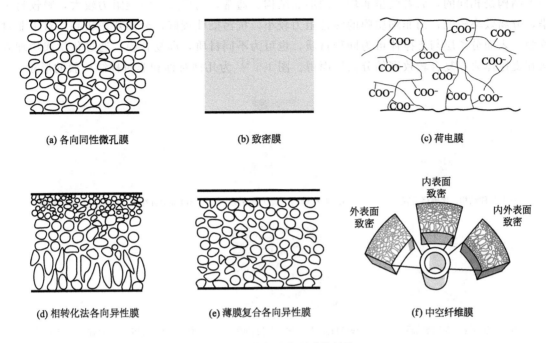

(a) 各向同性微孔膜   (b) 致密膜   (c) 荷电膜

(d) 相转化法各向异性膜   (e) 薄膜复合各向异性膜   (f) 中空纤维膜

图 1-3 几种主要类型膜的结构

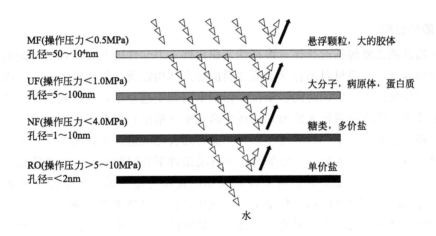

图 1-4 压力驱动膜分离示意[3]

1.1.2.2 非对称膜

　　如图 1-3(d)、(e) 所示,非对称膜属各向异性膜,由较致密且很薄的皮层(分离层)和多孔支撑层(支撑体)构成,减小皮层厚度可提高渗透速率。对于中空纤维膜,当待处理原料混合物流体(液体或气体)从中空纤维膜外表面向内表面渗透并由中空通道沿纤维轴向输出的称为外压式膜,膜的外表面为致密层;反之,原料混合物流体由中空通道通过内表面向外表面渗透的称为内压式膜,内表面为致密层;而内、外表面均为致密层,属于双皮层中空纤维膜,既可外压操作,也能内压使用 [图 1-3(f)]。

　　根据膜结构均匀与否,微孔膜和致密膜各自又可分为均质膜和非均质膜,前者膜的横截面上结构是相同的,后者则呈非均一的形貌结构。通常,均质膜的渗透阻力较大,膜较易污染,分离效率较低;而非均质膜的渗透阻力较小,抗污染性较好,分离效率较高。对于非对称膜,表面分离层与支撑体可为同种材质,也可为不同材质,即复合膜,通过化学或物理方法在支撑体表面复合较致密的分离层而得。图1-5[4]为几种对称和非对称结构膜的形貌。

(a) 非对称结构,聚砜浇铸膜

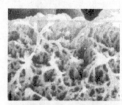
(b) 对称结构,聚砜浇铸膜

(c) 非对称结构,α-Al_2O_3/ZrO烧结膜

(d) 对称结构,玻璃烧结膜

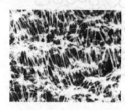
(e) 对称结构,聚丙烯拉伸膜

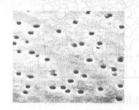
(f) 非对称结构,聚碳酸酯径迹蚀刻膜

图 1-5　几种对称和非对称结构膜的形貌

1.1.2.3　膜的性能

分离膜的性能主要包括选择性、渗透性、稳定性、力学性能及经济性等。膜的选择性决定了膜的分离效率,与膜材料的化学性质和膜的形态结构以及操作条件等有关,而渗透性通常指在一定操作条件下,单位时间、单位膜面积上的物质透过量,表征膜的通透性强弱。在同样操作条件下,渗透通量较大的膜,往往分离效率(精度)较低;而分离效率(精度)较高的膜,其渗透通量则较小,所以应用过程中需在二者之间遴选最佳的平衡方案。

在膜分离过程中,膜需要在一定的操作和环境条件下长时间运行,其性能稳定与否,直接影响到分离体系运行的稳定性、可靠性以及膜的使用寿命。膜的稳定性包括化学稳定性(抗氧化性、耐酸碱和有机试剂)、热稳定性、抗污染性、耐微生物侵蚀性等,主要取决于膜材料的化学组成及其结构性质。膜的稳定性是评价膜的实用性重要指标之一。膜的力学性能是关系到膜是否具有实用价值的重要指标,包括拉伸强度、压缩强度、爆破强度、伸长率、复合膜的剥离强度等。

1.1.3　膜的分类

分离膜材料又称膜分离材料(简称膜材料),是膜分离技术的核心,其种类和功能繁多,包括天然膜和利用合成材料加工而成的合成膜;还有多种分类方式,如按制膜原料、按膜的几何形态、按膜的作用机理以及按膜的用途进行分类等。

1.1.3.1　按制膜原料分类

按制膜原料分类,膜可分为天然膜和合成膜。天然膜是指自然界中存在的生物膜或由天然物质改性或再生的膜（如再生纤维素膜）。生物膜又分为有生命膜（如动物膀胱、肠衣）和无生命膜（由磷脂形成的脂质体和小泡，可用于药物分离）。合成膜主要包括有机聚合物膜（简称有机膜）和无机膜（金属膜、陶瓷膜、玻璃膜等）。有机膜易于制备，成本较低，但在有机试剂中易溶胀甚至溶解，耐热性和力学性能较差；而无机膜耐热性和化学稳定性好，但制作成本较高。一般将无机材料与有机聚合物通过微观混合或化学作用形成的膜称为无机/有机杂化膜，而将无机与有机组分明显分层的膜称为无机/有机复合膜。

1.1.3.2　按膜的几何形态分类

按膜的几何形态分类，膜可分为板式膜、卷式膜、管式膜和中空纤维膜等，如图 1-6 所示。其几何形态不同，分离性能等也各有特点。例如，板式膜［图 1-6(a)］的结构简单，不易断裂，对原料混合物流体的前处理要求较低，但比表面积小，设备效率低；卷式膜［图 1-6(b)］组件包括平板膜片、进料格网、透析液格网、胶黏剂和透析液收集管等，组件装填密度大，操作简便；管式膜［图 1-6(c)］料液流道宽，预处理简单，通量大，易清洗，使用寿命长，但膜组件装填密度较低，适用于高含固量、高黏度、悬浮物料液浓缩等，广泛用于果汁澄清、染料等处理；中空纤维膜［图 1-6(d)］结构较复杂，膜丝易折断，对原料混合物流体的前处理要求较高，但比表面积大，自支撑性好，设备效率高。在水处理领域，超滤及微滤膜分离过程中以中空纤维膜为主，而反渗透及纳滤膜过程中多使用卷式膜。

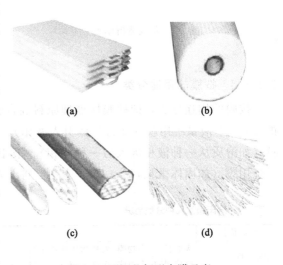

(a)　(b)

(c)　(d)

图 1-6　不同几何形态膜示意

1.1.3.3　按膜的作用机理分类

按膜的作用机理分类，膜可分为吸附膜（如多孔碳膜、多孔硅胶膜、反应膜）、扩散膜（如聚合物膜中溶解性溶解流动、金属膜中原子状态扩散）、离子交换膜、选择性渗透膜（如渗析膜、电渗析膜、反渗透膜）、非选择性渗透膜（如过滤型微孔玻璃膜）。

利用半透膜的选择透过性分离不同溶质粒子（如离子）的方法称为渗析（也称透析），渗析过程中渗析膜内无流体流动，溶质在浓度差驱动下以扩散的形式移动，膜的透过量很小，通常不适于大规模分离过程，在临床上常用于肾衰竭患者的血液透析（图 1-7）。在电场作用下进行渗析时，溶液中带电的溶质粒子通过膜而迁移的现象称为电渗析（图 1-8）。电渗析过程中使用的正、负离子交换膜具有选择透过性，在直流电作用下，含盐溶液中的正、负离子分别透过膜向阴、阳极迁移，两膜之间的中间室内盐的浓度降低，阴、阳极室内正、负离子得以浓缩。电渗析法可分离不同类型的离子，如海水和苦咸水的淡化、溶液的脱盐浓缩、电解制备无机化合物以及放射性元素的回收提纯、锅炉用水的软化脱盐等，在化工、轻工、冶金、造纸、海水淡化、环境保护以及氨基酸、蛋白质、血清等生物制品提纯等领域有很多应用。

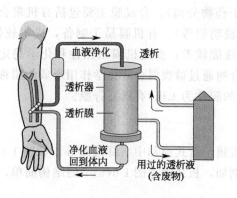

血液净化
透析
透析器
透析膜
净化血液
回到体内
用过的透析液
(含废物)

图1-7 血液透析示意

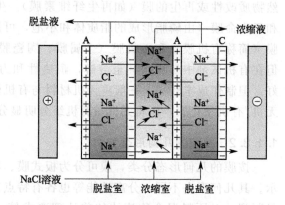

脱盐液
浓缩液
Na⁺ Cl⁻ Na⁺ Cl⁻ Na⁺
NaCl溶液
脱盐室 浓缩室 脱盐室

图1-8 电渗析示意
A—银离子交换膜；C—阳离子交换膜

1.1.3.4 按膜的用途分类

按膜的用途分类，即按膜所处理原料混合物流体的相态，可分为气相系统用膜（如气体扩散）、气-液系统用膜（如将气体引入液相）、气-固系统用膜（如纯化气体）、液-液系统用膜（如溶质从一种液相进入另一种液相）、液-固系统用膜（如使油水两相分层析出）、固-固系统用膜（如固体微粒筛分）等。表1-1列出分离膜的几种分类情况。

⊡ **表1-1 分离膜的几种分类情况**

分类依据	分类举例
制膜原料	天然膜(如生物膜、天然物质或再生膜)
	合成膜[如有机膜、无机膜、有机/无机复合(杂化)膜]
膜结构	对称膜(如致密膜、微孔膜、离子交换膜)
	非对称膜(如非对称膜、复合膜)
膜凝聚状态	固膜
	液膜(如支撑液膜、乳液液膜、液滴液膜)
	气膜
膜作用机理	吸附膜(如多孔石英玻璃膜、多孔碳膜、多孔硅胶膜、反应膜)
	扩散膜(如溶解-扩散型有机膜、原子状态扩散型金属膜、分子状态扩散型玻璃膜)
	离子交换膜(如阳离子交换膜、阴离子交换膜、两性交换膜)
	选择性渗透膜(如渗析膜、电渗析膜、反渗透膜)
	非选择性渗透膜(加热处理的微孔玻璃、过滤型微孔玻璃)
膜电荷状况	荷电膜(如离子交换膜、纳滤荷电膜)
	非荷电膜
膜几何形态	板式膜
	管式膜
	卷式膜
	中空纤维膜
膜用途	气相系统用膜
	气-液系统用膜
	气-固系统用膜
	液-液系统用膜
	液-固系统用膜

1.1.4 膜的发展概况

1.1.4.1 国际概况

膜在自然界中，特别是在生物体内广泛而恒久地存在着，它与生命起源和生命活动密切相关。膜分离过程在许多自然现象以及经济与社会发展进程中都扮演着重要的角色，但人类对膜及膜分离过程的认识、了解、利用和人工制造的历史过程是漫长而曲折的，如表1-2所示[3]。

☐ **表1-2 膜发展历史进程（至20世纪80年代）**

年份	贡献	科学家
1748	观察到"渗透"现象：水通过猪膀胱渗透	Abbé Nollet
1833	气体扩散定律	Thomas Graham
1855	扩散定律	Adolf Eugen Fick
1860~1880	半透膜，渗透压	M. Traube（1867），W. Pfeffer（1877），J. W. Gibbs（1878），J. H. van't Hoff(1887)
1907~1920	微孔膜	R. Zsigmondy
20世纪20年代	反渗透现象	Michaelis(1926)，Manegod(1929)，McBain(1931)
20世纪30年代	电渗析膜，现代膜电极	Teorell(1935)，Meyer J. F.
20世纪50年代	电渗析，微滤，血液透析，离子交换膜	多人
1963	无缺陷、高通量、各向异性反渗透膜	Loeb，Sourirajan
1968	渗透气化基础，卷式反渗透膜	P. Aptel，J. Neel J. Westmorland
1977	薄膜复合膜	J. Cadotte
1970~1980	反渗透、超滤、微滤、电渗析	多人
20世纪80年代	工业膜气体分离过程	J. M. S. Henis，M. K. Tripodi(1980)
1989	浸没式膜(生物反应器)	K. Yamamoto

1748年，法国物理学家Abbé Nollet（又名Jean-Antoine Nollet），为改进酒的制作工艺，实验时将酒精（乙醇）溶液装入玻璃圆筒中并用猪膀胱封口，然后将玻璃圆筒浸入水中，发现膀胱膜向外膨胀直至最后撑破，表明水透过了膀胱膜而进入玻璃圆筒。这是人类最早观察到的渗透现象，但Abbé Nollet并未提出"渗透"这个概念。1823年Doebereiner观察到氢气从破裂的罐子中逸出，1833年Thomas Graham研究了气体的扩散行为，并于1866年建立了Graham气体扩散定律。Thomas Graham首次利用天然橡胶薄膜定量测试了气体渗透率。1855年，德国著名生理学和物理医学家Adolf Eugen Fick研究了气体通过液膜的扩散现象，建立了Fick扩散定律，并于1865年研制出硝酸纤维素（又称纤维素硝酸酯）膜。1867年，M. Traube首次研制出半透膜，并由W. Pfeffer于1877年开始用于测量溶液渗透压，进而形成了经典的溶液理论——van't Hoff渗透压方程（1887年）。1901年van't Hoff因在渗透压和化学动力学等方面的杰出贡献而获得首届诺贝尔化学奖。1907~1920年，R. Zsigmondy开发出超细粒子过滤器或分子过滤器，即早期的微滤器和超滤器。其后，在20世纪20年代，Michaelis（1926年）、Manegod（1929年）以及McBain（1931年）分别用玻璃纸（赛璐玢）和硝酸纤维素膜观察到电解质和非电解质的反渗透现象。20世纪30年代，Teorell和Meyer等进行了膜电势研究，确立了电渗析膜和现代膜电极的基础。1945年，Willem Johan Kolff成功完成第一例患者的血液透析。20

世纪 50 年代后期，在欧洲，相继开发了电渗析、微滤和离子交换膜等，已获得实验室应用和检测饮用水的安全；1954 年，建成首个利用电渗析和离子交换膜从盐水源生产饮用水的工厂。

20 世纪 60 年代初，Loeb 和 Sourirajan 发明了相转化法制膜技术（phase inversion process）或称为聚合物沉淀法、溶液相转化法，俗称 Loeb-Sourirajan 法，首次研制出无缺陷、高通量、各向异性、不对称醋酸纤维素反渗透膜，开创了膜科学与技术发展的新纪元。其后又取得了一系列重要成果，如改进的醋酸纤维素膜、醋酸-丁酸纤维素膜、醋酸纤维素与三醋酸纤维素共混膜，以及改性脂肪族聚酰胺和芳香族聚酰胺膜等。借鉴 Loeb-Sourirajan 制膜技术，其他新的制膜方法也得到较快发展。自 20 世纪中期开始，反渗透、超滤、微滤、电渗析、气体分离以及液膜、渗透气化、纳滤等膜分离技术相继出现和发展，分离膜的形态也从简单的板式膜发展到管式膜、中空纤维膜、卷式膜等。

直至 20 世纪中期之前，还处于对膜现象的认识和基础的研究阶段，也可认为是膜分离技术的早期阶段。自 20 世纪 60 年代以来，膜分离技术的研究与开发应用越来越受到各国政府和产业界、科技界的高度重视，不论是政府的政策还是投资等都给予了很大扶持。早期出现的膜分离技术如微滤、超滤、纳滤、反渗透、电渗析、膜电解、渗析等逐渐从实验室研究实现了产业化应用，遍及海水淡化、环境保护、石油化工、节能技术、清洁生产以及生物、医药、轻工、食品、电子、纺织、冶金、能源及仿生等领域（表 1-3），产生了巨大的经济效益和社会效益。同时，一些涉及更为复杂分离机理的膜技术，如渗透气化、支撑液膜、膜萃取、膜蒸馏、膜催化、膜吸收、膜结晶、膜接触器及膜控制释放等相继出现，研究在不断深入，有的已进入应用开发阶段。

⊡ 表 1-3 膜分离技术应用

应用领域	应用实例
金属工艺	金属回收、污染控制、富氧燃烧
纺织工业	废水和废气处理、燃料及助剂回收
制浆造纸	代替蒸馏、废水处理、纤维及助剂回收
食品、饮料	净化、浓缩、消毒、代替蒸馏、副产品回收
化学工业	有机物分离、污染控制、试剂回收、气体分离
医药、保健	人造器官、血液分离、控制释放、消毒、药物分离、浓缩、纯化
环境工程	空气净化、废水处理与资源化
国防	战地水源净化、舰艇淡水供应、潜艇气体供应
水处理	饮用水净化、咸水淡化、超纯水制备、锅炉水净化

膜分离技术之所以能够在短短几十年内得到迅速发展，与其有很好的相关理论基础是分不开的。在膜分离现象和膜分离机理探索方面，一些传统的理论发挥了重要作用。例如，描述物质内部扩散现象的 Fick 扩散定律；渗透压与稀溶液浓度及温度关系的渗透压方程；膜电位即用膜相隔的两种溶液之间产生的电位差的概念；用于解释带电荷膜选择性透过原因的 Donnan 平衡理论；反渗透现象和离子膜内传质、分子扩散以及膜孔的形成机理解释或阐述、发展等都借鉴了传统的相关理论；在此基础上逐步形成了膜分离科学与技术领域，特别是在膜材料和膜结构、膜制备与膜形成机理、膜性能与结构关系、

膜过程和传递机理、膜过程和设备设计与优化、膜应用等研究方面取得了一系列重要进展和突破。此外，近代科学技术的发展也为膜分离技术的研究提供了良好的条件。例如，高分子科学的进步为分离膜提供了具有各种特性的合成高分子制膜材料；电子显微镜等近代测试技术为分离膜的结构分析和分离机理解析提供了有效手段；现代工业的发展迫切需要节能减排、低品位原料的再利用和消除环境污染等新技术，而膜分离技术正好属于能够满足这些需求的高新技术。

在能源紧张、资源短缺和生态环境日趋恶化的今天，产业界和科技界已将膜分离技术视为 21 世纪有发展前景的高新技术之一，受到世界各国的普遍重视。曾有专家指出：谁掌握了膜技术，谁就掌握了化学工业的明天。

1.1.4.2 国内概况

我国膜分离技术的研发始于 20 世纪 50 年代，通过引进了第一套电渗析装置，随即开展了离子交换膜研究。自 20 世纪 60 年代开始，相继进行了反渗透、电渗析、超滤、微滤、渗透气化、复合膜以及无机膜等研发。经过数十年的发展，我国已经跨入可以独立自主进行多种膜材料及膜组件研发、设计和生产的国家之列。

随着我国经济的快速发展，水资源短缺与水污染问题日益严峻，主要城市中超过三分之二的城市淡水资源不足，其中一百多个城市严重缺水，年缺水总量超过数百亿吨，水资源短缺已成为限制经济和社会可持续发展的重大问题。目前，我国每年污水排放量已超过 700 亿吨，造成水资源浪费和水污染问题，使水资源形势更趋严峻，海水淡化、污水再生利用和净化水也已成为我国膜分离技术应用的三大领域。

2015 年 10 月，工业和信息化部发布了《〈中国制造 2025〉重点领域技术路线图》，在高性能分离膜方面明确了海水淡化反渗透膜、陶瓷膜、离子交换膜、中空纤维膜、渗透气化膜 5 种产品技术路线图。目前我国中空纤维膜生产企业设计产能已超过 1 亿平方米/年，主要集中在超/微滤领域。国内高端中空纤维膜市场，主要外资厂商生产的产品有旭化成 Microza、西门子 Memcor、通用电气 Zenon 以及科氏、陶氏、海德能公司等的产品，国外知名企业以其品牌和稳定的技术，占据了大多数的市场份额。近年来，我国中空纤维膜行业市场规模稳步增长，行业市场规模已由 2015 年的 110 亿元增长至 2017 年的 187.6 亿元，年复合增长率约为 30.6%。从发展趋势上看，中空纤维膜行业仍具有较大的增长潜力，预计市场规模将按 17% 的年复合增长率增长[5]。

我国中空纤维膜专利申请量和公开量整体上呈现增加趋势，截至 2019 年 3 月，中空纤维膜技术相关专利数（包括发明、实用新型和外观）超过 13000 项，主要集中在膜的制备方法、所用材质、膜的清洗或消毒等方面。我国 PVDF 中空纤维膜与国外水平差距越来越小，但由于国外技术封锁和研究起步较晚等原因，PTFE 中空纤维膜与国外的差距仍较大。从中空纤维膜专利细分领域的关注重点来看，超滤、纳滤、微滤、反渗透、渗透气化膜均受到关注；而从材质关注重点来看，聚偏氟乙烯、聚四氟乙烯、聚砜、聚丙烯、聚醚砜仍为当前的研究重点。我国中空纤维超滤膜装置虽已得到广泛应用，但占据的市场份额小于微滤膜，不如反渗透膜。特别是中空纤维超滤膜，主要用于城市和工业污水处理领域，而国外超滤膜主要应用于饮用水净化。

总之，膜分离技术被认为是解决水危机的关键技术手段之一，其市场规模和应用前景广阔。加速和推进我国中空纤维膜技术的发展，已被作为实现国家节水减排、传统产业升级、环境保护与可持续发展的重大战略需求。

1.2　中空纤维与中空纤维膜

1.2.1　中空纤维

中空纤维（hollow fiber）是沿纤维轴向具有毛细管状空腔结构的异形化学纤维，是化学纤维的重要品种。在中空纤维毛细管状空腔内，容持的静止空气赋予纤维良好的保暖性，同时空腔结构增大了纤维单位体积的表面积，还增强了纤维的蓬松性、刚度和自支撑性。由图 1-9 可见，自然界中的木棉纤维、北极熊毛、兔毛等都具有一定的髓腔结构，赋予纤维良好的保暖、回弹等特性[6-8]。木棉纤维是纤维素纤维，多来源于攀枝花树等木本植物的果实，属单细胞果实纤维，是自然界中最细、最轻、中空度最高、最保暖的纤维材质，具有防霉、轻柔、保暖性好、吸湿性强等特点，可用作絮填料、浮力材料、吸油材料等。例如，北极地区气候严寒，北极熊是活动在北极附近的耐寒动物，除了具有厚达约 13cm 的脂肪外，更重要的是北极熊全身遍布了具有极强保暖隔热性能的中空多孔毛发，使空气滞存在毛发空腔内，形成保暖隔热层，从而保证北极熊的体温恒定。中空纤维的出现，实际上是仿生学在化学纤维领域应用的结果。

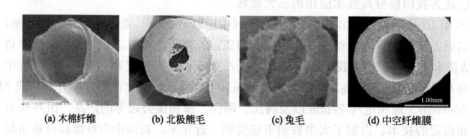

(a) 木棉纤维　　(b) 北极熊毛　　(c) 兔毛　　(d) 中空纤维膜

图1-9　木棉纤维、北极熊毛、兔毛、中空纤维膜横截面形貌

19 世纪 20 年代初，法国人 Rousset[9,10] 通过在黏胶纺丝溶液或纺丝细流中充气，添加易分解的碳酸盐，纺丝成形，最后制得含空腔结构的黏胶（再生纤维素）纤维，尽管所得纤维的中空结构不规整、纤径不均匀、强度较低等，但纤维特有的空腔和蓬松性受到关注。20 世纪 70 年代，英国 Courtaulds 公司利用黏胶短纤维纺丝设备，在黏胶纺丝溶液中添加 Na_2CO_3 或 $NaHCO_3$ 以及变性剂，通过纺丝成形过程中从纺丝细流内产生的 CO_2 气体，凝固成形后纤维膨胀形成空腔结构[11]：

$$Na_2CO_3 + H_2SO_4 \longrightarrow Na_2SO_4 + H_2O + CO_2 \uparrow$$

如图 1-10 所示，图 1-10(a) 为普通黏胶纤维横截面；图 1-10(b) 为中空纤维；图 1-10(c) 为扁平纤维；图 1-10(d) 为超充气纤维。纤维成形时，因中空壁太薄而发生塌陷，形成不规则"多叶状"横截面的异形纤维，赋予纤维优良的保水特性。

20 世纪 60 年代以来，杜邦公司发明了聚酰胺中空纤维，利用纤维内空隙纳污和光反射、折射原理藏污[12]；其后，日本东洋纺公司采用异形喷丝板开发出用于絮棉的聚酯（涤纶）中空短纤维，杜邦、伊士曼公司等相继制备出聚酯中空纤维、三维卷曲聚酯中空纤维以及聚丙烯腈中空纤维等。我国在中空纤维开发与应用方面起步相对较晚，1986年江苏纺织研究所自行开发成功中空纤维生产工艺，并与江阴化纤厂合作实现批量生产。随着市场对中空纤维需

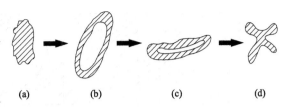

图1-10 充气量对黏胶纤维横截面影响

求量的不断增大，国内生产中空纤维的技术日趋成熟，完全依赖进口中空纤维产品的局面逐渐改变。目前国内很多化纤企业生产的中空纤维品种极其丰富，纤维原料包括聚酯、聚酰胺、聚丙烯、再生纤维素、聚丙烯腈、聚砜、碳纤维以及玻璃、陶瓷等多种。中空纤维的空腔数从单孔发展到多孔，横截面也从圆形发展到三角形、四边形、梅花形、多孔形等，空腔的中空度也从低于30%提高到40%~50%。中空纤维截面形貌如图1-11所示[13]。

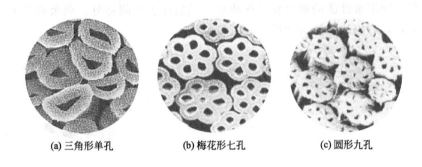

(a) 三角形单孔　　　　　(b) 梅花形七孔　　　　　(c) 圆形九孔

图1-11 中空纤维横截面形貌（部分）

在常规化学纤维熔体或溶液纺丝设备上，采用特殊的喷丝头组件，可将成纤聚合物纺制成中空纤维。例如，在熔体纺丝中采用图1-12所示的C形、3C形喷丝板可纺制聚酯、聚酰胺、聚烯烃等中空短纤维或连续纤维（长丝）。C形喷丝板改良后制成的多孔中空纤维喷丝板，可用于纺制四孔、七孔乃至十孔以上的中空纤维。图1-12(e)是四孔中空纤维喷丝板，熔体经异形喷丝板圆弧狭缝挤出，借助其黏弹性，圆弧形熔体细流发生孔口胀大（膨化）效应，在径向端部黏合形成中空腔，经拉伸细化和冷却固化后成为中空纤维。喷丝板圆弧狭缝间隙的大小直接影响中空纤维的中空腔形成：间隙过大，纤维中空不能闭合，只能得到开口纤维；而间隙过小，熔体挤出喷丝孔后很快膨化黏合，不能形成中空腔。采用图1-12(c)双环形和图1-12(d)插入管式喷丝板纺丝所得的中空纤维内外径均一性好，同心度高。但这类喷丝板是由多个组件组合而成的，多用于单孔纺丝，如制备中空纤维膜。除喷丝板结构外，纺丝温度、冷却条件等对熔体纺丝法中空纤维的中空度也有很大影响[14]。纺丝温度高，熔体黏度小，挤出喷丝孔后熔体细流孔口胀大效应弱化，形变阻力减小，表面张力降低，熔体细流表面萎缩而使中空度减小。冷却条件包括风速、风温、吹风距离等，冷却条件加剧，熔体细流固化速度加快，有利于中空纤维空腔的形成，纤维中空度较高。但若冷却条件过于强化，则会影响正常纺丝成形。

溶液纺丝法常用于纺制再生纤维素、聚丙烯腈、聚乙烯醇等中空纤维，可采用图1-12

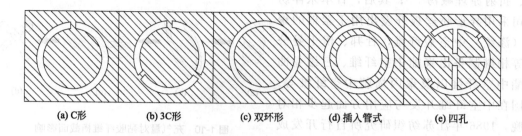

| (a) C形 | (b) 3C形 | (c) 双环形 | (d) 插入管式 | (e) 四孔 |

图1-12 中空纤维喷丝板

（d）所示插入管式喷丝板纺丝成形。通过改变喷丝板中喷丝孔的尺寸以及中间通入芯液或气体，以调控挤出速度等优化纤维的中空度。

图1-13为几种聚酯中空纤维横截面形貌[15]。其中，图1-13（a）为聚酯中空纤维；图1-13（b）为类似北极熊毛的聚酯中空纤维，纤度与棉相近。图1-13（c）中，每根中空纤维的中空部分约占30%，可将空气包覆在纤维中，隔绝外界空气。图1-13（d）中采用复合纺丝技术，采用具有不同溶解性能的聚合物纺丝成形，然后除去中间部分，剩余部分类似藕根型多通道中空纤维，具有隔热、防透功能。

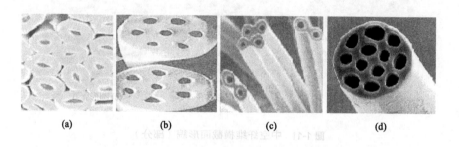

| (a) | (b) | (c) | (d) |

图1-13 几种聚酯中空纤维横截面形貌

中空纤维的特殊结构赋予了纤维低密度、蓬松、保温、透气、覆盖力和自支撑性强等特点，在保暖纺织品面料和絮料、填料、地毯、人造毛皮、非织造材料等方面得到广泛应用。中空纤维的毛细管空腔结构有利于对液体、气体的吸附与分离，所以中空纤维的特殊几何形状也成为膜分离材料重要的形态之一。

1.2.2 中空纤维膜

中空纤维膜（hollow fiber membrane）是沿纤维轴向、具有毛细管空腔结构和膜壁具有分离特性的功能纤维材料，可以是均匀的致密结构，也可以是非对称的多孔结构。其膜壁具有分离功能，而毛细管空腔（中空通道）则起到传输流体的作用。

与板式或卷式膜相比，中空纤维膜的主要特点包括：自支撑结构，制备柱式膜组件时无须支撑体，只需将一束中空纤维膜置入标准的塑料或金属壳体内用树脂浇入密封即可，制作过程较简单，成本较低，而板式膜组件则需将板式膜、间隔器、多孔支撑体等组合制作而成；膜组件单位体积内膜的装填密度高，可提供较大的比表面积，分离效率高，如一个直径90mm、体积0.04m³的中空纤维膜组件具有约575m²有效膜面积，而相应的卷式膜有效面积为 30m²，板式膜为 5m²。膜组件的重现性好，易于放大，通常实验室用膜组件与工业规模膜组件的流动形式、分离效果等差别较小。中空纤维膜也有不足之处，如外压使用时，中空纤维膜的径向耐压强度较差，需保持一定的膜壁厚度，导致中空纤维膜的内径较小，中空通道内流体流动阻力较大，限制了中空纤维膜的使用长度。图 1-14 为常见的中空纤维膜组件。

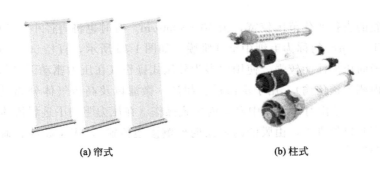

(a) 帘式　　　　　　　　　　　　(b) 柱式

图 1-14　常见的中空纤维膜组件

常见的中空纤维膜主要为中空纤维微滤膜和超滤膜，而纳滤、反渗透膜多为卷式膜，中空纤维纳滤膜、反渗透膜用量少。

中空纤维微滤膜属于微孔膜，膜孔径在 0.1～1μm 范围，主要用于截留流体中微米及亚微米级细小悬浮物、微生物、污染物等，在膜两侧静压力差（跨膜压差）作用下，小于膜孔的颗粒可透过膜；大于膜孔的颗粒则被截留在膜的表面。其分离过程依据筛分机理划分，属于机械过滤，操作压力较低，在饮用水处理、污水处理、生物、医药和食品等领域得到广泛应用。

中空纤维超滤膜也属于微孔膜，孔径在 0.01～0.1μm 范围，能使溶剂和低分子溶质透过而截留大分子溶质和病毒等。在压力驱动下，含有大、低分子溶质的流体流过膜表面时，溶剂和低分子物质（如无机盐类）透过膜，作为透过物被收集，而大分子溶质（如有机物胶体、悬浮物等）被截留作为浓缩物回收。其分离过程依据筛分机理划分，属于机械过滤，膜的选择透过性取决于膜孔径的大小和被分离物质的尺寸。中空纤维超滤膜技术是超滤技术中最成熟和先进的分离技术，广泛用于市政和工业污水深度处理与回用、饮用水净化、海水淡化系统预处理，以及生物、制药、食品等领域流体的分离、浓缩和纯化。

中空纤维纳滤膜又称疏松反渗透膜或低压反渗透膜，孔径一般在 2～10nm 范围，分离物质的尺寸介于超滤膜和反渗透膜之间，分离行为与膜的纳米级孔径、荷电化表面活性层相关的筛分效应、荷电效应以及溶质的荷电状态等有关，可截留水中 Ca^{2+}、Mg^{2+} 等，用于河水及地下水中有害物质去除、污水处理等领域。目前商品化的纳滤膜以卷式膜为主，因其结构限制，使用中存在如膜污染后不易清洗、对原料液预处理的要求较高、透过液流动路径较长而要求操作压力较高等不足。中空纤维纳滤膜兼具纳滤膜和中空纤维膜的特点，既保留了纳滤膜的较高选择性、较大通量、较低进水水质要求（与反渗透膜相比）等长处，还具有中空纤维膜的自支撑、装填密度高、比表面积大、耐压性好、维护成本较低等特点，有很好的市场应用前景，越来越受到重视。

中空纤维反渗透膜又称中空纤维超细滤膜，理论上膜孔径在 0.1～2nm 之间，实际上可视为无孔膜，所需的操作压力大，是压力驱动膜分离过程中分离精度最高的分离膜，可截留水中的 Na^+、K^+ 等，分离机制与膜材料本身以及被分离物质的吸附、溶解、扩散性能等有关。一般认为，其分离过程基于溶解-扩散原理，但也有其他论点。目前商品化的反渗透膜主要为芳香族聚酰胺卷式膜，占有 90％以上市场份额，而日本东洋纺公司生产的三醋酸纤维素中空纤维反渗透膜在中东地区有一定的市场优势，主要用于海水和苦咸水淡化、纯净水制备等。

中空纤维膜的直径变化范围较宽，为 $50\sim3000\mu m$。有时也将直径小于 $500\mu m$ 的称为中空纤维膜，大于 $500\mu m$ 的称为毛细中空纤维膜。如图 1-15 所示，直径 $50\sim200\mu m$ 的纤细中空纤维膜，耐径向压缩性能较强，使用中多为外压式操作（在压力驱动下进料流体由中空纤维膜外表面向内侧渗透传输），用于反渗透、超滤、微滤以及高压气体分离过程等；当膜的直径在 $200\sim500\mu m$ 范围时，使用中多为内压式操作（在压力驱动下进料流体由中空纤维膜的中空通道端部开口处进入，由膜的内表面向外侧渗透传输），用于超滤、血液透析、低压气体膜分离过程等[2]。

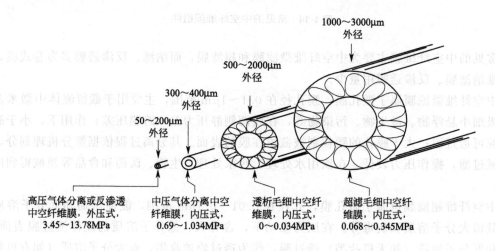

图 1-15　中空纤维膜主要类型

1.3　膜的分离机理

1.3.1　渗透的类型

1.3.1.1　半透膜

半透膜（semipermeable membrane）是分离膜的一种，通常指只允许离子或低分子自由通过的薄膜，如膀胱膜、肠衣、羊皮纸以及人工制的玻璃纸、胶棉薄膜等。物质能否通过半透膜，一是取决于膜两侧离子或分子的浓度差，即只能从高浓度侧向低浓度侧移动；二是取决于离子或分子直径的大小，只有粒径小于半透膜孔径的物质才能自由通过。物质自由通过半透膜的过程，遵循自由扩散原理（即分子或离子的自由热运动是由高浓度到低浓度，最后趋于浓度均一）。标准的半透膜应是无生物活性的，膜上无载体，膜两侧也无电性上的差异。

1.3.1.2 渗透与反渗透

利用半透膜将溶液与纯溶剂（或两种浓度不同的溶液）隔开时，溶剂（或较稀溶液中的溶剂）通过半透膜自动地向溶液（或较浓溶液）扩散的现象称为渗透（osmosis），又称正渗透（forward osmosis，FO）。渗透现象与生物的生长过程和生命活动都有着密切关系，如土壤中的水分带着溶解的盐类进入植物根部、食物中的养分经血液输入动物细胞组织等，都是通过渗透而实现的。由图 1-16 可见，若用一张能透过水的半透膜将水与盐水隔开，则水透过膜向盐水侧渗透，过程的驱动力是纯水与盐水的化学势差（又称化学位，指等温等压下 1mol 组分 i 加到一无限大量的物系中对物系总吉布斯函数的贡献，即物质传递的驱动力），表现为水的渗透压差 π。随着水的不断渗透，盐水侧水位升高。当提高到 h 时，盐水侧压力 P_2 与纯水侧压力 P_1 之差等于渗透压，渗透过程达到动态平衡；若在盐水侧加压，使盐水侧与纯水侧压差 $P_2 - P_1$ 大于渗透压，则盐水中的水将通过半透膜渗透至纯水侧，这一过程即为反渗透，又称逆渗透（reverse osmosis，RO）。利用反渗透原理可从海水中制取纯水。1886 年，著名的荷兰化学家 Jacobus Henricus van't Hoff（1901 年诺贝尔化学奖获得者）研究时发现，稀溶液的渗透压与溶液的浓度和温度成正比，据此建立了渗透压方程。

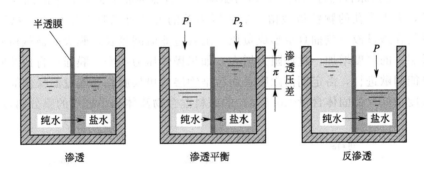

图 1-16 反渗透现象

与反渗透对应的是正渗透，它是依靠选择性透过膜两侧的渗透压差为驱动力自发实现流体（如水）传递的膜分离过程，也是膜分离技术领域研究的热点之一。以水为例，FO 过程是指从水化学位较高区域（低渗透压侧）自发地透过选择性半透膜传递到水化学位低区域（高渗透压侧）的过程。例如，在具有选择性透过膜的两侧分别放置两种具有不同渗透压的溶液：一种为较低渗透压的原料液；另一种为较高渗透压的驱动液。正渗透以膜两侧溶液的渗透压差为驱动力，使水能自发地从原料液一侧渗透通过选择性透过膜，传输到驱动液一侧。当对渗透压高的一侧溶液施加一个小于渗透压差（π）的外加压力（P）时，水仍然会从原料液一侧传输到驱动液一侧。这种过程称为压力阻尼渗透（pressure retarded osmosis，PRO），其驱动力仍为渗透压，因此它也是一种正渗透过程（图 1-17）。

相对于压力驱动的膜分离过程，如微滤、超滤和反渗透技术，正渗透从过程本质上讲有许多特点，如低压或无压操作，能耗较低；对许多污染物几乎完全截留，分离效果好；低膜污染特征；膜过程和设备简单等。其在许多领域，特别是海水淡化、水处理、食品、医药、

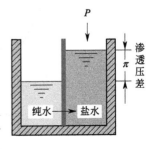

图 1-17 正渗透过程

电子等方面有很好的应用前景。作为一种新型膜分离技术，有关正渗透膜过程的研发受到国内外的关注，并且取得了阶段性成果，但目前得到工程化应用的正渗透膜过程还较少。

1.3.2　膜分离过程

膜分离过程是以外界能量或化学势差（如压力、温度、浓度、电压等）作为驱动力，利用分离膜的选择性透过功能实现对混合物中不同物质进行分离的过程，而膜分离技术则可以理解为膜分离过程中所用到的一切手段和方法总和。膜分离过程兼具分离、浓缩和纯化功能，可将混合物流体分离成透过物（渗透物）与截留物。将透过物与截留物均作为产物的膜分离过程称为分离，以截留物为产物的膜分离过程称为浓缩，以透过物为产物的膜分离过程称为纯化或提纯。

1.3.2.1　死端过滤和错流过滤

在中空纤维微滤和超滤膜运行过程中，按膜两侧进料液与透过液的流动方向，可分为死端过滤（或全量过滤）和错流过滤（或动态过滤）。如图 1-18（a）所示，死端过滤（dead-end filtration）是指原料混合物流体在压力驱动下垂直流向膜表面，其中溶剂和小于膜孔的溶质透过膜，大于膜孔的颗粒被截留，形成压力差的方式可以是在原料混合物流体一侧加压，也可以是在透过液一侧抽真空形成负压。随着过滤时间延长，膜表面被截留颗粒形成污染层（滤饼层）的厚度增加，过滤阻力增大。如果操作压力不变，膜通量将持续降低，所以死端过滤只能间歇进行，需定期清除膜表面污染物层或更换膜。死端过滤操作简单，适用于截留物质浓度很低（如固体含量<0.5%）的原料混合物流体和小规模的膜分离过程。

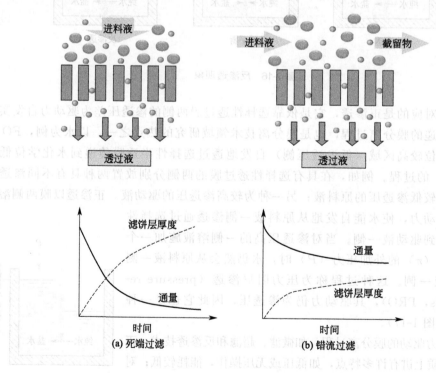

图 1-18　并流操作

图 1-18(b) 为错流过滤 (cross flow filtration) 示意。错流过滤是指原料混合物流体在压力驱动下平行于膜表面流动，产生的剪切力可将滞留在膜表面的部分被截留颗粒带走，从而使污染物层保持较薄的水平，可在较长运行时间内使膜通量保持稳定。错流过滤所需设备较复杂，但运行方式较灵活，既可间歇运行，也可连续操作；膜的使用寿命较长，对截留物质浓度较高 (如固体含量＞0.5%) 的原料混合物流体多采用错流过滤。

1.3.2.2 内压式膜过滤和外压式膜过滤

如图 1-19 所示，按原料混合物流体进料方式的不同，中空纤维膜又可分为内压式膜和外压式膜。内压式膜过滤是指原料混合物流体在压力驱动下由中空纤维膜的中空通道一端开口进入，沿径向由内表面通过膜壁向外表面渗透、传输透过液，而留存在中空纤维膜内侧的浓缩液 (截留物质) 则经中空通道的另一端流出。外压式膜过滤是指原料混合物流体在压力驱动下由中空纤维膜外表面沿径向通过膜壁向内表面渗透、传输透过液，而浓缩液 (截留物质) 则聚集在中空纤维膜外表面。内压式膜和外压式膜都可用于死端过滤和错流过滤操作过程，可在压力或部分真空系统下运行，可置于壳体内 (封闭式或柱式) 或反应槽中 (浸没式)。在污水处理领域，多采用外压式中空纤维膜，而特种分离如药物、饮品等常采用内压式中空纤维膜。

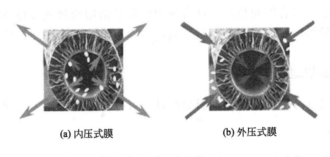

(a) 内压式膜   (b) 外压式膜

图 1-19 中空纤维膜过滤方式

1.3.3 膜内的基本传质形式

在驱动力作用下，借助分离膜的选择性透过功能，可使混合物流体中的某一种或多种组分透过膜，从而实现对混合物的分离以及进行产物的提取、纯化、浓缩、分级或富集等目的。通常，膜分离过程中物质在分离膜内的传递有三种基本传质形式，即被动传递、促进传递和主动传递。

1.3.3.1 被动传递

如图 1-20 所示，分离膜内的传质需有化学势 (化学反应或相变过程中物质的粒子数发生改变时所吸收或释放的能量) 梯度作为驱动力，可以是膜两侧的压力差、浓度差、温度差或电化学势差等。当驱动力保持不变时，达到稳定后膜的渗透通量为常数，并与驱动力之间呈正变关系，如反渗透、纳滤、超滤、微滤、气体分离等膜分离过程都属于被动传质。

1.3.3.2 促进传递

通过膜相的组分仍以化学势梯度作为驱动力，但各组分是由特定的载体带入膜中。由于

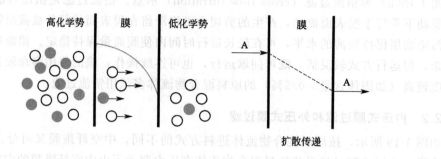

高化学势　膜　　低化学势　　膜　　　膜

扩散传递

图 1-20　被动传递

某种流动载体的存在，传递过程得到强化，促进了组分传递速度和分离程度，所以促进传递是一种高选择性的被动传递，如液膜中的传质方式主要为促进传递。

1.3.3.3　主动传递

与前述两种传递形式不同，主动传递过程中各组分可以逆化学势梯度而传递。其驱动力由膜内某种化学反应提供，主要发生在生命膜（细胞膜）中；也可以模仿主动传递将其用于实际分离过程，如逆向耦合液膜传递（耦合液膜传递是指用两种或多种载体同时传输不同的物质，可使交换通量倍增，如同时使两种不同的待提取溶质同向或反向传输）。

1.3.4　膜的传输机理

根据分离膜材料自身的结构特点，膜分离过程可分为不同的传输机理。

1.3.4.1　筛分机理

筛分是指利用带孔的单层或多层筛面将粒径不同的混合物料分成若干不同级别的操作过程，主要用于截留大于或相当于膜孔径的颗粒。采用溶液纺丝（或溶液相转化）法、熔融纺丝-拉伸法等制备的中空纤维超滤膜、微滤膜都含有大量可穿透膜壁的孔隙，从而构成微孔膜。在膜分离过程中，组分通过微孔膜的传递过程与膜的孔径及其分布、孔隙率、孔道形状及其曲折程度等有关，而膜的选择性主要取决于膜孔径与颗粒物或溶质大小之间的关系。筛分理论认为，分离膜表面具有无数的微小孔隙，通过这些实际存在的不同孔径的孔隙，像筛子一样可以截留直径大于孔径的颗粒物或溶质，实现分离混合物组分的目的。

如图 1-21 所示，根据分离过程中颗粒物等杂质被膜截留在膜的表面还是膜孔隙的深层，膜的过滤可分为筛分过滤和深度过滤。膜的表面截留可进一步分为机械截留、表面吸附和架桥作用。在压力驱动下，粒径小于膜孔径的颗粒物或溶质可透过膜孔，大于或相当于膜孔径的颗粒物或溶质被截留在膜的表面，这种基于筛分作用的截留即为机械截留。表面吸附、架桥等也能起到截留颗粒物或溶质的作用。

表面截留可用简单数学模型描述[2]。假设膜孔为毛细管状，其半径为 r，溶质分子半径为 a，则

$$\frac{A}{A_0}=\frac{(r-a)^2}{r^2} \tag{1-1}$$

式中，A 为可用于溶质分子传输的孔隙面积；A_0 为可用于溶剂分子传输的孔隙面积。

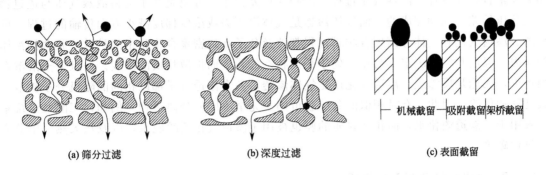

(a) 筛分过滤   (b) 深度过滤   (c) 表面截留

图 1-21 膜过滤和表面截留

考虑流体通过孔隙时的抛物线速度剖面，对上式修正后，得到

$$\left(\frac{A}{A_0}\right)' = 2 \times \left(1 - \frac{a}{r}\right)^2 - \left(1 - \frac{a}{r}\right)^4 \tag{1-2}$$

式中，(A/A_0) 为透过液中溶质浓度 (c) 与进料液中浓度 (c_i) 之比，即

$$\left(\frac{A}{A_0}\right)' = \left(\frac{c_i}{c_0}\right) \tag{1-3}$$

由此可得膜的截留率 R

$$R = \left[1 - 2 \times \left(1 - \frac{a}{r}\right)^2 + \left(1 - \frac{a}{r}\right)^4\right] \times 100\% \tag{1-4}$$

上式即 Ferry-Renkin 方程，可通过截留已知半径的溶质，评估膜孔尺寸。

深度过滤比表面截留过程复杂，它是指颗粒物等被截留在膜内部而不是膜表面。深度截留可能有几种方式，如简单的筛分截留、膜孔道内收缩变窄处截留、膜孔内表面吸附截留以及小颗粒布朗运动而被孔壁捕获等。表面截留过程接近绝对过滤，膜易清洗，但杂质捕获量较少；深度截留接近公称值过滤，杂质捕获量较多，但膜不易清洗。

1.3.4.2 溶解-扩散机理

反渗透膜属于致密膜，而致密膜的分离机理可用溶解-扩散模型解释。可将反渗透膜的活性表面层看成是一种致密无孔的中性界面，溶剂和溶质以溶解的方式进入膜体，它们在膜表面的溶解速率不同。膜体内溶剂和溶质是以扩散的形式迁移，扩散速率不同，从膜体解吸的速率也不同。当溶剂的溶解速率和扩散速率远大于溶质时，溶质被截留并在进料液侧富集，溶剂则透过致密膜，实现溶质与溶剂的相对分离（图 1-22）。例如，在反渗透膜分离过程中，借助巨大的跨膜压差驱动力，使水与盐在膜体中溶解、扩散速率产生差异，最终实现产出水的淡化。反渗透膜的选择透过性与膜的孔径及其结构、膜的化学及物理性质和组分在膜中的溶解、吸附和扩散性质等有关，而膜及其表面化学特性起主导作用。

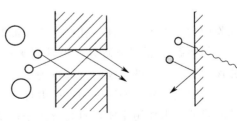

(a) 微孔膜分子过滤   (b) 致密膜溶解-扩散传质

图 1-22 膜体中分子传输过程[2]

溶解-扩散模型也适用于渗透气化和气

体分离聚合物膜过程。渗透气化过程中的跨膜压差很小，分离是基于进料液蒸气压与透过物蒸气分压的差异驱动完成的，而气体渗透是气体沿压力或浓度梯度减小方向传输的过程。反渗透、渗透气化和气体分离聚合物膜过程都涉及分子在致密聚合物膜中的扩散。膜两侧流体的压力、温度和组成决定了与流体处于平衡状态的膜表面扩散物质的浓度。一旦分子溶解在膜体中，无论是反渗透、渗透气化还是气体渗透，各个渗透分子都以相同的随机分子扩散方式迁移和传输。因此，有时相似的分离膜可用于完全不同的分离过程。例如，三醋酸纤维素膜被用于反渗透淡化水，而相似材质的膜也被用于渗透气化乙醇脱水，以及从天然气中分离二氧化碳等。

1.3.4.3　优先吸附-毛细孔流机理

优先吸附-毛细孔流模型是将反渗透膜的表面层视为具有毛细孔的膜，由于膜表面与溶液中各组分的相互作用不同，使溶液中某一组分（如纯水）优先吸附在界面上，形成吸附层，然后在外力驱动下连续通过膜表面的毛细孔形成透过液（纯水）。膜表面的毛细孔有效直径接近或等于纯水吸附层厚度两倍的膜才能获得最佳的分离效果和最高的渗透通量。当有效孔径大于纯水吸附层两倍时，溶质则可从毛细孔透过，发生溶质泄漏。这一模型对选择膜材料和制备反渗透膜具有一定的指导意义，即膜材料对水要优先吸附，对溶质要选择排斥，膜表面层应具有尽可能多的水通道（细孔）。

1.3.4.4　孔隙开闭机理

对于反渗透膜而言，孔隙开闭模型认为，膜中无固定的连续孔道，所谓膜的渗透性是指因聚合物大分子链不断振动而在不同时间和空间产生渗透的平均值。聚合物大分子链未受压力作用时只做无序的布朗运动，一旦受压即产生振动。随着压力增大，聚合物大分子链吸收的能量增大，振动次数增加，聚合物大分子链之间的距离减小，直至离子难以通过，从而实现离子与水的分离。

1.3.4.5　荷电机理

在荷电膜（即离子交换膜）中存在着固定基团电荷，电荷的吸附、排斥作用使膜对不同的物质产生选择透过性。荷电膜还具有电中性膜所不具备的其他特性：在荷负电膜中引入亲水基团后，膜的透水量较电中性膜有所增大；静电排斥作用使荷电膜能够分离比其膜孔径小的粒子、粒径相似而荷电性能不同的组分；荷电基团的引入可适当提高聚合物膜的玻璃化转变温度，增强膜的耐热性。由于膜与溶液之间的静电作用，溶液的渗透压降低，适于低压操作；荷电膜界面处形成的凝胶层较疏松和易清洗，膜的抗污性较强，有利于延长膜的使用寿命。

纳滤膜中含有纳米级微孔，孔径介于超滤膜与反渗透膜之间。纳滤膜多为荷电膜，虽然传质机理可用溶解-扩散模型解释，但其对无机盐的分离行为不仅与化学势梯度有关，同时也受电势梯度影响，即纳滤膜的分离行为与其电荷性质以及与溶质电荷状态的相互作用等都有关系。根据膜内、外表面固定的电荷电性，可将荷电纳滤膜分为荷正电纳滤膜和荷负电纳滤膜。纳滤膜的荷电作用主要是对高价离子截留，即使膜孔径稍大于离子半径，但因膜表面荷负电对硫酸根、碳酸根、磷酸钙等有较强的静电排斥作用而使其截留；如果是膜表面荷正电，则对钙、镁等离子截留。纳滤膜对中性不带电物质（如葡萄糖、抗生素、乳糖、合成药物等）的截留是通过膜纳米级微孔的筛分作用实现的。

分离膜材料的种类和结构以及膜分离过程多种多样，涉及的膜分离机理不尽相同（表1-4）。除以上所述的几种基本模型外，还有一些其他模型或理论，此处不一一赘述。

⊡ 表1-4 常见的膜分离过程及其特点

膜过程	驱动力	分离机理	透过物	截留物	常用膜类型
微滤	压力差	筛分	水、溶液	悬浮物颗粒	微孔膜
超滤	压力差	筛分	水、低分子	胶体、较大分子	非对称微孔膜
纳滤	压力差	溶解-扩散、筛分、荷电	水、一价离子	多价离子	非对称膜、复合膜
反渗透	压力差	溶解扩散、优先吸附-毛细管流动	水、溶剂	溶质、盐	非对称膜、复合膜
渗析	浓度差	溶解扩散、筛分	低分子或较小离子	胶体粒子、溶质	非对称膜、离子交换膜
电渗析	电位差	离子的选择传递	电解质离子	非电解质、大分子颗粒	离子交换膜
气体分离	压力差	溶解扩散	气体或蒸气	难渗透性气体或蒸气	均相膜、复合膜、非对称膜
渗透气化	压力差	溶解扩散	易渗透性溶质或溶剂	难渗透性溶质或溶剂	均相膜、复合膜、非对称膜
液膜分离	浓度差	溶解扩散、促进传递	溶质或气体	溶剂或气体	乳状液膜、支撑液膜

1.3.5 浓差极化与膜污染

在膜分离过程中，分离膜表面的物质传递涉及浓差极化（concentration polarization）与膜污染（membrane fouling）问题。在实际膜过程，特别是在压力驱动膜过程中，膜的分离性能随时间发生很大变化，如溶剂通量随时间延长而降低、截留率不稳定等。其主要原因是浓差极化和膜污染。

1.3.5.1 浓差极化

浓差极化是在压力驱动的膜分离过程中，出现因溶剂或溶质迁移而在本体溶液与膜界面之间形成浓度梯度的现象。例如，反渗透过程中因膜的选择性，溶剂（纯水）从高压侧扩散透过膜，而溶质（盐）被膜截留，在膜表面处溶质浓度升高，并向本体溶液逆扩散。当这两种传质过程达到平衡时，膜表面处的溶质浓度高于本体溶液，这种现象即浓差极化。它可使膜表面截留物的浓度暂时提高，是可恢复的过程，但易加速超滤等微孔膜表面形成凝胶层（图1-23）或加速反渗透、纳滤等致密膜表面难溶盐的饱和析出，形成膜的二级屏障，加剧膜的污染。

可用数学方法描述凝胶层的形成，在图1-23中边界层内任一点，溶质到膜表面的对流通量为溶液通过膜的体积通量 J_v 乘以溶质浓度 c_i。稳态时，层流边界层内的对流通量与逆向截留溶质的扩散通量相平衡，可用下式表示：

$$J_v c_i = D_i \frac{\mathrm{d}c_i}{\mathrm{d}x} \qquad (1-5)$$

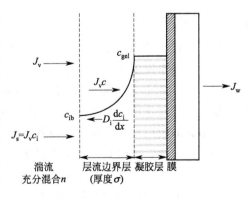

图1-23 超滤膜浓差极化凝胶层示意图[2]

式中，D_i 为边界层中大分子扩散系数。凝胶层一旦形成，边界层两个表面的溶质浓度就是定值：一个表面浓度为进料液浓度 c_{ib}；另一表面浓度为由溶质形成的不溶性凝胶浓度（c_{gel}）。结合式(1-5)，由下式可求出边界层厚度（δ）：

$$\frac{c_{gel}}{c_{ib}}=\exp\left(\frac{J_v\delta}{D_i}\right) \tag{1-6}$$

在特定的超滤实验中，溶液和操作条件是已知的，式(1-6)中的 c_{ib}、c_{gel}、D_i 和 δ 都是定值，所以膜的体积通量（J_v）也是定值，与膜固有的渗透率无关。从物理意义上讲，具有较高固有渗透率的膜，易在膜表面形成较厚的凝胶层，直到溶质被带向膜表面的速率与其被除去的速率再次达到平衡。因此，在超滤膜表面一旦形成了凝胶层，即使再增大操作压力也不会增大膜的渗透通量，只会增加凝胶层厚度。不同进料液压力下对超滤膜通量和二次凝胶层形成的影响如图 1-24 所示。当压力较低（p_1）时，通量 J_v 较低，浓差极化影响较小，膜表面未形成凝胶层，通量与膜的纯水通量接近；当施加压力增大至 p_2 时，高通量引起的浓差极化效应增大，膜表面残留物质的浓度增多；压力继续增大至 p_3 时，浓差极化足以使膜表面残留的溶质达到凝胶浓度 c_{gel}，形成二级阻挡层，这时的通量是膜的极限通量；若再进一步增大压力，只会增加凝胶层厚度，而不会增大通量。经验表明，当操作压力维持在或略低于图 1-24 所示 p_3 时，超滤膜才能获得最佳的稳定性能。其中，c_{i0} 为溶质在流体/膜界面处浓度，压力在 p_2 和 p_3 之间时，凝胶层较薄。高压下，p_4 会形成较厚的凝胶层；随着时间推移，凝胶层固化，导致膜的永久污染。

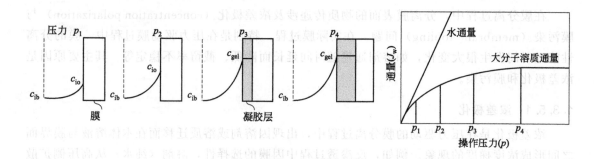

图 1-24　压力对超滤膜通量和二次凝胶层形成的影响

1.3.5.2　膜污染

浓差极化现象是可逆的，就是说分离体系达到稳态后溶剂通量不再随时间继续下降，但实际操作中经常发生通量持续下降的现象，其原因即为膜污染。中空纤维膜污染前后比较如图 1-25 所示。膜污染产生的原因，一方面是膜分离过程中，料液中的颗粒、胶质、某些溶质与膜发生相互作用，以及浓差极化使溶质在膜表面因溶解度减小而沉积；另一方面，因机械作用引起的膜内外表面吸附、沉积，导致膜孔径变小或堵塞，使膜的渗透通量减小、分离性能变差。因此，可将膜污染分为膜表面沉积的滤饼层污染和膜孔堵塞污染。

膜污染是膜分离过程中不可避免的伴生现象，主要表现为溶剂通量降低、溶质截留率不稳定。以压力为驱动力的膜分离过程，膜污染包括无机物污染、有机物污染和微生物污染。无机物污染是指颗粒物、难溶盐在膜表面沉淀析出；有机物污染是指有机物在膜孔内的吸附、堵塞、截留以及在膜表面形成凝胶层；微生物污染是指微生物在膜表面的附着、堵塞和

| (a) 柱式膜组件 | (b) 帘式膜组件 |

图 1-25　中空纤维膜污染前后比较

滋生。各类膜污染的综合作用结果，可堵塞膜孔或形成滤饼，使膜分离性能变差。微孔膜的污染以有机物污染和微生物污染为主，无机物污染为辅。致密膜的污染可以同时存在无机物污染、有机物污染和微生物污染多种形式。难溶盐的饱和度超过其极限时将在膜表面析出沉淀，而当有机物与微生物在膜表面聚集并形成凝胶层时，即使无机盐尚未达到饱和浓度，也会与凝胶物结合形成沉淀。

　　膜污染的产生与防治涉及膜材料与膜过程的方方面面，如膜材料的化学成分和物理结构、膜的表面形态和孔隙结构、亲水性、荷电性；原料混合物流体的性质、预处理；膜组件结构、膜过程的设计与运行条件等。如何减除污染的成因、减缓污染的发生、减轻污染的程度、减少清洗的力度与频次等，是膜科学与技术领域的重要课题。目前，膜分离体系中较常用的污染膜清洗方法，有采用增大流速、脉冲流动、反洗、超声波清洗等机械方法；添加酸碱、蛋白酶、螯合剂或表面活性剂等溶解作用的物质；添加过氧化氢、高锰酸钾、次氯酸钠等氧化作用的物质；添加磷酸盐、聚磷酸盐等渗透作用的物质；改变离子强度、pH 值、ζ电位等切断离子结合作用的方法等。

1.4　制膜原料

　　依据制膜原料，中空纤维膜可以分为有机膜和无机膜两大类。有机膜也称有机聚合物膜、聚合物膜、高分子膜等，是由聚合物或聚合物复合材料制备而成的分离膜。实用的中空纤维膜，绝大多数都为有机膜，特别是在水处理领域，广泛应用的中空纤维膜大多数都是有机中空纤维膜（或称化纤中空纤维膜）。

　　制备中空纤维膜的原料应具有良好的纺丝可纺性，纺丝制膜后能够形成连续和具有自支撑性的中空纤维膜，对流体具有良好的选择性透过功能以及物理和化学性能，如抗污染和抗氧化、耐水解、耐热、良好的力学性能等。通常要求制膜原料成本合理，纺丝制膜工艺可行，有利于工业化生产与工程化应用等。

　　常用的有机膜成膜聚合物包括纤维素类、聚酰胺类、聚烯烃类、乙烯基聚合物类、含氟聚合物等。有机膜易于制备，几乎涵盖了如微滤、超滤、纳滤、反渗透等所有中空纤维膜材料。

　　常用的无机制膜原料如 Al_2O_3、ZrO_2、TiO_2、SiC、玻璃、金属及其合金等。无机膜耐热性和化学稳定性好，力学性能突出，抗微生物，使用寿命较长。但因无机物脆性大、加工温度高、制膜成本高等，实用的无机中空纤维膜很少，管式无机微滤膜和超滤膜已得到广泛应用。

1.4.1　有机成膜聚合物

目前应用的中空纤维膜多数是以有机聚合物为原料制成的有机膜，即化纤中空纤维膜。有机聚合物的种类多，加工性能好，制膜成本低，在中空纤维膜材料方面应用广泛。

1.4.1.1　纤维素及其衍生物

（1）纤维素

纤维素（cellulose）是植物通过光合作用产生的，也是植物细胞壁的主要成分，所有植物中占比超过三分之一，是地球上最丰富的天然高分子材料，全世界陆地植物每年约产生 500 亿吨这种可再生的绿色有机资源[16]。棉花的纤维素含量接近 100%，一般木材中纤维素含量约 40%～50%（其余为半纤维素和木质素）。就化学结构而言（图 1-26），纤维素是以 D-2 葡萄糖基构成的线型链状高分子化合物，每个葡萄基环上均含 3 个羟基，羟基之间可形成分子间氢键，亲水而不溶于水及普通有机溶剂。

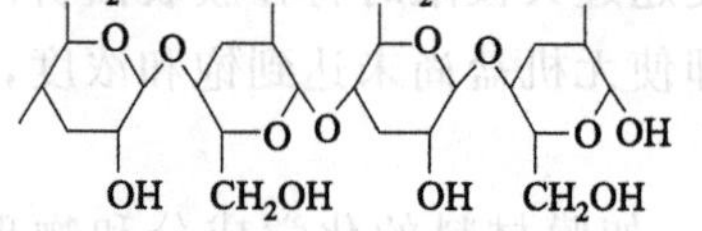

图 1-26　纤维素大分子化学结构式

利用纤维素中极性—OH 的弱酸性，用一定浓度氢氧化钠水溶液处理纤维素后，得到碱纤维素，再与二硫化碳反应生成纤维素磺酸酯，溶于氢氧化钠水溶液形成黏胶状液体，在酸性凝固浴中纺丝成形，纤维素磺酸酯还原成纤维素，最后得到的纤维即再生纤维素纤维，也称黏胶纤维。该方法工艺成熟，也可用于制备再生纤维素中空纤维膜，但工艺过程复杂，还会产生硫化氢、二硫化碳等有害气体以及硫酸锌等，易造成环境污染；或者，将纤维素（如棉短绒等）溶解在氢氧化铜或碱性铜盐的浓氨溶液中，调制成纺丝溶液，湿法纺丝成形，经后处理制成铜氨中空纤维膜；也可以通过醋酸纤维素脱乙酰化，制成再生纤维素中空纤维膜。此外，近年来出现的纤维素新溶剂为制备纤维素膜材料提供了新的便捷途径，如可将纤维素直接溶于 N-甲基氧化吗啉/水、氯化锂/二甲基乙酰胺等溶剂体系，制备微滤和超滤以及反渗透中空纤维膜等。纤维素膜的渗透性和抗污染性较好，通量衰减较低，易于清洗，耐常规有机溶剂和耐热性好，生物相容性好且无毒。但膜的通量较低，易生物侵蚀，不耐酸碱，力学强度不高，应用范围较窄。

（2）纤维素衍生物

由于纤维素资源丰富且可再生，环境友好，可通过对纤维素化学改性，获得性能更好的纤维素衍生物如硝化纤维素、醋酸纤维素等制膜原料。纤维素及其衍生物很早就用于血液透析和血液过滤中空纤维膜，二者的传递基质不同：前者基于扩散传递，后者为液压传递[17]，如图 1-27 所示。

硝酸纤维素即纤维素硝酸酯，俗称硝化纤维素，是纤维素与硝酸酯化反应的产物，为热塑性白色纤维状聚合物，耐水、耐稀酸、耐弱碱和耐油性化合物，日光下易变色，极易燃烧。早在 1855 年德国科学家 Adolf Eugen Fick 就研制出硝酸纤维素膜。硝酸纤维素微孔膜对核酸或蛋白质有较强的结合力，主要用于印迹分析，是生物学试验中很重要的耗材之一。

醋酸纤维素又称为乙酸纤维素、纤维素乙酸酯，是纤维素中部分羟基被乙酸酯化后的产物，其性能取决于乙酰化程度即酯化度［纤维素酯化时每 100 个葡萄糖残基中被酯化的羟基

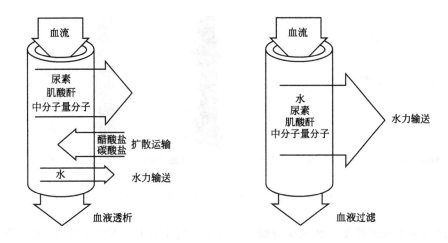

图 1-27 血液透析和血液过滤中空纤维膜的传质

数，被充分酯化的纤维素称三醋酸纤维素（cellulose triacetate，CAT），酯化度为 280～300；大部分被酯化的称二醋酸纤维素（cellulose diacetate，CA），酯化度为 200～260]。三醋酸纤维素与二醋酸纤维素均为白色无定形屑状或粉状固体，无明显熔点，220℃开始软化，软化温度随酯化度和溶液黏度增大而升高。三醋酸纤维素密度为 1.42g/cm³，可溶于氯代烃类及吡啶溶剂；二醋酸纤维素密度为 1.29～1.37g/cm³，易溶于酮、醚、酰胺等类溶剂。醋酸纤维素亲水、耐稀酸但不耐碱，由于纤维素大分子中羟基被乙酰基取代，削弱了分子间氢键作用，大分子之间距离增大，所以其有良好的成膜与成纤加工性能。

1960 年美国科学家 Sidney Loeb 和 Srinivasa Sourirajan 博士研制出可用于海水淡化的醋酸纤维素反渗透膜。醋酸纤维素制成的膜材料选择性好、水通量大、用途较广等，但易被微生物侵蚀、耐酸碱和耐热、抗氧化性较差、易压密等，用于制备反渗透膜、超滤膜、微滤膜及气体分离膜等。图 1-28 为醋酸纤维素中空纤维反渗透膜形貌，可见外表面有厚度＜0.1μm 的致密皮层，其下为孔径 10～50nm 的多孔支撑层，是典型的非对称结构[18]。因加工性能良好和原料成本较低，以二醋酸纤维素与三醋酸纤维素共混物制成的中空纤维反渗透膜以及在硝酸纤维素或二醋酸纤维素基膜上复合三醋酸纤维素表面分离层的反渗透膜等也有应用。醋酸纤维素膜可用于血浆和血清蛋白质过滤、酵素和药剂分离与精制、果汁浓缩与澄清化、水净化和超纯水制备以及回收天然气中的氦、分离混合气中的氢、富集空气中的氧等。

1.4.1.2 聚酰胺类

聚酰胺类指大分子主链上以酰胺基（—CONH—）为重复单元结构的一类聚合物，包括脂肪族、半脂肪族及芳香族聚酰胺。脂肪族聚酰胺是指大分子主链中含脂肪族链的聚酰胺，如聚己内酰胺（PA-6）、聚己二酰己二胺（PA-66）等；芳香族聚酰胺是指大分子主链上重复单元含有苯环或芳环，由芳香族二胺与芳香族二酸等缩聚而成，如聚对苯二甲酰对苯二胺、聚间苯二甲酰间苯二胺等。

（1）脂肪族聚酰胺

聚己内酰胺（polycaprolactam）为最常见的脂肪族聚酰胺品种之一，是由单体己内酰胺

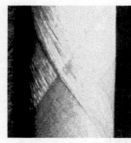

| (a) 横截面×3500 | (b) 横截面×35000 | (c) 膜丝束表面 | (d) 膜丝束表面×8 |

图 1-28 醋酸纤维素中空纤维反渗透膜形貌

经开环聚合反应生成的线型脂肪族聚酰胺，大分子主链上含有—NH(CH₂)₅CO—重复基团，熔点为 215～220℃，密度为 1.084g/cm³，可溶于甲酸、苯酚、浓硫酸等，是制备聚己内酰胺纤维（锦纶 6）的原料，也是重要的工程塑料品种。由于含酰胺基，聚酰胺具有良好的亲水性、耐热性和力学性能，制成的膜材料有较好的选择透过性和生物相容性，但对蛋白质类物质有非特异性吸附作用，水处理时膜易污染，水通量衰减较快。聚己内酰胺、聚己二酰己二胺等脂肪族聚酰胺的微孔膜在水处理、生物医药等方面都有应用。

（2）芳香族聚酰胺

芳香族聚酰胺大分子主链中含有苯环和酰胺基，具有优良的热稳定性和力学性能以及耐压密性等，广泛用于制备高强、高模和耐高温纤维、耐高温防护服和电气绝缘材料、阻燃纺织品等。例如，聚对苯二甲酰对苯二胺 [poly (*p*-phenylene terephthamide)，PPTA] 和聚间苯二甲酰间苯二胺 [poly (*m*-phenyleneisophthalamide)，PMIA] 是典型的芳香族聚酰胺，前者为对位型芳香族聚酰胺，大分子链的刚性强；后者属间位型芳香族聚酰胺，大分子链的规整性较差，易于纺丝成形。二者大分子链中都富含酰胺基，具有良好的亲水性、耐热性等，可用于制备耐热、耐化学试剂等的中空纤维膜。图 1-29、图 1-30 分别为 PPTA 和 PMIA 的中空纤维膜形貌[19,20]。

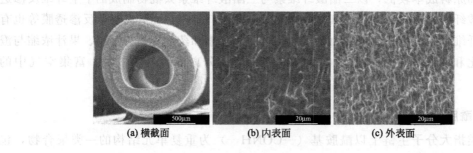

| (a) 横截面 | (b) 内表面 | (c) 外表面 |

图 1-29 PPTA 的中空纤维膜形貌

20 世纪 70 年代杜邦公司开发出芳香族聚酰胺中空纤维膜。目前，芳香族聚酰胺卷式反渗透膜和醋酸纤维素中空纤维反渗透膜是反渗透膜的主要品种，前者脱盐率高、通量大、操作压力较低，并有很好的力学稳定性、热稳定性、化学稳定性及水解稳定性，但不耐游离氯，抗结垢和污染能力较差；后者工艺较简便、价格便宜，耐游离氯、膜面平滑且不易结垢

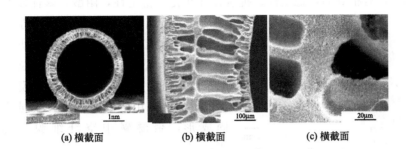

| (a) 横截面 | (b) 横截面 | (c) 横截面 |

图 1-30 PMIA 的中空纤维膜形貌

和污染，但耐热性差、易发生化学及生物降解且操作压力较高。近年来，通过开发新型制膜原料和改进工艺、改性膜表面等，芳香族聚酰胺类反渗透膜的抗氧化和抗污染、耐氯等性能都得到改进，已成为反渗透膜的主流产品，占有市场绝大多数份额。芳香族聚酰胺卷式反渗透膜包括非对称膜和复合膜：非对称膜表皮层致密，皮下层呈梯度疏松结构；复合膜则是在多孔支撑膜（超滤、微滤基膜或非织造布）上通过界面聚合法复合一层极薄的致密皮层。市场上大量应用的芳香族聚酰胺卷式反渗透复合膜的致密皮层（表面分离层）是由间苯二胺和均苯三甲酰氯等通过界面缩聚制成的交联型芳香族聚酰胺构成的。界面聚合法的优越之处在于，当完成单体聚合的同时，在基膜表面形成极薄（可小于微米级）的活性分离层。

1.4.1.3 聚砜类

（1）聚砜

聚砜（polysulfone，PSF）是指大分子主链上含有砜基（—SO$_2$—）和芳环的聚合物，主要品种有双酚 A 型聚砜、聚醚砜及聚芳砜等。从大分子结构上看，砜基的两边都有苯环形成的共轭体系，加之硫原子处于最高氧化状态，所以这类聚合物具有优良的抗氧化性、热稳定性以及良好的力学性能、电性能等。双酚 A 型聚砜是最常见的聚砜类聚合物，学术名称为双酚 A-4,4'-二苯基砜，由双酚 A 钠盐（或钾盐）和 4,4'-二氯二苯砜缩聚而成，其化学结构式如图 1-31 所示。

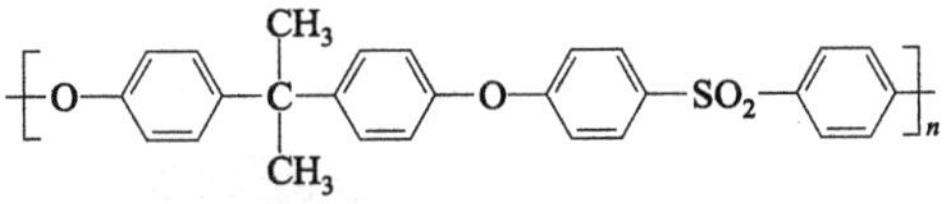

图 1-31 双酚 A 型聚砜化学结构式

双酚 A 型聚砜呈略带琥珀色非晶型透明或半透明聚合物，密度为 1.24g/cm^3，力学性能优良，抗氧化性、热稳定性和化学稳定性好，耐酸、碱，不易水解，可溶于芳香烃和氯代烃、酰胺类溶剂，无毒，廉价易得，但耐紫外线和耐气候、耐疲劳性较差。将聚砜溶于二甲基乙酰胺等极性溶剂中，加入成孔剂，调制成铸膜液，可制成中空纤维膜、板式膜、管式膜等。聚砜膜材料具有良好的渗透性和耐热性以及力学性能等，但亲水性和抗污染性较差，在超滤膜、微滤膜以及作为纳滤或反渗透复合膜的基膜等方面得到广泛应用。

（2）聚醚砜

聚醚砜（polyethersulfone，PES）由 4,4'-双磺酰氯二苯醚在无水氯化铁催化下，与二苯醚缩合反应制得，其化学结构式如图 1-32 所示。

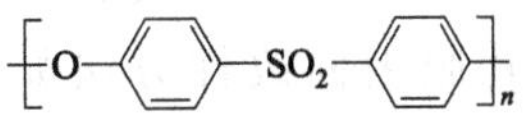

图 1-32 聚醚砜化学结构式

因大分子主链上不含脂肪烃基团，聚醚砜的玻璃化转变温度高达 225℃，有很好的热稳定性、抗氧化性和化学稳定性，耐酸、碱性以及血液相容性好，可溶于氯仿、丙酮、酰胺类等溶剂中，但亲水性差，常用于制备超滤膜、纳滤膜等。为提高膜表面的亲水性，采用磺化、接枝、共混等方法对聚醚砜进行改性，可有效提高膜的水通量和抗污染能力。采用溶液相转化法和同轴微流装置凝固成形，聚醚砜中空纤维膜形貌如图 1-33 所示[21]。

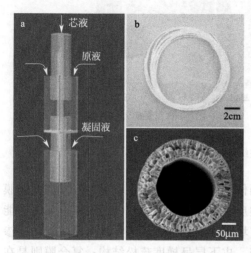

图 1-33 聚醚砜中空纤维膜
(a) 成形装置；(b)、(c) 膜形貌

1.4.1.4 聚烯烃类

聚烯烃 (polyolefin) 是烯烃的聚合物，主要包括乙烯、丙烯以及高级烯烃的聚合物，其中以聚乙烯 (polyethylene，PE) 和聚丙烯最为重要。聚烯烃的相对密度小，耐化学试剂、耐水性和电绝缘性好，力学强度高，价格低廉，易于纺丝制膜，但亲水性差，对紫外线敏感，易老化。聚乙烯、聚丙烯等属于非极性结晶线型大分子，通常可采用熔融纺丝-拉伸法制成具有均匀微结构缺陷（微孔）的中空纤维膜或板式膜，用这种技术制备的聚烯烃微孔膜，不需要添加剂，制膜工艺简单，无污染，生产效率高（图 1-34）。近年来采用热致相分离 (thermally induced phase separation，TIPS) 法研制聚烯烃微孔膜的报道较多。例如，由于超高分子量聚乙烯熔融黏度高，难以采用常规方法纺丝制膜，可以以液体石蜡等为稀释剂，以二氯甲烷等为萃取剂，通过热致相分离法制成中空纤维微孔膜。

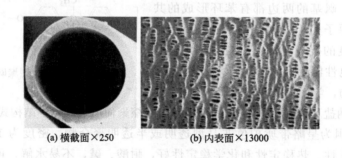

(a) 横截面×250　　　　(b) 内表面×13000

图 1-34 聚丙烯中空纤维膜形貌[18]
内径为 200μm；壁厚为 25μm

由于聚烯烃的表面能低、亲水性差，且具有化学惰性、非极性等特点，使得表面不易涂覆或润湿，抗污染差，使用过程中膜易污染使性能退化。用于水处理的聚烯烃中空纤维微孔膜，通常需进行亲水改性，使膜的表面和内部含有极性基团，增大膜的表面能，提高膜的润湿性、亲水性和抗污染能力。常用的聚烯烃微孔膜表面改性方法如高能辐射接枝、表面光引发接枝、等离子体处理、表面臭氧处理以及超临界 CO_2 状态（物质在气、液、固三相呈平衡态共存的点称三相点，而液、气两相呈平衡状态的点称临界点，

临界点时的温度和压力称临界温度和临界压力，高于临界温度和临界压力而接近临界点的状态称为超临界状态；相应的流体称为超临界流体，其黏性接近于气体，密度接近于液体，扩散系数远超过液体；超临界状态 CO_2 的溶解能力极强）下表面接枝等，如图 1-35 所示。采用原子层沉积技术，将 Al_2O_3 沉积复合在膜表面，可改进聚丙烯中空纤维膜的亲水性[22]。用聚烯烃制成的聚丙烯和聚乙烯分离膜，在水处理、气体分离、生物医药、饮品分离或浓缩等方面有很多应用。

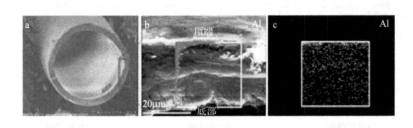

图 1-35 表面沉积 Al_2O_3 聚丙烯中空纤维膜形貌

(a)、(b) 横截面形貌；(c) EDS 图像

1.4.1.5 含氟聚合物

在有机成膜聚合物中，含氟聚合物特性突出。F 是最活泼的非金属元素，极化率低，电负性和范德瓦耳斯半径（0.132nm）小，因 C—F 键能（485kJ/mol）很强，C 与 F 结合后被更多地屏蔽，所以含氟量高的含氟聚合物表现出更强的热稳定性和化学稳定性；含氟聚合物分子间凝聚力较弱、表面能较低，与空气相互作用弱，难于被液体或固体浸润或黏附，表现出优良的抗污染性。在不同体系中，含氟聚合物表现出不同的浸润状态，如空气中显示憎油或疏油性，而水中则显示疏水、亲油性；氟含量越多，含氟聚合物的这种功效越突出。目前含氟聚合物主要有聚四氟乙烯（polytetrafluoroethylene，PTFE）、聚偏氟乙烯（polyvinylidene fluoride，PVDF）、聚全氟乙丙烯 [poly（tetrafluoroethylene-cohexafluoropropylene），FEP]、聚 [四氟乙烯-*co*-全氟（丙基乙烯基醚）]（polyfluoroalkoxy，PFA）、乙烯-四氟乙烯共聚物（ethylene-terafluoroethlene，ETFE）、乙烯-三氟氯乙烯共聚物（ethylene-chlorotrifluoroethylene copolymer，ECTFE），其中以聚偏氟乙烯和聚四氟乙烯作为制膜原料的应用最为广泛。

（1）全氟聚合物

聚四氟乙烯是典型的全氟聚合物（perfluorinated polymer），大分子中只含 C 原子和 F 原子，C—F 键能远高于 C—H 键和 C—C 健，F 原子在 C—C 主链骨架外形成紧密的保护层，赋予聚合物优异的化学稳定性，除熔融碱金属、三氟化氯、五氟化氯和液氟外，能耐其他所有化学试剂；同时，还具有优良的热稳定性、抗污染性、电绝缘性和抗老化性等，是一种理想的制膜原料。但因聚四氟乙烯熔体黏度大，流动性差，所以"不溶不熔"的特点使其不能采用传统的相转化法、熔融纺丝-拉伸法或热致相分离法等制成微孔膜。已产业化的聚四氟乙烯中空纤维膜主要采用糊料挤出-拉伸法制得，产品形态包括中空纤维膜和板式膜。例如，将聚四氟乙烯树脂粉料与液体助剂充分混合呈糊膏状，高压挤出得到聚四氟乙烯样条或管状，再经压延制成生料片或毛细管，进一步热拉伸得到具有"原纤-结点"状网络孔特征的微孔膜，最后通过热定型（烧结）固定微孔结构制成聚四氟乙烯平板膜或中空纤维膜。

图 1-36 为采用糊料挤出-拉伸法制备的聚四氟乙烯中空纤维微孔膜[23]。

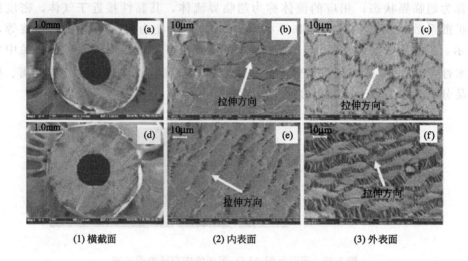

(1) 横截面 (2) 内表面 (3) 外表面

图 1-36 聚四氟乙烯中空纤维微孔膜形貌
(a)、(b)、(c) 拉伸 160 倍；(d)、(e)、(f) 拉伸 220 倍

为克服 PTFE 加工难的不足，开发可熔融加工的热塑性全氟聚合物一直受到人们的重视。其中，聚全氟乙丙烯是一种有代表性的可熔融加工全氟聚合物，是由四氟乙烯和六氟丙烯合成的无规共聚物。杜邦公司 20 世纪 60 年代商业开发成功首个热塑性四氟乙烯共聚物，即聚全氟乙丙烯。其化学结构式如图 1-37 所示。

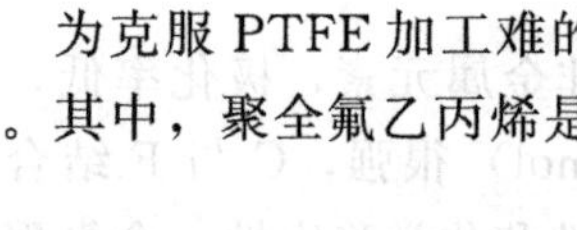

图 1-37 聚全氟乙丙烯
化学结构式

FEP 可看成是 PTFE 大分子主链上部分氟原子被三氟甲基取代的产物，取代基破坏了原 PTFE 大分子主链的规整性和对称性，增大了大分子主链之间的距离，产生空间位阻效应，结晶度降低。但其仍具有较稳定的熔点（＞300℃）和较高的热分解温度（＞400℃），表现出良好的熔融加工性能，同时仍保持与PTFE 相似的各种其他优异性能，如耐热（可在 200℃ 下连续使用）、耐化学试剂（化学性能稳定）和抗污染（表面自洁净）等。与 PTFE 相似，尚无适宜的溶剂使 FEP 溶解或稀释，但可在 300℃ 以上熔融加工。这也是 FEP 有别于 PTFE 的重要特征，可采用类似热塑性聚合物的加工方法制备 FEP 微孔膜。图 1-38 为熔融纺丝法 FEP 中空纤维膜形貌[24]。全氟聚

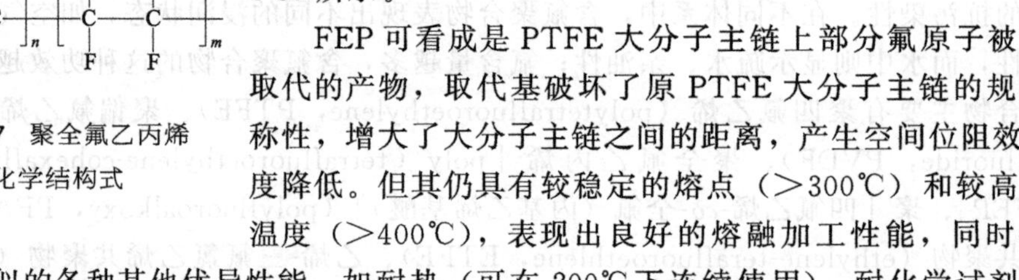

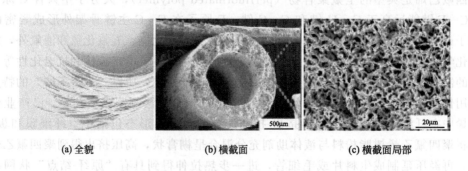

(a) 全貌 (b) 横截面 (c) 横截面局部

图 1-38 熔融纺丝法 FEP 中空纤维膜形貌

合物的表面能低，具有强疏水性，也是防水透气、膜蒸馏和膜接触器等的理想制膜原料。用于水处理的全氟聚合物微孔膜材料，需要进行亲水化处理，如磺化或表面辐照接枝、等离子体处理、共混亲水性聚合物等，且都能获得一定的效果。

（2）聚偏氟乙烯

在含氟聚合物中，聚偏氟乙烯被认为是目前较理想的超滤膜和微滤膜的制膜原料。聚偏氟乙烯可由偏氟乙烯（vinylidene fluoride，VDF）通过乳液或悬浮聚合制得，是一种白色粉末状结晶性聚合物。其化学结构式如图1-39所示。

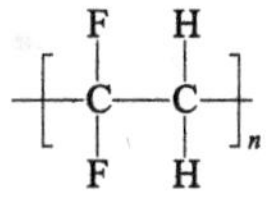

聚偏氟乙烯密度为 $1.75\sim1.78g/cm^3$，玻璃化转变温度为 $-39℃$，熔点在 $170\sim180℃$ 左右，热分解温度约为 $350℃$，从熔融到分解之间的加工温度范围较宽，具有优异的抗紫外线、耐气候老化性及抗污染性，在室外放置20年左右也不变脆；室温下耐酸、碱及卤素等化学试剂，可溶于极性有机溶剂如二甲基甲酰胺、二甲基乙酰胺、二甲基亚砜、N-甲基吡咯烷酮等。聚偏氟乙烯有良好的成膜加工性能，既可采用溶液相转化法成形，也可采用熔融纺丝或热致相分离法制膜。通过共混、表面处理等对聚偏氟乙烯膜进行改性，可改善膜的亲水性能。

图1-39 PVDF
化学结构式

采用溶液相转化法制备聚偏氟乙烯中空纤维以及板式超滤膜、微滤膜的技术已经成熟，而热致相分离法聚偏氟乙烯膜的生产也具有一定规模。聚偏氟乙烯中空纤维膜在水处理领域得到广泛应用。

1.4.1.6 含氯聚合物

（1）聚氯乙烯

聚氯乙烯（polyvinyl chloride，PVC）是最具代表性的含氯聚合物，由氯乙烯在过氧化物等引发剂或光、热作用下按自由基聚合反应机理合成而得，为无定形结构的白色粉末，支化度较小，密度为 $1.4g/cm^3$，玻璃化转变温度为 $77\sim90℃$，$170℃$ 左右开始分解，对光和热的稳定性差，在 $100℃$ 以上或经长时间阳光暴晒，会分解产生氯化氢，发生变色以及物理-力学性能劣化。为提高对光和热的稳定性，实用的PVC中都含有一定的稳定剂。PVC是最常用的通用塑料之一，在建筑材料、工业制品、日用品、电线电缆、包装膜、发泡和密封材料、纤维等方面有广泛应用。

PVC价廉易得，物理性能优良（阻燃、绝缘、耐磨），化学性能稳定（耐酸、碱及有机试剂），耐微生物以及力学性能良好等，作为成膜聚合物有一定的市场竞争力。PVC中空纤维膜的制备方法主要有溶液相转化法、螺杆挤出-拉伸法等。图1-40是采用螺杆挤出-拉伸法制得的PVC中空纤维膜形貌[25]。

（2）聚（偏二氯乙烯-氯乙烯）

聚偏二氯乙烯 [poly（vinylidene chloride，PVDC）] 是偏二氯乙烯（1,1-二氯乙烯）的均聚物，玻璃化转变温度为 $-17℃$，熔融温度为 $198\sim205℃$，密度为 $1.96g/cm^3$，具有耐燃、耐腐蚀、气密性好等特点，但对光和热的稳定性差，不溶于一般溶剂，加工难度较大。为改进PVDC的加工性能，将氯乙烯与偏二氯乙烯共聚，可制成偏二氯乙烯与氯乙烯的嵌段共聚物 [P（VDC-co-VC）]。该共聚物是一种高结晶性白色多孔粉末，可溶于约 $170℃$ 的多氯代苯中，低聚物溶于四氢呋喃等。P（VDC-co-VC）大分子链段的规整度高，对称性强，主链大部分由（CH_2-CCl_2）构成，而（CH_2-CCl_2）侧基的空间位阻小，极性大，易形成氢

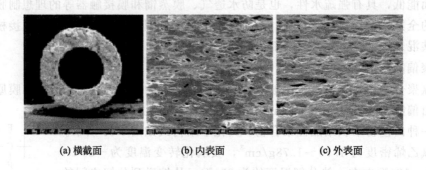

| (a) 横截面 | (b) 内表面 | (c) 外表面 |

图 1-40　PVC 中空纤维膜形貌

键，结晶度较大，弥补了聚氯乙烯的非晶性质。同时，因（CH_2-CCl_2）的存在，降低了侧链基团的极性和空间位阻效应，使大分子链具有一定的柔性。P（VDC-*co*-VC）具有良好的阻氧和隔湿性能，以及高强韧性、化学稳定、阻燃、耐酸碱等特点。近年来，有关 PVDC 和 P（VDC-*co*-VC）多孔膜的研究已有报道[26,27]。

1.4.1.7　聚酰亚胺

聚酰亚胺（polyimide，PI）是指大分子主链中含酰亚胺环（—CO—N—CO—）的一类聚合物（图 1-41）。其中，以含酞酰亚胺环的聚合物尤为重要，作为特种工程材料具有其他高分子材料所无法比拟的突出特性，如耐高温、优良的力学性能、电性能、耐化学试剂和抗氧化性能等，广泛应用于航空、航天、电子、石化以及分离膜等领域。

通常聚酰亚胺可由芳香族或脂肪环族四酸二酐和二元胺缩聚而成，大分子中含有十分稳定的芳杂环结构，种类很多，主要内容如下。

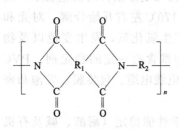

图 1-41　PI 化学结构式
R_1—芳香环或脂肪环；
R_2—脂肪族碳链或芳香环

用于制备气体分离膜的聚酰亚胺，大分子中二酐和二胺的化学结构是影响所得气体分离膜透气性能的主要因素。例如，由苯二胺、联苯二胺、稠环芳二胺制得的聚酰亚胺，其大分子主链刚性大，自由体积小，所得分离膜的透气性较差，可通过在大分子中引入取代基，增大聚酰亚胺的自由体积，改善其透气性。含有刚性二酐的聚酰亚胺自由体积较大，玻璃化转变温度较高，内聚能密度较大，具有较好的透气性和透气选择性。柔性二酐聚酰亚胺大分子链段的活动能力较强，有碍于气体扩散，透气性较好，但透气选择性较差。可通过将柔性二酐与某些刚性二胺缩聚，制备兼具较高透气性和选择性的聚酰亚胺分离膜。除气体分离膜外，聚酰亚胺在超滤膜、渗透气化膜、反渗透膜及双层选择（亲油及亲水基团分别有序双层排列）膜等方面都有应用。图 1-42 是溶液相转化法（干-湿法）制备的聚酰胺-酰亚胺中空纤维纳滤膜形貌[28]。

1.4.1.8　其他聚合物

除上述制膜原料外，常见的成纤聚合物如聚乙烯醇、聚丙烯腈以及壳聚糖等综合性能良好，原料成本较低，也是常用的制膜原料。通常这类聚合物的分解温度低于其熔融温度，不能采用熔融纺丝法成形，但可溶于某些溶剂（如聚乙烯醇可溶于水、二甲基亚砜，聚丙烯腈

图 1-42 聚酰胺-酰亚胺中空纤维纳滤膜形貌

可溶于二甲基甲酰胺、二甲基乙酰胺，壳聚糖可溶于稀酸等）。采用溶液相转化法等可制成中空纤维膜，在医用、饮用水、生物医药、工业废水和生活污水处理等方面有很多应用。图 1-43、图 1-44 分别为用于血液分离醋酸纤维素和聚乙烯醇中空纤维膜形貌[18]。图 1-45 为壳聚糖中空纤维膜形貌[29]。

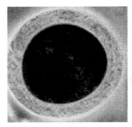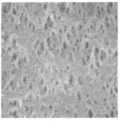

(a) 横截面×240   (b) 内表面×7000

图 1-43 醋酸纤维素中空纤维膜形貌
内径为 $240\mu m$，壁厚为 $60\mu m$，孔径为 $0.2 \sim 1\mu m$

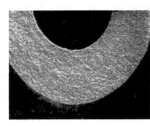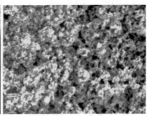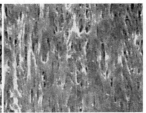

(a) 横截面×100   (b) 横截面×3000   (c) 内表面×3000

图 1-44 聚乙烯醇中空纤维膜形貌

1.4.2 无机制膜原料

无机膜（inorganic membrane）是指以金属、金属氧化物、陶瓷、多孔玻璃等无机高分子材料为分离介质制成的分离膜，主要用于微滤、超滤和气体分离等方面。无机膜耐热性和化学稳定性好，抗微生物，力学性能突出，使用寿命较长。但无机膜性脆，加工成形以及制备组件的难度较大。

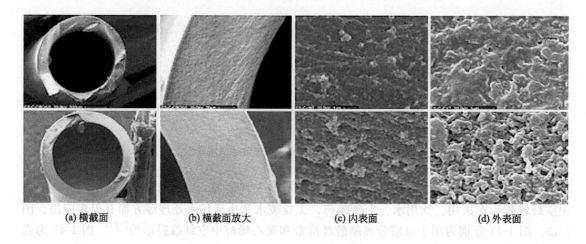

| (a) 横截面 | (b) 横截面放大 | (c) 内表面 | (d) 外表面 |

图 1-45 壳聚糖中空纤维膜形貌
上—原膜；下—戊二醛交联

无机膜的研究始于 20 世纪 40 年代，现已成为苛刻分离环境下精密过滤的重要膜分离材料。无机膜优异的材料性能使其得到较广泛应用，尤其是在石油化学工业等高温、高压、有机溶剂和强酸、强碱体系以及强化反应过程的膜催化、高温气体膜分离等方面发挥有机膜不可替代的作用。

1.4.2.1 陶瓷

传统的陶瓷（ceramic）指由黏土、长石及石英等天然原料经混合、成形、干燥、高温烧制而成的耐水、耐火、坚硬的材料和制品的总称，包括陶器、瓷器、拓器、砖瓦等。随着近代科学技术的发展，现代陶瓷的定义已扩展为：由天然或人工合成的无机非金属材料经加工制造而成的固体材料和制品，不仅包括瓷器、陶器、耐火材料、磨料、搪瓷、水泥和玻璃等传统材料，还包括具有高强度、高硬度、耐腐蚀，以及特殊光、电、磁、生物医学性能的无机非金属材料和制品，广泛用于信息、能源、生物医学、环境、国防、空间技术等高新技术领域。

陶瓷材料中的氧化物陶瓷性能突出，如氧化铝、氧化钛、氧化锆及氧化硅等具有耐高温、化学稳定、抗氧化和耐老化、抗微生物、高强度等，但制成的膜材料也存在不足，如质脆易破损、装填面积较小、高温使用时密封较困难、出现缺陷时修复难度较大、原材料成本和加工费用较高等。陶瓷膜的制备方法包括溶胶-凝胶法、相转化-烧结法、挤压成形-烧结法等。其中，20 世纪 60 年代发展起来的溶胶-凝胶法为制备新型陶瓷膜材料提供了新的途径。其原理是将某些易水解的金属氧化物（如无机盐或金属醇盐）在某种溶剂中与水反应，经水解与缩聚过程在低温下逐渐形成凝胶，在一定条件下干燥形成凝胶膜，再经高温煅烧等处理即制成所需的无机膜。采用溶胶-凝胶法可制备氧化铝膜、氧化锆膜、氧化钛膜、二氧化硅膜等。

陶瓷膜具有分离效率高、节能、耐热和结构稳定等突出优点，越来越受到人们的重视。陶瓷膜可分为对称膜和非对称膜。对称陶瓷膜一般指孔径为亚微米到数微米的多孔陶瓷膜，可直接用于工业过滤、除尘、汽车尾气处理等，有很好的应用前景。多孔陶瓷膜也可用作支撑体，在其上复合一层或多层孔径较小的分离层即为非对称膜，可用于微滤、超滤、反渗透等液体分离和气体分离以及集反应、分离、催化于一体的膜反应器等。目前商品化的多孔陶瓷膜多以 Al_2O_3 和 ZrO_2、SiO_2 等为原料制成。

纯净的 Al_2O_3 是白色无定形粉末，也称矾土，密度为 $3.9\sim4.0g/cm^3$，熔点为 $2054℃$，不溶于水，为两性氧化物，能溶于无机酸和碱性溶液。Al_2O_3 有多种结晶态，主要有 α 型和 γ 型两种变体，是电解生产中的主要原料，多用于需承受机械应力的结构用材料，尤其利用其高熔点、高硬度、耐腐蚀、电绝缘性好等特性，可在苛刻条件下使用。Al_2O_3 膜具有优良的力学性能和稳定性，常被用作载体膜。如图 1-46 所示，采用相转化-烧结法，用 Al_2O_3 粉末等制备 $α-Al_2O_3$ 中空纤维微滤膜，其力学强度高，收缩率小，适用于苛刻条件下的分离过程[30]。

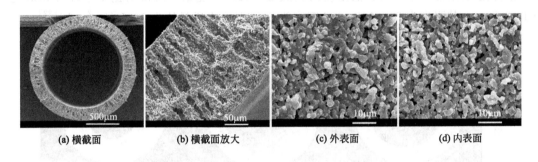

(a) 横截面　　　(b) 横截面放大　　　(c) 外表面　　　(d) 内表面

图 1-46　相转化-烧结法氧化铝中空纤维膜形貌

ZrO_2 通常状况下为白色无臭、无味结晶粉末，密度为 $5.85g/cm^3$，熔点为 $2680℃$，硬度次于金刚石，难溶于水、盐酸和稀硫酸，具有高电阻率、高折射率和低热膨胀系数等特性。在水蒸气存在的条件下，氧化锆球容易出现低温老化现象，通过添加氧化钇，可改变氧化锆的相变态温度范围，产生室温下稳定的立方晶体及四方晶体，解决因老化而开裂的问题。用氧化锆制成的纤维，可在 $1500℃$ 以上高温氧化条件下长期使用，甚至到 $2500℃$ 仍可保持完整的纤维形状，是性能非常优异的耐火纤维材料。图 1-47 是相转化-烧结法制备的钇稳定氧化锆中空纤维膜，水通量为 $118.4L/(m^2 \cdot h)$，PEG 切割分子量（molecular weight cut off，MWCO，即在一定条件下，当超滤膜对某一已知分子量物质的截留率达到 90% 时，该物质分子量即为该膜的切割分子量，用于粗略评价超滤膜的过滤精度）为 60000[31]。

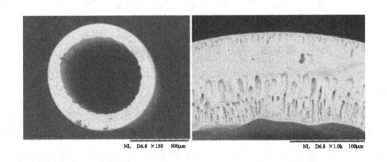

NL　D6.8　×150　500μm　　　　NL　D6.8　×1.0k　100μm

图 1-47　相转化-烧结法制备的钇稳定氧化锆中空纤维膜

二氧化硅（SiO_2）又称硅石，自然界中存在有结晶二氧化硅和无定形二氧化硅两种。

结晶二氧化硅因晶体结构不同，分为纯石英、鳞石英和方石英。其中，纯石英为无色晶体，大而透明棱柱状的石英称为水晶；含有微量杂质的水晶带有不同颜色，如紫水晶、茶晶等；普通的砂粒是细小的石英晶体，有黄砂（含较多铁杂质）和白砂（杂质少，较纯净）。自然界中的硅藻土是无定形二氧化硅，为低等水生植物硅藻的遗体，是多孔、质轻、松软的白色固体或粉末，吸附性强，不溶于水。二氧化硅的化学性质较稳定，不与水反应，属酸性氧化物，与气态氟化氢反应生成气态四氟化硅，与热的浓强碱溶液或熔化的碱反应生成硅酸盐和水，与多种金属氧化物高温下反应生成硅酸盐。二氧化硅通常用于制造石英玻璃、光学仪器、化学器皿、普通玻璃、耐火材料、光导纤维、陶瓷等，近年来作为制膜原料也受到重视。废弃稻壳通过燃烧法转化为无定形（ARHA）和结晶（CRHA）的二氧化硅基稻壳灰，采用相转化-烧结法，不同铸膜液浓度纺丝成形，1200℃烧结，所得陶瓷中空纤维膜形貌如图 1-48 所示。其强度为 71.2MPa，孔隙率为 50.2%，水通量约为 300L/($m^2 \cdot h$)[32]。

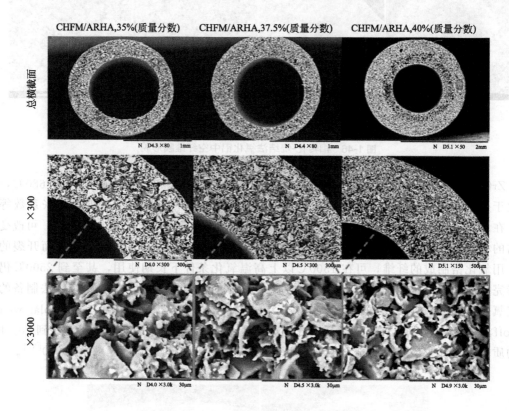

图 1-48 SiO_2 基稻壳灰中空纤维膜形貌

1.4.2.2 玻璃

玻璃（glass）是具有固体机械性质的硅酸盐类非晶态物质，属于混合物，受热时无固定熔点，一般性脆而透明，各向同性。常见的钠钙玻璃是以石英砂、纯碱、长石及石灰石等为原料，经混合、高温熔融、澄清、匀化后加工成形，再经退火处理而得玻璃制品。除硅酸盐玻璃外，还有以磷酸盐、硼酸盐为主要成分的玻璃，以及以钛、锆、钒等氧化物或硫、硒、碲化合物为主要成分的特种玻璃等。玻璃广泛应用于生活用品、包装用品、建筑和照明材料以及高新技术等方面。

以玻璃为原材料，制备玻璃分离膜的方法有分相法、溶胶-凝胶法和烧结法等。例如，分相法是美国康宁公司开发的用于制作高硅氧玻璃的技术，而玻璃分离膜则是其中间产品。它是基于玻璃分相原理，将组成为位于 $Na_2O-B_2O_3-SiO_2$ 三元相图中不混溶区内的钠硼硅玻璃，经一定温度热处理，分为互不相溶的两相，再用浸蚀剂溶去其中的可溶相后，制成具有一定孔径分布的玻璃分离膜。

由于玻璃分离膜的孔径均一，比表面积大，且孔径可在纳米至微米数量级范围内调控，以及通过表面修饰赋予其某些特殊功能，所以玻璃分离膜在化学化工、生物工程、医药工业及环保等领域的液体分离和气体分离有很好的应用前景。目前实用化的气体分离膜主要是有机膜，其分离系数较大，但渗透速率较低，通常只能在 200℃ 以下使用；而微孔玻璃膜可耐 800℃ 高温，孔径均匀，使用寿命长，可用于高温混合气体分离。例如，用热化学法制 H_2 时，需在 800℃、$3kg/cm^2$（$1kg/cm^2=0.1MPa$）压力下将 H_2S 分解成 H_2 和 S。为提高反应效率，反应过程中可采用玻璃膜将反应物 H_2S 与生成物 H_2 分离。在液体分离方面，玻璃分离膜可用于超滤和微滤过程，如酒类的分离精制、海水脱盐、血浆-血球分离、蛋白质浓缩、啤酒的酵母分离、酱油和食用油的分离精制以及放射性废液的处理等。目前实用化的玻璃中空纤维膜种类还很少。

1.4.2.3 金属

虽然分离膜的种类很多，但大多数为有机膜，而金属膜寥寥数种，如镍膜、钯膜、不锈钢膜等。镍（nickel，Ni）为银白色金属，密度为 $8.9g/cm^3$，熔点为 1455℃，质地坚硬，具有磁性和可塑性，在空气中不氧化，耐强碱，在稀酸中可缓慢溶解，释放 H_2 而产生绿色的正二价镍离子。镍大量用于制造合金，如在钢中加入镍，可提高力学强度；钛镍合金具有"记忆"功能，即使重复千万次也准确无误；镍具有磁性，能被磁铁吸引。采用粉末冶金法制备镍基多孔载体，再经电镀修饰，可制得对称的镍质微滤膜，用于气体等的分离或纯化。图 1-49 为以聚砜为载体，采用相转化-烧结法研制的镍中空纤维膜，可用于高温氢气分离，其中 a($a_1 \sim a_3$) 为原丝（纤维前驱体），b($b_1 \sim b_3$) 为 600℃ 烧结 1h 镍丝，c 为几种镍丝全貌[33]。

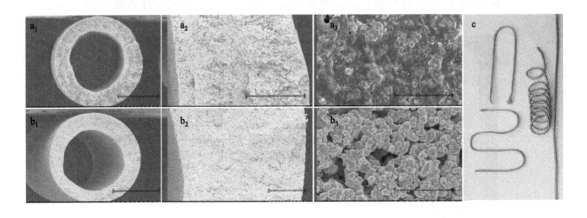

图1-49 镍中空纤维膜
1—横截面；2—膜壁；3—外表面

钯（palladium，Pd）是银白色过渡金属，密度为 $12.02g/cm^3$，熔点为 1554℃，沸点为

2970℃，化学性质稳定，耐氢氟酸、磷酸、高氯酸、盐酸和硫酸蒸气等，但易溶于王水和热的浓硫酸及浓硝酸。块状金属钯能吸收大量氢气，使体积显著胀大，变脆乃至破裂成碎片，加热至一定温度后，吸收的氢气可大部分释出。钯是航天、航空、航海、兵器和核能、汽车等领域不可或缺的关键材料，在化学化工领域广泛用于催化剂，特别是氢化或脱氢催化剂。钯与钌、铱、银、金、铜等的合金，可提高钯的电阻率、硬度和强度，用于制造精密电阻、珠宝饰物等。虽然钯对氢有独特的透过性能，但纯钯的力学性能较差，高温时易氧化，再结晶温度低。纯钯材料易变形和脆化，不能直接用于制膜，而用钯与银等合金制成的钯膜，可用于氢气与杂质等的分离。

不锈钢（stainless steel）又称不锈耐酸钢，是最常见的金属制膜原料。不锈钢定义为在大气和酸、碱、盐等腐蚀性介质中呈现钝态、耐蚀而不生锈的高铬（一般为12%～30%）合金钢。不锈钢中的主要合金元素是铬（chromium，Cr）。只有当铬含量达到一定值时，钢才有耐蚀性。不锈钢的耐蚀性随含碳量增加而降低，多数不锈钢的含碳量均较低。不锈钢中还含有镍、钼、钛、铌、铜、氮等元素，以满足各种用途对不锈钢组织和性能的要求。不锈钢易被氯离子腐蚀。

金属膜又可分为致密金属膜和多孔金属膜。致密金属膜产生于20世纪60年代，如镍膜、钯膜、钯合金膜以及不锈钢膜等，往往为梯度复合结构，膜层孔径与气体分子的自由程为同一数量级，主要用于气体分离和提纯。例如，以多孔不锈钢为支撑体，在其内表面烧结一层致密的TiO_2膜，从而制成结构密实、膜面光洁、抗污染的不对称微孔滤膜。

多孔金属膜产生于20世纪40年代。为了分离铀同位素，研究人员发明了金属镍微孔膜，但因其热稳定性较差，未获得工业应用。20世纪90年代出现的不锈钢膜，在液-固、气-固和固-固分离等方面得到应用，如美国盟德公司生产的多孔不锈钢过滤材料，其过滤精度范围为$0.05～100\mu m$。多孔金属膜又可分为：①对称多孔金属膜；②以多孔金属为基体，金属、金属氧化物、合金为膜层（表面分离层）的不对称复合金属膜；③基体（支撑体）与膜层均为金属的不对称复合金属膜。已获得实用的多孔金属膜主要为微滤膜，而超滤和纳滤金属膜很少。以聚醚砜为载体，采用相转化-烧结法制备的单通道和三通道不锈钢中空纤维膜，如图1-50所示，图中由左至右依次为横截面、横截面局部放大和外表面形貌[34]。

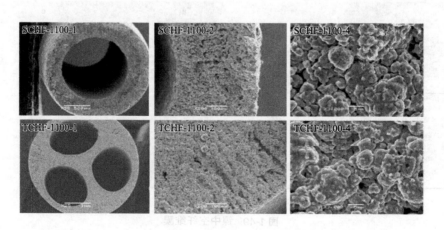

图1-50 相转化-烧结法制备的单通道和三通道不锈钢中空纤维膜形貌

1.4.2.4 碳材质

由含碳物质经高温热解碳化制成的碳膜（carbon membrane）是一种新型的无机膜，不仅具有良好的耐热、耐酸碱、耐有机试剂能力以及较高的力学强度，而且还具有均匀的孔径分布和较强的渗透能力及较好的选择性。20 世纪 80 年代以来，用于气体分离的管式、板式以及中空纤维式分子筛碳膜的出现，使碳膜的研究与开发应用进入新的阶段。

碳膜的制膜原料主要为一些有机高分子化合物，如聚丙烯腈、聚酰亚胺、沥青、碳纳米管等。碳膜可分为均质碳膜和复合碳膜。前者直接由热固性聚合物中空纤维或薄膜在惰性气体或真空中加热碳化、释放低分子气体后产生多孔结构而制得，不需要支撑材料，制备过程较简便，但产物性脆。复合碳膜是由支撑体碳膜（或其他材质支撑体）与选择分离层碳膜复合而成，所用方法是制备碳膜中较常用的方法。碳膜在工业废水、乳品饮料、啤酒、气体分离、空气中脱除有机物蒸气以及碳膜反应器等方面都有应用。图 1-51 是采用相转化-烧结偶合法研制的碳纳米管中空纤维正渗透膜的形貌，用于水净化[35]。

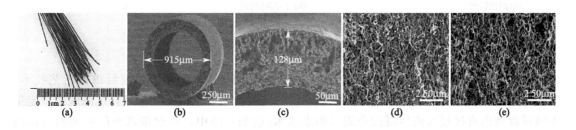

图 1-51　相转化-烧结偶合法研制的碳纳米管中空纤维正渗透膜形貌

1.5　中空纤维膜制备方法

随着我国经济和社会的不断发展，传统水净化工艺技术如氯化、絮凝沉淀、离子交换等已不能满足低投资、低运行成本、高水质和稳定可靠的要求，新技术、新产品的开发显得尤为重要。中空纤维膜技术具有能耗低、装置体积小、易操作、效益高、不产生二次污染等特点，是资源、能源和环境等领域的共性技术，已成为节能减排，特别是水处理等领域深受关注的首选技术和核心技术。虽然中空纤维膜的制备方法源于化学纤维的纺丝技术，但中空纤维膜的制备不仅要满足膜材料力学性能的要求，同时还要兼顾膜的分离与传递性能，后者要求更为突出。因此，随着中空纤维膜技术的不断发展，纺丝制膜技术也在不断进步，一些新的或改进的方法和技术获得应用。目前产业化应用较多的中空纤维膜制备方法主要有溶液纺丝（溶液相转化）法、熔融纺丝-拉伸法、热致相分离法、复合制膜法、糊料挤出-拉伸法、载体纺丝-烧结法等。

1.5.1　有机膜制备方法

1.5.1.1　溶液纺丝法

溶液纺丝法也称溶液相转化法、浸没沉淀相转化法、非溶剂致相分离（non-solvent

induced phase separation，NIPS）法等，是传统的化学纤维成形方法，在化学纤维生产中主要用于分解温度低于熔点的成纤聚合物（如纤维素及其衍生物、聚丙烯腈、聚乙烯醇、芳香族聚酰胺等）纺丝成形。如图 1-52 所示，依据纺丝细流固化成形的方式，溶液纺丝法又可分为湿法纺丝、干-湿法纺丝和干法纺丝，原则上三种方法都可用于制备中空纤维膜[36]。

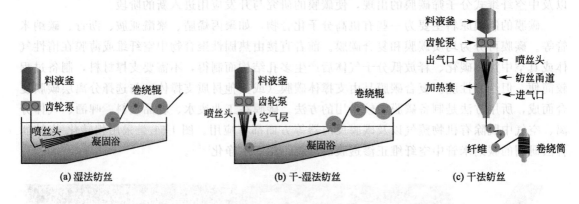

(a) 湿法纺丝　　　　　　　(b) 干-湿法纺丝　　　　　　　(c) 干法纺丝

图 1-52　溶液纺丝法示意

湿法纺丝（wet spinning）［图 1-52(a)］是最早用于生产再生纤维素纤维的工艺技术。首先将成纤聚合物溶解于适当溶剂中，调制成一定聚合物含量的纺丝溶液，过滤脱泡，定量由喷丝板挤出直接浸入液体凝固介质（如水或水/溶剂）浴中；纺丝细流中的溶剂向凝固浴中扩散，凝固浴中的凝固剂向纺丝细流内部扩散，随之聚合物在凝固浴中逐渐析出形成凝胶状初生纤维，经后处理（拉伸、水洗、干燥、定型等）制成纤维。

干-湿法纺丝（dry-wet spinning）［图 1-52(b)］，又称干喷-湿纺（dry-jet wet spinning），是 20 世纪 60 年代杜邦公司开发的纺丝技术，用于纺制溶致性液晶芳香族聚酰胺纤维，所以这种方法也称为液晶纺丝。例如，将刚性的聚对苯二甲酰对苯二胺大分子溶解在适当溶剂（如浓硫酸）中，调制成的纺丝溶液在一定条件下显示液晶性质。此状态下溶液具有浓度较高而黏度较低的特性，有利于提高纺丝效率。液晶态溶液经喷丝孔道受剪切作用被挤出，在外力作用下沿流动方向高度取向，纺丝细流离开喷丝板后的解取向效应远小于柔性大分子，初生纤维不必后拉伸只经水洗、热处理即可制得高强高模纤维。该方法广泛应用于NIPS 法制备中空纤维膜。

干法纺丝（dry spinning）溶液中聚合物含量略高于湿法纺丝或干-湿法纺丝［图 1-52(c)］。由喷丝板挤出的纺丝细流直接进入流动的热空气（或其他气体）甬道，纺丝细流中的溶剂快速挥发并被热气流带走，纺丝细流中聚合物逐渐浓缩并固化成形，在卷绕张力作用下伸长变细而成为初生纤维，经后处理制成纤维。通常干法纤维的结构致密化程度高于湿法纤维。

原则上，溶液纺丝法中湿法、干-湿法和干法都可用于中空纤维膜制备；而在实际中，干-湿法是更常用和成熟的中空纤维膜制备方法。例如，将成膜聚合物和适当的水溶性成孔剂（如多元醇）溶解在适当的溶剂中，调制成纺丝溶液（铸膜液），经中空喷丝板（如插入管式喷丝板）挤出后经一段空气（或其他气体）层浸入凝固浴，纺丝细流中溶剂与凝固剂（非溶剂）发生双扩散，使纺丝细流处于热力学不稳定状态，发生相分离。纺丝细流中聚合物富相凝固成形为中空纤维膜主体，而聚合物贫相则形成所谓的指状孔结构。初生中空纤维膜经水洗等进一步除去水溶性成孔剂后，制成具有一定多孔结构的中空纤维膜。如图 1-53 所示，由于纺丝溶液中聚合物浓度较低，溶液纺丝成形后的初生纤维中自身就含有大量因"双扩散"而成的孔隙，即使不在铸膜液中添加水溶性成孔剂，通过调整聚合物含量、凝固条件、后拉伸程度等，也能制得具有一定渗透通量和截留率的不对称结构聚丙烯腈中空纤维膜。其内外表面为致密层，膜壁内的指状孔结构部分为支撑层[37]。

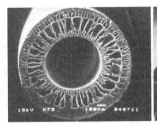 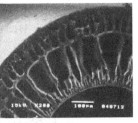

(a) 横截面　　　　　　(b) 横截面放大

图 1-53　干-湿法聚丙烯腈中空纤维膜形貌

干-湿法纺丝中影响中空纤维膜结构与性能的主要因素包括：铸膜液组成、纺丝可纺性、喷丝头结构尺寸、纺丝挤出和卷绕速度、芯液（或气体）、空气层高度以及凝固浴组成和温度等。

干-湿法纺丝中涉及纺丝细流（均相聚合物溶液）分离为聚合物富相和聚合物贫相的相分离过程，可由非溶剂、空气（或其他气体）或溶液诱发。最简单的成膜体系包含聚合物-溶剂-非溶剂三种组分，如图 1-54 所示[38]。在双结线与旋结线之间的亚稳态区域 A 和 C，聚合物分离成为聚合物富相和聚合物贫相，在这些区域成核并随时间而增长。在区域 A，聚合物富相的体积大于聚合物贫相，贫聚合物小液滴分散于富聚合物连续相中，聚合物贫相的成核和生长可引发相分离过程。在 C 区域，聚合物贫相的体积大于聚合物富相，富聚合物小液滴分散于贫聚合物连续相中，聚合物富相不断增大成核。如果聚合物组成穿过临界点，即双结线与旋结线交叉点，则进入聚合物富相和聚合物贫相相互交错而成的液-液分相体系，形成双连续结构。最后，当非溶剂的浓度超过临界值时，则发生完全凝固，形成固定的聚合物结构（膜的主体），聚合物贫相洗脱后呈现孔隙结构。如图 1-54 所示，通常临界点处聚合物的含量很低，所以膜的凝固成形可出现在 A 或 B 区域中。在实际纺丝制膜过程中，往往加入添加剂（如成孔剂等），这时的相图可用四面体表示，其中添加剂与聚合物一样，作为单一组分。

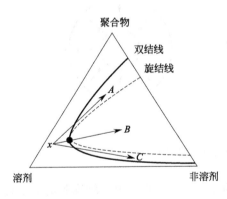

图 1-54　聚合物-溶剂-非溶剂三元相图

x—原液；●—临界点

在纺丝制膜过程中，中空喷丝板的结构设计至关重要。如图 1-55(a) 所示，由两个同心毛细管组成的中空喷丝头，外侧毛细管直径约为 $400\mu m$，中间毛细管外径约为 $200\mu m$、内径约为 $100\mu m$。聚合物溶液由外侧毛细管进入，气体或芯液从中间毛细管注入。相对于聚合物溶液流动速度，芯液注入的速度影响中空纤维膜内表面凝固的快慢和致密层厚度；图 1-55(b) 为三孔喷丝头，用于干-湿法纺制正渗透中空纤维膜，纺制的膜具有良好的力学强度和渗透性能[39]。

如图 1-52(b) 所示，聚合物溶液由喷丝孔挤出经空气层后进入凝固浴凝固成形，水洗、卷绕。空气层高度（即纺丝细流在空气中滞留时间）、芯液和凝固浴组成等都是影响

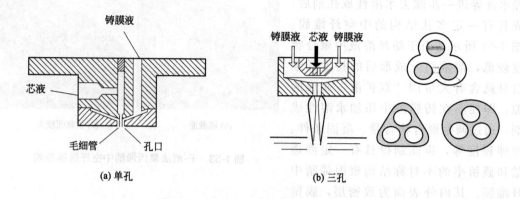

图 1-55　中空喷丝头结构

膜各向异性致密皮层的重要因素。例如，水为芯液时，凝固浴中含一定量溶剂，则中空纤维内表面将较快沉淀凝固；当芯液含一定量溶剂而凝固浴为水时，则中空纤维外表面较快沉淀凝固，形成致密皮层（表面分离层）。如图 1-56 所示，在许多情况下，中空纤维的内外表面都会较快凝固，形成较致密的皮层[2]。通常，在中空纤维膜运行过程中，内皮层或外皮层首先接触进料液，直接影响分离过程和效果，所以合理调控皮层的位置和结构至关重要。

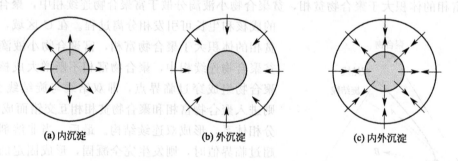

图 1-56　内外表面沉淀对中空纤维膜致密皮层的作用

　　由于溶液纺丝法需使用大量溶剂（约占成膜体系的 80%），且所得中空纤维膜的力学性能较差，溶剂回收过程较杂，易产生环境问题等，所以发展受到限制。

1.5.1.2　熔融纺丝-拉伸法

　　熔融纺丝-拉伸法（melt spinning-cold stretching，MSCS）是将成膜聚合物熔体在高温剪切作用下由喷丝孔挤出，纺丝熔体细流冷却固化成形，经后拉伸使初生中空纤维膜中垂直于挤出方向平行排列的大分子片晶结构发生变形而形成孔隙，再经热处理使孔隙结构定型制成中空纤维膜。这种方法适用于结晶或半结晶性聚合物，如聚丙烯、聚乙烯等聚烯烃本体纺丝制膜，不需要溶剂、添加剂等，有利于环保。图 1-57 为立式熔融纺丝法聚烯烃中空纤维膜的制备工艺。螺杆挤出机将成膜聚烯烃熔体经喷丝头熔融挤出，在卷绕牵引张力作用下，经空气和水浴冷却固化成形，卷绕成为初生中空纤维膜。

　　图 1-58 为聚乙烯初生中空纤维膜多辊连续拉伸装置，包括形变速率可调控的冷拉伸和

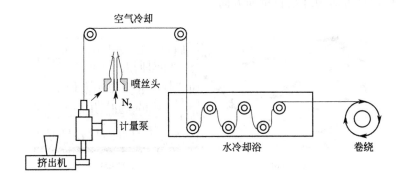

图1-57 立式熔融纺丝法聚烯烃中空纤维膜的制备工艺

热拉伸。冷拉伸在室温下进行，然后进行热拉伸操作：将重结晶处理后的初生中空纤维膜由1处喂入，经冷拉装置2和热拉装置3，最后卷绕至卷绕装置4，定型。重结晶温度为120～140℃，沿中空纤维膜轴向形成平行排列的片晶结构，经一定程度的冷热拉伸，片晶结构分离并形成孔隙（微孔），片晶与片晶之间由微原纤连接，最后经130～140℃热定型制成聚乙烯中空纤维膜。图1-59为聚乙烯初生中空纤维膜重结晶化前后及拉伸后形貌[40]。

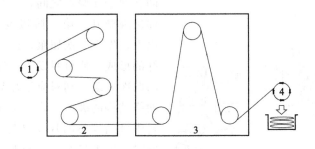

图1-58 多辊连续拉伸装置

1—初生纤维；2—冷拉装置；3—热拉装置；4—卷绕装置

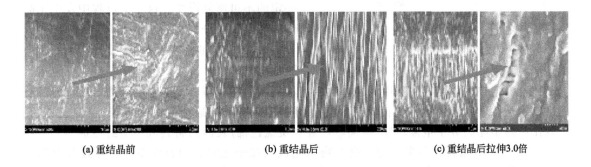

(a) 重结晶前   (b) 重结晶后   (c) 重结晶后拉伸3.0倍

图1-59 聚乙烯初生中空纤维膜重结晶化前后及拉伸后形貌

图1-60是喷丝头拉伸比为2700的初生聚丙烯中空纤维膜经热处理和拉伸后表面形貌，在AFM图上可清晰观察到平行排列的片晶结构；片晶分离形成孔隙（微孔），孔隙中间由

微原纤连接，微原纤方向为纤维膜拉伸方向[41]。

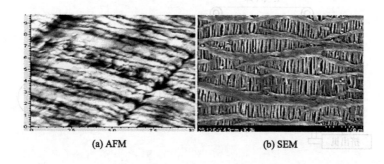

(a) AFM   (b) SEM

图 1-60 喷丝头拉伸比为 2700 的初生聚丙烯中空纤维膜经热处理和拉伸后表面形貌

对于橡胶等弹性材料，拉伸过程中材料的表观体积和密度基本不变，而垂直于拉伸方向的横截面积减小；对于聚丙烯等所谓硬弹性材料，拉伸过程中初生中空纤维膜的横截面积基本不变，但因产生大量孔隙，导致表观体积增大、密度减小。硬弹性材料在拉伸过程中可分为三个阶段，如图 1-61 所示[42]。第一阶段发生在伸长率低于 10％时，即在第一个屈服点之前，晶体（片晶）沿拉伸方向发生转动和取向。第二阶段发生在伸长率为 10％～40％之间，即在两个屈服点之间，片晶发生分离，材料表面出现微孔。第三阶段发生在伸长率为 40％以上，发生二次屈服，由于片晶的倾斜和微原纤的形成，使材料发生塑性形变。硬弹性材料的两次屈服分别对应于片晶的滑移位错和片晶网络结构的破坏。第一个屈服点后，硬弹性材料中排列规整的片晶被拉开，形成网络结构，同时产生大量孔隙，材料横截面积基本不变，形变可恢复。第二个屈服点后，大量片晶之间的折叠链被拉开，片晶平面尺寸变小，网络结构被破坏，材料横截面积明显减小，材料发生一定的不可恢复形变。这三个过程中发生了晶体旋转、片晶分离而形成孔隙以及塑性形变。当伸长率大于 60％后，塑性变形（伸长率）更加明显。

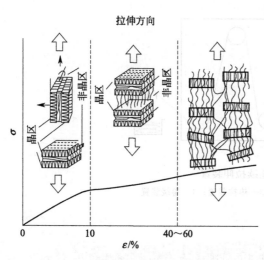

图 1-61 室温拉伸硬弹性聚丙烯形变

我们根据热力学相容性理论和聚合物共混界面相分离原理，提出了聚合物/聚合物共混、无机物粒子掺杂聚合物拉伸界面致孔原理，研制出具有良好通透性的聚氨酯/聚偏氟乙烯、二氧化硅掺杂超高分子量聚乙烯/聚偏氟乙烯和聚氯乙烯/聚丙烯腈共混中空纤维膜等[43-45]。如图 1-62 所示，聚合物与聚合物、聚合物与无机物粒子之间的相容性差异，导致共混物或掺杂物在挤出纺丝过程中形成相界面。冷却成形和拉伸过程中各组分响应不同，组分之间在相应位置沿拉伸方向发生界面相分离，形成微孔结构。利用界面孔特点，若选择弹性聚合物为基质（连续相），以非弹性聚合物或刚性无机物粒子为分散相组成成膜体系，最后制得具有界面孔特征的中空纤维膜。运行过程中随操作压力及温度变化，膜的界面孔尺寸及孔隙率也发生变化，表现出一定的压力及温度响应功能。

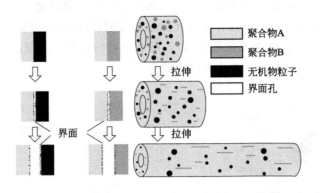

	聚合物A
	聚合物B
	无机物粒子
	界面孔

图1-62 中空纤维膜拉伸界面致孔

1.5.1.3 热致相分离法

热致相分离（thermally induced phase separation，TIPS）法是将成膜聚合物与低挥发性的高沸点稀释剂（或称高温溶剂）混合，在高温下调制成均相溶液（铸膜液），经中空喷丝板挤出纺丝，在降温冷却成形过程中体系发生相分离。分相后纺丝细流形成以成膜聚合物为连续相、稀释剂为分散相的两相结构初生中空纤维膜，采用适当的低分子挥发性萃取剂将稀释剂洗脱出来，从而制得具有一定孔隙结构的中空纤维膜。

在纺丝制膜过程中，高温均相成膜体系随着热量流失，发生聚合物富相与聚合物贫相的分离，即液-液相分离，取决于成膜体系中聚合物含量以及聚合物与稀释剂之间的相互作用等；随着体系热量进一步流失，聚合物因结晶或玻璃化转变而固化，体系发生固-液相分离。不同的热诱导相分离类型与固化前铸膜液的热力学平衡状态有关。图1-63为热致相分离法中空纤维膜横截面形貌，其中蜂窝状（cellular）和网状（lacy）结构是由液-液相分离过程所致，而球粒状（spherulitic particulate）结构则与固-液相分离过程相关[46-48]。

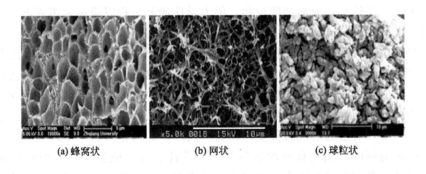

(a) 蜂窝状	(b) 网状	(c) 球粒状

图1-63 热致相分离法中空纤维膜横截面形貌

与溶液纺丝法相比，热致相分离法是较为迅速的传热（热交换）过程，使由喷丝孔挤出的纺丝细流分相，而不是缓慢的溶剂-非溶剂交换（双扩散），更容易调控。所得膜中无较大的指状孔，孔径分布较窄且孔隙率较高，平均孔径较大（通常≥0.1μm），结构较均匀，力学性能较好。在溶液纺丝法中，溶剂-非溶剂之间的双扩散致使纺丝细流中部分溶剂参与聚合物的凝胶化，降低了中空纤维膜孔隙率。热致相分离法不仅拓宽了成膜聚合物原料来源，而且通过改变成膜体系中聚合物组成及含量、稀释剂组成、降温速度、萃取方式等，可实现膜结构的多样性和可控性，制备具有不同孔隙结构及通透性的中空纤维膜，包括各向同性和各向异性的微孔膜。图1-64为聚偏氟乙烯/乙酸甘油酯（溶剂）/丙三醇（非溶剂）三元体系热致相分离法制得的聚偏氟乙烯中空纤维膜形貌[49]。

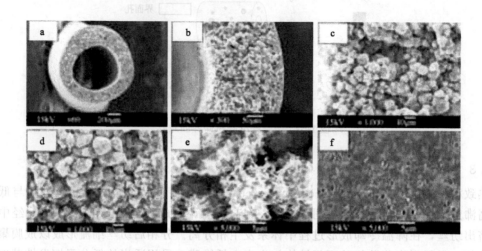

图1-64　热致相分离法制得的聚偏氟乙烯中空纤维膜形貌
（a）横截面；（b）横截面；（c）近内表面横截面；（d）近外表面横截面；（e）内表面；（f）外表面

1.5.1.4　复合制膜法

随着中空纤维膜技术应用领域不断拓宽，对膜性能的要求越来越高。在浸没式膜生物反应器（membrane bio-reactor，MBR）水处理过程中，为保持污泥活性和膜的通量稳定、减少污染等，应采用曝气、间歇出水、空曝等操作手段，导致系统运行过程中帘式中空纤维膜不断受到流体冲击、扰动，增大了对膜表面的剪切作用和冲击负荷。传统溶液纺丝法中空纤维膜，虽然平均孔径较小，分离精度较高，但力学性能差，难以满足实用要求。因此，研究与开发兼具高强度和高分离精度的中空纤维膜受到人们的高度重视。

目前高强度中空纤维膜的研究重点大多集中在制膜原料、配方、纺丝制膜工艺及改性等方面，如选用高分子量的聚合物、成膜体系中掺杂无机填料、采用热致相分离法制备高强度中空纤维膜等。但是，通过改变成膜体系组成等对提高中空纤维膜强度的效果并不显著，而热致相分离法所得膜的强度虽然较高，但平均孔径较大，分离精度较低，膜运行过程中易形成深度嵌入式污染，对膜的清洗过程要求较高。因此，如何在保持中空纤维膜具有较高截留精度和通透性能的同时，兼具良好的抗污染、力学性能等，成为中空纤维膜材料研发的热点。近年来各种复合增强制膜技术发展很快，已成为改进和优化中空纤维膜性能、开发中空纤维膜新品种的有效方法，包括皮/芯复合法、纤维增强法等。

（1）皮/芯复合法

皮/芯复合中空纤维膜是由内外两层结构和功能不同的材料复合而成，通常皮层为结构较致密和较薄的分离层（功能层），芯层为多孔支撑层（多孔基膜，提供力学强度），二者之间存在界面。与皮/芯复合化学纤维相似，在皮/芯复合中空纤维膜中，皮层与芯层的组分可为同种材质即同质复合，也可为不同材质即异质复合。

① 同心圆复合（concentric circles composite）法，以中空纤维多孔膜为基膜，在牵引

张力作用下，基膜通过复合喷丝头内侧孔道，与外侧孔道的铸膜液共挤出，使铸膜液均匀复合（涂覆）在基膜表面。经空气层浸入凝固浴中凝固成形，通过卷绕、水洗等制成皮/芯复合中空纤维膜。在复合过程中，铸膜液可能渗入基膜表面孔隙，形成较致密的界面层，影响膜的通透性；如果基膜与表面层之间相容性差，则界面结合强度低，膜使用过程中易发生表面层脱落或剥离现象。我们以双螺杆挤出增塑纺丝-拉伸法制得的聚氯乙烯中空纤维多孔膜为基膜，经预浸润处理，采用溶液纺丝法在基膜表面复合 PVC 同质分离层，制备了同质增强型聚氯乙烯中空纤维膜[50]；开发出熔体/溶液一体化同质复合制膜技术（图 1-65）。在熔融纺丝法聚偏氟乙烯中空纤维多孔膜纺丝成形过程中，在线复合表面聚偏氟乙烯分离层，制备出同质增强型聚偏氟乙烯中空纤维膜。其不仅具有良好的界面结构（图 1-66），还兼具高分离精度和高强度、大通量、抗污染等特点，"同质增强型 PVDF 中空纤维膜及膜组件"被列为国家重点新产品，在水处理领域得到广泛应用[51,52]。

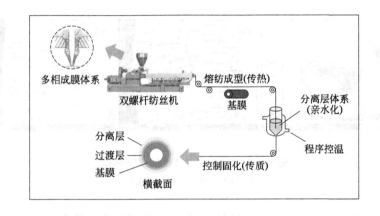

图 1-65　同质增强型中空纤维膜制备工艺

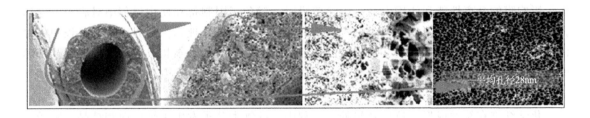

图 1-66　同质增强型 PVDF 中空纤维膜界面形貌

② 浸涂-交联（dip-coating）法，也称界面聚合（interfacial polymerization，IP）法。它是以浸渍的方式在中空纤维基膜表面（外表面或内表面）涂覆单体或聚合物溶液，再与含交联剂的溶液相互作用，通过聚合或交联使预涂覆单体或聚合物形成三维交联网络结构，成为不溶于水和具有选择性透过功能的表面分离层。该方法具有操作简便和容易控制、表面薄层构造等特点，成为制备纳滤和反渗透复合膜的常用方法。例如，采用干-湿法纺丝工艺制备双层（聚酰胺-酰亚胺/聚醚砜，PAI/PES）中空纤维基膜，在基膜表面涂覆聚丙烯酰胺（PAAM），经 70℃热交联制得荷正电 PAAM/PAI/PES 复合纳滤膜（图 1-67）。其对阳离子如 Mg^{2+}、Ca^{2+} 的去除率大于 92%，在 0.2MPa 操作压力下处理 3000mg/L 总溶解固体

（TDS）的盐水溶液时，操作压力为 0.1MPa 下的通量达到 15.8L/(m² · h)[53]；在聚醚砜中空纤维基膜内表面充满聚电解质溶液聚丙烯胺盐酸盐（PAH）和聚苯乙烯磺酸钠（PSS），用戊二醛交联，所得膜表现出典型的纳滤性质，对 MgSO₄ 和 NaCl 截留率分别为 97.4% 和 33.5%[54]；以聚砜中空纤维膜为基膜，用间苯二胺与均苯三甲酰氯界面聚合，制备中空纤维正渗透膜。研究表明，正渗透膜的渗透效率与基膜厚度有关：基膜越厚，渗透效率越低；但基膜过薄，则导致膜的力学性能变差。当正渗透膜厚度为 0.129mm 时，断裂强力为 2.48N，水通量为 10.3L/(m² · h)，逆向盐扩散性能为 0.15g/L[55]；在聚醚砜中空纤维基膜内表面引入含有抗污染的两性离子和基于羟基的锚固基团共聚物，制成高渗透性和抗污染性的中空纤维反渗透膜。膜表面的共聚物起到减少聚酰胺膜层厚度和纳米孔的作用，优化了复合膜的整体结构，操作压力为 0.1MPa 下膜的水通量为 10.5L/(m² · h)，NaCl 截留率为 98.1%，显示出良好的抗污染性[56]。

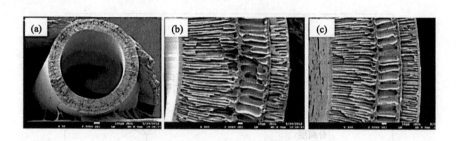

图 1-67 双基膜中空纤维纳滤膜形貌
(a)、(b) 交联前；(c) 交联后

　　根据复合中空纤维膜的表面分离层所处位置，可将其分为外涂覆和内涂覆复合中空纤维膜。外涂覆膜的制备工艺相对简单，可获取较大的膜面积，但涂覆过程中膜丝之间易相互粘连。在组装制备膜组件以及使用过程中，因膜丝之间摩擦等原因，易造成膜表面分离层损伤，影响膜的分离性能和使用寿命。内涂覆膜时，避免了因制备和使用过程中对膜表面的伤害，但涂覆工艺较外涂覆复杂，包括浸涂溶液的导入、干燥处理等。在界面聚合过程中，单体种类、单体浓度、液体浸渍、反应时间、后处理温度和时间、水相或油相添加剂以及基膜的荷电性、亲水性等都会对膜表面超薄致密层的结构与性能产生影响。

　　（2）纤维增强法

　　化学纤维在纺丝成形、拉伸及热处理过程中，纤维大分子发生单轴取向和结晶，赋予最终纤维产品良好的物理-力学性能，因此纤维及其聚集体是中空纤维膜较为理想的增强体（或支撑体、支撑层）。作为增强体，增强纤维可以是连续纤维（长丝），也可以是纤维编织管或编织网，或者管状非织造纤维材料等。

　　① 连续纤维内增强。在干-湿法纺丝制膜过程中，连续纤维（长丝或长丝束）内增强是将连续纤维以一定形式排布，在牵引张力作用下与铸膜液同时通过喷丝孔道，经空气层后浸入凝固浴凝固成形，经水洗、定型等制成的连续纤维沿中空纤维膜轴向包覆膜壁中的内增强型中空纤维膜，连续纤维起到轴向增强作用。例如，图 1-68(a) 所示为日本三菱人造丝公司发明的连续纤维内增强型中空纤维膜，可有效提高膜的轴向拉伸强度，对膜的通透性影响不大，但对膜的爆破强度（径向抗张强度）作用较小[57]。日本日东电工公司将 6 束连续纤维嵌入膜壁，其中 3 束为左旋、3 束为右旋缠绕，所得中空纤维膜的爆破强度提高 2 倍以上，而拉

伸强度变化较小[58]，如图 1-68(b) 所示。

② 编织网外增强。图 1-69(a) 为 Ricardo 等[59]
公开的一种管式膜外包覆纤维网增强方法。当内压
操作时，膜内部承受较高压力，膜发生膨胀将压力
传递至纤维网格，膜的膨胀受到约束，保证了膜运
行过程的稳定性。北京碧水源公司[60,61] 将聚酯长
丝编织成密度较大的网状支撑体，包覆在中空纤维
膜表面，使中空纤维膜可承受较大的运行压力，利
于提高流量和流速 [图 1-69(b)、 (c)]；外压式操
作时，膜的清洗可采用高压反冲，而不会出现膜破
裂或表面分离层脱皮现象。当浸没式运行时，可增

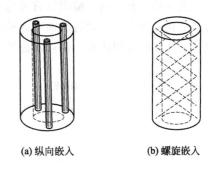

(a) 纵向嵌入　　(b) 螺旋嵌入

图 1-68 连续纤维内增强型中空纤维膜

大运行过程的曝气量，减少污泥沉积，从而可减少膜污染。若将编织网同时包覆 3 根膜丝，
可有效提高编织效率和降低编织网成本。

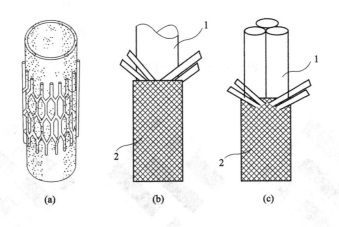

(a)　　　　(b)　　　　(c)

图 1-69 编织网外增强型中空纤维膜
1—中空纤维膜；2—纤维编织网

③ 内衬编织管增强。内衬编织管增强即编织管增强，是将连续纤维如聚酯、聚酰胺等
长丝编织成中空管状编织物作为增强体。采用同心圆复合纺丝技术，在纤维编织管外表面复
合铸膜液，凝固成形，制成内衬式编织管增强型中空纤维膜。该方法是目前制备增强型中空
纤维超/微滤膜最常用的方法。

图 1-70 为制备编织管增强型中空纤维膜所使用的两种纺丝制膜喷丝头结构[62,63]。如图
1-70(a) 所示，喷丝头包括内筒，内筒有内孔，编织管通过内孔通达内筒末端固定的圆形孔
道，使圆形横截面编织管表面涂覆铸膜液，涂覆层厚度取决于编织管所受牵引的速度、铸膜液
黏度等。如将聚酰胺 66 长丝编织成外径 1.88~2.01mm、内径 0.86~1.06mm 的中空编织管
时，表面涂覆由聚偏氟乙烯/N-甲基吡咯烷酮/多元醇调制而成的铸膜液，凝固成形，最后所
得膜的壁厚为 0.475~0.520mm、操作压力为 0.1MPa 时下水通量为 291.89~650.33L/(m^2 · h)、
断裂强力为 26.38~34.16N。通过改变编织管的编织结构，可以调整表面分离层与编织管之间
界面结合状态 (图 1-71)。该方法所得中空纤维膜不仅具有优异的拉伸强度，而且径向抗张和
抗压性能也都得到改善，特别适用于水处理领域 MBR 系统。图 1-70(b) 为另一种喷丝头结

构。在进入喷丝孔之前，编织管首先与非凝固剂接触浸润，通过喷丝孔道时，与外管的铸膜液复合，受孔道约束，编织管表面多余的铸膜液被截留在毛细孔道内，而涂覆一定厚度铸膜液的编织管离开孔口凝固成形，最后制成编织管增强型中空纤维膜。

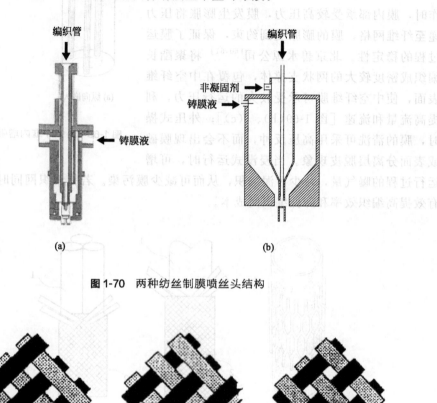

图 1-70　两种纺丝制膜喷丝头结构

(a) 赫格利斯编织　　　　　　(b) 规则编织　　　　　　(c) 菱形编织

图 1-71　编织管编织结构

　　编织管增强型中空纤维膜在运行及反洗过程中，常产生因表面层缺陷、表面层与支撑体之间结合不良而出现界面分离、脱皮等问题。为实现表面分离层的均质化，可采用二次涂覆工艺，如先将编织管内充满芯液，再在编织管外涂覆第一层铸膜液，凝固成形后，再经第二层涂覆，制成的中空纤维膜可有效减少表面分离层的缺陷。通过对纤维编织管表面进行预处理，如表面化学刻蚀或接枝、交联等，可改进纤维编织管与表面聚合物分离层之间的相互作用，这也是提高增强型中空纤维膜界面结合强度的有效方法。图 1-72 所示的喷丝头，有两个溶液进口，可在编织管表面涂覆不同浓度的同一聚合物或不同聚合物溶液。这种结构可有效改善表面分离层与编织管之间的界面结合状态，制备性能优异的编织管增强型中空纤维膜[64]。

　　编织管增强型中空纤维膜的制备方法，实现了可分别设计膜的过滤功能与膜的力学性能，即通过调整铸膜液组成及成形工艺优化膜的分离性能，而增强赋予膜的高强度。影响

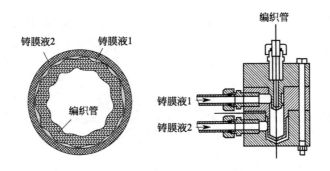

图 1-72 双铸膜液进料喷丝头结构

编织管增强型中空纤维膜结构与性能的因素，还包括纤维种类、编织结构、喂丝张力、后处理及亲水改性等。北京碧水源公司通过优化上述因素和过程控制，制备的编织管增强型聚偏氟乙烯中空纤维膜强度达 450N，操作压力为 0.1MPa 下的水通量＞3000L/(m^2·h)。经过 MBR 系统长期运行评价，表明这种膜可在较高的污水通量下长期稳定运行，能满足规模化工程应用需要[65]。将涤纶短纤维制成直径 2.4mm 的无纺管作为支撑体，采用溶液纺丝法在无纺管表面复合 PVDF 分离层，制得的增强型 PVDF 中空纤维膜，其拉伸强度为 25MPa，爆破强度＞0.5MPa，0.1MPa 下的纯水通量最高超过 4200L/(m^2·h)[66]。

我们采用在线化学发泡法制备了聚对苯二甲酸乙二酯（polyethyleneterephthalate，PET）纤维编织管增强型弹性聚氨酯（polyurethane，PU）中空纤维膜。如图 1-73 所示，在线化学发泡法 PU 中空纤维膜横截面由 PET 纤维编织管和 PU 中空纤维膜两部分组成，两相之间紧密结合，赋予中空纤维膜良好的界面结合状态和力学性能；膜的外表面相对较疏松、粗糙，存在大孔结构，多数孔为开孔，也有一定量的闭孔[67]。

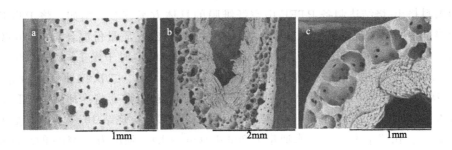

图 1-73 编织管增强型 PU 中空纤维膜形貌

我们根据热力学相容性理论，提出"同质增强"方案，即增强体（编织管）与表面聚合物分离层为相同材质，解决两相之间相容性问题，有效改善界面结合状态。例如，以聚丙烯腈（PAN）纤维编织管为增强体，表面复合 PAN 同质分离层，所得同质编织管增强型 PAN 中空纤维膜的界面结合状态，明显优于常规聚酯纤维（涤纶）编织管增强型 PAN 中空纤维膜，类似的如醋酸纤维素（CA）、聚对苯二甲酰对苯二胺（PPTA）和聚偏氟乙烯（PVDF）中空纤维膜等（图 1-74）。同时，采用同质增强方式也有利于废弃膜丝的回收与再利用。

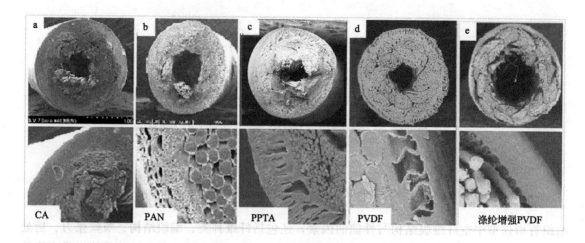

图 1-74 同质编织管增强型中空纤维膜界面形貌

1.5.1.5 糊料挤出-拉伸法

聚四氟乙烯（PTFE）是一种线型、螺旋状对称结构的大分子，结晶度高，玻璃化转变温度约为 115℃，结晶转变温度约为 327℃，热分解温度为 415℃，但 360℃时大分子链开始断裂，380℃时熔体黏度达 10^{10} Pa·s。其可在 $-250\sim260℃$ 下长期使用，400℃以上分解，在密封件、高温烟尘过滤、废水和废液处理以及高收缩强度、耐热、耐化学腐蚀制品的缝纫线等方面得到广泛应用。用 PTFE 制成的中空纤维膜，因具有表面能低、耐酸碱和高温、抗污染、耐氧化、力学性能优良等特点而深受关注。由于 PTFE 树脂不溶解、难熔融，所以不能采用传统方法制成中空纤维膜，目前较常用的制膜方法主要为糊料挤出-烧结法和载体纺丝-烧结法[68]。

采用糊料挤出-烧结法制备 PTFE 中空纤维膜的具体方案较多。例如，将 PTFE 树脂与助剂（如溶剂油、石蜡油、硅油、白油）按 100：（16~22）质量份混合均匀，60℃时保温1~2h；在 30~90℃、压缩比 85~135 条件下挤出成形，60℃时干燥 1~2h；220~280℃时预热 5~10min，一次拉伸 1~2 倍，320~360℃时预热 10s，二次拉伸 5~10 倍；360~380℃时一次烧结 10~30s，制得 PTFE 中空纤维基膜（支撑体）。将冷却后的 PTFE 中空纤维基膜浸入 PTFE 乳液中 0.5~1h，干燥后在 360~380℃二次烧结 10~20s，最后制成平均孔径为 0.1μm、孔隙率为 90%、水通量为 2000L/（m²·h）、强度为 12MPa 的高通量、高强度 PTFE 中空纤维膜。其对分子量为 65000 的牛血清蛋白截留率在 60%以上[69]。类似的制备 PTFE 管式膜方案，步骤如下。

混料：以粒径 30~60μm 粉状 PTFE 树脂为原料，加入 15%~25%液体润滑剂（如液体石蜡、石油醚、煤油），混合均匀后在 50~70℃密闭容器中保温 2.5~3.5h，使其软化成糊状物料。打坯：将糊状物料置于 20~30℃压坯机中压制成圆柱形坯料。挤出、成形：将坯料置于挤出机中，在 40~60℃、压缩比 1：700 条件下，挤出成形，得到 PTFE 管状体。拉伸、成孔：在 350℃热箱中对管状体实施轴向拉伸，管壁膨化产生 0.2~0.4μm 的微孔。亲水处理：将拉伸后的管状体经亲水处理，使管壁中的微孔具有透水、透气的过滤管材，壁厚为 0.8~1.2mm，用于液体过滤的外径为 2.5~3.5mm、气体过滤外径为 10~20mm[70]。

通常，粒状或粉状 PTFE 树脂具有带状折叠片晶结构，受到挤压后，树脂粒子在压缩及剪切作用下片晶发生滑移，无定形区扩大；拉伸作用下，可形成"原纤-结点"微孔形态；随拉伸倍数增大，PTFE 大分子发生相对滑移，片晶滑动，原纤增多并被进一步拉长和沿拉伸方向取向，结点变小，部分原纤劈裂，结点重组，使结构缺陷（孔径）增大，孔隙率提高；同时，原纤和结点重组趋于稳定，大分子的进一步滑移受阻，不易再拉伸。拉伸后的 PTFE 中空纤维膜经热定型（烧结）处理后，结点进一步融合，膜的尺寸稳定性提高（图 1-75）[71]。

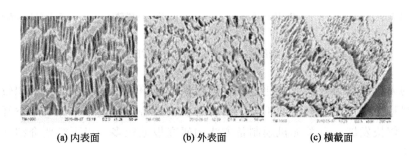

(a) 内表面　　　　　　　(b) 外表面　　　　　　　(c) 横截面

图 1-75　烧结后 PTFE 中空纤维膜形貌

1.5.1.6　载体纺丝-烧结法

载体纺丝-烧结法是将聚四氟乙烯乳液分散在水溶性聚合物（如聚乙烯醇）溶液介质中，纺丝成形，经烧结除去载体聚乙烯醇（PVA）制成 PTFE 中空纤维膜。在成膜体系中，添加适当的助剂、无机物粒子等以及后拉伸，可有效改进所得膜的性能。我们将含有纳米无机物粒子碳酸钙（CaCO₃）的 PTFE 乳液均匀分散在 PVA/硼酸（H₃BO₃）/水凝胶体中，纺制 PTFE/PVA 初生中空纤维膜，烧结后除去载体 PVA，再经后拉伸制成具有界面孔特征的 PTFE/CaCO₃ 杂化中空纤维膜。其为均质膜结构，形成的界面孔不同于 PTFE 双向拉伸产生的纤维-结点状裂隙孔，界面孔的数量和孔径随拉伸倍数增加而增大[72]。

我们以聚［四氟乙烯-co-全氟（丙基乙烯基醚）］［poly (tetrafluoroethylene-co-perfluoro (propylvinyl ether), PFA］为成膜聚合物，填充石墨烯（graphene，GE）的聚乙烯醇/水溶液为纺丝载体，以聚间苯二甲酰间苯二胺（poly-m-phenylene isophthalamide，PMIA）纤维编织管为增强体，采用载体纺丝-烧结法制备了用于油水分离的纤维编织管增强型 GE/PFA 杂化中空纤维膜。通过改变 GE 含量和烧结温度可有效调控膜的结构与性能：随 GE 含量增加，膜的水接触角、表面粗糙度及孔隙率减小，而油通量先增大后减小，油水分离效率增大；随烧结温度升高，油通量减小；在 -0.02MPa 操作压力下，膜对煤油/水的分离效率大于 97%（图 1-76）[73]。

1.5.2　无机膜制备方法

无机膜热稳定性好，可在低于 1000℃ 高温下使用；力学强度高，在较高操作压力下不会被压缩或发生蠕变；耐磨、耐冲刷性好，适用于高压反冲洗膜的再生过程；化学性质稳定，耐强酸和强碱溶液、有机试剂、微生物侵蚀；分离效率高，孔径分布窄和非对称膜结构可显著提高对特征污染物或特定分子量范围溶质的去除率；使用寿命长，可达有机膜的 3～5 倍。但无机材料脆性大、弹性小，加工温度高等，给膜的制备和组件成形带来一定困难。

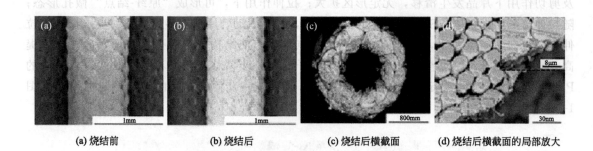

| (a) 烧结前 | (b) 烧结后 | (c) 烧结后横截面 | (d) 烧结后横截面的局部放大 |

图 1-76 烧结前后增强型 PFA 中空纤维膜形貌

目前实用化的无机膜多为管式或多通道式，膜组件的装填密度和有效分离面积较小。为弥补无机膜在材料特性和加工过程中的不足，结合有机膜的特长，近年来无机中空纤维膜的研究与应用也得到较快发展。有关无机膜制备方法的研究报道较多，以下简要介绍几种有工业应用前景的方法。

1.5.2.1 溶胶-凝胶法

溶胶-凝胶（sol-gel）法是将无机盐或金属醇盐前驱体溶于溶剂（水或有机溶剂）中形成均匀的溶液，通过溶质与溶剂产生水解或醇解反应、失水或失醇缩合反应，在溶液中形成稳定的透明溶胶体系，溶胶经陈化，胶粒之间缓慢聚合，形成三维网络结构的凝胶。凝胶网络间充满了失去流动性的溶剂，将凝胶涂覆于陶瓷膜支撑体上，经干燥、焙烧等过程制成陶瓷膜。该工艺过程温度较低，反应易于控制，产品组织结构均匀，可制备孔径分布窄的纳滤膜或气体分离膜。但存在对制膜过程控制要求严格、烧结温度区间较窄、干燥焙烧时易开裂、加工成本较高等方面的不足。

例如，将聚醚砜、N-甲基吡咯烷酮和聚乙烯吡咯烷酮在 70℃混合搅拌溶解，分批加入粒径为 800nm 的 Al_2O_3 颗粒，继续搅拌形成均一稳定的铸膜液。采用溶液纺丝法制备中空纤维膜坯体，干燥后于 1600℃烧结 2h，制成 α-Al_2O_3 中空纤维基膜；以异丙醇铝 $[Al(OC_3H_7)_3]$ 为水解前驱体，采用胶体溶胶法制备勃姆石（AlOOH）溶胶，硝酸为胶溶剂，90℃下恒温回流老化 12h 以上，再加入 PVA 溶液继续搅拌 3h，得到微青色透明稳定的勃姆石溶胶；将 α-Al_2O_3 中空纤维基膜浸渍于勃姆石溶胶 30s 后取出干燥，750℃下焙烧 2h，最后制得荷正电的 γ-Al_2O_3/α-Al_2O_3 中空纤维纳滤膜。其平均孔径为 1.6nm，活性分离层厚度为 2.1μm，对荷正电的染料截留率可达 95％以上[74]。采用溶胶-凝胶法，以正硅酸四乙酯（TEOS）为前驱体，调制 PVDF-SiO_2 铸膜液，制备 PVDF-SiO_2 中空纤维复合膜，发现芯液组成对膜的孔隙结构和性能有很大影响：以 pH＝1 的 HCl 溶液为芯液，所得的膜表面有微小气泡，膜微孔结构存在缺陷，通量和截留率均不稳定；以 1％（质量分数）$NH_3 \cdot H_2O$ 溶液为芯液，观察不到膜的微孔结构缺陷，截留率太小，无实用价值；以 1％（质量分数）NH_4Cl 溶液为芯液的膜结构与性能较完整，具有较大的通量、截留率和较合适的截留分子量[75]。图 1-77 为采用原位溶胶-凝胶法制成的几种聚丙烯酸接枝聚偏氟乙烯（G-PVDF）/TiO_2 纳米复合中空纤维超滤膜，膜的外径均为 1.1mm 左右，膜壁厚均在 0.4～0.5mm。其中，PVDF 膜的横界面呈非对称的三层结构，即很薄的皮层、大孔中间层、海绵状底层；而 G-PVDF 膜和 G-PVDF/TiO_2 纳米复合膜，底层结构由海绵状结构趋于向指状孔结构转变。这是由于聚丙烯酸接枝赋予 G-PVDF 优于 PVDF 的亲水性。在中空纤维膜成形过程中，亲水聚合物更易在支撑层上形成指状孔结构，而疏水聚合物倾向形成致密层结构。当 TiO_2 含量<3%时，TiO_2 在复合膜中均匀分散；TiO_2 含量约为 1%时，G-PVDF/TiO_2 纳米复合膜在 0.1MPa 操作压力下的水通量达到 974L/(m^2·h)，为 PVDF 膜的 4 倍；G-PVDF/TiO_2 纳米复合膜对蛋白质的吸附量低至 24mg/cm^2，为 PVDF 膜的 1/7，表现出良好的防污性和稳定性；而且 TiO_2 纳米粒子的加入并未降低膜的力学强度[76]。

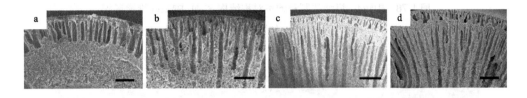

图 1-77 中空纤维膜横截面形貌

(a) PVDF；(b) G-PVDF；(c) G-PVDF/TiO_2 [1%（质量分数）]；(d) G-PVDF/TiO_2 [3%（质量分数）]

溶胶-凝胶法在纳米材料、薄膜及涂层、功能材料、纤维材料以及有机-无机复合材料等领域都得到成功应用，被认为是无机材料合成中最为重要的方法之一。

1.5.2.2　相转化-烧结法

陶瓷材料的硬度大、韧性差，是管式陶瓷膜难以小型化的重要原因。相转化-烧结（phase inversion-sintering）法制备陶瓷中空纤维膜的基本过程：在聚合物溶液中混入陶瓷粉体以及必要的添加剂，经混合、脱泡等得到具有一定流动性的铸膜液（浆料），由中空喷丝孔挤出经空气层后浸入凝固浴，芯液为非溶剂或絮凝剂等。对聚合物而言，有机溶剂是溶剂相，与聚合物互溶，形成可流动的铸膜液；而起固化作用的凝固剂和芯液对聚合物是非溶剂相。当纺丝细流浸入凝固浴时，纺丝细流中溶剂析出，而非溶剂浸入纺丝细流，纺丝细流发生分相，逐渐沉淀析出。聚合物和陶瓷颗粒发生流动重排并形成特定的孔隙结构，得到陶瓷中空纤维坯体（初生中空纤维膜），再经干燥、烧结等过程，聚合物分解，最后制得表面为微孔层或致密层、指状大孔支撑层的非对称结构陶瓷中空纤维膜。该方法制备的中空纤维陶瓷膜具有装填密度高和单位体积膜有效过滤面积大、膜壁薄、自支撑和非对称结构、渗透通量大等特点，在石化、冶金、食品、医药、新能源和环保等领域有很好的应用前景。

图 1-78 是采用相转化-烧结法研制的不对称结构氮化硅（Si_3N_4）陶瓷中空纤维膜，碱性条件下最高油通量达 390L/(m^2·h)，油截留率达 95%，在油水分离方面表现出优越的性能[77]。图 1-79 为相转化-烧结法制备的氧化铝中空纤维膜，氩气中 1450℃烧结而成，在图 1-79(e)、(f) 中可观察到起"架桥"作用的 SiC 纳米纤维，氧化铝中空纤维膜的最大弯曲强度约为 154MPa，孔隙率为 37.5%，最大孔径为 1.25μm；而 5%SiC 纳米纤维增强氧化铝中空纤维膜的最大弯曲强度达到 218MPa，孔隙率为 41.7%，最大孔径为 1.35μm，操作压力为 1kPa 下水通量较未增强膜提高 3 倍，达到 7.99L/(m^2·h)[78]。

该法也可用于制备不锈钢等金属中空纤维膜，如以不锈钢粉体为原料，加入适量聚合物溶液以及无机助剂（如陶瓷粉、凝胶等），混合均匀形成稳定的浆料，脱泡、过滤后干-湿法纺丝成形，得到不锈钢中空纤维坯料；干燥后高温烧结，制成不锈钢中空纤维膜。图 1-80

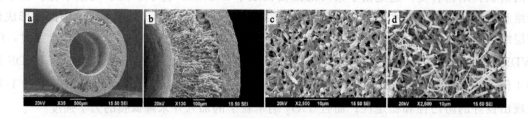

图 1-78 相转化-烧结法制备的不对称结构 Si₃N₄ 中空纤维膜形貌

(a)、(b) 横截面；(c) 外表面；(d) 内表面

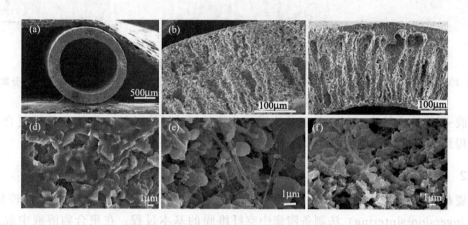

图 1-79 相转化-烧结法制备的氧化铝中空纤维膜

(a)、(b)、(e) 5% SiC 纳米纤维增强；(c)、(d) 纯氧化铝中空纤维膜；(f) 10% SiC 纳米纤维增强

是以不锈钢颗粒为原料，聚醚砜为载体，干-湿法纺丝、1100℃烧结前后中空纤维膜的形貌，膜强度达到约 1GPa，21℃下 N_2 通量为 $0.1mmol/(m^2 \cdot Pa \cdot s)$ [79]；在不同气体（空气、CO_2、N_2、He、H_2）氛围下 1100℃烧结不锈钢中空纤维坯料 1h 后，发现空气、CO_2 会降低膜的力学性能，N_2、He 影响膜的耐腐蚀性能，而 H_2 氛围下所得膜的力学强度、韧性和稳定性最好[80]。

金属膜可通过焊接制作膜组件，密封性好；良好的热传导性还可减少膜组件的热应力，提高膜的使用寿命；力学强度高，有利于通过增大操作压力，提高通量；冲刷性好，抗污染能力强，易清洗等。继陶瓷中空纤维膜后，金属中空纤维膜已成为无机膜领域新的研究热点。

1.5.2.3 挤压成形-烧结法

与管式陶瓷膜制备过程相似，挤压成形-烧结（extrusion-sintering）法是借助外力，将陶瓷粉体、助烧剂、黏结剂、润滑剂、成孔剂等混合均匀后，通过一定结构和尺寸的喷丝头挤出成形，制得具有中空纤维结构的坯体，再经干燥、排塑和高温烧结，最后制成中空纤维膜。挤压成形-烧结法中空纤维膜的形态与挤出模具（喷丝头）结构密切相关。这种方法适用于连续生产，但所得膜的直径较粗、膜壁较厚，膜多为对称结构 [图 1-81(a)]。相转化法多为不对称结构 [图 1-81(b)]，在分离过程中传质阻力较大，渗透通量较小[81]。挤压成形-

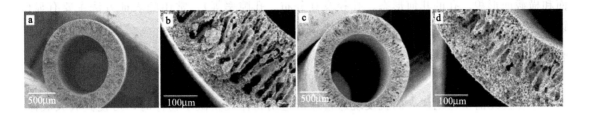

图 1-80 不锈钢中空纤维膜烧结前后形貌

(a)、(b) 烧结前；(c)、(d) 烧结后

烧结法制备的中空纤维膜常用作支撑体，通过对其表面修饰，减小平均孔径、修复大的孔径缺陷和改善孔径分布，形成更为致密的功能层，提高膜的分离精度和稳定性。陶瓷基膜表面修饰技术如化学气相沉积法，可在多孔支撑体微孔的内表面沉积不同厚度的单相或复合膜，沉积层厚度可控制在数十纳米级甚至更小，已成为挤压成形-烧结法无机膜制备中较为常用的方法。

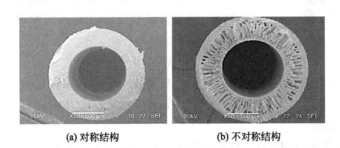

(a) 对称结构　　　　　　　(b) 不对称结构

图 1-81 无机中空纤维膜横截面形貌

1.6　中空纤维膜结构与性能表征

1.6.1　形态结构

根据国际纯粹与应用化学联合会（IUPAC）的划分，传统多孔材料的孔径大小可分为：微孔（<2nm）、中孔（2~50nm）、大孔（>50nm）。其后，有人提出，微孔可再细分为小于 0.7nm 的超微孔和介于 0.7~2.0nm 的亚微孔。微孔内由色散力引起的表面与分子之间相互作用强于平坦表面，且具有很高的吸附势，气体分子通过"微孔填充"吸附机制进行吸附；中孔主要影响吸附质分子从气相到微孔的传输，在较高压力下发生毛细凝聚现象；大孔主要作为吸附质分子进入吸附部分的通道。孔径及其分布是中空纤维膜材料的重要特性之一，对微孔膜的透过性、渗透速率、过滤性能等具有显著影响，如中空纤维膜的主要功能是截留流体中分散的固体颗粒、杂质等，而其孔径及其分布决定了膜的过滤精度和截留效率、通透性和使用寿命。中空纤维膜的孔径指的是孔隙名义直径，表征方式为平均孔径、最大孔

径、孔径分布等，可借鉴传统多孔材料的实验方法来表征中空纤维膜的孔隙结构形态（如表面和横截面形貌、孔的几何形态、孔径及其分布、孔隙率等）。常用的表征方法主要有显微镜观察法、泡点法、压汞法、气体吸附法和渗透法等。

1.6.1.1 显微镜观察法

(1) 光学显微镜

早在公元前1世纪，人们就发现通过球形透明物体观察微小物体时，可使其放大成像。普通光学显微镜如图1-82所示。样品台用于放置被观察的物体。被观察物体位于物镜的前方，被物镜作第一级放大后成一倒立实像，实像再被目镜作第二级放大，成一虚像，人眼看到的就是虚像。显微镜总放大倍率即直线尺寸的放大比，等于物镜放大倍率与目镜放大倍率的乘积。显微镜的分辨率是指能被显微镜清晰区分的两个物点之间的最小间距。一般人眼的分辨率约为0.2mm（距离250mm），光学显微镜最高可达0.2μm左右；而电子显微镜可达1nm以下。因此，采用光学显微镜只能简单地观察膜材料的表面和横截面形貌。

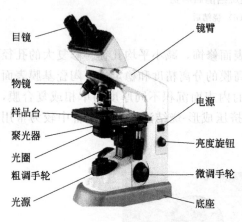

图1-82 普通光学显微镜

目镜　镜臂　物镜　电源　样品台　聚光器　亮度旋钮　光圈　粗调手轮　微调手轮　光源　底座

(2) 电子显微镜

显微技术是观察和研究分离膜材料结构和形貌的最直观方法之一，其中应用最多的是扫描电子显微镜以及原子力显微镜。

① 扫描电子显微镜（SEM）。目前实用化的扫描电子显微镜的最大有效放大倍数达数十万倍，分辨率达0.2nm左右，已成为研究材料微观结构、形貌、孔径及其分布、断口、多相材料的界面形态等不可或缺的手段。扫描电子显微镜如图1-83所示。由电子枪发射出的电子在电场作用下加速，经电磁透镜的聚焦作用在样品表面聚焦成极细的电子束（直径可达1~10nm）并轰击样品表面，样品被激发的区域产生各种物理信号，如二次电子、X射线、散射电子、透射电子以及电磁辐射等。扫描电子显微镜主要是通过二次电子逐点扫描成像，最后获取样品表面放大的形貌像。二次电子信号来源于样品表面层5~10nm，而二次电子发射量随样品表面形貌而变化。在扫描电子显微镜荧屏上观察到的样品形貌是通过各种转换后得到的样品二次电子像。

由于有机膜多为绝缘材料，在高能电子束轰击下，容易产生充放电效应，降低仪器的分辨率。所以，用扫描电子显微镜观察聚合物样品前需先在样品表面喷镀一层导电层，如金、铂或碳等材料。

② 原子力显微镜（AFM）。AFM是通过检测样品表面和一个微型力敏感元件之间极微弱的原子间相互作用力来分析物质表面结构及性质。将探针装在一弹性微悬臂的一端，微悬臂的另一端固定。当探针在样品表面扫描时，探针与样品表面原子间的微弱排斥力使微悬臂轻微变形，微悬臂的轻微变形则作为探针与样品之间排斥力的直接量度（图1-84）。一束激光经微悬臂背面反射到光电检测器，可精确测量微悬臂的微小变形，实现通过检测样品与探针之间原子排斥力来反映样品表面形貌及其他表面结构信息的目的。

(a) 原理示意

(b) S-4800扫描电子显微镜

图1-83 扫描电子显微镜

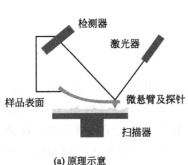

(a) 原理示意

(b) Dimension原子力显微镜

图1-84 原子力显微镜

原子力显微镜的探针与样品之间的作用形式可分为接触、非接触和敲击三种模式。在接触模式扫描过程中，探针始终与样品表面保持接触，为避免探针针尖破坏样品表面结构，探针施加给样品表面的力很小。非接触模式扫描过程中探针在样品表面上方数纳米间距处振荡，样品不会被破坏，针尖也不会被污染。敲击模式介于接触模式和非接触模式之间，探针在样品表面上方振荡，针尖周期性地短暂接触/敲击样品表面。

与常规显微镜相比，原子力显微镜在大气条件下，以高倍率观察样品表面，可用于几乎所有样品（对表面粗糙度有一定要求），而不需对样品做特殊处理（如镀金或碳），就可得到样品表面的三维形貌图像，并可对样品表面粗糙度或颗粒度等进行定量表征。原子力显微镜也存在不足，如成像范围小、扫描速度慢、图像质量受探针的影响大等。

③ 透射电子显微镜（TEM）。用显微镜观测样品时，要想看清样品的微细或超微细结构，就必须选择波长更短的光源，以提高显微镜的分辨率。20世纪30年代出现了以电子束为光源的透射电子显微镜，电子束的波长较之可见光和紫外线短得多，而且电子束的波长与发射电子束的电压平方根成反比，即电压越高，波长越短。透射电子显微镜的分辨率可达0.1~0.2nm。透射电子显微镜由电子光学系统、电源系统、真空系统、循环冷却系统和控制系统组成，电子从透射电子显微镜电子枪中射出，经光学系统聚焦后照射在样品表面。由

于电子束的穿透能力很弱，样品厚度要小于 $0.1\mu m$，电子束才能透过样品。在样品的不同位置上电子束的透过率不同，因此可形成明暗不同的影像。利用磁透镜对透过样品的电子束进行放大，将样品中超微结构信息以电子图像方式显示在荧光屏上。图 1-85 为 JEM-F200 场发射高倍透射电子显微镜。

图 1-85 JEM-F200 场发射高倍透射电子显微镜

通过透射电子显微镜实验，还可以得到样品的电子衍射图，对样品结构进行表征。当一定波长 λ 的电子束入射到晶面间距为 d 的晶体时，在满足布拉格条件 $2d\sin\theta = n\lambda$ 的特定角度 (2θ) 处产生衍射波，并在物镜的后焦面上形成衍射点。在电子显微镜中，这种规则的花样（衍射点）经其后的电子透镜在荧光屏上显示出来，即所谓的电子衍射花样。在电子衍射花样中选择感兴趣的衍射波，调节透镜可得到电子显微像，从而能够识别样品中的夹杂物或晶格缺陷等。在后焦面插入较大的物镜光阑时，可使两个以上的波合成为像，即为高分辨电子显微方法。高分辨电子显微像是因电子受到物质散射后再经电子透镜像差的作用，发生干涉成像的衬度，所以电子透镜成像的效果与物质成分、结构等有很大关系。

1.6.1.2 泡点法

泡点法即泡点压力（bubble-point pressure）法，其基本原理是气体要通过充满液体的毛细管，必须具备一定压力以克服毛细管内液体和界面之间的表面张力，由此可计算出分离膜的最大孔径。样品预先抽空排气并用已知表面张力的液体浸透，样品中所浸透的液体，因表面张力作用而产生毛细力。若将孔的界面考虑为圆形，沿圆周长度液体/空气表面张力为 σ（N/m），膜孔半径为 r_P（μm），θ 为液体与膜孔壁接触角（°），Δp 为压差（Pa），则驱使液体浸入膜孔内而垂直于该界面的力为 $2\pi r_P \sigma \cos\theta$，与外界施加的气体压力（$\Delta p$）相反。当这两个力平衡时，孔中的液体被排出，同时有气泡逸出：

$$2\pi r_P \sigma \cos\theta = \pi r_P^2 \Delta p \tag{1-7}$$

上式即为拉普拉斯方程（Laplace 方程）。根据气泡逸出时相应的压力值可求出对应的孔径尺寸。

如图 1-86 所示，将完全浸润的膜样品置入测试池中，在膜上注入一薄层液体（如水），从测试池下方缓慢通入氮气至一定压力时，与最大孔径膜孔相当的气泡就会穿过膜孔，水面上出现第一个气泡。此时对应的氮气压力即该膜样品的泡点压力，可用于计算膜的最大孔径。同时，依据气泡最多时对应的氮气压力可计算出最小的膜孔径。根据 Laplace 方程，膜孔径与压差的关系：

$$r_p = \frac{2\sigma}{\Delta p}\cos\theta \tag{1-8}$$

泡点法简单易行，测定的孔径其分布均是对应开孔或贯通孔，特别适用于较大孔径的测试。如采用分段升压方式时，还可测定膜孔径分布（图 1-87）。

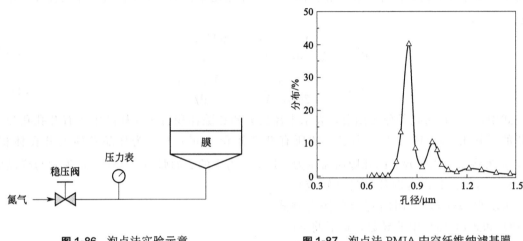

图 1-86　泡点法实验示意　　　　　图 1-87　泡点法 PMIA 中空纤维纳滤基膜
　　　　　　　　　　　　　　　　　　　　　　　　孔径分布曲线[82]

1.6.1.3　压汞法

压汞法（mercury intrusion porosimetry）是测定多孔材料孔径及其分布的常用方法，孔径的测试范围从纳米级到数百微米级。它是利用汞对固体表面不浸润的特性，用一定压力将汞压入多孔体的孔隙中以克服毛细管的阻力。由于汞对一般固体物质不浸润（即接触角或浸润角 $\alpha > 90°$），表面张力将阻止汞浸入孔隙；要使汞进入孔隙就需施加外力，外力越大，汞能进入孔隙的孔半径越小。随着外压增大，汞首先填充大孔，然后再进入小孔。测量不同外压下进入孔中汞的量，可计算出相应贯通孔隙的孔体积。假设将汞压入半径为 r 的圆柱形毛细孔中，达到平衡时，作用在汞上接触环截面法线方向的压力，即

$$P\pi r^2 = -2\pi r\sigma\cos\alpha \tag{1-9}$$

$$P = -\frac{2\sigma\cos\alpha}{r} \tag{1-10}$$

式中，P 为将汞压入半径 r 的孔隙所需压力，Pa；σ 为汞的表面张力，N/m；α 为汞与材料的接触角，(°)。因汞与多数材料不浸润，故 $90° < \alpha < 180°$。假设汞与多孔样品的接触角 α 为 141.3°（此时 $\cos\theta$ 为负值），汞与空气的表面张力 σ 为 0.48N/m，孔径与压力的关系式即为 Laplace 方程：

$$r = \frac{0.7492}{P} \tag{1-11}$$

因为压入多孔材料孔隙中的汞体积可精确测得，所以根据不同压力下汞进入孔隙的累积体积，可得孔径-孔隙率的累积曲线，微分后得到孔径分布曲线。通常采用压汞法测量的多

孔材料贯通孔隙的直径分布范围在数十纳米到数百微米之间。由于汞不能浸入多孔材料的闭孔（"盲孔"），因此压汞法只能测量贯通孔隙和半通孔隙，即只能测量开口孔隙。

一定的压力值对应一定的孔径值，而相应的汞压入量则相当于该孔径对应的孔体积，实际测定中就是前、后两个相邻的实验压力点所反映的孔径范围内的孔体积。所以，测试中只要测定多孔样品在各个压力点下的汞压入量，就可求出样品的孔径分布。将被分析的多孔样品置于压汞仪中，被样品孔隙吸进的汞体积是施加在汞上的压力函数。根据式(1-9)，可推导得出表征半径 r 的孔隙体积在多孔样品内所有开孔孔隙总体积中所占百分比的孔径分布函数 $\psi(r)$[83]：

$$\psi(r) = \frac{\mathrm{d}V}{V_{T0}\mathrm{d}r} = \frac{p}{rV_{T0}} \times \frac{\mathrm{d}(V_{T0}-V)}{\mathrm{d}p} \tag{1-12}$$

$$\psi(r) = -\frac{p^2}{2\sigma\cos\alpha V_{T0}} \times \frac{\mathrm{d}(V_{T0}-V)}{\mathrm{d}p} \tag{1-13}$$

式中，$\psi(r)$ 为孔径分布函数，表示半径为 r 的孔隙体积占多孔样品中所有开孔孔隙总体积的百分比，%；V 为半径小于 r 的所有开孔体积，m^3；V_{T0} 为样品总体的开孔体积，m^3；p 为将汞压入半径 r 的孔隙所需压力，Pa；σ 为汞的表面张力，N/m；α 为汞与样品的浸润角，（°）。上式右端各量是已知或可测的。为求得 $\psi(r)$，采用图解微分法得到式(1-12) 和式(1-13) 中的导数，最后将 $\psi(r)$ 值对相应的 r 点绘图，即可求出孔径分布曲线。图 1-88 为压汞法测定两种 PMIA 中空纤维膜样品孔径分布曲线[19]。

压汞法可测试孔径的范围较宽，测量结果的重复性好，专门仪器的操作及数据处理等也较为简便和精确，已成为研究多孔材料孔隙结构的重要手段。它与泡点法测定最大孔径及其分布的原理相同，但过程相反。泡点法利用能浸润多孔材料的液体介质（如水、乙醇、异丙醇、丁醇、四氯化碳等）浸渍，待样品的开孔饱和后再通过压缩气体将

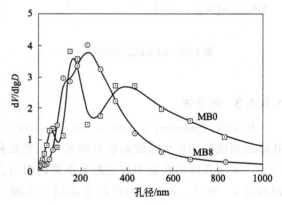

图 1-88 压汞法测定两种 PMIA 中空纤维膜样品孔径分布曲线

毛细孔中液体挤出而逸出气泡，测试范围较窄，但对最大孔径的测定精度较高。

1.6.1.4 气体吸附法

气体吸附（gas adsorption）法是测量多孔材料比表面积和孔径分布的常用方法。其原理是根据气体在固体表面的吸附特性，即在一定压力和超低温条件下，利用被测样品表面对气体分子的可逆物理吸附作用，通过测定一定压力下的平衡吸附量，计算被测样品的比表面积和孔径分布等。其中，氮气低温吸附法是最常用的方法。在液氮温度下，氮气在固体表面的吸附量取决于氮气的相对压力（P/P_0，P 为氮气分压，P_0 为液氮温度下氮气饱和蒸气压）。当 P/P_0 在 0.05～0.35 范围内时，吸附量与相对压力符合多分子层吸附模型（BET方程），即氮气吸附法测定材料比表面积的依据。当 $P/P_0 \geqslant 0.4$ 时，由于产生毛细凝聚现象，氮气开始在微孔中凝聚，通过实验和理论分析，可测定孔容随孔径的变化率。

Autosorb iQ-MP-MP 比表面积及孔隙分析仪如图 1-89 所示。

比表面积是多孔材料、超细粉体、中空纤维膜等最重要的物性参数之一，常用表示方法有两种。其中，一种是单位质量固体所具有的表面积（m^2/g），表示为

$$S_g = \frac{S}{m} \tag{1-14}$$

另一种是单位体积固体所具有的表面积（m^2/m^3），表示为

$$S_V = \frac{S}{V} \tag{1-15}$$

图 1-89 Autosorb iQ-MP-MP
比表面积及孔径分析仪

式中，m 为被测样品质量，g；V 为被测样品体积，m^3；S 为被测样品表面积，m^2。

一般采用 BET 方程计算样品的比表面积。假设 V_d 为平衡压力 P 时氮气吸附量，V_m 为标准状态下氮气分子单层饱和吸附量，P_0 为饱和蒸气压，P/P_0 为氮气的相对压力，一般选择在 $0.05 \sim 0.35$ 范围内。C 为与第一层吸附热、凝聚热相关的常数，W 为样品质量，则 BET 方程为

$$\frac{P}{V_d(P_0 - P)} = \frac{1}{V_m C} + \frac{C-1}{V_m C}(P/P_0) \tag{1-16}$$

将 $P/[V_d(P_0 - P)]$ 对 P/P_0 作图，得到直线斜率 $\alpha = (C-1)/V_m C$ 和截距 $b = 1/V_m C$。最后可根据分子截面积和阿伏伽德罗常数推算出样品的比表面积（S_g），即

$$S_g = 6.023 \times 10^{23} n_m A_m \tag{1-17}$$

式中，n_m 为每克吸附剂所吸附的吸附质摩尔数；A_m 为完全单层吸附时，每个吸附质分子所占据的平均面积（等于分子截面积）。温度为 77.4K 时，氮气分子截面积可取 $0.162nm^2$，由此可得两端对齐

$$S_g = 4.36 V_m/m \tag{1-18}$$

多孔材料的孔径大小、形态、数量等与其表面特性（如吸附、催化）有密切关系。可利用气体吸附法测定多孔材料的孔径分布，如对于孔径在数纳米到数十纳米范围的多孔材料，可根据开尔文（Kelvin）经验式测算孔径分布，即两端对齐

$$r = \frac{2\sigma}{RT} V_0 \ln \frac{P_0}{P} \tag{1-19}$$

式中，r 为孔隙半径，nm；P_0 为蒸气压，Pa；σ 为液体表面张力系数，N/m；V_0 为液体摩尔体积。测量时首先通过实验作出吸附-脱附等温曲线，再利用 Kelvin 经验式计算相对压力下发生毛细凝聚的孔隙半径 r，作出吸附量 V 随 r 的变化曲线，由此可得曲线斜率对 r 的关系曲线，即孔径分布曲线。图 1-90 是气体吸附法 PVDF 复合纳滤膜孔径分布曲线[26]（图中 D 为孔直径）。

1.6.1.5 渗透（permeability）法

在一定压力（ΔP）驱动下，当黏性不可压缩牛顿流体通过具有毛细管孔的分离膜时，膜孔半径（r_p）与膜通量（J_W）的关系可用哈根-泊肃叶（Hagen-Poiseuille）方程表示：

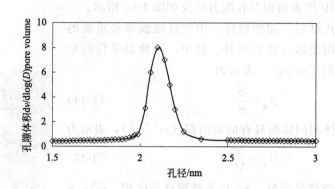

图1-90 气体吸附法 PVDF 复合纳滤膜孔径分布曲线

$$r_P = \left(\frac{8\eta \tau L J_w}{\delta \Delta P}\right)^{1/2} \tag{1-20}$$

式中，η 为液体黏度，$Pa \cdot s$；L 为膜壁厚，m；δ 为孔隙率；τ 为弯曲因子。不同压力下测量膜的水通量，在某一最小压力下膜的最大孔开始允许水渗透通过；而较小孔不能通过。这个最小压力主要取决于膜材料和透过物性质（接触角、表面张力）、膜的孔隙结构（孔径、孔道形状）等。测试中某一点液体的通量实际上是不同孔径膜孔综合作用的结果，根据通量随压力的变化关系，可确定膜的孔径分布。虽然渗透法简单易行，但膜孔的几何形状比较复杂，弯曲因子的正确分析取值难度较大。

1.6.1.6 孔隙率

膜的孔隙率（porosity）是指膜孔体积占膜总体积的比例，膜孔包括开孔（开口孔）和闭孔（封闭孔或盲孔）。开孔和闭孔如图 1-91 所示。常用的孔隙率测试方法有压汞法、密度法和干湿膜质量法。

（1）压汞法

压汞法可测得膜的开孔孔隙率和总孔隙率，膜的总孔隙率（δ）表示为

$$\delta = \delta_1 + \delta_2 \tag{1-21}$$

式中，δ_1 和 δ_2 分别为开孔孔隙率和闭孔孔隙率，表示为

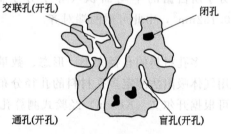

图1-91 开孔和闭孔

$$\delta_1 = \frac{V_m \rho_0}{W_1 + W_2 - W_3} \tag{1-22}$$

$$\delta_2 = 1 - \frac{\left(V_m + \dfrac{W_1}{\rho}\right)\rho_0}{W_1 + W_2 - W_3} \tag{1-23}$$

式中，ρ 为制膜原料密度，g/cm^3；ρ_0 为汞密度，$13.6 g/cm^3$；V_m 为压入汞总体积，cm^3；W_1 为样品质量，g；W_2 为样品瓶充满汞总质量，g；W_3 为放入样品后样品瓶充满汞总质量，g。

（2）密度法

密度法孔隙率（δ）也称体积-称重法孔隙率，是利用制膜原料密度（ρ，消除膜孔影响）和膜的表观密度（ρ_a，单位体积膜质量，其中体积包括膜内闭孔体积）差异，由式(1-24)计算而得：

$$\delta = \left(1 - \frac{\rho_a}{\rho}\right) \times 100\% \qquad (1-24)$$

（3）干湿膜质量法

测定干膜样品的质量为 W_1，将其置入能充分浸润干膜制膜原料的液体中，取出后擦净膜样品表面液体称重为 W_2，按式(1-25)计算孔隙率：

$$\delta = \frac{W_1 - W_2}{\rho_{液} V} \times 100\% \qquad (1-25)$$

式中，δ 为干湿膜称重法孔隙率；$\rho_{液}$ 为浸润液体密度，g/cm^3；V 为膜的表观体积，cm^3。

1.6.2　分离性能

分离膜的性能指标主要包括分离特性和物理化学特性。膜的分离特性可用分离效率、渗透通量等参数描述，而膜的物化特性包括膜的形态、平均孔径及其分布、孔隙率、热稳定性和化学稳定性、亲水和疏水性、电性能、毒性、力学性能等。可采用不同的测试方法，如显微镜观察、孔径及其分布测定等进行表征。

常用于表征膜的分离透过特性的参数包括：截留率、渗透通量、分离系数和通量衰减系数四个方面。

1.6.2.1　截留率

对于溶液中盐、微粒、某些有机大分子物质的脱除（分离效率）等，可用脱盐率或截留（rejection）率 R_0 表示，即能被膜截留的特定物质的量占溶液中该特定物质总量的比率：

$$R_0 = \left(1 - \frac{C_0}{C_f}\right) \times 100\% \qquad (1-26)$$

式中，C_f 为原料液中特定物质的浓度，mg/L；C_0 为透过液中特定物质的浓度，mg/L。

对于反渗透膜，截留率即为脱盐率，为进水和透过水含盐量之差与进水含盐量之比。实际测试中常用水的电导率代替含盐量，此时上式中 C_f 为进水的电导率，C_0 为透过水的电导率。

截留率是表征微滤膜、超滤膜、纳滤膜和反渗透等膜分离过程中分离效果的重要指标，如溶液脱盐、脱除微粒及大分子物质等。显然，截留率越大、截留范围越窄，膜的分离效果越好，常用蛋白类、聚乙二醇等作为测定膜的截留率和截留范围的标定物。

1.6.2.2　渗透通量

渗透通量或称渗透速率、过滤速率，简称通量；是指膜分离过程中一定操作压力下单位时间内通过单位膜面积上的物质透过量（J_W）：

$$J_W = \frac{V}{S \cdot t \cdot P} \tag{1-27}$$

式中，J_W 为通量，$cm^3/(cm^2 \cdot h)$ 或 $L/(m^2 \cdot h)$；V 为透过液（气）体积，cm^3 或 L；S 为膜的有效面积，cm^2 或 m^2；t 为获得 V 体积透过液（气）所需时间，h；P 为测试压力，Pa。

图 1-92 为膜渗透装置。当原料混合物流体为纯水时，测试结果为纯水通量。

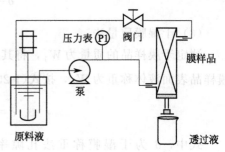

图 1-92　膜渗透装置

1.6.2.3　分离系数

对于含 A、B 双组分气体混合物的某些分离过程，如气体分离、渗透气化，分离效率可用分离系数（separation coefficient，$\alpha_{A/B}$）表示：

$$\alpha_{A/B} = \frac{\left(\dfrac{A \text{组分浓度}}{B \text{组分浓度}}\right)_{\text{透过气}}}{\left(\dfrac{A \text{组分浓度}}{B \text{组分浓度}}\right)_{\text{原料气}}} = \frac{Y_A/Y_B}{X_A/X_B} \tag{1-28}$$

式中，X_A、X_B 分别为组分 A 和组分 B 在原料气（进料气）中浓度，mg/L；Y_A、Y_B 分别为组分 A 和组分 B 在透过气（渗透气）中浓度，mg/L。

气体分离膜的基本原理是混合气体中各组分在一定的驱动力（如压力差、浓度差、电势差）作用下透过膜的速率不同，从而实现对各组分的分离。在有机膜内气体的传递一般可分为三个连续步骤：气体吸附溶解于膜表面；吸附溶解在膜表面的气体在浓差作用下向透过侧扩散；气体分子在膜的另一侧解吸。因此，应尽量使分离系数的数值大于 1。若 A 组分通过膜的速度大于 B，则分离系数表示为 $\alpha_{A/B}$；反之，则为 $\alpha_{B/A}$。若 $\alpha_{A/B} = \alpha_{B/A}$，则表示分离过程无法进行。

1.6.2.4　通量衰减系数

在膜分离过程中，由于浓差极化、膜的压密以及膜孔堵塞等导致膜的渗透通量随膜运行时间而衰减，可用下式表示：

$$J_t = J_1 \times t^m \tag{1-29}$$

式中，J_t、J_1 分别为膜运行 $t\,h$ 和 $1\,h$ 后透过速率；t 为运行时间。对式（1-29）两边取对数，得到式（1-30）的线性方程

$$\lg J_t = \lg J_1 + m \lg t \tag{1-30}$$

将上式在对数坐标系上作直线，求得直线斜率 m，即通量衰减系数。一般而言，对于任一膜分离过程，渗透通量较大的膜，分离效率较低；而分离效率较高的膜，其渗透通量较小，需在二者之间进行权衡。

1.6.3　热稳定性和化学稳定性

1.6.3.1　热稳定性

膜的热稳定性即耐热性，决定了膜自身对使用环境温度变化的适用能力，热稳定性越好，膜受环境温度变化引起的形变越小，膜孔隙结构稳定性越强。通常，有机膜的耐热性因成膜聚合物不同而有所差异。但总体而言，其耐高、低温性能均劣于无机膜，使用时应根据

实际情况选择适宜的膜材料。

1.6.3.2 化学稳定性

膜的化学稳定性涉及耐酸碱和有机试剂性、抗氧化性、抗微生物分解性、表面性质（荷电性或表面吸附性等）、亲水和疏水性、电性能、毒性等，主要取决于制膜原料。在长时间使用或存放过程中受到环境介质作用时，要求膜既不能发生化学反应或溶胀、溶解作用，也不能对所处理的物质产生不良影响等。

1.6.4 亲/疏水性

通常，若膜材料表面对水呈现较强的亲和能力，易被水润湿，则这种膜表面具有亲水性。当膜表面与水相互排斥，难以被水浸润，则膜表面就是疏水性的。水在亲水膜表面可铺展开，并且产生的表面孔隙毛细管作用可使水浸入膜内部，而在疏水膜表面水不能铺展，也不能浸入膜表面微孔内。影响膜材料表面浸润性的主要因素是膜表面的化学组成和形貌结构。前者决定了膜表面固有的润湿性，后者取决于膜表面的粗糙程度。此外，外部刺激如光、电、磁、热等对膜表面的浸润性也有影响，如膜表面自由能增大时，亲水性增强，反之疏水性增强。表面自由能是材料固有的特征，当膜表面成分确定后，表面自由能也随之确定。

一般常用润湿性描述分离膜材料的亲/疏水性。润湿性是指一种液体在一种固体表面铺展的能力或倾向性，即液体浸润固体表面的能力。接触角可用于定量表征膜材料的亲水性和疏水性。如图 1-93 所示，在气、液、固（膜）三相交界处，向 l-g 界面做切线，l-g 界面切线与 s-l 界面之间夹角（θ）即接触角。当水滴在膜表面的接触角 θ <90°（即 0～90°之间）时，膜表面是亲水性的，即水可润湿膜表面，其接触角越小，水的润湿性越好；当 θ>90°（即 90°～180°之间）时，表明膜表面是疏水性的，即水不润湿膜，易在膜表面移动，难以浸入膜表面的孔隙。随膜材料表面亲水性基团增多或表面粗糙程度减小，膜表面水接触角减小；反之，疏水性基团增多或粗糙程度增大，水接触角增大。影响膜表面接触角测试结果的主要因素包括膜孔内的毛细管张力、膜干态时收缩变形、表面粗糙程度或不均匀性等。

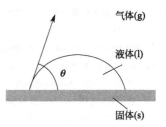

图 1-93 接触角示意

1.6.5 力学性能

分离膜的力学性能通常是指膜承受拉、压及折叠作用的能力，主要测试指标包括爆破强度、拉伸强度及断裂伸长率等。

1.6.5.1 爆破强度

爆破强度是指膜受到垂直于膜面方向压力作用时，所能承受的最高强度。一般采用水压爆破法测试。其原理是通过水对膜施加压力，当膜面渗水（或爆破）时的水压即为膜的爆破强度。

1.6.5.2　拉伸强度

拉伸强度或称抗拉强度、断裂强度，指膜所能承受平行拉伸作用的能力。在一定条件下测试时，膜样品受到拉伸载荷作用直至破坏，根据膜样品破坏时对应的最大拉伸载荷和膜样品尺寸（长度）的变化等，可计算出膜的拉伸强度、断裂伸长率及初始弹性模量。

综上所述，良好的分离性能、热稳定性和化学稳定性、力学性能以及无缺陷、价格较低等是中空纤维膜材料具有实用价值的基本条件。

参考文献

[1] 肖长发,刘振. 膜分离材料应用基础 [M]. 北京:化学工业出版社，2014：1-8，29-36.

[2] BAKER R W. Membrane technology and applications [M]. 2nd Edition. England：John Wiley & Sons, Ltd., 2004：3-5，16，69-72，133-139，241-246.

[3] WANG L K, CHEN J P, HUNG Y-T, et al. Membrane and desalination technologies [M]. New Jersey, USA：Humana Press，2011：3-7.

[4] ANDRZEJ B K. The history and state of art in membrane technologies [EB/OL]. [2020-05-02]. http：//www. etseq. urv. es/assignatures/ops/presentacio _ membranes. pdf.

[5] 德中环保咨询. 中空纤维膜行业发展报告 [R]. 北京:德中环保咨询，2019：16.

[6] 刘杰,王府梅. 木棉纤维及其应用研究 [J]. 现代纺织技术，2009,（4）：55-57.

[7] https：//cn. bing. com/images/search? q ＝ polar ＋ bear ＋ hair&id ＝ 777DE6752CB8D111832AD49FD48CD64C13C8F7F6&FORM＝IARRTH.

[8] 张毅. 兔毛纤维结构特征研究 [C] //中国畜牧业协会. 首届（2011）中国兔业发展大会会刊,北京:中国畜牧业协会，2011：26-29.

[9] JULES R. Artificial textile filament and process of making same：US1464048 [P]. 1923-08-07.

[10] JULES R. Hollow artificial textile manufacturing process：US1487807 [P]. 1924-03-25.

[11] 曹秀阁. 中空黏胶纤维的发展与前景 [J]. 河北轻化工学院学报，1994，15（2）：55-59.

[12] 衣卫京,肖红. 中空纤维的技术现状和发展展望 [J]. 合成纤维，2004,增刊：15-17，20.

[13] 杨乐芳. 产业化新型纺织材料 [M]. 上海：东华大学出版社，2012：125.

[14] 张春燕,于俊荣,刘兆峰. 中空纤维制备技术及其应用 [J]. 合成纤维，2004，33（6）：21-24.

[15] 冯洁,孙景侠,王府梅. 天然的保暖纤维-木棉纤维 [J]. 纺织导报，2006,（10）：97-100.

[16] KAUFFMAN G B. Rayon：the first semi-synthetic fiber product [J]. Journal of Chemical Education，1993，70（11）：887-893.

[17] MOCH I J Membrane processes Vol. I hollow fiber membranes [EB/OL]. USA：I. Moch and Associates Inc.，2020.

[18] 河合弘迪,田川高司. 图解纤维纤维的形态,日本:朝仓书店，1986：342-353.

[19] 陈明星,肖长发,王纯,等. 聚间苯二甲酰间苯二胺中空纤维膜研究 [J]. 高分子学报，2016,（4）：428-435.

[20] WANG C, XIAO C, HUANG Q, et al. A study on structure and properties of poly（p-phenylene terephthamide）hybrid porous membranes [J]. Journal of Membrane Science, 2015, 474：132-139.

[21] DENG K, LIUZ, LUO F, et al. Controllable fabrication of polyethersulfone hollow fiber membranes with a facile double co-axial microfluidic device [J]. Journal of Membrane Science, 2017, 526：9-17.

[22] JIA X, LOW Z, CHEN H, et al. Atomic layer deposition of Al_2O_3 on porous polypropylene hollow fibers for enhanced membrane performances [J]. Journal of Chemical Engineering, 2018, 26（4）：695-700.

[23] ZHU H, WANG H, FENG W, et al. Preparation and properties of PTFE hollow fiber membranes for desalination through vacuum membrane distillation [J]. Journal of Membrane Science, 2013, 446（1）：145-153.

[24] HUANG Y, XIAO C F, HUANG Q L, et al. Robust preparation of tubular PTFE/FEP ultrafine fibers-covered porous membrane by electrospinning for continuous highly effective oil/water separation [J]. Journal of Membrane Science, 2018, 568：87-96.

[25] LIU H L, XIAO C F, HUANG Q L, et al. Structure design and performance study on homogeneous-reinforced polyvinyl chloride hollow fiber membranes [J]. Desalination, 2013, 331: 35-45.

[26] JOMEKIAN A, MANSOORI S A A, MONIRIMANESH N. Synthesis and characterization of novel PEO-MCM-41/PVDC nanocomposite membrane [J]. Desalination, 2111, 276: 239-245.

[27] LIU H L, CHEN K K, CHEN X, et al. Structure and performance of poly (vinylidene chloride-co-vinyl chloride) porous membranes with different additives [J]. Chemical Engineering & Technology, 2019, 42: 215-224.

[28] LIMA S K, SETIAWAN L, BAE T H, et al. Polyamide-imide hollow fiber membranes crosslinked with amine-appended inorganic networks for application in solvent-resistant nanofiltration under low operating pressure [J]. Journal of Membrane Science, 2016, 501: 152-160.

[29] TASSELLI F, MIRMOHSENI A, SEYED DORRAJI M S, et al. Mechanical, swelling and adsorptive properties of dry-wet spun chitosan hollow fibers crosslinked with glutaraldehyde [J]. Reactive & Functional Polymers, 2013, 73: 218-223.

[30] WANG S X, TIANA J Y, WANG Q, et al. Low-temperature sintered high-strength CuO doped ceramic hollow fiber membrane: Preparation, characterization and catalytic activity [J]. Journal of Membrane Science, 2019, 571: 333-342.

[31] PAIMANA S H, RAHMANA M A, DZARFAN OTHMANA M H, et al. Morphological study of yttria-stabilized zirconia hollow fibre membrane prepared using phase inversion/sintering technique [J]. Ceramics International, 2015, 41: 12543-12553.

[32] HUBADILLAH S K, DZARFAN OTHMANA M H, ISMAIL A F, et al. Fabrication of low cost, green silica based ceramic hollow fibre membrane prepared from waste rice husk for water filtration application [J]. Ceramics International, 2018, 44: 10498-10509.

[33] WANG M M, SONG J, WU X R, et al. Metallic nickel hollow fiber membranes for hydrogen separation at high temperatures [J]. Journal of Membrane Science, 2016, 509: 156-163.

[34] WANG M, HUANG M L, CAO Y, et al. Fabrication, characterization and separation properties of three-channel stainless steel hollow fiber membrane [J]. Journal of Membrane Science, 2016, 515: 144-153.

[35] FAN X F, LIU Y M, QUAN X. A novel reduced graphene oxide/carbon nanotube hollow fiber membrane with high forward osmosis performance [J]. Desalination, 2015, 451: 117-124.

[36] 肖长发, 尹翠玉. 化学纤维概论 [M]. 第3版. 北京: 中国纺织出版社, 2015: 14-19.

[37] YU D G, CHOU W L, YANG M C. Effect of draw ratio and coagulant composition on polyacrylonitrile hollow fiber membranes [J]. Separation and Purification Technology, 2006, 52: 380-387.

[38] MULDER M. Basic principles of membrane technology [M]. 2nd ed. Dordrecht: Kluwer Academic Publishers Springer, 1996: 104.

[39] LUO L, WANG P, ZHANG S, et al. Novel thin-film composite tri-bore hollow fiber membrane fabrication for forward osmosis [J]. Journal of Membrane Science, 2014, 461: 28-38.

[40] 邵斐斐. 熔融-拉伸法制备聚乙烯中空纤维膜 [D]. 天津: 天津工业大学, 2010.

[41] 刘训道. 人工肺用聚丙烯中空纤维膜工艺的研究 [D]. 天津: 天津工业大学, 2011.

[42] SAMUELSR J. High strength elastic polypropylene [J]. Journal of Polymer Science: Polymer Physics Edition, 1979, 17: 535-568.

[43] HU X Y, XIAO C F, AN S L, et al. Study on the interfacial micro-voids of poly (vinylidene difluoride)/polyurethane blend membrane [J]. Journal of Materials Science, 2007, 42: 6234-6239.

[44] LI N N, XIAO C F, MEI S, et al. The multi-pore-structure of polymer-silicon hollow fiber membranes fabricated via thermally induced phase separation combining with stretching [J]. Desalination, 2011, 274: 284-291.

[45] MEI S, XIAO C F, HU X Y, et al. Hydrolysis modification of PVC/PAN/SiO$_2$ composite hollow fiber membrane [J]. Desalination, 2011, 280: 378-383.

[46] ZHANG C F, BAI Y X, SUN Y P, et al. Preparation of hydrophilic HDPE porous membranes via thermally induced phase separation by blending of amphiphilic PE-b-PEG copolymer [J]. Journal of Membrane Science, 2010, 365: 216-224.

[47] Matsuyama H, Maki T, Teramoto M, et al. Effect of polypropylene molecular weight on porous membrane formation by thermally induced phase separation [J]. Journal of Membrane Science, 2002, 204: 323-328.

[48] YANG Z S, LI P L, XIE L X, et al. Preparation of iPP hollow-fiber microporous membranes via thermally induced phase separation with co-solvents of DBP and DOP [J]. Desalination, 2006, 192: 168-181.

[49] RAJABZADEH S, MARUYAMA T, SOTANI T, et al. Preparation of PVDF hollow fiber membrane from a ternary polymer/solvent/nonsolvent system via thermally induced phase separation (TIPS) method [J]. Separation and Purification Technology, 2008, 63: 415-423.

[50] LIU H L, XIAO C F, HUANG Q L, et al. Preparation and interface structure study on dual-layer polyvinyl chloride matrix reinforced hollow fiber membranes [J]. Journal of Membrane Science, 2014, 472: 210-221.

[51] ZHANG X L, XIAO C F, HU X Y, et al. Preparation and properties of homogeneous-reinforced polyvinylidene fluoride hollow fiber membrane [J]. Applied Surface Science, 2013, 264: 801-810.

[52] 肖长发,张旭良,胡晓宇,等. 一种同质增强型聚偏氟乙烯中空纤维膜的制备方法: ZL201210085342.9 [P]. 2014-03-19.

[53] SETIAWAN L, SHI L, WANG R. Dual layer composite nanofiltration hollow fiber membranes for low-pressure water softening [J]. Polymer, 2014, 55: 1367-1374.

[54] LIU C, SHI L, WANG R. Crosslinked layer-by-layer polyelectrolyte nanofiltration hollow fiber membrane for low-pressure water softening with the presence of SO_4^{2-} in feed water [J]. Journal of Membrane Science, 2015, 486: 169-176.

[55] 李刚,王周为,李春霞,等. 界面聚合中空纤维正渗透膜的制备和表征 [J]. 化工学报, 2014, 65: 3082-3088.

[56] ZHANG Y, YANG L M, PRAMODA K P, et al. Highly permeable and fouling-resistant hollow fiber membranes for reverse osmos [J]. Chemical engineering science, 2019, 207: 903-910.

[57] MURASE K, HABARA H, FUJIKI H, et al. Porous membrane: US2002/0046970A1 [P]. 2002-04-25.

[58] 池田光状. 補強材が埋め込んだ分離膜とその製造方法: JP 特開平 11-319519 [P]. 1999-11-24.

[59] CARO R F, SALTER R J. Membrane separation apparatus and method: US4787982 [P]. 1988-11-29.

[60] 陈亦力,代攀,李锁定,等. 外支撑增强型中空纤维膜: CN202410531U [P]. 2012-09-05.

[61] 陈亦力,牛雪莲,代攀,等. 纤维编织增强型中空纤维膜: CN202638293U [P]. 2013-01-02.

[62] MAHENDRAN M, GOODBOY K P, FABBRICINO L. Hollow fiber membrane and braided tubular support therefor: US6354444B1 [P]. 2002-03-12.

[63] BECKERS H. Reinforced capillary membranes and process for manufacring thereof: US7861869B2 [P]. 2011-01-04.

[64] JI J. Method for producing defect free composite membrane: US7081273B2 [P]. 2006-07-25.

[65] 李锁定,陈亦力,文剑平. 纤维增强型中空纤维膜的研究开发 [C] //第四届中国膜科学与技术报告会论文集. 北京,中国:中国膜工业协会, 2010: 58-63.

[66] 吴浩赟. 无纺管增强型 PVDF 中空纤维膜的制备研究 [D]. 天津:天津大学, 2007.

[67] WU Y J, XIAO C F, LIU H L, et al. Fabrication and characterization of novel foaming polyurethane hollow fiber membrane [J]. Chinese journal of chemical engineering, 2019, 27: 935-943.

[68] 陈丽萍,王桦,岳海生,等. 聚四氟乙烯中空纤维膜的制备及应用研究进展 [J]. 纺织科技进展, 2017,(12): 5-7.

[69] 陈文清,庄超,罗郅清. 高通量高强度聚四氟乙烯中空纤维膜的制备方法: ZL2013100362370 [P]. 2013-05-29.

[70] 于文根,包伟勇. 微孔的聚四氟乙烯过滤管及其制造和使用方法: ZL201310257509X [P]. 2015-04-22.

[71] 郭玉海,张华鹏. 聚四氟乙烯中空纤维膜的制备及其性能 [C]//第四届中国膜科学与技术报告会论文集. 北京,中国:中国膜工业协会, 2010: 126-129.

[72] 黄庆林,肖长发,胡晓宇. PTFE/$CaCO_3$ 杂化中空纤维膜制备及其界面孔研究 [J]. 膜科学与技术, 2011, 31(6): 46-49.

[73] 舒溪,肖长发,陈凯凯,等. 增强型 PFA 中空纤维膜表面结构调控及油水分离性能 [J]. 高分子学报, 2020, 51(12): 1356-1366.

[74] 王珍,魏永明,曹悦,等. γ-Al_2O_3/α-Al_2O_3 陶瓷中空纤维纳滤膜制备与分离性能 [J]. 高校化学工程学报, 2016,(30): 13-18.

[75] 高云静,魏永明,许振良. 芯液对 PVDF-SiO$_2$ 中空纤维复合膜性能的影响 [C] //高滋. 上海市化学化工学会 2011 年度学术年会论文集. 上海,中国:《化学世界》编辑部, 2011: 120-122.

[76] ZHANG F, ZHANG W B, YU Y, et al. Sol-gel preparation of PAA-g-PVDF/TiO$_2$ nanocomposite hollow fiber membranes with extremely high water flux and improved antifouling property [J]. Journal of Membrane Science, 2013, 432: 25-32.

[77] ABADIKHAHA H, ZOUC C N, HAOD Y ZH, et al. Application of asymmetric Si$_3$N$_4$ hollow fiber membrane for cross-flow microfiltration of oily waste water [J]. Journal of the European Ceramic Society, 2018, 38: 4384-4394.

[78] XU G, WANGK, ZHZ, et al. SiC nanofiber reinforced porous ceramic hollow fiber membranes [J]. Journal of Materials Chemistry A, 2014, 2: 5841-5846.

[79] LUITEN-OLIEMAN M W J, WINNUBST L, NIJMEIJER A, et al. Porous stainless steel hollow fiber membranes via dry-wet spinning [J]. Journal of Membrane Science, 2011, 370: 124-130.

[80] RUI W, ZHANG C, CAIC, et al. Effects of sintering atmospheres on properties of stainless steel porous hollow fiber membranes [J]. Journal of Membrane Science, 2015, 489: 90-97.

[81] TAN X Y, LI K. Inorganic hollow fibre membranes in catalytic processing [J]. Chemical Engineering, 2011, 1: 69-76.

[82] CHEN MINGXING, XIAO CHANGFA, WANG CHUN, et al. Fabrication of tubular braid reinforced PMIA nanofiber membrane with mussel-Inspired Ag nanoparticles and its superior performance for the reduction of 4-nitrophenol [J]. Nanoscale, 2018, 10: 19835-19845.

[83] 刘培生,马小明. 多孔材料检测方法 [M]. 北京:冶金工业出版社, 2006: 107-121.

[17] 张宇峰, 赵亮, 吕晓龙. 超高分子量聚乙烯中空纤维膜的制备研究[C]. 北京: 第六届中国膜科学与技术报告会论文集, 2011: 135-139.

[18] ZHANG Z H, HAO G C, ZHANG Y, et al. Preparation of PVA-g-PVDF/PTFE composite hollow fiber membrane with stronger hydrophilicity and improved antifouling property [J]. Journal of Membrane Science, 2017.

[19] GIPSARAM N, HAODI Y Z D, et al. Application of a commercial SiC hollow fiber membrane for oil-in-water emulsion treatment [J]. Journal of the European Ceramic Society, 2018, 38c: 1184-1193.

[20] XU G, WU B W, et al. LSC modified alumina porous ceramic hollow fiber membrane [J]. Surface and Coatings Technology A, 2017, 327: 64-68.

[21] PAUL SCHLINGER W W, WILHELM K L, QUARTERLY K, et al. In-situ surface modified ceramic-hollow fiber membrane for water purification by microfiltration based on chemically resistant stainless steel porous hollow fiber membranes [J]. Journal of Membrane Science, 2015, 489: 58-65.

[22] FAN X Y, H K, Inorganic hollow fiber membranes in catalytic processing of hydrocarbons[J]. Chemical Engineering, 2017, 63: 70.

[23] CHU MERCEDEZO, WANG DIAZHIXIA, WANG GUIUX, et al. Plume fiber and their oil clean-up application[C]. New York: hollow fiber membrane and ceramic hollow fiber or nano-particles and its superior performance for the reduction of oil-polysaccharide[J]. Nanoscale, 2018, 10: 1385-1413.

第2章

溶液相转化制膜方法

2.1 引言

与平板膜、管式膜等分离膜形式相比，中空纤维膜以其优良的力学自支撑性、较高的组件填充密度等特点成为节能减排，特别是水处理领域更受关注的核心，其发明、发展以及成形基本原理与化学纤维生产工艺与原理有着千丝万缕的关系。在化学纤维生产中，当聚合物的熔融温度高于其分解温度时，一般采用溶液相转化法（solution phase separation），主要包括湿法、干法和干-湿法纺丝工艺，主要成纤聚合物的常用纺丝方法见表 2-1。除上述因素外，采用溶液相转化法制备中空纤维膜时，由于溶剂的存在，铸膜液黏度较其他方法更低，易于聚合物与各种添加剂的均匀混合。特别是采用湿法和干-湿法纺丝时，双扩散的成形过程有利于分离膜中微孔的形成，而且还便于铸膜液中的成孔剂在凝固浴中的溶出。湿法和干-湿法纺丝成形过程，在分离膜制备领域还被称为非溶剂致相分离法（non-solvent induced phase separation，NIPS）或浸没沉淀相转化法。

▣ 表 2-1 主要成纤聚合物的常用纺丝方法

聚合物	热分解温度/℃	熔点/℃	常用纺丝方法
聚对苯二甲酸乙二酯	300～350	265	熔体纺丝法
聚己内酰胺	300～350	215	熔体纺丝法
聚丙烯	350～380	176	熔体纺丝法
聚乙烯	350～400	138	熔体纺丝法、冻胶纺丝法（UHMWPE[①]）
聚丙烯腈	200～250	320	溶液纺丝法（湿法纺丝、干法纺丝、干-湿法纺丝）
聚乙烯醇	200～220	225～230	溶液纺丝法（湿法纺丝、干法纺丝）
纤维素	180～220	—	溶液纺丝法（湿法纺丝）
醋酸纤维素酯	200～230	—	溶液纺丝法（湿法纺丝、干法纺丝）

① UHMWPE—超高分子量聚乙烯。

20 世纪 60 年代，Kesting 从分子运动的角度，研究醋酸纤维素反渗透膜的形成过程时，阐述了成膜机理，对溶液相转化法分离膜形成过程给出了定性解释[1]。实际上溶液相转化法成膜过程是一个复杂的多组分传质过程，同时伴随聚合物相态结构的变化，膜表层、内层孔结构的形成。从 20 世纪 80 年代起，研究者从热力学和动力学两方面阐述了聚合物膜的成形机理，对溶液相转化法成膜过程进行了大量研究[2,3]。

本章在介绍溶液相转化法制备中空纤维膜基本原理基础上，重点阐述聚偏氟乙烯、聚砜、聚醚砜、聚丙烯腈、聚氯乙烯等聚合物中空纤维膜的制备工艺条件以及膜结构与性能。

2.2 基本原理

所谓溶液相转化法就是将一定组成的均相聚合物溶液，通过物理方法使聚合物溶液在周围环境中进行溶剂与非溶剂的传质交换，改变聚合物溶液的热力学状态，均相聚合物溶液发生相分离，聚合物浓度较高部分形成膜结构的固相，聚合物浓度较稀薄部分形成孔洞的液相，形成三维大分子网络式凝胶结构，最终固化成膜。因此，相分离过程是溶液相转化法的核心，而相分离过程主要由热力学决定和动力学控制。热力学是由平衡状态下的相图来预测相分离的产生，而动力学可以推论成膜的速率。聚合物溶液的相分离主要包括：热诱导沉淀相分离、溶剂蒸发沉淀相分离、蒸气沉淀相分离和浸没沉淀相分离。浸没沉淀相分离是最常用的聚合物分离膜制备方法之一。浸没沉淀法是将聚合物溶液浸入非溶剂中，此时溶剂和非溶剂进行扩散传质交换。利用非溶剂将铸膜液中的溶剂萃取出来，同时非溶剂进入铸膜液中，使聚合物溶解度降低，发生相分离，形成聚合物富相和聚合物贫相。聚合物富相在分相后固化构成膜的主体，贫相则形成所谓的微孔。

2.2.1 热力学描述

聚合物/溶剂/非溶剂三元相图是确定相转化法制备聚合物分离膜的成膜条件和研究成膜机理的重要依据。在描述多组分混合时的热力学状态，最常用的热力学参数为吉布斯（Gibbs）混合自由能 ΔG_m[4]，如式(2-1)所示。

$$\Delta G_m = \Delta H_m - T\Delta S_m \tag{2-1}$$

式中，ΔH_m 为混合焓；ΔS_m 为混合熵。若 $\Delta G_m < 0$，表示聚合物/溶剂的混合将会自发地发生，其 ΔH_m 很小，溶解主要受 ΔS_m 大小的影响。若在一定温度、压力下，平衡将发生在 $\Delta G_m <$ 最小值处。以 Flory-Huggins 理论为基础的典型的三组分相图或四维立体图来描述相分离行为[5]。

$$\frac{\Delta G_m}{RT} = n_1\ln\phi_1 + n_2\ln\phi_2 + n_3\ln\phi_3 + g_{12}n_1\phi_2 + g_{13}n_1\phi_3 + g_{23}n_2\phi_3 \tag{2-2}$$

式中，n_i 和 ϕ_i 分别为组分 i 的摩尔分数和体积分数；g_{12} 为非溶剂-溶剂相互作用参数，是与变量 $u_2 = \phi_2/(\phi_1 + \phi_2)$ 相关的函数；g_{13} 为非溶剂-聚合物的相互作用参数；g_{23} 为溶剂-聚合物的相互作用参数。

当三元体系存在平衡时，根据化学位定义，式(2-2)得出三元体系中各组分的化学位变化分别为：

$$\frac{\Delta \mu_1}{RT} = \ln\phi_1 + 1 - \phi_1 - (v_1/v_2)\phi_2 - (v_1/v_3)\phi_3 + (x_{12}\phi_2 + x_{13}\phi_3)(\phi_2 + \phi_3) -$$

$$g_{23}(v_1/v_3)\phi_2\phi_3 - (v_1/v_3)\phi_2\phi_3^2\left(\frac{\phi_3 \mathrm{d}g_{23}}{\mathrm{d}\phi_3}\right) \tag{2-3}$$

当聚合物溶液发生液-液分相，即形成聚合物贫相和聚合物富相，并处于相平衡时，其化学位相等的表达式：

$$\Delta\mu_i' = \Delta\mu_i'' \tag{2-4}$$

图 2-1 为聚合物-溶剂-非溶剂三元体系相分离过程。在浸没沉淀相转化法制膜过程中，随着聚合物溶液中非溶剂含量的不断增加，并到达相图中的双结分相线组成时，体系原有的热力学平衡被打破，自发进行液-液相分离。液-液分相过程在热力学上存在两种分相：双结线液-液分相与旋结线液-液分相。

（1）聚合物贫相成核

对于双结线液-液分相过程，体系的组成变化是从临界点的左上侧进入分相区。当体系的临界点处于较低的聚合物浓度时，临界点上方的聚合物体系组成进入双结线和旋结线之间的亚稳态互溶分相区，体系将发生聚合物贫相成核的液-液分相（成核生长机理）[6]。如图 2-1(a) 所示，由溶剂、非溶剂和少量聚合物所组成的聚合物溶液贫相小液滴分散于聚合物富相的连续相中。这些小液滴将在浓度梯度的推动下不断增大，直到周围的聚合物富相的连续相通过结晶、凝胶化或玻璃化等转变而发生固化。在聚合物富相的连续相发生相转变固化之前，聚合物贫相小液滴的聚结形成多孔结构。

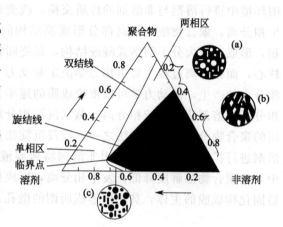

图 2-1　聚合物-溶剂-非溶剂三元体系相分离过程
（a）聚合物贫相成核；（b）旋结分离机理；
（c）聚合物富相成核

（2）旋结分离机理

对于旋结线液-液分相，体系的组成变化正好从临界点组成进入旋结线内的非稳态分相区。由于聚合物溶液体系直接进入非稳态分相区，体系将迅速形成由聚合物贫相微区和聚合物富相微区相互交错而成的液-液分相体系，形成双连续结构，即聚合物贫相和聚合物富相完全互相交错连接，经聚合物的相转变固化作用最终形成双连续膜结构形态，如图 2-1(b) 所示。当聚合物体系组成超过临界点进入分相区时发生旋结线分相成膜。

（3）聚合物富相成核

当聚合物体系组成从临界点下侧进入双结线和旋结线间的亚稳态互溶分相区时，将发生聚合物富相成核的液-液分相[6]。如图 2-1(c) 所示，聚合物富相溶液小液滴将分散于由溶剂、非溶剂和少量聚合物形成的贫聚合物连续相中，聚合物富相溶液小液滴在浓度梯度的推动下不断增大，直到聚合物固化成膜为止。

2.2.2　动力学描述

在浸没沉淀相转化法制膜过程中，聚合物体系的液-液分相过程主要由溶液的热力学因素所决定。浸入非溶剂凝固浴中的分相成膜，实际是由溶剂与非溶剂之间的传质引发的，此时为动力学过程。当铸膜液细流浸入凝固浴后，在溶剂浓度梯度作用下，膜内溶剂向凝固浴扩散，同时凝固浴中的非溶剂向铸膜液细流内扩散，随着双扩散过程的不断进行，最后发生液-液分相[7]。根据体系发生液-液分相的快慢，通常存在两种不同形式的液-液分相行为，即瞬时液-液分相和延时液-液分相。

图 2-2 给出了铸膜液浸入凝固浴瞬间聚合物膜内的组成变化曲线，图中 B-S 曲线表示膜内各点在浸入瞬间的组成。由于扩散过程是从聚合物溶液/凝固浴界面开始的，因而膜内组成的变化首先从表面开始，而其底层的组成 B 在浸入凝固浴瞬间（$t < 1s$）则与初始组成一致。由图 2-2(a) 可知，当体系发生瞬时液-液分相时，膜表层 S 面的组成已穿越双结线，即在铸膜液浸入凝固浴瞬间（$t < 1s$），膜表层已迅速发生液-液分相。而图 2-2(b) 则表明，当体系发生延时液-液分相时，在铸膜液浸入凝固浴瞬间（$t < 1s$），膜表层以下的组成均未进入分相区域，仍处于互溶均相状态，未发生液-液分相，需要经过一定时间（几秒钟）的物质交换，才能进入液-液分相状态。上述两种不同的液-液分相行为原则上将形成两种不同形态的膜结构。

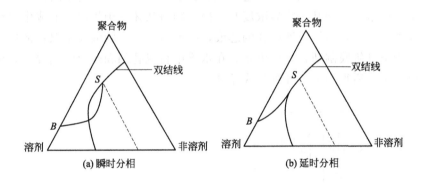

图 2-2　铸膜液浸入凝固浴瞬间　($t < 1s$) 膜内组成变化曲线
S—膜表层；B—膜底层

（1）瞬时液-液分相与膜结构

瞬时液-液分相是指铸膜液浸入凝固浴后迅速分相成膜，根据成核生长机理，当铸膜液起始组成点高于临界点时，膜结构由贫相成核控制。聚合物贫相区有利于溶剂和非溶剂的交换。在瞬时液-液分相过程中，相分离前沿移动快，溶剂可以通过扩散进入贫相，从而降低自身的化学位。由于存在大量的溶剂，贫相自身不断得到扩充，并且使得贫相周围的聚合物溶液相分离延迟。当周围聚合物溶液固化时，贫相区最终形成大空腔。因此，瞬时液-液分相通常得到较薄皮层和多孔结构的非对称膜。

（2）延时液-液分相与膜结构

延时液-液分相是指铸膜液浸入凝固浴一定时间后分相成膜。当铸膜液发生相分离时间延长，聚合物贫相尚未充分长大时，聚合物已经发生固化，通常可得到较厚致密皮层和海绵状亚层结构；而且延时时间越长，形成的膜越致密，得到的膜常用于气体分离和渗透蒸发等。

2.3 纺丝工艺特点

2.3.1 纺丝工艺

溶液相转化法是制备中空纤维分离膜的常用方法，通常称为溶液法纺丝。根据纺丝成形过程的不同，又可分为干-湿法纺丝、干法纺丝和湿法纺丝，目前以干-湿法纺丝为主。

图 2-3 是干-湿法纺丝制备中空纤维膜的工艺流程，其制备工艺原理及过程如下：首先将聚合物、溶剂、添加剂以一定的比例装入溶解釜中，在一定温度和搅拌器作用下，制成纺丝溶液（也称铸膜液）；经过滤后打入纺丝釜，静置或真空脱泡后，在氮气压力下，经过滤器进入计量泵。此外，在压力作用下，芯液储罐中的芯液经计量打入插入管式喷丝头的内孔[8]，并竖直向下喷出；经计量的纺丝溶液从插入管式喷丝头的环形孔喷出，经一段空气层后，进入凝固浴，环形铸膜液细流中的溶剂在浓度梯度作用下向凝固浴扩散，凝固浴中的非溶剂向铸膜液细流扩散，细流表面迅速形成致密层。随着双扩散的不断进行，细流内组成不断变化，细流内溶剂达到某一临界浓度时，聚合物将从体系中析出，形成中空纤维膜的多孔支撑层。此外，进入环形铸膜液内孔的芯液，一般也要与铸膜液发生双扩散过程。最后将卷绕成形后的中空纤维膜割断，扎成束状，在水槽中将成孔剂和残存溶剂浸出，再经甘油水溶液浸渍，取出干燥后得到中空纤维膜成品丝。

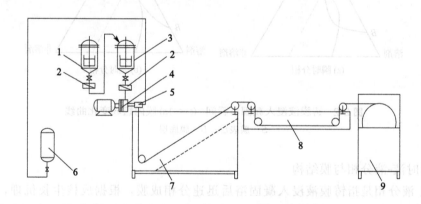

图 2-3 干-湿法纺丝制备中空纤维膜的工艺流程

1—溶解釜；2—过滤器；3—纺丝釜；4—计量泵；5—喷丝头；
6—芯液罐；7—凝固浴槽；8—水洗浴槽；9—卷绕机

喷丝头是制备中空纤维分离膜的关键部件。图 2-4 是纺制中空纤维膜的喷丝头。图 2-4 （a）中插入管式喷丝头是最常用的；图 2-4（b）中异形板式喷丝头适宜高黏度、成形速度快的铸膜液体系，如聚砜中空纤维超滤膜。图 2-5 是干-湿法纺丝得到的中空纤维超滤膜横截面形貌。

干法纺丝和湿法纺丝制备中空纤维膜的过程，其成形原理、工艺过程与传统化学纤维相似。干法纺丝一般在插入管喷丝头的内孔通入惰性气体。图 2-6 是干法纺丝制备中空纤维膜的工艺流程。

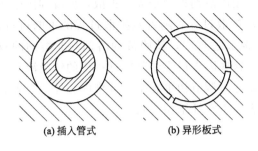

(a) 插入管式   (b) 异形板式

图 2-4 纺制中空纤维膜的喷丝头

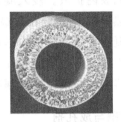

图 2-5 中空纤维超滤膜横截面形貌

2.3.2 微孔结构的工艺控制

采用溶液相转化法制备中空纤维膜时，其结构和性能将由制膜过程中各种工艺参数所控制。常见的参数包括铸膜液组成、铸膜液温度、内外凝固剂的组成和凝固浴温度、溶剂与成孔剂、添加剂、铸膜液挤出速度、中空纤维膜卷绕速度以及环境温度、湿度等。现就前几个参数进行简单介绍。

2.3.2.1 铸膜液组成

铸膜液组成通常包括聚合物、溶剂和非溶剂以及添加剂的选择与配比。一般情况下，聚合物含量较高的铸膜液易于形成致密膜结构；而添加剂含量较高的铸膜液易于形成疏松膜结构；固含量高，所成膜致密，截留性能好；固含量减少，易形成指状孔。膜表面平均孔径增加，水通量高，但膜强度将有所下降。一般聚合物浓度为 $15\%\sim30\%$（质量分数）。添加剂用量的增加可以提高膜的孔隙率、水通量和膜的平均孔径，但过多的添加剂将难以形成均相铸膜液，并使膜的强度下降。当铸膜液的配比接近体系相分离的临界点时，相分离速度快，可获得皮层薄、通量大的膜，但需要更加严格的工艺控制。

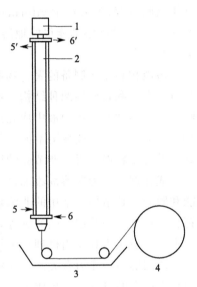

图 2-6 干法纺丝制备中空
纤维膜的工艺流程

1—纺丝室；2—纺丝甬道；3—水洗槽；
4—卷绕辊；5, 5′—热风进出口；
6, 6′—热媒进出口

2.3.2.2 铸膜液温度

对于一定组成的铸膜液，随铸膜液温度（纺丝温度）升高，膜水通量减小，截留率增大。皮层的微结构主要取决于实现凝胶化瞬间液膜界面上的聚合物浓度。此外，由于凝胶温度保持不变，铸膜液温度升高时，其中溶剂的逸出速度与凝固浴中非溶剂的浸入速度之比（J_s/J_n）也相对增大。高温铸膜液比低温铸膜液凝胶的界面处聚合物浓度要高，最终形成的膜较为密实，表现为膜孔径减小。

2.3.2.3 凝固浴

溶液相转化法纺丝采用的铸膜液体系确定之后，凝胶过程就成为决定高分子非对称膜结构与性能的关键。铸膜液环状细流浸入凝固浴后，膜内溶剂将向凝固浴扩散，而凝固浴中的非溶剂也将向膜内扩散。浸入凝固成膜为动力学双扩散过程，随着双扩散过程的不断进行，体系将发生热力学液-液分相，最终固化成膜。在凝胶过程中，铸膜液的溶剂与非溶剂的双扩散速率和凝胶速度是膜结构形成的重要因素。但这些因素最终受凝胶过程中的铸膜液和凝固浴的各个组分分子之间的相互作用所支配，可以通过调节初生态中空纤维内、外两个表面上溶剂与非溶剂的交换速率，制备出不同结构形态的中空纤维超滤膜。

2.3.2.4 溶剂与成孔剂

溶剂的选择必须满足对聚合物和成孔剂具有良好的溶解性。聚砜、聚醚砜、聚氯乙烯等聚合物常用的溶剂有 N,N-二甲基乙酰胺（N,N-dimethylacetamide，DMAC）、N,N-二甲基甲酰胺（N,N-dimethylformamide，DMF）、N-甲基吡咯烷酮（N-methyl pyrrolidone，NMP）等。这些溶剂能很好地溶解以上聚合物，并能与水互溶，在膜凝胶化时完成向水中的自由扩散。

溶液相转化法制备的聚合物膜结构通常由表层和多孔底层（支撑层）两部分组成，表层具有多孔层和致密层两种结构，而不同的表层结构将影响膜的多孔底层的结构形态，进而影响膜的分离性能。铸膜液中成孔剂的组成对中空纤维膜性能影响很大。成孔剂的含量一般为 10%～30%，用于改变溶剂的溶解能力，即调节聚合物分子在溶液中的状态，在凝胶阶段，其扩散速度较慢，可以调节膜的微孔结构和含水量。

成孔剂也称为非溶剂添加剂或溶胀剂，对膜性能的影响十分重要，它将影响铸膜液的性能和膜的微孔结构。常用的非溶剂添加剂有三类。①无机盐类及其水溶液，如氯化锂、氯化钙、溴化锂、硝酸锂、硝酸钙等，这些添加剂的使用可以提高膜的孔隙率，而平均孔径变化不大。一般认为其作用机理与无机盐水溶液对聚合物材料的溶胀能力以及水合阳离子与聚合物官能团的络合能力有关。金属粒子与膜材料之间发生离子偶极作用，使聚合物在凝胶过程中获得更多的络合水，形成更多的网络孔。②有机物低分子，有时也称助溶剂，如甲醇、乙醇、丙醇、乙二醇、丙二醇、丁二醇、丙酮等。③水溶性高分子，如聚乙二醇（PEG）、聚乙烯吡咯烷酮（polyvinyl pyrrolidone，PVP）等。添加这类低分子聚合物影响了溶剂的溶解能力，改变了铸膜液中聚合物的溶解状态，也改善了非溶剂在液态膜中的传质速率，加快膜的凝胶沉淀速度，造成瞬时分相，形成更多的孔；同时，改变膜材料的疏水性。有时水也可以作为成孔剂使用。有时也采用复配成孔剂，即两种或两种以上的添加剂混合。

2.4 应用实例

2.4.1 聚偏氟乙烯中空纤维超滤膜

由于聚偏氟乙烯（PVDF）中氟原子电负性大，原子半径小，C—F 键短，键能高达 500kJ/mol，聚合物具有一定的结晶性，在性质上的突出表现是高热稳定性，熔点为 170℃，热分解温度 316℃ 以上，连续暴露在 150℃ 以下 2 年内不分解。由于氟原子对称分布，整个分子呈非极性，表面能很低，仅为 25mN/m。通常太阳能中对有机物起破坏作用的是可见光-紫外光部分，即波长处于 700～200nm 之间的光子，而 C—F 键能接近 220nm 光子所具有的能量。由于太阳光中能量大于 220nm 的光子所占比例极微，所以氟材料耐候性好。由于碳链四周被一系列性质稳定的氟原子包围，使其具有很高的化学稳定性，在室温下不被酸、碱和强氧化剂或卤素腐蚀。PVDF 可溶于强极性溶剂中且具有良好的可纺性，是制备中空纤维膜的优异材料。

干-湿法纺丝工艺是制备聚偏氟乙烯中空纤维膜的主要方法之一。聚偏氟乙烯的溶剂有 DMAC、DMF 等。采用 DMAC 居多，因为在同样条件下以 DMAC 为溶剂时膜孔径较大，纺丝溶液的性质受温度影响较小，而且价格较便宜。本应用示例参照溶液相转化法工艺因素，从铸膜液浓度、添加剂组成及纺丝工艺等方面进行讨论，并列举膜萃取、膜蒸馏用 PVDF 中空纤维超滤膜过程及特点等。

2.4.1.1 纺丝工艺对膜性能的影响

（1）PVDF 浓度对膜性能的影响

PVDF 作为构成固体膜骨架的主体材料，其浓度直接影响膜的微孔结构、膜强度和水通量。PVDF 树脂在铸膜液中的质量分数一般为 15%～25%。表 2-2 是纺丝溶液中 PVDF 浓度对膜性能的影响数据[9]。降低固含量，中空纤维的孔径与通量增加，但强度下降。当 PVDF 浓度很低时，因铸膜液黏度太低而失去可纺性，不能形成中空纤维膜，随铸膜液中 PVDF 浓度升高，在聚合物贫相中所形成的晶核数增多，脱溶剂后这些晶核所形成的网络结构更加致密，表现为膜孔径、孔隙率及水通量呈减小趋势。PVDF 浓度很高时，甚至出现无孔膜，膜横截面呈蜂窝状结构。

▱ **表 2-2　纺丝溶液中 PVDF 浓度对膜性能的影响**

PVDF 质量分数/%	18.0	20.3	24.0
膜最大孔径/μm	0.12	0.10	0.07
水通量/[L/($m^2 \cdot h$)]	770	742	382
纤维内压破裂强度/MPa	0.47	0.62	0.71

注：中空纤维膜内径为 0.8mm，纤维壁厚为 0.3mm。

（2）添加剂对膜性能的影响

当铸膜液离开喷丝头经过空气层进入凝固浴时，首先在膜表面形成类似海绵状结构的致密表层。但由于聚合物脱溶剂收缩时的应力不能全部经聚合物蠕变而消失，所以致密的表面层在应力集中处易发生破裂。该破裂点构成了指状孔的生长点，并由此向膜母体中增长。通过调节铸膜液中添加剂的含量，可以使溶剂与凝固剂的交换速率发生变化，使初生态纤维凝胶过程中膜表面的应力状态发生改变，从而达到控制膜孔径大小和膜内部微孔生长程度的目的。

通常添加剂由大分子成孔剂、低分子非溶剂和表面活性剂组成。大分子成孔剂为水溶性聚合物，如 PVP、PEG 等，在铸膜液中主要起分散、增稠作用。当铸膜液接触凝固浴时，发生相分离，水溶性成孔剂主要富集在稀相中，造成孔道的形成。低分子非溶剂多为可溶于水的低分子有机物，如乙醇、LiCl、NH_4Cl 及其水溶液等。当环状液流进入凝固浴时，低分子非溶剂可以促进铸膜液的微相分离，并使凝固剂与溶剂迅速均匀地交换，有利于得到较大孔径的高通量 PVDF 中空纤维膜。从广义上看，低分子非溶剂也可看成是成孔剂，只是它的增稠作用不如大分子成孔剂明显。当以无机盐水溶液作添加剂时，在成膜过程中大多数溶剂更容易从无电介质添加剂存在的网络部分失去，从而使部分聚合物链段互相接近；而在有电介质存在的聚合物网络部分，由于电介质与溶剂的作用，溶剂被强烈地保留下来，此部分就形成稀相区。凝固浴进入稀相区而生成相转化孔，随无机盐含量的增加，相转化孔增大，见图 2-7。但是，体系中的无机盐是以水溶液的形式加到溶剂中去的，它的加入使溶剂对聚合物的溶解能力下降。当浸入凝固浴过程时，聚合物的凝出速度加快，表面容易形成致密层；水含量越多，聚合物析出速度越快，表面就越容易形成致密层，致使孔径变小，这时无机盐的致孔作用相对被抵消。

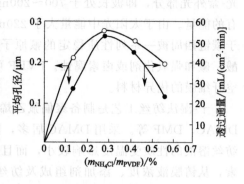

图 2-7　NH₄Cl 含量对膜孔径的影响

低分子表面活性剂的加入有利于降低铸膜液的界面张力，增强渗透乳化作用，有利于溶剂与凝固剂的双扩散，并且提高了铸膜液的稳定性。因此，应同时以适当的比例在铸膜液中加入大分子成孔剂、低分子非溶剂、低分子表面活性剂，发挥它们的协同效应，调控溶剂与凝固剂的双扩散速度，可以达到控制相转化过程，纺出性能更加优异、更加稳定的中空纤维膜。从表 2-3、表 2-4 可以看出复配添加剂的显著作用[9]。

☑ 表 2-3　纺丝溶液中复配 PVP 添加剂对中空纤维膜孔径的影响

添加剂	添加剂质量分数/%	分离膜最大孔径/μm	透过通量/[L/(m² · h)]
PVP	10	0.12	308
含 PVP 的复配添加剂	10	0.10	764

☑ 表 2-4　纺丝溶液中复配 PEG-6000 添加剂对中空纤维膜孔径的影响

添加剂	添加剂质量分数/%	卵清蛋白截留率/%	透过通量/[L/(m² · h)]
PEG-6000	10	90	373
含 PEG-6000 复配添加剂	10	95	439

（3）纺丝工艺对膜性能的影响

1）空气层高度的影响

在干-湿法纺丝制膜过程中，铸膜液从喷丝头挤出后，要先经过一段空气层的空间，然后进入凝固浴固化。在空气层流动过程中环境的温度、湿度对铸膜液的可纺性和微孔膜的形成也有重要作用，一般对内压中空纤维膜，空气层高度不超过 30cm；制备外压中空纤维膜时空气层高度不超过 10cm[9]。

2）温度的影响

铸膜液温度与凝固浴温度对纺丝成形过程均有显著影响。当铸膜液固含量较高、黏度较高时，适当提高料温，可以降低其黏度。温度的提高也有利于溶剂与凝固液的双扩散，料液、凝固浴温度及它们之间的温度差对纺丝溶液凝胶化速度有较大影响。溶剂与凝固液交换速度快，有利于形成较疏松的结构，提高膜的水通量。一般料温为 35～45℃，凝固浴温度在 30～40℃为宜。

3）卷绕速度的影响

中空纤维膜纺丝过程中，中空纤维从凝固浴出来，经水洗后被卷绕到绕丝轮上。这个过程对中空纤维有一定的拉伸作用，对膜强度和孔径大小均产生一定的影响。表 2-5[9] 列出卷绕速度对制备内压中空纤维膜性能的影响，卷绕速度不超过 20m/min 时，膜性能变化不大。纺出的中空纤维膜在乙醇中测试始泡点时，当达到始泡点后，在很短时间中空纤维膜表面就会出现大量气泡，表明孔径分布较窄。而卷绕速度达到 30m/min 时，在始泡点压力附近只有个别点出现气泡，表明速度过高时，中空纤维成膜性不均匀。但纺外压用中空纤维膜时，卷绕速度在 20～60m/min 对中空纤维透水通量和孔径无明显影响，见表 2-6[9]。

☐ 表 2-5　卷绕速度对内压中空纤维性能的影响

卷绕速度/(m/min)	15	20	30
膜平均孔径/μm	0.10	0.10	0.15
透过通量/[L/(m² · h)]	760	764	771

☐ 表 2-6　卷绕速度对外压中空纤维性能的影响

卷绕速度/(m/min)	20	40	60
膜平均孔径/μm	0.10	0.10	0.10
透过通量/[L/(m² · h)]	685	650	640

（4）PVDF 中空纤维膜的应用

1）连续膜过滤技术的应用

连续膜过滤技术（continuous membrane filtration，CMF），其核心是高抗污染膜以及与之相配合的膜清洗技术，可以实现对膜的不停机在线清洗，从而做到对料液的不间断连续处理，保证生产的连续高效运行。其工艺流程见图 2-8[10]。

在正常运行时，水通过循环泵进入膜组件，从膜壁外侧流过（通称为外压式），透过液通过阀 V_3 流出，进入产品水罐或反洗水罐反洗备用。浓缩液经阀 V_1 回流到循环罐。在运行一段时间后，膜会因水中的污物而被污染，这时循环泵和阀 V_4、V_1、V_3 自动关闭，清洗泵和阀 V_5、V_2 自动开启，对中空纤维膜进行反向清洗。因清洗水是从中空纤维内侧进入膜，从反向透过，故可以将膜表

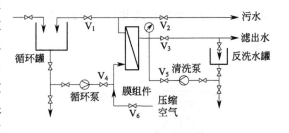

图 2-8　CMF 工艺流程

面聚积的污染物冲脱或使之疏松。这时压缩空气同时通过自动开启的阀 V_6 从正向压入膜组件，压缩空气进入膜组件后形成大量气泡和透过的清洗水混合，从膜组件的下部迅速上升经上部出口阀 V_2 排出膜外。由于反洗水冲洗和气泡的擦洗，使得膜的表面迅速变得清洁，恢复膜的通透性，而污水排出膜外，经过有效的短时间清洗后，阀 V_2、V_5、V_6 和清洗泵自动关闭，阀 V_1、V_3、V_4 和循环泵自动开启，恢复正常的膜过滤过程。这一过程通过 PLC 实现自动控制，且可以根据水质的情况调整膜过滤和清洗的操作时间比，如城市污水处理厂二沉池出水，一般膜过滤时间约为 30min，反洗时间约为 30s 即可。膜在经过多次运行和清

洗周期之后，依然会因污染而造成膜性能的逐步劣化。这时还需要停机进行化学清洗，如使用 NaOH 或 NaClO 清洗，以彻底清除污染或杀灭黏附在膜表面的菌体。

  2）膜生物反应器

  膜生物反应器（MBR）是膜分离技术和生物技术相结合的新工艺，在发酵（如酶制剂制备）、生物制药（如哺乳动物细胞培养系统制备生物制剂）以及化工生产等领域有着广泛的应用。在污水处理领域，利用膜组件进行固液分离，截留的污泥回流（或保留）至生物反应器中，处理的清水透过膜排出，构成了污水处理的膜生物反应器系统，膜组件的作用相当于传统污水生物处理系统中的二沉池。MBR 系统基本组成如图 2-9 所示。MBR 系统处理的污水经格栅去除大的悬浮物之后进入调节池，再由设置在调节池中的潜污泵抽升至 MBR 膜生物反应池，进行生物降解以获得优质的出水。一般产出的水投加 NaClO（或 ClO₂）

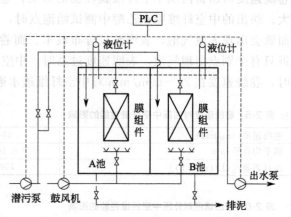

图 2-9　MBR 系统基本组成

后进入储水池以备回用。MBR 中使用的膜有平板膜、管式膜和中空纤维膜，目前以中空纤维膜为主[11,12]。其膜组件的结构形式是两端与集合管连接成一片状帘式结构，通称为帘式膜，如图 2-10 所示。也有的小型装置使用一种将中空纤维膜对折成 U 形，开口端黏合在一起；另一端为自由端，如图 2-11 所示。膜组件浸没于反应器中，利用曝气时气-液向上的剪切力实现膜面的错流效果。多数 MBR 工艺都采用微孔孔径为 0.1～0.4μm 的微滤膜，这对于以截留微生物絮体为主的活性污泥完全可以达到目的。随着 MBR 系统朝着大型化方向发展，帘式膜的组装日趋密集化，一个膜组件的导流箱体内安装数片帘式膜，堆积式排列，从而形成很高的膜装填密度和污水处理强度。

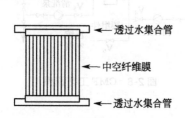

图 2-10　帘式膜组件

图 2-11　U 形膜组件

  MBR 用中空纤维膜材质主要有 PVDF 和聚乙烯。因 PVDF 化学稳定性、抗氧化性强，可采用常用的氧化性药剂清洗膜，使用率更高。国产 PVDF 中空纤维帘式膜组件，膜孔径为 0.2μm，膜壁厚约为 150μm，使用温度 5～45℃，pH=2～10。在污水处理过程中，在 0.02MPa 负压下抽吸出水，通量约为 10L/(m²·h)。由于膜不易污染，故耗气量相对较低，一般工艺中气水比约为 30∶1。生活污水经 MBR 系统处理后，出水水质与国家生活饮用水水质标准及国家生活杂用水水质标准的比较如表 2-7 所示。

⊡ **表 2-7 各种水质指标对比**

项 目	国家生活饮用水质标准	国家生活杂用水质标准	MBR 反应器出水实测水质
色度	<15	30	5
浊度（NTU）	<3	5	约 0
臭和味	不得有异臭、异味	无不快感觉	无
肉眼可见物	不得含有		无
pH	6.5～8.5	6.9～9.0	6.5～8.5
COD_{Cr}/(mg/L)		50	17
BOD_5/(mg/L)		10	5
细菌总数/(个/mL)	100		17
总大肠菌数/(个/L)	3	3	无

当前 MBR 系统不仅用于处理生活污水，也广泛应用于染色废水、洗毛废水、肉类加工厂污水等水处理系统。MBR 的另一优点是装置可大可小，小型装置可以用于一个家庭；大型装置日处理量可达数万立方米。

3）双向流膜过滤技术

双向流膜过滤技术是在膜分离过程中，通过对料液的进出方向进行周期性倒换，在进行分离过滤的同时，利用料液对污染较重的一端进行清洗，以保持膜的良好通透效果，达到持续稳定地对料液进行分离浓缩，操作示意见图 2-12。此操作过程可以是内压式或外压式，尤其适用于固含量较高的料液内压式操作。

在料液进出换向的过程中，如有短时间的全量循环过程即组件侧面出口全关闭，没有透过液从组件流出，只有料液在中空纤维膜内循环，这时膜内外和组件上下的压力分布是不一样的。假如中空纤维管内的料液入口压力为 0.18MPa，而出口压力为 0.03MPa，由于膜组件透过液出口全部关闭，则膜外侧的平均压力为 0.105MPa，中空纤维膜的中部内外压力平衡，而下半部膜内压大于膜外侧，形成与一般超滤一样的超滤区；而上半部的膜内压小于膜外侧压力，与反洗操作相似，形成反洗区。即在下半部膜有料液透过膜，而上半部有透过液返回到膜内，形成逆洗，故使膜得到清洗。因此，每隔一定时间，将原料液的流

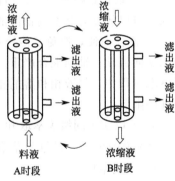

图 2-12 双向流膜过滤技术示意

向改变一次，并且有一个短时间的全量循环过程，可以达到中空纤维膜上、下半部交替反冲洗的目的，减轻膜污染，延长药液清洗的周期。如果料液比较黏稠或悬浮物较多，可以选用长度较短的组件，更有利于减轻浓差极化和膜污染。双向流膜过滤技术更适合于含微粒状固形物较多的污水处理系统，如电泳漆的超滤浓缩，发酵液菌体分离等体系。

2.4.1.2 膜萃取用聚偏氟乙烯中空纤维膜

（1）膜萃取过程及特点

膜萃取又称为固定膜界面萃取，是膜过程和液-液萃取过程相结合的新型分离技术。与通常的液-液萃取不同的是，传质过程在分隔有机相和水相的微孔膜表面进行，因此也可以称为支撑型液膜。图 2-13 是疏水性微孔膜萃取过程。

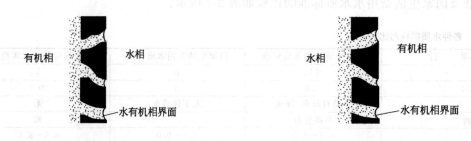

图 2-13 疏水性微孔膜萃取　　　　　　　　图 2-14 亲水性微孔膜萃取

在有机相与水相间置以疏水性微孔膜，有机相将优先浸润膜，并进入膜孔。当水相的压力等于或略大于有机相的压力时，在膜孔的水相侧形成有机相与水相的界面。该相界面是固定的，溶质通过这一固定的相界面从有机相传递到水相，然后扩散进入水相，完成膜萃取过程。当采用亲水性微孔膜时，则水相将优先浸润膜，并进入膜孔，见图 2-14。膜萃取的特点如下。

① 萃取剂损失小。传统的萃取过程促进传质的进行，应尽可能增加传质比表面积，通常使一相以液滴的形式分散于另一相中，然后再重新聚结分相。而膜萃取没有传统萃取过程中的相分散和凝聚过程，这样可以减少萃取剂在料液相中的损失。

② 萃取剂选择范围广，物性要求低。在膜萃取过程中，料液相和溶剂相分别在膜两侧流动，可以放宽对萃取剂物性的要求，便于选用高浓度、高效萃取剂。

③ 操作简便，避免了传统萃取的返混。传统的萃取过程一般采用连续相与分散相液滴群的逆向流动，轴向混合严重。此外，萃取设备的生产能力也将受到液泛总流速的限制。在膜萃取过程中，料液相和溶剂相分别在膜两侧流动，使过程免受“返混”的影响和“液泛”条件的限制。

④ 可以实现同级膜萃取和反萃取过程，尤其是中空纤维膜器的优势更加突出。

（2）PVDF 中空纤维膜萃取的应用

1）金属萃取

膜萃取在分离金、铜、锌、铁、汞、铬、镍等离子方面都有应用研究。如 Schöner 等[13] 采用错流式中空纤维膜萃取器，在 $ZnSO_4$/双（2-乙基己基）磷酸盐/异十二烷体系中分离 Zn^{2+}，可以使 Zn^{2+} 浓度由 100mg/L 降至 2mg/L。此外，膜萃取在金属离子时，有很高的选择性，如 Argiropoulos 等[14] 从盐酸溶液中萃取 Au^{3+} 时，即便有 Cu^{2+} 存在，Au^{3+} 的萃取率仍然很高。

2）有机物萃取

膜萃取在有机物分离方面也有很多应用研究。如以甲基异丁基甲酮-乙酸正丁酯为萃取溶剂，萃取含酚水溶液中的苯酚；以 N-甲基吡咯烷酮为萃取溶剂，萃取甲苯-正己烷混合物中的甲苯。膜萃取也可以分离提纯药物，如以苯或甲苯为萃取溶剂，萃取氨水溶液中的 4-甲基噻唑、4-氰基噻唑等。

3）发酵产物萃取

发酵法是生产有机化工原料的重要方法之一，而发酵产物有时又会产生抑制发酵的作用。如丁酮可以通过葡萄糖的厌氧发酵制得，但丁酮又会抑制微生物的发酵反应。若将其不断从料液中移出，就会提高过程回收率。

2.4.1.3 膜蒸馏用聚偏氟乙烯中空纤维膜

膜蒸馏是采用疏水性微孔膜，以膜两侧水蒸气压力差为传质推动力的膜分离方法。早在 1967 年 Findley 就提出了膜蒸馏的概念[15]，但直到 20 世纪 80 年代，随着聚丙烯、聚四氟乙烯、聚偏氟乙烯等疏水性微孔膜的开发，膜蒸馏的理论和应用研究才有了较大进展。

(1) 膜蒸馏过程及分类

在操作膜蒸馏过程时，由于膜两侧的温度不同，一侧称为热侧；另一侧则称为冷侧。在热侧，膜与热的待处理水溶液直接接触，水溶液中的水在膜表面汽化，水蒸气通过膜孔传递到膜的冷侧，被冷却成液态水。根据冷侧水蒸气的冷凝方法或排除方法的不同，膜蒸馏过程可以分为以下几类。

① 直接接触式。热溶液和冷却水分别与膜的两侧表面直接接触，传递到冷侧的水蒸气被直接冷凝到冷却水中。这种方式适用于平板膜或中空纤维膜，膜器结构简单，水通量大。

② 空气间隙式（也称间接式）。冷侧的冷却水介质与膜之间有一个冷却板，膜与冷却板之间存在空气间隙，通过膜孔和间隙后的水蒸气在冷却板上冷凝。这种方式可以直接得到冷凝的纯水，对冷却水的纯度要求低，适用于平板膜。

③ 减压式（也称真空式）。在膜的冷侧采用抽真空的方式，增大膜两侧的水蒸气压力差，从而得到较高的蒸馏通量，透过的水蒸气在膜器外冷凝。

④ 气流吹扫式。冷侧通入干空气进行吹扫，把透过的水蒸气带出膜器外冷凝。

(2) 膜蒸馏的特点

① 膜蒸馏过程虽然也有相变，但是在较低温度、非沸腾状态下进行的。因此，操作条件温和，在常压和接近室温下便可有足够的推动力，实现水的传递；可以有效地利用一些低值废热、地热、太阳能作为热源。

② 在膜蒸馏操作过程中，仅有水蒸气通过膜孔到达冷侧，因此在冷侧可以得到纯水，同时实现热侧溶液的浓缩。

(3) 膜蒸馏用中空纤维膜的制备

王保国[16] 等采用干-湿法纺丝制备了膜蒸馏用 PVDF 中空纤维膜，研究了 PVDF 浓度、添加剂 LiCl 的用量对 PVDF 中空纤维膜的结构、性能的影响，并探讨了将其用于脱除水中 $CaCl_2$ 的膜蒸馏过程。

① PVDF 浓度对膜结构性能的影响。从表 2-8 中可知，随着铸膜液中 PVDF 含量的增加，膜孔径、孔隙率及水通量都呈减小趋势，与其他 PVDF 微滤膜的制备原理相同，不再赘述。

⊡ 表 2-8　PVDF 浓度对中空纤维膜结构与性能的影响

PVDF 浓度/[%（质量分数）]	膜孔径/μm	孔隙率/%	水通量/[L/(m² · h)]
13	1.07	62.2	275
15	0.59	57.8	142
18	0.40	53.4	66

② 添加剂浓度对膜结构性能的影响。从表 2-9 可知，随添加剂浓度增大，平均孔径由小变大，出现一个极值后逐渐减小，孔隙率呈上升趋势；水通量受膜孔径与孔隙率共同作用，也呈增大趋势，但在添加剂浓度较高时变化趋于平缓。当 LiCl 含量低时，膜中海绵状

孔所占比例较大且致密，所以膜孔径小，孔隙率低。当添加剂浓度增高时，由于 LiCl 的强亲水效应，使膜中的溶剂与凝固剂交换速度加快，形成了更多的指状孔结构，并且指状孔一直生长通过整个膜横截面，微孔直径增大，同时孔隙率提高。

⊡ 表 2-9　PVDF 浓度对中空纤维膜结构与性能的影响

LiCl 浓度/[%（质量分数）]	膜孔径/μm	孔隙率/%	水通量/[L/($m^2 \cdot h$)]
10	0.45	53.2	57.7
15	0.50	55.3	92.1
20	0.63	56.0	138.6
24	0.72	57.3	209.4
28	0.66	59.0	197.8
35	0.63	60.8	199.3

③ 膜蒸馏实验。为了评价所制备中空纤维微孔膜的性能，进行了从 $CaCl_2$ 水溶液中制备淡水的膜蒸馏实验，结果见表 2-10。从表中可知，微孔膜对不同浓度 $CaCl_2$ 水溶液的截留率均达 98.6% 以上，膜渗透通量在 6.2L/($m^2 \cdot h$) 左右。料液中 $CaCl_2$ 浓度的提高，加剧了该过程中的浓差极化现象，使得传质阻力增大，在相同的水蒸气分压推动力下，膜的渗透通量有所下降。

⊡ 表 2-10　$CaCl_2$ 水溶液的膜蒸馏实验结果

$CaCl_2$ 浓度/[%（质量分数）]	热侧温度/℃	冷侧温度/℃	膜渗透通量/[L/($m^2 \cdot h$)]	$CaCl_2$ 截留率/%
6	47	25	6.60	98.6
10	47	27	6.40	99.1
15	45	28	6.23	99.3
20	45	28	5.45	99.1

（4）膜蒸馏应用

① 海水和苦咸水淡化。海水淡化是膜蒸馏的最初研究目标。与反渗透相比，它不需要高压和复杂设备，并能处理盐分较高的水溶液。经大量经济技术分析认为，在可利用如太阳能等廉价能源的边远地区，膜蒸馏脱盐制饮用水有较好的应用前景。

② 超纯水制备。在非挥发性溶质水溶液的膜蒸馏中，只有水蒸气能透过膜孔进入冷侧，才可得到超纯水。南通合成材料厂曾以反渗透水或离子交换水为原水，经过膜蒸馏处理后，得到比电阻为 18.2MΩ·cm 的超纯水。

③ 浓缩和回收。膜蒸馏可以处理极高浓度的水溶液，在化学物质水溶液的浓缩方面具有很大潜力。吴庸烈等[17] 用膜蒸馏方法处理人参露和洗参水，使其中所含的微量元素、氨基酸和人参皂苷得到有效浓缩；王世昌等[18] 用膜蒸馏方法浓缩蝮蛇抗栓酶；余立新等[19] 浓缩古龙酸水溶液；Zarate 等浓缩牛血清蛋白都得到较好的结果。

④ 挥发性溶质水溶液的分离。利用水和溶质挥发性的差别，经膜蒸馏方法处理可以改变原料液的组成。现在采用膜蒸馏方法已经成功地从水溶液中分离出挥发性的丙酮、乙醇、乙酸乙酯、异丙醇、甲基叔丁基醚和苯等。

2.4.2 聚砜中空纤维膜

聚砜（PSF）是主链上含有砜基和芳环的一类高分子化合物，主要有双酚 A 型聚砜、聚芳砜、聚醚砜、聚苯硫醚砜等。从结构上可以看出，砜基的两边都有苯环形成共轭体系。由于硫原子处于最高氧化状态，加之砜基两边高度共轭，所以这类树脂及其制品具有良好的化学稳定性、耐水性、耐热性、尺寸稳定性，以及较好的成膜性和力学强度。

聚砜是制备中空纤维膜的重要聚合物之一。聚砜可以用于制备大孔径、高通量的中空纤维微滤膜；也可以制备不同切割分子量的中空纤维超滤膜；同时也可以制备反渗透以及各种气体分离中空纤维膜的基膜。

2.4.2.1 以盐水溶液为成孔剂的聚砜中空纤维膜

在聚砜中空纤维超滤膜的生产过程中，若聚砜干燥不佳，含水高聚砜中空纤维超滤膜的水通量会有较大提高，而截留率降低较小。显然体系中的水对溶液相转化法聚砜中空纤维铸膜液的成形机理产生了影响。水是否可以作为聚砜铸膜液中的成孔剂呢？经过多次实验发现，配制加水的铸膜液相当困难。水是聚砜铸膜液的强凝固剂，水少成孔效果不明显；水多铸膜液非常容易发生凝胶化。而盐水溶液的凝固作用略弱一些，在溶液法制膜时，向溶剂中加入少量盐水，可以使配制的均相铸膜液接近相分离的边缘，或称亚稳态铸膜液。这时的聚砜超滤膜可以获得与传统聚合物成孔剂如 PVP、PEG 相媲美的优异性能[20]。

（1）成孔剂种类对聚砜膜水通量的影响

图 2-15 是不同成孔剂对聚砜中空纤维超滤膜水通量的影响（操作压力为 0.1MPa）。图 2-15 中的 B、C、D 分别代表以二甘醇、PEG-20000 和盐水溶液为成孔剂时，聚砜中空纤维膜的水通量随测试时间的变化情况。由图 2-15 可见，以盐水溶液为成孔剂的聚砜中空纤维膜，经一定的预压实后的水通量较高。此外，其纤维手感较挺括，模量和强度较高，更便于超滤器的浇铸和组装。

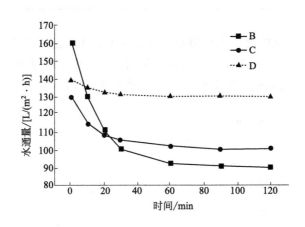

图 2-15 不同成孔剂对聚砜中空纤维超滤膜水通量的影响

盐水溶液在一定范围内还可以与 PVP 组成复合成孔剂，用于聚砜中空纤维膜的制备，可以获得更佳效果。图 2-16 是 PVP 与盐水溶液组成的复合成孔剂中盐水含量与聚砜中空纤维膜水通量的关系（操作压力为 0.1MPa）。由图 2-16 可见，在 PS/DMAC/PVP 体系中随着盐水溶液加入量的增加，其水通量有较大增加[20]。

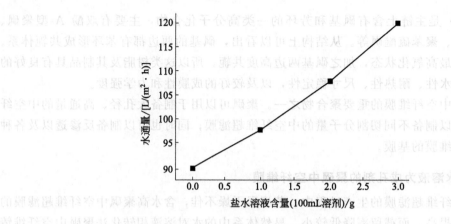

图 2-16　复合成孔剂中盐水含量对水通量的影响

（2）盐水溶液对聚砜膜截留率的影响

表 2-11 给出用 PVP、PEG-6000、PEG-20000 以及盐水溶液为成孔剂的几种聚砜中空纤维膜的截留性能。截留液分别由 5％PEG-20000 水溶液和 5％卵清蛋白水溶液组成。由表 2-11 可见，以盐水溶液为成孔剂的聚砜中空纤维膜的微孔孔径应属于超滤范围。其切割分子量范围略高于以 PEG-20000 为成孔剂的聚砜中空纤维超滤膜[20]。

▣ 表 2-11　不同成孔剂对中空纤维超滤膜截留率的影响

试样	1	2	3	4
对 5％PEG-20000 水溶液的截留率/%	99	90	93	98
对 5％卵清蛋白水溶液的截留率/%	100	93	98	100

盐水溶液与 PVP 组成的复合成孔剂制成的聚砜中空纤维膜的截留率如图 2-17 所示。在 PS/ DMAC/ PVP 体系中，随着盐水溶液加入量的增加，中空纤维膜对 PEG-6000 水溶液的截留率有一定的降低。这是超滤膜微孔孔径有所增大的宏观反映。

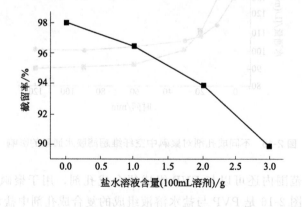

图 2-17　复合成孔剂中盐水含量对截留性能的影响

2.4.2.2 异形板纺丝法制备聚砜中空纤维膜

异形喷丝板纺丝法制备中空纤维膜时，由于不需要插入管喷丝头纺丝以通入芯液，因此非常容易获得表皮致密的功能层，里面为多孔支撑层的非对称结构的横截面。异形喷丝板纺制中空纤维膜时，需要铸膜液有较高的黏度和黏性。前者是为了保证中空度，后者是为了保证中空纤维膜不产生纵向开裂。即便是非常适合用异形板制备中空纤维膜的聚砜铸膜液，其加入的成孔剂的黏性也是非常重要的。异形喷丝板纺制中空纤维膜时，适用于成形速度较快的聚合物铸膜体系，且由于制备的中空纤维膜直径较小，一般为 $0.2 \sim 0.4\text{mm}$，更适用于外压式中空纤维膜组件的用丝和纳滤、反渗透以及气体分离中空纤维复合膜的基膜用丝。异形喷丝板纺制中空纤维膜的最大优势是容易实现多孔化，几十孔甚至上百孔都是很容易做到的，这样可以大幅降低生产成本。

（1）异形喷丝板

在化学纤维生产中，异形纤维是物理改性纤维的重要品种，它是用异形喷丝板纺制的中空纤维或非圆形纤维。由于聚砜铸膜液在凝固浴中能够迅速凝固成形，是可以采用异形板纺丝的少有的聚合物之一。这里的异形板主要有单 C、双 C 及 3C 喷丝孔的喷丝板，其中 3C 形喷丝孔由于对称性好，使用率较高。图 2-18 为不同喷丝板的喷丝孔形状。也有纺制横截面为藕形多孔中空纤维膜的喷丝板，不在本节讨论。

喷丝板对中空纤维成形、质量、性能等影响很大。在制造中空纤维膜时，喷丝板结构和尺寸的影响尤为显著。一般将喷丝板异形孔设计为均布在同一圆环上且间距相等的3 个 C 形孔。由轴向投影看，是三个曲面柱体。弧形连接处宽度越小，越有利于成形后的中空纤维膜的圆整度。但过小的尺寸将会增加加工难度和喷丝板的强度，一般为

图 2-18　不同喷丝板的喷丝孔形状

$0.15 \sim 0.20\text{mm}$。成形后的中空纤维膜的横截面尺寸与喷丝板异形孔圆周尺寸相比要小很多，这是因为成形过程中环形铸膜液要发生较大收敛。在保证中空纤维膜中空度的前提下，适当的收敛有利于提高成形后的中空纤维膜的圆整度。一般采用异形板纺制聚砜中空纤维膜时，异形喷丝孔的外圆直径以 $1.6 \sim 2.0\text{mm}$ 为宜。

（2）环状铸膜液细流的形成机理

聚砜属于线型大分子，其铸膜液与化学纤维生产中的纺丝流体一样，也是非牛顿流体，也具有其他纺丝流体的流动特性。

聚砜铸膜液在流动过程中，特别是进入喷丝孔的导孔、喷丝孔后纺丝流体细流从大截面到小截面发生流线收敛，流速增加产生纵向速度梯度 $\partial v_X / \partial X$，导致具有缠结点的黏弹性聚砜铸膜液流体产生拉伸弹性形变，产生法向应力 N_0（与细流行进方向相反）。N_0 在喷丝孔流动中有一定的松弛，但在出口处仍有剩余法向应力 N'。

$$N' = N_0 \exp(-t^* / \tau)$$

式中，t^* 为聚砜铸膜液通过喷丝孔的时间，为 $10^{-4} \sim 10^{-2}$ s；τ 为聚砜铸膜液大分子松弛时间，$0.1 \sim 0.3$s。$t^* \ll \tau$，表明聚砜铸膜液在流动过程中产生的弹性能，在喷丝孔流动中不能完全松弛掉，出口处仍有剩余。正是该剩余的弹性能使铸膜液在喷丝孔出口处产生

出口胀大效应，导致 3C 状液流端口发生粘接，成为圆环状，构成连续的中空纤维膜。

具有黏弹性的铸膜液流体是异形喷丝板纺制中空纤维膜的基础。铸膜液的弹性过大，会使 3C 形液流的连接处横截面过大，中空纤维横截面的圆整度差；铸膜液的弹性过小，会使 3C 形液流的连接处横截面过小，也会影响中空纤维横截面的圆整度、中空度，甚至使中空纤维出现裂纹。

（3）异形板制备聚砜膜

影响纤维成形及膜性能的因素很多，如铸膜液的表观黏度、聚合物浓度、添加剂种类和加入量、铸膜液温度、喷丝孔构型及尺寸、空气层高度、凝固浴组成及温度、挤出速度、拉伸速率、环境温度、环境湿度等。这些工艺参数既互相影响，又互为补充，经常要根据纺丝成形情况做适当调整，因此采用多孔异形喷丝板纺制中空纤维膜时，工艺控制比插入管式喷丝头的纺丝更加严格。现对其中几点进行简单介绍。

① 聚砜特性黏度。聚砜常用特性黏度表征其分子量。当特性黏度过低，铸膜液离开喷丝板面时，不能形成中空纤维，或不能承受纤维自重和拉伸力，而易发生断裂；当特性黏度过高时，铸膜液偏向于弹性体特征，无法形成稳定纤维。由于一般采用异形板纺丝的铸膜液黏度要高于插入管喷丝头纺丝的铸膜液黏度，往往以提高聚砜浓度来实现提高铸膜液黏度。为了提高铸膜液的流动性，采用异形板纺丝的聚砜的特性黏度一般要低于插入管喷丝头纺丝的聚砜。

② 铸膜液黏度。铸膜液由聚砜/溶剂/成孔剂构成，组成确定后，固含量为铸膜液黏度的主要影响因素。铸膜液中聚砜固含量越大，铸膜液的黏度越高，铸膜液流动时储存的弹性能就越大。调整聚砜固含量可以调整中空纤维膜的圆整度、中空度。筛选不同的成孔剂也有一定的调整作用。

③ 铸膜液温度。异形板纺丝成形主要是依靠孔口胀大效应。当料液从 3C 喷丝孔流出时，料液蓄积的弹性能得到释放，C 形孔流出的三股聚合物溶液迅速膨胀黏合形成一个完整且有一定中空度的毛细管状流体。纺丝温度是控制铸膜液黏弹性的重要因素。当铸膜液被挤出后，发生适宜的"胀大"，与喷丝孔几何尺寸配合适当时，可以形成完整的中空圆形。此外，调整纺丝温度，也可修正前期铸膜液配方等工艺中，因偶然变化带来的不利影响。再有，纺丝温度还会影响铸膜液中溶剂的挥发速度，从而影响纤维皮层的厚度和致密程度。

因此要求纺丝中温度适中，一般控制在 45～55℃。温度过低，聚合物流体储存的弹性能过大，成纤不稳定；温度过高，料液黏度下降，中空纤维膜的中空度下降，严重影响水通量。

④ 铸膜液挤出速度。提高铸膜液挤出速度，即提高铸膜液的纵向速度梯度 $\partial v_X/\partial X$，会提高铸膜液流体的弹性能储存，强化其出口胀大现象。

⑤ 空气层高度。与插入管喷丝头相比，空气层高度对异形喷丝板纺制中空纤维膜的影响更大。空气层高度过短，铸膜液流出喷丝孔后，3C 型细流间的黏合还未充分完成就进入到凝固浴中，所得中空纤维膜的圆整度不好，严重时容易在使用过程中造成中空纤维膜破裂；空气层高度过长，由于铸膜液细流的自重作用，向中心收缩，中空纤维膜的中空度下降，甚至形成一个实心圆。一般空气层高度控制在 1～3mm。在保证中空度的前提下，较高的空气层高度有利于纺丝中抵抗环境变化的干扰。

2.4.3　聚醚砜中空纤维膜

2.4.3.1　概述

聚醚砜树脂（polyethersulfone，PES）是 1972 年英国帝国化学工业公司[21] 开发的一种综合性能优异的热塑性高分子材料（图 2-19）。PES 是由 4,4′-双磺酰氯二苯醚在无水氯化铁催化下，与二苯醚缩合制得。PES 密度为 $1.37g/cm^3$，抗蠕变性好，尺寸稳定，加工性能较好，耐腐蚀性能优异，耐化学药品性在非晶性树脂中是最好的；对一般酸、碱、脂肪烃、油脂、醇类等稳定。聚醚砜大分子结构中只有醚键、$-SO_2-$ 和苯环骨架，没有 $-C-C-$ 链，不含刚性极大的联苯结构。因此，它的耐热性能较好，这一性能可与聚酰亚胺相媲美，但其成本却低于后者。此外，PES 的物理力学性能、绝缘性能等优良。目前，在 PES 生产方面有影响力的厂家多集中在国外几个品牌，国内厂家一般生产规模较小，竞争力不强。

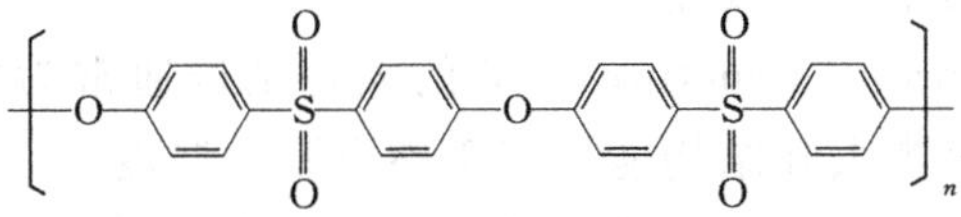

图 2-19　PES 化学结构式

PES 可溶于 N,N-二甲基甲酰胺、N,N-二甲基乙酰胺、N-甲基吡咯烷酮、二甲基亚砜（DMSO）等极性溶剂。可使用浸没沉淀法制备成一类耐热、耐紫外辐射、耐酸碱、耐有机溶剂的多孔分离膜，包括超滤（UF）膜、微滤（MF）膜，甚至是孔径更小的纳滤（NF）膜。虽然 PES 膜的制备设备比较简单，但是在制膜过程中对各种成膜条件非常敏感，容易受到制膜条件的影响，增加了制膜的难度。探索制备条件与膜结构与性能的关系一直是研究者关注的重点；同时，PES 膜具有较强的疏水性，在处理含蛋白水溶液、油水混合物等水相流体时，膜孔易被堵塞而产生吸附污染，通量下降较快，动力消耗大。故应对 PES 膜进行亲水化改性，改善其耐污染性能。

超滤和微滤是 PES 膜已经实现商业化的两个常用领域，主要用于膜生物反应器、蛋白质分离和回收、血液透析、食品加工、生物医药分离、催化剂载体等场合。以 PES 制成的中空纤维膜，也常作为复合膜的支撑层材料。

干-湿法纺制中空纤维是制备 PES 膜的主要技术。该过程中由单一的 PES 均匀溶液转化为富聚合物相和贫聚合物相，前者形成膜骨架，后者形成多孔结构。由于沉淀速率的不同，膜通常形成一种非对称结构，表面为致密功能层。常用铸膜液溶剂为 DMF、DMAC、NMP。按高分子"相似相溶"原则，溶解度参数相近，即 $\Delta\delta$ 值越小，相溶性越好。DMF、DMAC、NMP 对 PES 的溶解能力为 DMAC>NMP>DMF。溶剂的溶解能力越强，膜的沉淀速度越慢，越容易形成较细密的孔，所以 PES-DMAC 铸膜液体系形成的膜其小孔数量较多，透水速率较小；反之，溶剂与沉淀剂的 $\Delta\delta$ 值越小，越能加快 PES 沉淀速度，趋于形成大尺寸的指状孔膜，则透水速率越大。研究时还发现由 DMSO、NMP、DMF 溶剂制备的 PES 膜水通量呈递减趋势[22]。上述常用溶剂制备的 PES 超滤膜通常呈现致密皮层和指状多孔支撑结构，分离功能和膜过滤阻力主要由皮层结构决定。

2.4.3.2　PES 膜结构与性能

当前，大部分 PES 膜由溶液相转化制备，人们对其成膜机理及膜结构进行了较为详细的研究，其典型结构主要如下。

① 胞腔状结构 (cellular structure)。该类结构常存在于延时液/液分相而得的膜中，其底层均为连通或封闭的胞腔状孔结构，而其表层非常致密且比较厚。所成膜的孔隙率和孔间连通度相对较低，膜的渗透性能也较差。常用于气体分离、渗透气化和反渗透。

② 粒状结构 (granular structure，粒状大小 20～100nm)。这种结构常形成于超滤膜等经瞬时液/液分相而成的多孔膜的表层。其形成机理至今仍是一个深受争议的课题。

③ 双连续结构 (bicontinuous structure)。目前这种结构的形成也像球状结构一样存在多种假说。它既可能由聚合物溶液经旋结线液/液分相而形成，也可能为双结线分离稀相核的合并而来。Kesting 解释说双连续结构来源于粒状结构的合并。由于该类结构为高渗透性纤维状网络结构，特别适合于微滤和超滤。

④ 胶乳结构 (latex structure)。膜的胶乳结构通常是由稀聚合物溶液经双结线液/液分相而形成的。其液/液分相是通过分散于贫聚合物连续相中的富聚合物相的成核、长大来实现的。具有胶乳结构的膜力学强度较差。

⑤ 大孔结构 (macroporous structure)。膜的大孔结构通常为大的长形或梨形，而有的则呈高度伸展状态。有时该类大孔结构能贯穿于整个膜的厚度。

大孔结构的存在影响膜力学性能，故对其成形机理进行了广泛研究。研究认为，铸膜液浸入凝固浴后，发生液-液相分离，生成的聚合物贫相可以继续生长，并演变为大孔；也可以停止生长，重新有新的聚合物贫相生成。聚合物贫相是形成大孔结构的必要条件，聚合物贫相生长即产生大孔；反之，已生成的聚合物贫相没有继续发展，而是在其周围形成了新聚合物贫相。此时，膜结构就会呈海绵状形态。周围的环境决定已生成的聚合物贫相（或液滴）是继续生长还是不再生长。

在此基础上 McKelvey 和 Koros[23] 进一步提出大孔生长机理。他们推测在皮层下面大孔开始于聚合物贫相；随着非溶剂扩散进入聚合物贫相的量大大超过溶剂扩散外出量，微孔开始生长，直至外围聚合物固化定型。孔大小由扩散界 (diffusion front) 和沉降界 (precipitation front) 各自的移动速率决定。当扩散界的移动速率大于沉降界的移动速率时，微孔继续生长；当扩散界的移动速率小于沉降界的移动速率时，微孔生长受到抑制。图 2-20 为初生 PES 中空纤维膜横截面的指状大孔结构。图 2-21 显示了通过调整溶液组成和纺丝工艺，可以使 PES 中空纤维膜由双排指状大孔变为单排指状孔。

(a) 初生纤维膜　　　　　　　　　　　　(b) 局部放大

图 2-20 初生 PES 中空纤维膜横截面的指状大孔结构

对于 PES/DMF 溶液体系，浸入凝固浴后，溶剂和凝固剂发生双向扩散。由于扩散速度较快，膜皮层迅速形成。皮层的形成阻碍了溶剂/非溶剂交换速率，使得皮层下的铸膜液发生液/液分离，形成聚合物贫相和聚合物富相。聚合物贫相周围溶剂和非溶剂扩散进入量大于扩散外出量，且此时非溶剂浓度较低，PES固化较慢，聚合物贫相得以发展成为大孔结构。聚合物贫相的发展，伴随着非溶剂的渗入，将逐步变为周围铸膜液的凝固浴。凝固浴中大量的溶剂使周围铸膜液发生延时分相，在孔壁和底层形成了多孔胞腔状结构（图2-22）[24]。

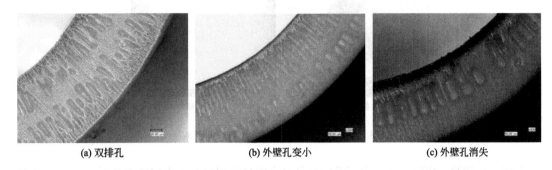

(a) 双排孔　　　　　　　　(b) 外壁孔变小　　　　　　　　(c) 外壁孔消失

图2-21 PES中空纤维膜指状孔的改变

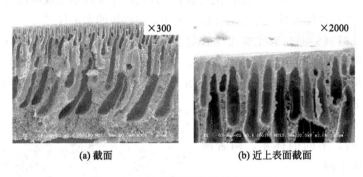

(a) 截面　　　　　　　　(b) 近上表面截面

图2-22 PES分离膜的指状大孔结构

当纺制PES中空纤维膜时，双皮层下也为整齐指状孔。由于在纺制中空纤维膜时为内外双凝固浴，并且纺丝过程中控制外皮层与凝固浴接触时间，保持内凝固浴至纤维定型，结果中间大孔由内壁指状孔发展而来。但是，由于一定厚度的外壁已经固化定型，垂直发展受阻，所以膜内中间大孔变为近似圆形，犹如平板膜，大孔之间为延时相分离，形成胞腔状结构（图2-23）[24]。

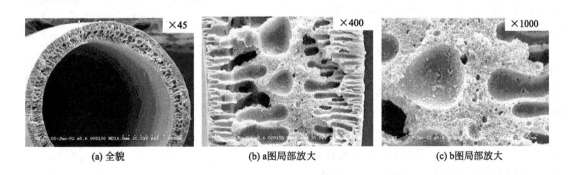

(a) 全貌　　　　　　　　(b) a图局部放大　　　　　　　　(c) b图局部放大

图2-23 PES中空纤维膜横截面形貌

为了避免大孔结构的出现，最近有研究者选用 γ-丁内酯（GBL）作为PES的溶剂纺制了中空纤维膜，并详细研究了芯液组成、流量对膜结构与性能的影响。所纺制中空纤维的结构有别于传统溶剂制备的 PES 膜。整个膜横截面没有指状大孔结构出现，表现为海绵状多孔形态（图 2-24）[25]。

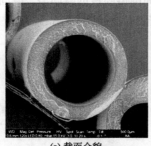
(a) 截面全貌

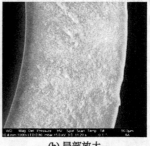
(b) 局部放大

图 2-24 中空纤维膜海绵状横截面形貌

有别于超滤膜，PES 微滤膜表面及内部都具有明显的相对大小均匀的微孔结构，这也是 PES 膜发展的另一个主要方向。在溶液相相转化基础上，通过改变凝固浴组成可以制得如图 2-25 的微孔膜，进一步进行表面改性可减小膜表面孔数及大小，提高膜的亲水性[26]。

近年来，对聚醚砜膜的研究主要集中在对膜性能的提高上。在铸膜液中加入一些添加剂起致孔作用。常见添加剂可分为：无机盐类，如氯化锂、碳酸锂、氯化铝等；有机低分子类，如醇类、酯类、酸等；有机大分子类，如 PVP、PEG 等。在用溶液相转化法制膜的过程中，所制膜的过滤性能和结构（表面形态、横截面形貌）是由热力学作用和动力学作用共同决定的，不同的体系，两者所发挥的作用会有所不同。

有机低分子类的加入，不仅改善膜的性能，对体系的液-液相分离也产生很大影响，对体系热力学的作用相当于非溶剂。以丙酮为例，随其用量增大，PES 膜的水通量增大，而截流率下降。无机低分子类如 $Ca(NO_3)_2 \cdot 4H_2O$，它主要改变铸膜液黏度和相分离动力学。按 Kesting 观点，$Ca(NO_3)_2 \cdot 4H_2O$ 作添加剂，其作用与其离子对 PES 溶胀能力有关，需要加热才能溶于 PES 溶液中；并能与聚合物发生缔合作用，使原有空间变小。但膜表面孔数增多，所以随其含量增加，水通量和截流率也变大。

为了提高膜性能，亲水性聚合物如 PEG 和 PVP 等通常被选为 PES 制膜时的成孔剂，PEG 与 PES 同为聚合物，但两者热力学相溶性差。在铸膜液中，PEG 作为分散相分散在聚合物胶束中，导致胶束聚集体尺寸增大，使膜表层形成较大尺寸的孔，导致水通量上升和截流率下降。表 2-12 为不同研究者通过

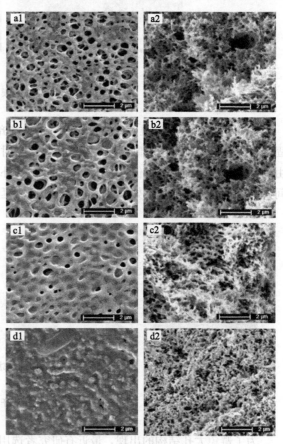

图 2-25 PES 微孔膜表面（1）及横截面（2）

□ 表2-12 以PEG和PVP为添加剂的PES膜性能表

膜类型	PES厂家及型号	分子量	含量(质量分数)/%	添加剂	添加剂含量(质量分数)/%	分子量 M_r	溶剂	水通量/[L/(m²·h)]	接触角/(°)	截留率/%	通量恢复率/%	孔径/nm
UF	吉林大学	—	18	PEG	6	400	DMAC	124.6	78	91.9	80.6	—
UF	Ultrason E6020P	52000	18	PEG	10	400	DMAC	82	71.5	98.5	—	—
UF	Radel A-100	53500	18	PEG	2	4000	DMAC	9.35	84	99	—	127.4
UF	Ultrason E6020P	58000	16	PVP	2	25000	DMAC	76.81	66.3	—	—	2
NF	Ultrason E6020P	58000	21	PVP	1	25000	DMAC	0.7	65	—	55.7	—
NF	Ultrason E6020P	58000	21	PVP	1	25000	DMAC	0.74	66.1	—	—	2.17
UF	Ultrason E6020P	58000	16	PVP	4	40000	DMAC	365	70	—	60	—
UF	Ultrason E6020P	58000	16	PVP	4	25000	DMAC	41	69.1	81	27	—
UF	Ultrason E6020P	58000	16	PVP	2	25000	DMAC	32.46	67.9	98	—	—
UF	Ultrason E6020P	58000	16	PVP	2	25000	DMAC	73.52	—	96	34	—
UF	Ultrason E6020P	58000	16	PVP	4	25000	DMAC	110.14	45	95[a]	—	42
UF	Ultrason E6020P	58000	16	PVP	2	25000	DMAC	73.5	66	96[a]	34	—
UF	Ultrason E6020P	58000	16	PVP	2	25000	DMAC	50	—	96[a]	—	—
UF	Ultrason E6020P	58000	16	PVP	2	25000	DMAC	44.11	55.1	97[a]	62	—
NF	Radel A-100	53500	20	PVP	5	25000	DMAC	10.33	85	—	—	12.5
UF	Gharda chemicals	—	15	PEG	15	12000	DMF	23	—	—	—	—
UF	Ultrason E6020P	58000	18	PEG	15	2000	DMF	125	57	100	—	—
UF	Ultrason E6020P	58000	18	PEG	10	2000	DMF	134	63.5	100	—	—
UF	Ultrason E6020P	58000	18	PEG	10	2000	DMF	135	64.5	97.5	56.6	12.5
UF	Ultrason E6020P	58000	18	PEG	15	2000	DMF	120	76	99.5	—	—
UF	Ultrason E6020P	58000	18	PEG	15	400	DMF	116	59.6	100	—	—
UF	Ultrason E6020P	58000	18	PEG	15	400	DMF	108	60	100	58	—
NF	Ultrason E6020P	58000	20	PVP	2	25000	DMF	1.11	56	75[b]	—	11.7
UF	山东大学	—	16	PEG	4	400	NMF	34	80	—	72	—
UF	Ultrason E6020P	58000	15	PEG	10	10000	NMF	142	54	75	15	—
UF	Ultrason E6020P	58000	15	PVP	10	10000	NMF	132	64	71	27	—
NF	Radel A-300	15000	22	PVP	5	10000	NMF	9	68	30[c]	—	—
UF	Radel A-100	53500	18	PEG	6	400	NMF	124.685	78.6	—	—	—

a 为牛奶液; b 为DNP-杀虫剂; c 为氯化钠溶液; 1bar=0.1MPa, 以下全书同。

加入成孔剂后所得 PES 膜性能[27]。

通常，采用干-湿法纺制 PES 中空纤维膜，凝固浴温度、芯液流速、非溶剂添加剂和聚合物浓度等条件对膜的结构和性能有很大影响。研究者在通过改变剪切速率制备 PES 中空纤维膜的过程中，发现随着剪切率的提高，膜水通量下降，截留率上升（表 2-13）[28]。

⊡ 表 2-13　剪切率对 PES 中空纤维膜通量及分离行为的影响

纤维 ID	剪切率 /s^{-1}	水通量 /[L/(m^2·h)]	截留率/%			
			PVP 10K	PVP 29K	PVP 40K	Dextran 500K
1	245	441	2	15	24	40
2	409	341	20	60	73	97
3	864	174	40	80	83	97
4	1409	130	24	66	74	97
5	2568	130	24	60	66	91

2.4.3.3　PES 膜的改性

虽然 PES 具有化学稳定性好、力学强度高的优点，是一种优良的膜材料，被广泛应用于超滤、微滤、反渗透、气体分离等方面。但是，由于其较强的疏水性，在实际使用中存在两个关键的问题：一是由于膜本体疏水，需要使用较高的工作压力才能让水透过膜，增加了能耗；二是有机物和胶体如蛋白质容易在疏水的膜表面和膜孔内吸附，形成膜污染，导致膜的通量随时间显著下降。为此需要提高操作压力和对膜进行频繁清洗，导致分离效率降低，操作费用提高。为了克服上述缺点，减少膜的疏水性吸附，提高膜分离效率，膜的亲水改性显得尤为重要。此外，选用特殊材料进行改性也会使膜具有抗菌耐污染能力。目前，主要采用的改性材料大体可以分成三类：无机物粒子；亲水性聚合物；双亲性聚合物。主要改性方法如下。

（1）共混改性

共混改性可以分成两种。一种是包括两种或两种以上聚合物溶解或熔融共混，制膜过程中聚合物皆发生了相态的转化（溶液或熔融态转化为固态），此种膜就是通常的聚合物共混膜，研究较多。另一种为填充粒子与聚合物熔体或溶液共混。在此过程中，粒子与聚合物始终为异相结构，故称为填充膜或异相填充膜。因为在共混制膜过程中，聚合物和粒子始终至少为两相共存，所以称之为异相粒子填充膜[29]。

早在 20 世纪 70 年代就已开始采用溶液相相转化制备了粒子填充醋酸纤维素（CA）反渗透膜，并研究了其分离性能。当时主要利用复合结构改进膜的选择性和扩散性，用于气体分离或渗透蒸发；也可以通过在聚合物膜材料中引入无机物粒子以改善聚合物膜的结构和性能，用于纳滤、超滤或微滤。随着膜技术的发展及粒子制备技术的提高，异相粒子填充制膜方面的研究内容逐渐深入，由分析填料的加入对膜性能的影响而逐渐深入探讨对铸膜液热力学性质，以及对相转化制膜过程的影响，包括粒子对铸膜液的耐非溶剂性、凝固介质与非溶剂的交换速率及铸膜液的分相速率等参数的影响。研究的填充体系也逐渐扩大，由最初的 CA 发展到 PSF、PVDF、PES、PAN、PE 等主要制膜材料。填充物质由普通无机物粒子如沸石、氧化铝、氧化锆、二氧化硅（SiO$_2$）等发展到了一些具有特殊功能（如环境响应性、吸附性及螯合功能等）的新型材料，用以赋予分离膜一种特殊的分离功能。

SiO$_2$ 是一种常用亲水填充材料。加入 SiO$_2$ 后，共混膜中虽然也有指状大孔结构的轮廓，但大孔结构已经明显减少，并且零乱、不规则，不再像纯 PES 膜那样，为非常规则的、垂直向下的指状孔。特别值得注意的是，在纯 PES 膜中出现的典型多孔胞腔状结构，在共混膜中几乎完全消失。整个膜除了大孔结构外，其他部分近似于双连续结构，不再像纯 PES 膜中的大孔和胞腔状两种结构截然区分，并且一些粒径较大 SiO_2 镶嵌在 PES 膜中，清晰可见（图 2-26）[24]。

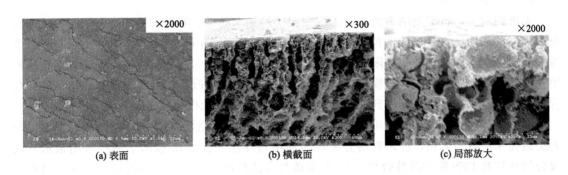

(a) 表面　　　　　　(b) 横截面　　　　　　(c) 局部放大

图 2-26　30%（质量分数）SiO_2 填充 PES 膜形貌

由于 SiO_2 加入，铸膜液变得不再均一，虽然对铸膜液热力学影响不像纳米级 SiO_2 那样明显，但对成膜动力学的影响却十分显著。与纯 PES 成膜相比，共混铸膜液成膜时的膜/浴界面上双扩散速度大于纯 PES 膜。此外，共混膜表面结构变得粗糙，增加了膜/浴界面面积，也有利于双扩散的进行。铸膜液中 SiO_2 在膜固化定型过程中由于应力的不平衡使 PES 中产生各种缺陷，也增加了双扩散的速度。双扩散速度的加快，使富聚合物相浓度快速增加并迅速固化，近似于膜皮层的固化条件，发生旋结分离。结果，区别于纯 PES 膜延时分相形成的多孔胞腔状结构，共混膜大孔之间及膜底层形成了双连续结构。横截面 SiO_2 的存在使贫聚合物相周围的环境变得更加复杂，贫聚合物相的生成、生长过程受到很大影响，不再像在纯 PES 铸膜液中那样有规律，共混膜孔结构变得复杂而不规则。

与平板膜相类似，加入 SiO_2 后，膜皮层上双扩散速度的不同（共混膜中双扩散较快）导致中空纤维膜中大孔之间也由胞腔状变为双连续结构（图 2-27），并且大孔结构更为杂乱。

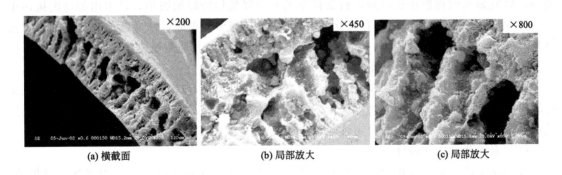

(a) 横截面　　　　　　(b) 局部放大　　　　　　(c) 局部放大

图 2-27　30%（质量分数）SiO_2 填充 PES 中空纤维膜形貌

总之，SiO_2 加入 PES 铸膜液后，改变了成膜时溶剂/非溶剂的双扩散速度，使 PES 膜中的胞腔状结构变为共混膜中的双连续结构；并且改变了相转化过程中成核、生长环境，使膜孔结构变得复杂而不规则。此外，因 SiO_2 表面存在许多硅醇基的强亲水基团，可以改变膜的亲水性。因为填充了 30%（质量分数）SiO_2 的 PES 膜对水有一个极强的亲和力，水滴在膜表面以后瞬间被吸进膜内而无法测量表征亲水性的接触角，纯 PES 膜却没有这种现象。可见，SiO_2 不但改变了膜的孔结构，对膜的亲水性的改变也是膜通量提高而截留相对保持不变的一个重要原因。

无机物粒子，特别是纳米大小的无机物粒子的加入除了能够改善膜的亲水外，还能提高膜的强度和韧性。但是，纳米粒子存在比表面积较大，容易团聚，以及稳定性不强、容易洗脱的缺点，在实际使用中受到限制。有时需要预先使用机械和化学法改性粒子，再用于膜的填充改性。改性后的粒子在铸膜液中分散性好，不易团聚。改性膜的亲水性能和抗污染性会有所增强，通量恢复率也会得到提高。表 2-14 列出了一些无机物粒子及其填充膜性能[27]。

通过调节膜材料与添加物质的相容性，可以调节膜孔的形成和结构，从而改变共混膜的表层结构和横截面形貌，提高膜的分离性能和渗透性能。表 2-15 显示了一些常用亲水共混聚合物及其对 PES 膜的改性效果[27]。共混改性方法扩展了膜材料的选择范围，操作过程简单，成本低，易工业化，一直是聚合物多孔膜材料里的研究热点之一。

为了提高 PES 膜性能，铸膜液中添加双亲物质（amphiphilic）逐渐引起研究者的关注[27,30-32]。双亲物质既具有亲水结构，又具有亲油化学基团，兼具高分子的增黏性和低分子的表面活性，具有很多独特的物理化学性质。在相转化的初始阶段，由于在膜和凝胶浴的界面存在水浓度梯度，亲水部分能够在铸膜液凝固过程中逐步向膜表面迁移，产生表面偏析现象，形成亲水抗污染表面层；亲油部分与 PES 基质具有较好的亲和性，与 PES 相互作用使表面亲水层不易脱落，达到膜改性的目的。通常可以很好地减轻对蛋白质的吸附，改善膜性能。横截面，表面偏析能力通常会持续存在，使得膜表面具有自我修复功能，即如果膜表面的双亲性聚合物分子损失，紧邻的分子会自动迁移到表面进行自我修复。研究者以 PES膜为基膜[27]，采用 Pluronic 系列聚合物对膜进行改性，得到了高性能抗污染超滤膜。表 2-16 显示了一些改性双亲性聚合物及由其制备的 PES 膜性能[27]。

（2）涂覆改性

表面涂覆改性是通过物理方法，将改性剂涂覆在多孔膜的表皮层形成薄功能层，来达到改性目的的。研究者[33] 将带有负电性的聚对苯乙烯磺酸钠（PSS）涂覆在 PES 超滤膜的表面，研究显示改性膜在长时间运行条件下的通量降低值较原始膜小，显示出很好的抗污染性。PVA 具有很好的亲水性，有研究者将其涂覆在 PES 膜表面，结果显示改性后的膜，接触角降低到 45°，亲水性增加；复合膜的水通量有所下降，其通量恢复率约为 75%，比未修饰的膜恢复率要高，抗污染性得到提高。

涂覆改性方法操作简单，没有化学反应产生，条件温和，成本低。涂覆层通常与多孔支撑膜没有化学键结合，仅存在物理作用。故改性功能物质易从膜表面剥离，使改性效果慢慢减弱甚至最后丧失，该方法的稳定性较差[33-35]。

（3）表面化学交联改性

表面化学改性是通过化学反应将有效的官能团引入膜材料表面，从而达到改性效果的，通常通过缩聚反应或在氧化还原引发剂的作用下进行。研究者[36] 试图以多元胺和多元醇，用二异氰酸酯作交联剂，以改性 PES 膜。在改性过程中，发生缩聚反应，生成交联网结构的改性膜。此改性膜的水通量、亲水性和抗污染性都得到提高。复合改性也是化学交联改性

表2-14　无机物粒子及其填充膜性能

PES厂家及型号	含量(质量分数)/%	溶剂	无机添加剂	含量(质量分数)/%	凝固浴	测试方法	水通量 /[L/(m²·h)]	接触角 /(°)	孔径 /nm
Radel A-300	15	NMP	AgNO₃；PVP 360	0.5；0.5	水	—	32	55.54	—
Radel A-300	15	NMP	AgNO₃	2	DW	—	—	—	—
Ultrason E6020P，52kDa	18	DMAC	2,4,6-三氨基嘧啶(TAP)；Bio-Ag	0.2；1	DI	死端过滤	120	51.4	—
Ultrason E6020P，52kDa	25	NMP	LiNO₃；水	0.5；0.1	水	错流过滤	96①	—	—
Ultrason E6020P，52kDa	25	NMP	1,2-丙二醇；水	0.5；0.1	水	错流过滤	111②	—	—
Ultrason E6020P，58kDa	20	DMF	LiBr	2	—	错流过滤	27.1	63	0.24
Ultrason E6020P，58kDa	16	DMAC	KClO₄；PVP-25kDa	5；2	水/2-丙醇为80/20(体积分数)	错流过滤	64	55.2	32.8
吉林大学	18	DMAC	SiO₂；PEG-400	2；6	乙醇/水为30/70(体积分数)	—	255	58.1	—
Ultrason E6020P，58kDa	16	DMAC	F-MWCNT(F-多壁碳纳米管)；PVP-25kDa	1；4	水	死端过滤	60	51.5	—
Ultrason E6020P，58kDa	16	DMAC	化学和机械改性TiO₂；PVP 40kDa	2；6	水/异丙醇为70/30(体积分数)	死端过滤	450	63	—
Ultrason E6020P，58kDa	21	DMAC	TiO₂涂层多壁碳纳米管；PVP-25kDa	1；1	DW	死端过滤	1.13	56.1	2.52
吉林大学	15	DMAC	TiO₂；PVP	0.5；5	DMAC/水为20/80(体积分数)	死端过滤	596	70.6	12.6
吉林大学高性能材料	15	DMAC/二乙二醇	H₂O；TiO₂	5；4		死端过滤	3711	—	171
Radel-H-2000	20	NMP	MWCNT	0.4	DI	错流过滤	20	46	—
Radel-H-2000	20	NMP	MWCNT	0.1	水	错流过滤	27.7	54.5	—

续表

PES厂家及型号	含量(质量分数)/%	溶剂	无机添加剂	含量(质量分数)/%	凝固浴	测试方法	水通量/[L/(m²·h)]	接触角/(°)	孔径/nm
58kDa	20	DMF	有机改性蒙脱土	4	水/2-丙醇为90/10(体积分数)	—	4.68	40	9.59
			PVP-25kDa	2					
Gafone 3300	17.5	DMF	正硅酸乙酯	5	2.5%(体积分数)DMF+0.2%(质量分数)十二烷基硫酸钠+2L去离子水	死端过滤	59.3	48	—
山东大学	15.93	NMP	聚乙烯亚胺	5	DI	错流过滤	125.4	72.03	—
			ZnO	0.2					

① 空气层高度为 2mm。

② 空气层高度为 600mm。

③ DI 指超纯水。

□ 表 2-15　部分亲水改性剂下的 PES 膜性能

PES厂家及型号	含量(质量分数)/%	溶剂	亲水改性剂	含量(质量分数)/%	接触角/(°)	水通量/[L/(m²·h)]	孔径/nm	膜类型
Ultrason E ICI公司	17	NMP	吡咯烷酮苯乙烯共聚物	5	60	2	4.6	UF
Ultrason E6020	9.6	DMAC	PAI	6.4	48.1	73.9	38.9	UF
			PVP	2				
Ultrason E6020P	16	DMAC	乙酸(AA)	15	—	40	45	UF
			PVP	2				
Ultrason E6020P	16	DMAC	甲基丙烯酸羟乙酯(HEMA)	15	—	50	40	UF
			PVP	2				
Gharda 化学公司	15	DMF	哌嗪	15	—	5.7	—	UF
			苹果酸	15	—	24.6	—	
Ultrason E6020P	16	DMAC	PVP	4	41.9	89.8	23.5	UF
			PEG	2				
			邻苯二甲酸醋酸纤维素(CAP)	3.2				
			乙酸(AA)	—				
			Trition X-100	—				
Ultrason E6020P	12.8	DMAC	邻苯二甲酸醋酸纤维素(CAP)	3.2	63.9	118.8	98.2	UF
			PVP	2				

■ 表 2-16 改性双亲性聚合物及由其制备的 PES 膜性能

PES 厂家及型号	含量(质量分数)/%	溶剂	双亲性聚合物	含量(质量分数)/%	凝固剂	纯水通量/[L/(m² · h)]	接触角/(°)	孔径/nm
Victrex 4100P	18	NMP	DEG	1.5	—	54	—	—
			DPS	1.5	—	52	—	—
			PPOX	1.5	—	40	—	—
Radel A-300	22	NMP	PVP K15	5	—	16.75	76	—
Radel A-300	22	NMP	乙二醇-羟基苯磺酸共聚物 (PEG-HBS)	1	—	—	—	—
			水	5	水	11.25	71	—
			PEG-HBS	1				
Ultrason E6020	18	NMP	LSMM	0.5	—	73	70	—
Victrex 4100P	18					102	—	—
Radel A-100	18	DMF	苯乙烯-马来酸酐共聚物 (SMA)	2	DI	—	48	—
Ultrason E6020	18	DMF	磺基甜菜碱共聚物 (DMMSA-BMA)	8	—	110	50	—
			PEG-2000	15				
Ultrason E6020	20	DMAC	甲基丙烯酸甲酯-丙烯酸-吡咯烷酮三元共聚物	1.2	水	69.9	61.7	—
Ultrason E6020	20	DMAC	苯乙烯-丙烯酸-N-乙烯基吡咯烷酮三元共聚物[P(St-AA-NVP)]	0.8	—	115.5	77.4	—
Ultrason E6020	20	DMAC	丙烯腈-丙烯酸共聚物 (PAN-co-PMMA)	0.4	—	50.92[①]	—	—
			丙烯腈-丙烯酸共聚物 (PAN-co-PMMA)	0.4	—	98.8[①]	—	—
Radel A-100	15	DMAC	聚砜接枝甲基丙烯酸聚乙二醇酯	5	水/DMAC 为 40/60(体积分数)	193	52	27.1
Ultrason E6020	16	DMAC	PVP K30	5				
			PVP-b-PMMA-b-PVP 共聚物	0~5	—	95	60	—
Ultrason E6020	16	DMAC	PEG-PU-PEG 共聚物					
			PEG-PU-PEG-500[②]	4	—	175	74	—

续表

PES 厂家及型号	含量(质量分数)/%	溶剂	双亲性聚合物	含量(质量分数)/%	凝固剂	纯水通量/[L/(m²·h)]	接触角/(°)	孔径/nm
Ultrason E6020	18	DMF	PEG-PU-PEG-2000②	4	DI	309	58	—
Ultrason E6020	18	DMF	苯乙烯-乙二醇梳形共聚物 (PS-b-PEG)② / PEG-2000	4.5 / 15	DI	140.96	40.5	—
Ultrason E6020	18	DMF	P123-b-PEG-400 (12c)② / PEG-2000	0.8 / 15	DI	126.4	41.3	—
Ultrason E6020	18	DMF	Pluronic F68 / PEG-2000	0.8 / 15	DI	218	45	—
Ultrason E6020	18	DMF	Pluronic F 127 / PEG-2000	1.5 / 15	DI	150	47.9	—
Ultrason E6020	18	NMP	Pluronic F127 / PEG 10kDa	10 / 5	水	113.8	—	—
Ultrason E6020	18	NMP	Pluronic F127	10	水	117	61.7	—
Ultrason E6020	16	DMAC	PVP / SDS	2 / 1.5	水/2-丙醇为30/70(体积分数)	179	41.4	—
Ultrason E6020	16	DMAC	CTAB / PVP	1.5 / 5	水/2-丙醇为30/70(体积分数)	153	30.1	—
Ultrason E6020	16	DMAC	聚乙二醇辛基苯基醚(Trition X-100) / PVP	1.5 / 5	水/2-丙醇为30/70(体积分数)	87	19.7	—
Ultrason E6020	18	DMF	大豆油 / 磷脂酰胆碱 / PEG-2000 / PVP-60kDa	1.5 / / 3 / 12	DI	55	45	—

① pH=7 时取得的值。

② 数值参照 PEG 分子量。

的一种，是由两个或两个以上具有保持独特物理或化学性质的材料，在宏观层面上完成结构上的复合，从而形成新材料的一种改性方法。研究者[37]将羧甲基壳聚糖与戊二醛交联后添加到PES铸膜液中，制备出新的CM-CS/PES复合膜。通过流动电位测量发现，该复合膜在低pH值时具有弱的正电荷，在高pH值时具有强的负电荷。因此，在酸性条件下，相对于发生强的吸附现象来说，在低于其等电点时也可能会造成蛋白质的变性或凝聚作用，使CM-CS/PES复合膜具有双重功效：在低pH值时，通过吸附，分离蛋白质；而在高pH值时，可恢复对蛋白质的抗污染性能。复合改性是一种类似于双亲性共聚物共混改性的方法，越来越多地被应用于膜的规模化生产中。

实际上，在PES超滤膜表面进行界面聚合形成一种更小孔径的纳滤或反渗透复合膜，也可以归于表面化学交联改性的一种，在此不再赘述。

（4）接枝改性

光催化或辐照接枝指分别利用光激发或者高能射线作用在PES膜表面形成自由基活性中心，然后在该活性中心引入功能性基团或侧链，使之成功接枝聚合。Pieracci等对UV接枝进行了系统研究，他们利用紫外线辐照的方法，在PES表面分别接枝N-乙烯基-2-吡咯烷酮（NVP）、N-乙烯基甲酰胺（NVF）和N-乙烯基己内酰胺。结果发现，改性后的膜表面蛋白质的污染减少，膜孔有所减小，膜的截留率提高[38-40]。

Mok等[41]用γ-射线对PES中空纤维膜进行表面辐照接枝聚乙二醇，研究发现中空纤维膜内表面对蛋白质的吸收减少；在处理蛋白溶液时，改性膜所受污染较原始膜降低，亲水性得到增加。

Ulbricht等[42]通过UV光照射接枝技术对PS和PES膜进行表面功能化改性，接枝丙烯酸，制备了PS-g-PAA膜和PES-g-PAA膜。改性后，膜表面被亲水性基团所覆盖，因而可以有效地阻止BSA的吸附，改性后的膜具有更高的耐污染性。

等离子体接枝技术可以处理疏水性较强的膜材料，从而提高膜表面能量，同时也可以方便地使膜表面带有羟基、羧基等极性基团以增强膜表面极性，降低对膜材料本身的损伤。Wavhal等[43]利用氩等离子体处理PES膜表面，加入丙烯酸（AA）接枝。结果表明，改性膜由于AA中含有—COOH基团，使膜表面氧的含量大幅度提高，改性膜的亲水性得到改善。

通过表面接枝方法得到的改性膜，接枝基团或接枝物可以稳定在膜表面。相对于表面涂覆而言，表面接枝方法的诸多改性条件及膜性能改善的有限性制约了此方法的规模化应用，如反应条件复杂，往往涉及腐蚀性试剂、催化剂、射线辐照等；接枝过程中，易造成膜损伤，且成本高，较难实现连续工业化生产等。

2.4.4 聚丙烯腈中空纤维膜

聚丙烯腈（PAN）作为膜材料，具有来源广泛、价格便宜等优点。其分子基团上存在强极性氰基，内聚能大，有较高的热稳定性，可在120℃下长期使用；同时，具有较好的化学稳定性、耐光性、耐气候性和耐霉菌性，可为其拓宽应用领域创造条件。其可用于食品、医药、发酵工业、油水分离、乳液浓缩等方面。

2.4.4.1 添加剂对膜结构与性能的影响

聚丙烯腈中空纤维铸膜液是由聚丙烯腈（严格讲应该是丙烯腈共聚物）、溶剂和各种添加剂组成。不同种类添加剂、不同添加量对中空纤维超滤膜的结构、性能都有很大影响[44]。

（1）聚乙二醇对膜结构与性能的影响

聚乙二醇（PEG）是一种常用的有机物添加剂，它主要依靠调节铸膜液中高分子状态而影响膜结构。对于 PAN/DMF/PEG 组成的三元铸膜液体系，PEG 分子中羟基—OH 可以和溶剂分子因氢键作用而形成缔合分子，以此改变聚丙烯腈大分子附近溶剂的作用，导致铸膜液中聚丙烯腈大分子的结构化程度增强。添加剂分子和聚丙烯腈大分子相互竞争与 DMF 的结合，结果使溶液内出现不均匀性，形成了较大的胶束聚集体。利用干-湿纺丝工艺制备中空纤维膜时，溶液结构直接影响相转化过程，使膜结构及分离性能出现差异。

考察不同分子量的 PEG 和同种 PEG 不同含量时的情形，配制均一相的 PAN/DMF/PEG 铸膜液体系，在同样工艺条件下制成中空纤维超滤膜，观测其对膜性能的影响。相关实验结果见表 2-17、图 2-28 和图 2-29。

⊡ 表 2-17　不同分子量 PEG 对膜性能的影响

PEG 分子量	水通量/[L/(m² · h)]	卵清蛋白截留率/%	牛血清蛋白截留率/%
空白	142	89	98
600	185	84	97
1000	195	89	96
2000	240	91	97
3000	298	93	98

注：聚丙烯腈 15％（质量分数）。

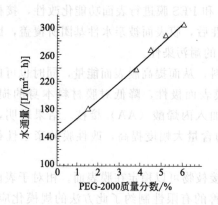

图 2-28　PEG-2000 浓度对水通量的影响　　图 2-29　PEG-2000 浓度对 BSA 截留率的影响

从表 2-17、图 2-28、图 2-29 中可以看出，在其他条件不变的情况下，PEG 加入铸膜液中，使中空纤维超滤膜的纯水通量得到提高，并且随 PEG 分子量的增大以及同一种 PEG 在铸膜液中浓度提高而出现不同程度上升趋势。当采用更高分子量的 PEG 时，会导致铸膜液变混浊，升高温度后铸膜液膜也难以呈现均一相，并且因黏度增高，可纺性变差。过高浓度的 PEG 也导致铸膜液分相，一般以 PEG 含量不超过 PAN 用量的 35％ 为宜。提高 PEG 分子量，所得中空纤维膜对卵清蛋白截留率逐渐提高。而对牛血清白蛋白截留率几乎没有变化，表明所制超滤膜切割分子量在 4 万～5 万之间，具体作用机理尚需要进一步研究。

（2）无机盐添加剂对膜结构与性能的影响

通常认为无机盐添加剂具有致孔能力和增溶作用。由于无机盐加入溶剂中以后具有强烈的盐效应，所解离的离子降低聚丙烯腈分子间作用力，有利于其分散。在相转化法制膜过程中，无机盐的存在促进沉淀剂向膜内扩散，使得膜表面孔径增大。对于横截面，当无机盐从凝胶后的超滤膜中浸出后，留下许多微孔，使得膜孔隙率提高。分别选用 LiCl、$ZnCl_2$ 和 $Mg(ClO_4)_2$ 作添加剂，研究其作用规律及所制膜分离性能，相关结果见表 2-18、图 2-30 和图 2-31。

表 2-18 不同种类无机盐对膜性能的影响

无机盐	水通量/[L/(m²·h)]	卵清蛋白截留率/%	牛血清蛋白截留率/%
空白	261	91	98.2
LiCl	388	84	89
$ZnCl_2$	222	90	96
$Mg(ClO_4)_2$	367	82	93

注：聚丙烯腈 15%（质量分数）；无机盐 8.5%（质量分数）。

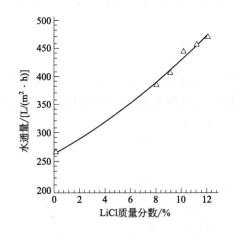

图 2-30　LiCl 浓度对水通量的影响　　　图 2-31　LiCl 浓度对 BSA 截留率的影响
　　　　　（操作压力为 0.1MPa）

无机盐的加入，可以使 PAN 中空纤维超滤膜水通量大幅度提高。表 2-18 和图 2-30 中结果表明同样的趋势。与此同时，超滤膜截留率有不同程度降低。无机盐加入铸膜液中以后，由于溶剂化作用使盐以离子形式存在。当铸膜液与沉淀剂接触发生凝胶时，盐的离子效应使沉淀剂水向膜内迁移速率提高，聚丙烯腈大分子还未发生充分伸展时，便由于"冻结"作用而固化，与没有无机盐加入时相比，表现为膜孔径变大，截留率下降。表 2-18 中 $ZnCl_2$ 作添加剂时出现反常现象。其原因是有化学作用存在。当 $ZnCl_2$ 加入铸膜液中以后，解离为 Zn^{2+} 和 Cl^-。Zn^{2+} 具有较强的配位络合能力，有可能与相邻两个聚丙烯腈分子中氰基同时发生作用，表现为溶液黏度增大。在膜成形过程中，$ZnCl_2$ 添加剂的效果相当于增加聚合物的含量，使膜表面更趋致密化，膜水通量下降，截留率相对于 LiCl 和 $Mg(ClO_4)_2$ 作添加剂时更高。

（3）复合添加剂的作用效果

无机盐作为添加剂往往导致中空纤维超滤膜截留性能降低。为了得到渗透通量大、膜孔径小的超滤膜，将醇类物质与无机盐混合加入铸膜液中，以调节膜孔径及其在醇类物质的分布。羟基的存在使所加入的无机盐的离子基团化趋势增强，减弱离子的电荷作用，达到均一化效果，所制成的膜孔径小，孔隙率提高。水是常用的非溶剂，但它和盐离子作用以后，既可看成是质子型酸，又可以看成是质子型碱，在膜形成中起溶胀剂作用。具体作用机理需进一步研究，但其效果是明显的，结果见表 2-19。

⊡ **表 2-19　复合添加剂对膜性能的影响**

添加剂组成（质量分数）/%	水通量/[L/(m² · h)]	BSA 截留率/%
8.8%LiCl＋1.6%H₂O	426	95
6.7%Mg(ClO₄)₂＋2.9%H₂O	479	98
4%ZnCl₂＋ 1.5%异丙醇	450	95

将表 2-19 结果与表 2-18 相比较，在聚合物浓度不变的条件下，第二添加剂的加入使得中空纤维超滤膜截留率提高；与此同时，水通量也得到不同程度的提高，表明复合添加剂作用的结果使得超滤膜平均孔径变小，孔隙率提高。需要指出的是，醇类（包括水）作为复合添加剂的调节范围十分有限。当超过一定限度后，铸膜液稳定性受到破坏，失去铸膜液可纺性。

2.4.4.2　铸膜液温度对膜结构与性能的影响

沈新元等[45] 对聚丙烯腈（PAN）/二甲基亚砜（DMSO）/添加剂铸膜液体系的温度对可纺性及膜结构与性能进行了较深入的研究。所用 PAN 为丙烯腈、丙烯酸甲酯、甲基丙烯磺酸钠三元共聚物，DMSO 的沸点为 189℃，凝固点为 18～20℃。

（1）铸膜液温度对黏度的影响

在铸膜液的配比组成固定不变（PAN 浓度为 15%，添加剂含量为 5%，相对溶剂而言）的情况下，测定不同温度下的铸膜液黏度（图 2-32）。由图可知，随着铸膜液温度提高，其黏度呈指数下降：一方面较高的温度有利于大分子链段的活动，使大分子的卷缩程度增加；另一方面温度升高会引起体积膨胀，使大分子间的作用力减弱。黏度对聚合物流体可纺性的影响较复杂。对于聚丙烯腈湿法纺丝和聚合物浓度较高的干法纺丝，铸膜液细流的断裂机理是内聚断裂。可纺性将随着铸膜液黏度的降低而提高。因此，适当提高 PAN/DMSO/添加剂铸膜液的温度，不但有利于过滤和脱泡，而且可改善其可纺性。

（2）铸膜液温度对非牛顿流动指数的影响

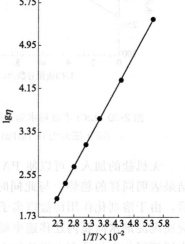

图 2-32　铸膜液温度对黏度的影响

非牛顿流动指数 n 表征流体偏离牛顿流动的程度，并与可纺性密切相关。$n=1$ 为牛顿流体，$n<1$ 为切力变稀的非牛顿流体。对于后者，若 n 越小，则随着剪切速率的增加，表观黏度的下降越剧烈，铸膜液的流动性因弹性的增加而越差。因此，其可纺性也越差。PAN/DMSO/添加剂铸膜液体系的 $n<1$，属于切力变稀的非牛顿体。图 2-33 是铸膜液温度对非牛顿指数的影响；n 值随着铸膜液温度升高而增大。这

是由于铸膜液的黏度随着温度升高而降低，从而使其流动性增加，可纺性提高。

（3）铸膜液温度对膜性能的影响

在 20～44℃的温度范围内，用不同温度的铸膜液在相同的条件下制膜，并测定了 PAN 超滤膜对牛血清蛋白的截留率和水通量[45]。

1）铸膜液温度对膜截留性能的影响

由图 2-34 可见，铸膜液温度在 24℃和 36℃时制得的膜对牛血清蛋白的截留率分别达到极大值和极小值，表明铸膜液温度对溶液结构和脱溶剂速度都有一定的影响。当铸膜液温度较低时（20～24℃），溶剂的蒸发速度较小，温度对溶液结构的影响起主要作用。若这时升高铸膜液温度，一方面使大分子链段的运动加剧，大分子的卷缩程度增加，表面层铸膜液中形成聚合物网络的趋势增大；另一方面引起聚合物粒子碰撞的概率增大，使胶束聚集体的数目增多而尺寸减小。因此，膜结构平均孔径减小，截留率随之上升。

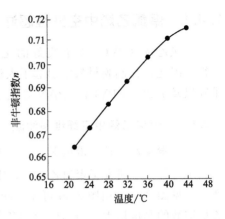

图 2-33　铸膜液温度对非牛顿指数的影响

当铸膜液温度较高时（24～36℃），温度对脱溶剂化速度的影响超过了对溶液结构的影响。这时随着铸膜液温度的升高，大分子在成膜过程蒸发阶段的脱溶剂速度加快，使铸膜液表层的添加剂浓度升高，导致最终得到的膜的多孔性倾向增大，孔径较大。因此，截留率下降。但过高的溶剂蒸发速度也有利于聚合物网络的聚集，当铸膜液温度超过 36℃后，随着网络聚集倾向的增大，膜表层孔径较大的一些孔消失，截留率又有所上升。

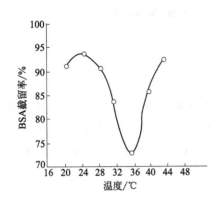

图 2-34　铸膜液温度对截留率的影响

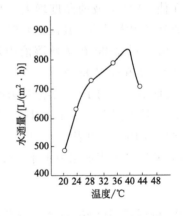

图 2-35　铸膜液温度对水通量的影响

2）铸膜液温度对膜水通量的影响

由图 2-35 可知，水通量随着铸膜液温度的升高，在 40℃时出现极大值，这时铸膜液温度的升高对溶液结构的影响起主要作用。一方面，虽然膜表层的平均孔径减小，但有效孔的孔数却增多，因此水通过膜表层的速度仍增大；另一方面，随着铸膜液温度升高，其黏度急剧下降，双扩散速度增大，从而导致膜内部支撑层的结构疏松。在铸膜液温度为 20～40℃时，水通量随铸膜液温度上升而增大。但过高的溶剂蒸发速度导致膜表层孔的消失和减小，使水通量下降。

2.4.5 聚氯乙烯中空纤维超滤膜

聚氯乙烯（PVC）具有良好的化学稳定性和力学性能，其成膜性能也较好，且价廉、易得。因此，在制膜材料中引起了人们的关注。在研究 PVC 平板膜的基础上，PVC 中空纤维膜以及 PVC 与 PVDF、PAN 等成膜聚合物的共混中空纤维膜的研究也有不少报道。

2.4.5.1 聚氯乙烯中空纤维超滤膜

（1）聚氯乙烯铸膜液的黏度

王军等[46]研究了聚氯乙烯/NMP 溶液在不同温度下、不同聚氯乙烯含量溶液的黏度变化，见图 2-36。由图 2-36 可见，随着聚氯乙烯质量分数的增大及溶解温度的降低，聚氯乙烯溶液的黏度增大。当温度为 15℃、聚氯乙烯质量分数增加到 18% 时，聚氯乙烯溶液出现冻胶，即体系的黏度为无穷大。

（2）表面活性剂对铸膜液和膜性能的影响

在 PVC/DMAC 体系中，分别加入司盘-80、吐温-80 和吐温-81 等表面活性剂，观察对铸膜液及中空纤维膜性能的影响。其中，司盘-80 为油溶性表面活性剂，吐温-80 和吐温-81 为水溶性表面活性剂[47]。

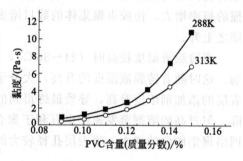

图 2-36 聚氯乙烯含量对溶液黏度的影响

1）表面活性剂对 PVC 溶液黏度的影响

当表面活性剂的质量分数为 10% 时，表面活性剂的存在使 PVC 溶液的黏度增大。其中，司盘-80 使溶液的黏度增大最多；其次是吐温-81 和吐温-80。这可能是由于司盘-80 在纺丝溶液中形成的胶团聚集数较吐温-81 和吐温-80 多。

2）表面活性剂对 PVC 溶液张力的影响

表 2-20 是不同表面活性剂对不同浓度 PVC 溶液表面张力的影响。其中，表面活性剂的质量分数均为 10%。由表 2-20 可见，表面活性剂对 PVC 溶液表面张力的影响较小，主要是由于溶剂 DMAC 的表面张力本来就较低。因此，加入表面活性剂后，溶液的表面张力变化不大。

⊡ 表 2-20　表面活性剂对 PVC 溶液表面张力的影响

PVC 浓度/%	$\gamma_{FN}/(\times 10^{-3} N \cdot m^{-1})$	$\gamma_{FS80}/(\times 10^{-3} N \cdot m^{-1})$	$\gamma_{FT81}/(\times 10^{-3} N \cdot m^{-1})$	$\gamma_{FT80}/(\times 10^{-3} N \cdot m^{-1})$
13	24	25	25	26
14	26	27	24	25
15	23	26	23	26
16	24	23	24	23
17	25	25	25	25
18	27	24	26	26
19	23	26	23	27
20	25	27	26	25

注：N 为无表面活性剂；S80 为司盘-80；T81 为吐温-81；T80 为吐温-80。

3）表面活性剂对 PVC 中空纤维膜拉伸强度的影响

表 2-21 是 PVC 质量分数为 18%、表面活性剂质量分数均为 10% 时，表面活性剂对 PVC 中空纤维膜力学性能的影响。从表 2-21 可见，表面活性剂使 PVC 中空纤维膜的伸长率有不同程度的增大。其中，司盘-80 不仅能增大膜的伸长率，而且能使膜的拉伸强度有较大程度的增大；吐温-81 次之，吐温-80 的影响最小。

这是因为 PVC 溶液成膜过程中的凝胶介质为水，而司盘-80 是不溶于水的，不仅在成膜过程中能抑制大孔的形成，改善膜的力学性能，而且成膜后在 PVC 中空纤维膜中的残留量较高，对 PVC 中空纤维膜起到增塑增韧的作用。吐温-80 较吐温-81 的亲水性强，更易于诱导大孔的形成。因此，吐温-81 较吐温-80 更有利于改善膜的力学性能。

⊡ 表 2-21　表面活性剂对 PVC 中空纤维膜力学性能的影响

力学性能	无表面活性剂	司盘-80	吐温-81	吐温-80
拉伸强度/MPa	1.05	3.22	2.23	1.95
伸长率/%	34	184	110	87

4）表面活性剂对 PVC 中空纤维膜分离性能的影响

表 2-22 是 PVC 质量分数为 18%、表面活性剂质量分数均为 10% 时，表面活性剂对 PVC 中空纤维膜分离性能的影响，其中的截留率用 1% 的牛血清白蛋白溶液测定。从表 2-22 可见，司盘-80 作添加剂使 PVC 中空纤维膜的透水量急剧降低，吐温-80 和吐温-81 均使膜的水通量有较大程度的提高，吐温-81 的提高程度稍大于吐温-80。这些也与这三种表面活性剂的水溶性有关。表面活性剂的水溶性与其亲水-亲油平衡值（HLB）有关，HLB 值越大，表面活性剂的水溶性越大。三种表面活性剂的 HLB 值大小为：司盘-80（4.3）＜吐温-81（10.0）＜吐温-80（15.0）。司盘-80 不溶于水，成膜后膜表面吸附量很大，使膜的皮层变得非常致密，从而引起膜的透水量急剧下降。吐温-81 和吐温-80 均溶于水，但吐温-81 较吐温-80 的水溶性稍差，成膜过程中向凝固介质（水）中扩散速度慢，使膜孔的均匀程度高于吐温-80，膜皮层致密度低，从而使膜的透水量较大。

⊡ 表 2-22　表面活性剂对 PVC 中空纤维膜分离性能的影响

膜性能	无表面活性剂	司盘-80	吐温-81	吐温-80
水通量/[L/(m² · h)]	671	50	850	712
截留率/%	61.4	95.0	63.0	56.0

（3）纺丝工艺对膜结构与性能的影响

以下介绍铸膜液为 PVC/NMP 溶液，在干-湿法纺制中空纤维膜过程中，泵供量、空气层高度、芯液流量对中空纤维膜结构与性能的影响[46]。

1）铸膜液泵供量对膜结构与性能的影响

当其他纺丝工艺条件，如空气层高度、卷绕速度、芯液流量等不变时，铸膜液泵供量对膜性能的影响如表 2-23 所示。

⊡ 表 2-23　铸膜液泵供量对膜结构与性能的影响

泵供量/(mL/min)	外径/mm	壁厚/mm	水通量/[L/(m² · h)]	截留率/%	孔隙率/%
10	1.26	0.26	324.8	77.5	78.2
20	1.31	0.41	194.2	81.1	79.5
30	1.40	0.51	135.4	85.6	80.1
40	1.67	0.69	87.3	93.7	80.9

由表 2-23 可见，当挤出体积流量增大时，中空纤维的外径、壁厚、孔隙率和截留率均增大，而水通量减小。中空纤维外径和壁厚的变化可用纺丝过程的流体连续性方程式(2-5)来解释。

$$\rho_0 \pi (R_0^2 - r_0^2) V_0 = \rho \pi (R^2 - r^2) V \tag{2-5}$$

式中，r_0、R_0 分别为喷丝头环形截面的内、外径；r、R 分别为中空纤维膜的内径、外径；ρ_0、ρ 分别为挤出细流密度和中空纤维膜密度，$\rho_0 \approx \rho$；V_0、V 分别为挤出速度和卷绕速度。当挤出速度 V_0 增大，而卷绕速度 V 不变时，为满足连续性条件，$(R^2 - r^2)$ 必然增大，即中空纤维的壁厚增大。由于芯液流量不变，因此中空纤维内径不变，所以中空纤维膜外径增大。

中空纤维膜的水通量随中空纤维膜壁厚的增大而减小。截留率的增大是由于聚合物溶液在喷丝头流动中产生的轴向速度梯度作用下，聚合物分子链的取向度提高，大分子排列更加紧密，而导致膜的外皮层更加致密。

2）空气层高度对中空纤维膜性能的影响

表 2-24 是空气层高度对膜结构与性能的影响。由表 2-24 可得，随空气层高度的增大，膜的孔隙率、截留率和水通量均增大，膜的外径和壁厚变小。

⊡ 表 2-24　空气层高度对膜结构与性能的影响

空气层高度/cm	外径/mm	壁厚/mm	纯水通量/[L/(m² · h)]	截留率/%	孔隙率/%
20	1.52	0.55	204.2	81.2	73.4
40	1.44	0.44	406.0	86.0	76.2
60	1.28	0.28	809.8	90.6	81.0

干-湿法纺制中空纤维膜时，纺丝速度大约在 30～50m/min，属于低速纺丝。随着空气层高度的增加，管状铸膜液细流变薄，溶剂向芯液扩散阻力变小，且扩散时间延长。当空气层高度增加到一定程度，细流还未进入凝固浴时，细流中的溶剂已经扩散到芯液，导致膜中间的聚氯乙烯富相移动到外表面，因而膜的皮层厚度和致密度增大，提高了膜的截留率；而皮层下面的膜由于溶剂扩散速度快，聚合物浓度低，因此形成了许多连通的大孔，极大地降低了水透过的阻力，提高了中空纤维膜的孔隙率。所以，这样的膜不仅孔隙率高，水通量大，而且获得了较高的截留率。

3）芯液流量对中空纤维膜结构与性能的影响

表 2-25 为不同芯液流量对膜结构和性能的影响。由表 2-25 可见，随着芯液流量的增大，中空纤维的外径增大，壁厚变薄，膜的水通量、空隙率和截留率均增大。这是由于随着芯液量的增大，芯液对铸膜液管状细流内壁的作用力增大，导致壁厚变薄。此外，芯液流量的增大，使细流中的溶剂向芯液中的扩散速度加快，使细流表面聚合物浓度增大，皮层厚度和致密度增大，提高了膜的截留率。由于溶剂扩散速度加快，提高了膜的孔隙率，水通量也

增大。但是，随着芯液流量的增大，膜的外径增大较快而壁厚急剧下降，导致膜的承载能力急剧下降。

▣ 表 2-25 芯液流量对膜结构与性能的影响

芯液流量/(L/h)	外径/mm	壁厚/mm	水通量/[L/(m² · h)]	截留率/%	孔隙率/%
0.5	1.18	0.40	107.2	82.6	83.4
1.0	1.44	0.32	180.8	93.6	84.2
2.0	1.66	0.20	353.6	95.4	85.9

2.4.5.2 聚氯乙烯-二氧化硅杂化中空纤维膜

有机/无机杂化膜兼具有机、无机组分的特点，具有良好的分离特性和物化稳定性，已成为近年来的研究热点之一。聚氯乙烯具有良好的阻燃、绝缘、耐磨损、化学稳定及成膜等特性，在膜材料领域深受关注。二氧化硅（SiO_2）具有分散性好、比表面积大、无毒、无味、抗菌等优点，常作为成膜体系的添加组分。利用 SiO_2 无机物粒子的刚性及其与聚合物 PVC 因不相容而产生的界面微孔，既可抑制纤维膜中大孔的形成，又能提高纤维膜的通透性。梅硕等在 PVC 铸膜液中加入适量 SiO_2，以溶液相转化法制得了 PVC-SiO_2 杂化中空纤维膜，研究了 SiO_2 含量与纺丝溶液稳定性、纤维膜形貌及其分离性能的关系，并结合纺丝工艺，重点讨论了喷丝头拉伸比在纤维膜界面微孔形成过程中的作用及其对纤维膜分离性能和力学性能的影响[48]。

（1）SiO_2 含量对铸膜液及膜结构性能的影响

1）SiO_2 含量对铸膜液细流稳定性的影响

SiO_2 质量分数分别为 30% 和 45% 时，PVC/SiO_2 铸膜液分散均匀，分散液透明，具有良好的稳定性和流动性，适合用作铸膜液。这主要是由于 SiO_2 为无定形多孔结构，颗粒较小，比表面积大，表观密度小。铸膜液细流的稳定性通常与溶液的喷丝头挤出速度 V_0、溶液黏度 η 和溶液表面张力 γ_F 有关。假设 V_0 和 γ_F 不变，纺丝细流的稳定性 L_{max} 就只和溶液的黏度 η 有关，这一关系可以简单地表示为 $L_{max} \propto \eta$。实验表明，铸膜液黏度与其中 SiO_2 含量有关。表 2-26 反映了 SiO_2 含量与铸膜液黏度的关系。可见，SiO_2 含量提高，PVC 纺丝溶液黏度随之增加，铸膜液细流的稳定性也随之增大，在一定范围内，可以改善 PVC 铸膜液的可纺性。

▣ 表 2-26 SiO_2 含量与铸膜液黏度的关系

铸膜液中 SiO_2 含量/%	0	30	45
铸膜液黏度/(kPa · s)	0.85	2.5	4.5

2）SiO_2 含量对膜形貌的影响

图 2-37 是不同 SiO_2 含量的 PVC 中空纤维超滤膜横截面的电镜照片。图 2-37(a) 是纯 PVC，中空纤维膜内、外表面均有致密皮层，靠近内外表面的膜结构为指状结构，且靠近外表面的指状孔较内表面更致密。图 2-37(b)、(c) 中 SiO_2 含量分别为 30% 和 45%，图 2-37(d) 是图 2-37(c) 的局部放大图。随 SiO_2 含量的增加，膜的非对称性结构减弱，亚层结构转变为细长的指状孔结构，孔壁由原来封闭网络状孔变为无机物粒子 SiO_2 镶嵌不规则的多孔结构。在 PVC-SiO_2 杂化中空纤维膜中形成以聚合物富相包裹 SiO_2 的界面微孔。这

是由于 SiO_2 的加入，增加了铸膜液体系的黏度，随着双扩散的进行，增大了非溶剂水的扩散阻力，相对提高铸膜液中 PVC 的沉降速率，进而抑制膜中大孔结构的形成，有利于提高 PVC-SiO_2 杂化中空纤维膜的综合性能。

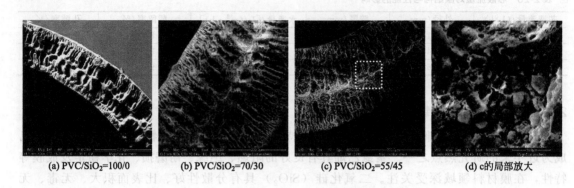

(a) PVC/SiO_2=100/0 (b) PVC/SiO_2=70/30 (c) PVC/SiO_2=55/45 (d) c的局部放大

图 2-37 不同 SiO_2 含量的 PVC 中空纤维超滤膜横截面形貌

3）SiO_2 含量对膜分离性能的影响

SiO_2 含量对 PVC/SiO_2 杂化中空纤维膜的影响见表 2-27（喷丝头拉伸比为 1∶1）。因 SiO_2 的加入，纤维膜水通量显著增加，而截留率稍有下降。这是因为 SiO_2 分散于聚合物溶液后，无机物相和有机物相之间产生界面过渡层。当纤维膜凝胶固化时，该过渡层会产生孔隙，致使纤维膜的孔隙率略有增加。

表 2-27 SiO_2 含量对膜分离性能的影响

铸膜液中 SiO_2 含量/%	水通量/[L/(m² · h)]	截留率/%	孔隙率/%
0	16	85.6	20.6
30	189	82.3	56.2
45	278	78.0	62.4

（2）喷丝头拉伸比对膜性能的影响

喷丝头拉伸比是指中空纤维膜的卷绕速度与铸膜液挤出速度的比值。当挤出速度一定时，可改变卷绕速度来调整喷丝头拉伸比。

表 2-28 为当 SiO_2 含量为 45% 时，喷丝头拉伸比对膜性能的影响。由表可知，随喷丝头拉伸比由 1∶1 增大至 2∶1，纤维膜的水通量、孔隙率均增大，而截留率和断裂强度稍微下降。这是由于纤维膜壁厚减小纤维膜的外表面，出现较多微孔，产生丰富的界面微孔；刚性 SiO_2 无机物粒子的存在使聚合物大分子之间缠结减少，导致纤维膜结构相对疏松。

表 2-28 喷丝头拉伸比对膜性能的影响

喷丝头拉伸比	水通量/[L/(m² · h)]	孔隙率/%	截留率/%	膜断裂强度/MPa
1∶1	278	62.4	78.0	2.67
2∶1	337	68.2	75.6	2.34

2.4.5.3 聚偏氟乙烯/聚氯乙烯共混中空纤维膜

利用两种或两种以上部分互溶的成纤聚合物成形后的非分子状态相互分散而形成的聚合

物界面，在一定条件下形成微孔结构，是聚合物共混改性的初衷。高春梅等[49] 对 PVDF/PVC 共混中空纤维膜进行了研究，对 PVDF/PVC 共混比、共混聚合物质量分数以及混合溶剂、不同添加剂对共混中空纤维膜结构和性能的影响做了较深入的探讨。实验中，铸膜液溶解温度为 80℃，纺丝时凝固浴温度为 20℃。

(1) 共混体系的相容性

在 DMAC、NMP 两种溶剂中，PVDF∶PVC（质量比）在（9∶1）～（6∶4）共混比下均有较好的相容性，且在 NMP 中相容性要优于 DMAC，溶液均为不透明体系，表明 PVDF/PVC 共混体系未达到分子级共混。通过共溶剂法、黏度法、玻璃化转变温度、显微镜法等方法的测定，PVDF/PVC 共混体系是部分相容体系。

对于部分相容的两种聚合物，在一定的共混比例范围内，可以通过相容性的调节来实现膜结构与性能的控制。当然，利用相容性来控制膜的结构和性能也有一定的局限性。当两种聚合物的相容性过差时，膜体出现明显缺陷，截留率太低，从而失去实用意义。

(2) 共混比对膜结构性能的影响

表 2-29 是以 DMAC 为溶剂，以 PVP-k30 为添加剂，当 PVDF/PVC 共混聚合物的质量分数为 18％时，通过改变 PVDF/PVC 共混比，得到的不同共混比的中空纤维膜的结构与性能。

⊡ 表 2-29　不同 PVDF/PVC 共混比对中空纤维膜结构与性能的影响

PVDF/PVC	水通量/[L/(m² · h)]	平均孔径/μm	孔隙率/%
10/0	117.6	0.16	71.2
9/1	237.0	0.22	73.4
8/2	348.5	0.26	76.3
7/3	432.8	0.29	78.2
6/4	363.4	0.25	80.8

由表 2-29 可知，随着铸膜液中 PVC 固含量的增加，膜的水通量和平均孔径呈现先增大、后减小的趋势，在 PVDF/PVC 共混比为 7/3 时通量达最大值。由于 PVDF 和 PVC 的凝胶速度差异很大，在凝胶过程中会产生相的分离。随着 PVC 含量的增加，聚合物相分离趋势加大，在 PVC 固含量超过 30％时，膜的外壁形成纤维状物质，能够提高膜的拉伸强度。因此，PVDF 与 PVC 共混可以有效提高膜的通量和拉伸强度。但是，当 PVC 的含量过高时，由于 PVC 凝胶膜容易自发收缩起皱，成膜性能不甚理想，导致膜的水通量和孔径又有所下降。

(3) 共混聚合物质量分数对膜结构性能的影响

为了获得性能优良的分离膜，确定最佳的铸膜液中共混聚合物的质量分数是至关重要的。铸膜液共混聚合物的质量分数太低，制得的膜力学强度较差，而且溶剂的消耗太大；而共混聚合物的质量分数太高时，由于聚合物的黏度随其浓度的增大而迅速上升，会使聚合物溶解性能变差及溶液的流动性下降，从而导致制膜困难，膜的均匀性、分离选择性和分离速率也受到影响。根据聚合物种类及分子量的不同，铸膜液中聚合物适宜的质量分数也会有所不同。

表 2-30 是以 DMAC 为溶剂，以 PVP-k30 为添加剂，通过改变 PVDF/PVC 的质量分数，得到的不同质量分数的中空纤维膜的结构与性能。

⊡ 表 2-30 不同共混聚合物质量分数对中空纤维膜结构与性能的影响

质量分数/%	水通量/[L/(m²·h)]	平均孔径/μm	孔隙率/%
15	464.6	0.28	81.3
18	432.8	0.29	78.2
20	376.7	0.28	73.6
22	321.2	0.27	70.5

由表 2-30 可知，随着共混聚合物质量分数的增加，中空纤维膜的水通量和孔隙率逐渐降低。这是因为随着共混聚合物质量分数的增加，单位体积内大分子的数目增多，高分子大量聚集，不仅增加了网络孔的密度，而且增加了相邻微胞之间的缠绕。在制膜过程中，高的聚合物质量分数有利于聚合物的起始缔合，形成小而均相的凝胶相。膜的网络孔及微胞孔的平均孔径均下降，孔隙率必然同时下降，宏观上表现为膜的水通量下降。此外，浓度较高的铸膜液所形成的多孔网络壁较厚，增加了水通过时的阻力，使透水速度减慢，这也是水通量下降的一个原因。

（4）不同混合比溶剂对膜结构性能的影响

表 2-31 是以 PVP-k30 为添加剂，不同 DMAC/NMP 混合比对中空纤维膜结构与性能的影响。

⊡ 表 2-31 不同 DMAC/NMP 混合比溶剂对中空纤维膜结构与性能的影响

DMAC/NMP	水通量/[L/(m²·h)]	平均孔径/μm	截留率/%	孔隙率/%
10/0	431.5	0.29	—	78.2
7/3	345.6	0.25	—	74.2
5/5	233.0	0.22	—	72.6
3/7	105.2	0.13	—	68.9
0/10	50.5	—	96.2	61.2

由表 2-31 可知，用 NMP 作溶剂时，共混体系的相容性要优于 DMAC，膜的平均孔径较小，水通量为 50.5L/(m²·h)，对 BSA 的截留率可以达到 96.2%。这主要是由于NMP 的极性强，溶解能力好，能够增加 PVDF 和 PVC 的相容性，使形成的膜中的相分离孔尺寸明显变小；而用 DMAC/NMP 混合溶剂时，所得膜通量为 105.2～345.6L/(m²·h)，平均孔径也呈逐渐增加的趋势，介于用两种纯溶剂制得的膜参数之间。通过上述数据，也可推断出不同比例的 DMAC/NMP 混合溶液作溶剂，可以制得不同孔径的纤维膜，膜的过滤性能也可以在超滤和微滤之间变化。因此，可以作为调整中空纤维膜基本性能的重要因素。

（5）不同添加剂对膜结构性能的影响

添加剂作为铸膜液的重要组成，极大地影响着铸膜液的结构状态和溶剂蒸发、扩散速度，从而影响膜的性能。表 2-32 是在保持共混聚合物质量分数为 18%，添加剂质量分数为10% 的条件下，几种不同添加剂对中空纤维膜结构与性能的影响。

⊡ 表 2-32 不同添加剂对中空纤维膜结构与性能的影响

添加剂种类	水通量/[L/(m²·h)]	平均孔径/μm	孔隙率/%	表面光洁、平整程度
PEG-1000	322.5	0.27	71.9	不光洁、不平整
吐温-80	224.8	0.31	79.6	较光洁、较平整
PVP-k30	432.8	0.29	78.2	光洁、平整

PEG-1000 是常用的铸膜液添加剂，具有较好的致孔性能。由于 PEG 含有羟基，在 PVDF/PVC 共混体系的铸膜液中，能与聚合物分子形成分子间氢键，改变高分子聚集态，在凝胶时能够调整膜孔分布状态。因其分子量较小，在凝胶过程中可以产生较小的网络孔，使膜表层孔致密细小，在一定程度上减小了膜的通量。吐温-80 作添加剂时形成的膜外侧指状孔较细密，网络孔孔径较大，内侧为疏松的海绵结构。在 PVDF/PVC 共混体系中吐温的增稠性不是很明显，膜的强度也严重不足，不宜在该共混体系中作为添加剂。PVP 是一种亲水性聚合物，在铸膜液中常常被用作添加剂。PVP 的加入会使铸膜液的黏度增加，同时也会对大孔的形成以及膜的水通量产生影响。用 PVP 作添加剂时制成的铸膜液均匀，膜的平均孔径较大，水通量比较高，膜表面光洁平整，明显优于以上两种添加剂（表 2-32）。

在制备的 PVDF/PVC 共混铸膜液中加入常用的无机添加剂 LiCl 后，当溶解温度超过 60℃时会使 PVC 组分分解，铸膜液变为紫褐色，再升高温度，变为黑色。原因可能是 LiCl 作为一种催化剂诱发了 PVC 分解反应，所以 LiCl 不宜作为添加剂应用于该共混体系。

2.5 结论与展望

溶液纺丝是制备中空纤维分离膜的主要方法之一，可以用于制备超滤膜、微滤膜以及为反渗透膜、纳滤膜或正渗透膜制备相应的基膜，涵盖了大部分膜过程领域。溶液纺丝制备的中空纤维膜，除了不断追求高通量，甚至超高通量（如仅依靠水的重力为动力的饮水器），以及不同膜过程要求的高截留外，更多的研究集中在膜的过滤性能及抗污染性能的提高上。此外，溶液纺丝也是制备纺织用化学纤维的重要方法，经过一百多年的发展，纤维成形工艺与原理比较成熟，其对中空纤维膜的研究有重要的指导意义。溶液纺丝制备化学纤维时，初生纤维中往往存在大量微孔。为了提高纺织纤维的强度，采取了很多措施使大孔变小、小孔消失，比如聚丙烯腈纤维（腈纶）生产中的干燥致密化。认真研究化纤生产中微孔形成的机理与控制，对增加中空纤维膜微孔数量，提高水通量可以事半功倍。

为了提高溶液纺丝制备的中空纤维膜的强度，可以在铸膜液的环状细流中加入纤维，以及在编织管外涂覆铸膜液，也是溶液纺丝方法的一种延伸。这些将在第 8 章纤维增强型中空纤维膜制备方法中加以论述。

参考文献

[1] KESTING R E, BARSH M K, VINCENT A L. Semipermeable membranes of cellulose acetate for desalination in the process of reverse osmosis. Ⅱ. Parameters affecting membrane gel structure [J]. Journal of Applied Polymer Science, 1965, 9 (5): 1873-1893.

[2] SADRZADEH M, BHATTACHARJEE S. Rational design of phase inversion membranes by tailoring thermodynamics and kinetics of casting solution using polymer additives [J]. Journal of Mmembrane Science, 2013, 441: 31-44.

[3] ZHENG Q Z, WANG P, YANG Y N. Rheological and thermodynamic variation in polysulfone solution by PEG introduction and its effect on kinetics of membrane formation via phase-inversion process [J]. Journal of Membrane Science, 2006, 279 (1-2): 230-237.

[4] SUN A C, SEIDER W D. Homotopy-continuation method for stability analysis in the global minimization of the Gibbs

free energy [J]. Fluid Phase Equilibria, 1995, 103 (2): 213-249.

[5]　SARIBAN A, BINDER K. Critical properties of the Flory-Huggins lattice model of polymer mixtures [J]. The Journal of Chemical Physics, 1987, 86 (10): 5859-5873.

[6]　赵晓勇, 曾一鸣, 施艳荞, 等. 相转化法制备超滤和微滤膜的孔结构控制 [J]. 功能高分子学报, 2002, 15 (4): 487-495.

[7]　胡晓宇, 梁海先, 肖长发. 中空纤维膜制备方法研究进展 [J]. 高科技纤维与应用, 2009, 34 (1): 38-45.

[8]　安树林, 肖长发, 张宇峰, 等. 一种插入管式喷丝头: CN101565862 [P]. 2009-10-28.

[9]　杜启云. 聚偏氟乙烯中空纤维膜的研制和应用 [J]. 膜科学与技术, 2003, 23 (4): 80-85.

[10]　肖长发, 刘振, 等. 膜分离材料应用基础 [M]. 北京, 化学工业出版社 2014: 61.

[11]　权全, 柴俪洪, 肖长发, 等. PMIA 中空纤维膜在 MBR 系统中污染类型和处理城市污水效果研究 [J]. 膜科学与技术, 2017, 37 (2): 96-103.

[12]　赵微, 肖长发, 权全, 等. 增强型中空纤维膜生物反应器处理污水 [J]. 环境工程学报, 2016, 10 (1): 27-32.

[13]　SCHÖNER P, PLUCINSKI P, Nitsch W, et al. Mass transfer in the shell side of cross flow hollow fiber modules [J]. Chemical Engineering Science, 1998, 53 (13): 2319-2326.

[14]　ARGIROPOULOS G, ROBERT W C, Ian C H, et al. The study of a membrane for extracting gold (Ⅲ) from hydrochloric acid solutions [J]. Journal of Membrane Science, 1998, 138 (2): 279-285.

[15]　时钧, 袁权, 高从堦. 膜技术手册 [M]. 北京: 化学工业出版社, 2001: 12.

[16]　王保国, 刘茂林, 蒋维钧. 中空纤维聚偏氟乙烯微孔膜研究 [J]. 膜科学与技术, 1995, 15 (1): 46-50.

[17]　吴膺烈, 卫永弟, 刘静芝, 等. 膜蒸馏技术处理人参露和洗参水的实验研究 [J]. 科学通报, 1988, 33 (10): 753-753.

[18]　冯文来, 吴茵, 王世昌. PVDF 管式复合微孔膜及其膜蒸馏浓缩蝮蛇抗栓酶的研究 [J]. 膜科学与技术, 1998, 18 (6): 28-31.

[19]　余立新, 刘茂林, 蒋维钧. 膜蒸馏法浓缩古龙酸水溶液的初步研究 [J]. 水处理技术, 1991, 17 (3): 187-191.

[20]　安树林, 张宇峰. 以盐水溶液为成孔剂的聚砜中空纤维膜的制备及性能 [J]. 天津工业大学学报, 2002, 21 (4): 31-33.

[21]　ZHANG H, ZHANG Q, SHI B, et al. Surface characterization of polyethersulfone by inverse gas chromatography [J]. Polymer Bulletin, 2007, 59 (5): 647-653.

[22]　ARTHANAREESWARAN G, STAROV V M. Effect of solvents on performance of polyethersulfone ultrafiltration membranes: Investigation of metal ion separations [J]. Desalination, 2011, 267: 57-63.

[23]　MCKELVEY S A, KOROS W J. Phase separation, vitrification and the manifestation of macrovoids in polymeric asymmetric membranes [J]. Journal of Membrane Science, 1996, 112: 29-39.

[24]　李先锋, 肖长发. 二氧化硅填充聚醚砜超滤膜 [J]. 水处理技术, 2004, 30 (6): 320-322.

[25]　ALSALHY Q F, SALIH H A, SIMONE S, et al. Poly(ether sulfone) (PES) hollow-fiber membranes prepared from various spinning parameters [J]. Desalination, 2014, 345: 21-35.

[26]　MU L J, ZHAO W Z. Hydrophilic modification of polyethersulfone porous membranes via a thermal-induced surface crosslinking approach [J]. Appl Surf Sci, 2009, 255: 7273-7278.

[27]　AHMAD AL, ABDULKARIM AA, OOI BS, et al. Recent development in additives modifications of polyethersulfone membrane for flux enhancement [J]. Chemical Engineering Journal, 2013, 223: 246-267.

[28]　CHUNG T-S, QIN J-J, GU J. Effect of shear rate within the spinneret on morphology, separation performance and mechanical properties of ultrafiltration polyethersulfone hollow fiber membranes [J]. Chemical Engineering Science, 2000, 55: 1077-1091.

[29]　李先锋, 吕晓龙, 肖长发. 异相粒子填充聚合物分离膜 [J]. 高分子材料科学与工程, 2006, 22 (4): 24-27.

[30]　WANG Y Q, WANG T, SU Y L, et al, Remarkable reduction of irreversible fouling and improvement of the permeation properties of poly (ether sulfone) ultrafiltration membranes by blending with Pluronic F127 [J]. Langmuir, 2005, 21: 11856-11862.

[31]　ZHAO W, SU Y L, LI C, et al. Fabrication of antifouling polyethersulfone ultrafiltration membranes using Pluronic F127 as both surface modifier and pore-forming agent [J]. Journal of Membrane Science, 2008, 318: 405-412.

［32］ WANG Y Q, SU Y L, SUN Q, et al. Generation of anti-biofouling ultrafiltration membrane surface by blending novel branched amphiphilic polymers with polyethersulfone ［J］. Journal of Membrane Science, 2006, 286: 228-236.

［33］ REDDY A V R, MOHAN D J, BHATTACHARYA A. Surface modification of ultrafiltration membranes by preadsorption of a negatively charged polymer I. Permeation of water soluble polymers and inorganic salt solutions and fouling resistance properties ［J］. Journal of Membrane Science, 2003, 214: 211-221.

［34］ ZHAO C S, XUE J M, RAN F. Modification of polyethersulfone membranes-A review of methods ［J］. Progress in Materials Science, 2013, 58: 76-150.

［35］ MA X L, SU Y L, SUN Q. Enhancing the antifouling property of polyethersulfone ultrafiltration membranes through surface adsorption-crosslinking of poly (vinyl alcohol) ［J］. Journal of Membrane Science, 2007, 300: 71-78.

［36］ HVID K B, NIELSEN P S, STENGAARG F F. Preparation and characterization of a new ultrafiltration membrane ［J］. Journal of Membrane Science, 1990, 53 (3): 189-202

［37］ ZHAO Z P, WANG Z, WANG S C. Formation charged characteristic and BSA adsorption behavior of carboxymethyl chitosan/PES composite MF membrane ［J］. Journal of Membrane Science, 2003, 217: 151-158.

［38］ PIERACCI J, WOOD D W, CRIVELLO J V, et al. UV-assisted graft polymerization of N-vinyl-2-pyrrolidinone onto poly (ether sulfone) ultrafiltration membranes: comparison of dip versus immersion modification techniques ［J］. Chem. Mater., 2000, 12: 2123-2133.

［39］ PIERACCI J, CRIVELLO J V, BELFORT G. Increasing membrane permeability of UV-modified poly (ether sulfone) ultrafiltration membranes ［J］. Journal of Membrane Science, 2002, 202: 1-16.

［40］ TANIGUCHI M, PIERACCI J, SAMSONOFF W A, et al. UV-Assisted graft polymerization of synthetic membranes: mechanistic studies ［J］. Chem. Mater., 2003, 15: 3805-3812.

［41］ MOK S, WORSFOLD D J, FOUDA A, et al. Surface modification of polyethersulfone hollow-fiber membranes by ray irradiation ［J］. J Appl Polym Sci, 1994, 51: 193-199.

［42］ ULBRICHT M, RIEDEL M, MARX U. Novel photochemical surface functionalization of polysulfone ultrafiltration membranes for covalent immobilization of biomolecules ［J］. Journal of Membrane Science, 1996, 120: 239-259.

［43］ WAVHAL D S, FISHER E R. Hydrophilic modification of polyethersulfone membranes by low temperature plasma-induced graft polymerization ［J］. Journal of Membrane Science, 2002, 209 (1): 255-269.

［44］ 王保国,孙洪亮,蒋维钧. 添加剂对 PAN 中空纤维超滤膜影响规律研究 ［J］. 膜科学与技术, 1997, 17 (4): 46-50.

［45］ 沈新元,陈雪英,王庆瑞,等. 聚丙烯腈原液的温度与其可纺性和膜性能的关系 ［J］. 水处理技术, 1990, 16 (5): 346-351.

［46］ 王军,奚旦立,徐大同,等. 聚氯乙烯中空纤维膜的研制 ［J］. 膜科学与技术, 2002, 22 (4): 9-11.

［47］ 王军,奚旦立,陈季华. 表面活性剂对聚氯乙烯中空纤维膜性能的影响 ［J］. 膜科学与技术, 2004, 24 (4): 5-8.

［48］ 梅硕,肖长发,胡晓宇,等. 二氧化硅填充聚氯乙烯杂化膜研究 ［J］. 功能材料. 2009, 40 (5): 806-808, 812.

［49］ 高春梅,奚旦立,杨晓波,等. 聚偏氟乙烯/聚氯乙烯共混中空纤维膜的研制 ［J］. 膜科学与技术, 200626 (6): 5-11.

第 3 章

熔融纺丝-拉伸制膜方法

3.1 引言

硬弹性材料是近年发展起来的一种新型弹性体，它是一类结晶或非晶的高聚物在特定的条件下加工而成的材料。硬弹性材料的力学性能和形态结构明显不同于普通的弹性体，其具有高弹性、高模量、突出的低温弹性和拉伸时能形成微孔等特性，在分离膜领域获得了广泛关注。

利用硬弹性材料拉伸时形成微孔的特性可以制成平板或中空纤维微孔膜材料。美国 Celanese 公司在 1974 年首先报道了采用熔融纺丝-拉伸或冷拉（melt spinning-cold stretching，MSCS）法制备聚丙烯（PP）平板微孔膜[1]，与传统的醋酸纤维素膜相比，该膜的水通量并不令人满意。1977 年日本三菱人造丝公司首次将 MSCS 法用于中空纤维微孔膜的制备[2]，膜的水通量获得显著提高，并实现了商业化生产。由 MSCS 法制备的膜在血液氧合器、脱盐、生物传感器、超纯水制备和膜蒸馏等领域得到广泛应用。MSCS 法属本体成膜，在制膜过程中不需要任何添加剂和溶剂，所以膜强度高、成本低、对环境无污染。但使用 MSCS 法制膜的原材料必须为结晶聚合物，如聚丙烯、聚（4-甲基-1-戊烯）[poly(4-methyl-1-pentene)，PMP]、聚乙烯、聚苯乙烯（PS）等，且 MSCS 法所得膜多为微孔膜，膜的孔径精确控制困难。

本章着重阐述熔融纺丝-拉伸法制备中空纤维膜技术以及膜的结构、性能与应用。

3.2 基本原理

熔融纺丝-拉伸制膜法基本原理：硬弹性材料在高应力场下挤出结晶，形成具有垂直挤出方向且平行排列的片晶结构，经热处理使该结构进一步完善，再经后拉伸使片晶发生分离形成微孔。后拉伸形成的微孔经过热定型得以保存形成最终的微孔膜，如图 3-1 所示[3]。

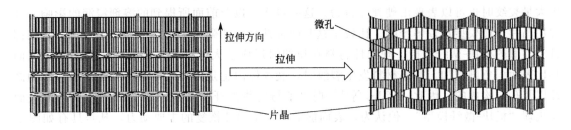

图 3-1 熔融纺丝-拉伸致孔示意

硬弹性材料是聚合物在特定条件下形成的一种具有回弹性和高模量的弹性体，它是相对橡胶而提出来的新型弹性体。

材料的硬弹性机理主要有 Clark 的"片晶弹性形变机理"、Samuels 的"叶片弹簧模型"、Elias 的"双取向片晶模型"、Samuels 的"分离片晶模型"等[4]。Clark 的"片晶弹性形变机理"过于简单，无法解释拉伸时微原纤的形成等现象。Samuels 的"叶片弹簧模型"把片晶比作叶片弹簧，同时还考虑了片晶间非晶区域对片晶的黏结作用。拉伸时，片晶逐渐分开，外力撤去后，形变不能马上恢复，片晶的弹性变形是形成恢复的主要动力，而片晶之间存在的微原纤限制了变形的程度，同时也保证了材料在拉伸时的完整性。这种模型也很好地解释了拉伸过程的变形情况，但是它是建立在固定伸长下弹性恢复随时间不变的基础之上的，这与实验发现的应力松弛现象相悖。实验观察证明，片晶不可能发生像弹簧那样的形变，所以这种模型也有其局限性。

以上两种模型的相似之处是它们都涉及片晶的弹性形变问题。Clark 指出片晶的弹性形变有两种，如图 3-2 所示[5]：一种是认为片晶像桥梁一样弯曲，分子链取向稍有变化，分子间的范德瓦耳斯力促其恢复；另一种则认为片晶发生剪切变形，分子的取向不发生变化，折叠链位置的接近使得能量升高导致恢复。这两种说法均有实验支持，具体情况要由材料的种类而定。

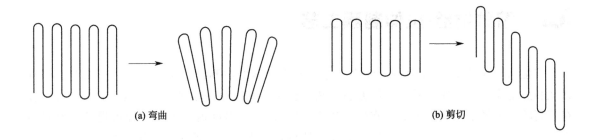

(a) 弯曲   (b) 剪切

图 3-2 片晶弹性形变模式

片晶的弹性变形模型共同的缺点是难以解释硬弹性材料的浸润现象。材料的浸润现象表明，材料的弹性与表面能密切相关，表面能理论的提出可以解释非晶高聚物的硬弹性。硬弹性材料首先是在结晶性的聚合物中发现的，但后来，人们又发现某些非晶的聚合物，如高抗冲聚苯乙烯（high impact polystyrene，HIPS）、聚碳酸酯（polycarbonate，PC）等，当发生大量裂纹时也可以表现出硬弹性行为。这一事实，以及前面所提到的溶剂浸润的影响，都是用晶片弯曲模型难以解释的。比较了这些硬弹性材料的微观结构和形态结果发现，它们都具有类似的板块-微纤结构。硬弹性材料在拉伸时形成了大量微孔，微孔中还有微纤，因而其比表面积急剧增加。非晶材料发生裂纹时，裂纹体内也是由高度取向的分子链束构成的微纤以及孔洞构成的。因此，Miles 等[6] 提出了与这些微纤联系在一起的硬弹性材料的表面能机理"板块-微纤模型"。他认为，表面能的增大是弹性恢复的主要动力，凡是具有如图 3-3 所示的板块微纤结构的材料都具有硬弹性。这种模型成功解释了硬弹性材料的浸润现象，并将硬弹性材料的范围由结晶性的聚合物推广到非晶性的聚合物。但是，这种模型也有其缺点，它不能解释硬弹性材料在低温下失去部分弹性的现象。

硬弹性材料的致孔机理很复杂，虽然有很多模型出现，但是还没有一种模型能够解释硬弹性材料各方面的性能。事实上，硬弹性材料的弹性始终包括表面能、非晶区分子链的取向引起的熵变以及弹性势能的贡献，以形变储能为主。硬弹性材料的弹性机理还需要做进一步的研究。

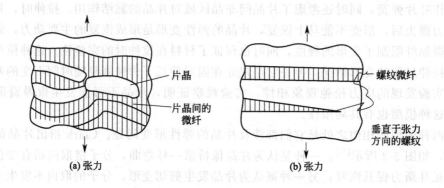

图 3-3 Miles 的"板块-微纤模型"

3.3　熔融纺丝-拉伸制膜工艺

熔融纺丝-拉伸法制备中空纤维膜可分为四步：熔融纺制初生中空纤维、重结晶、拉伸致孔和热定型四个阶段。其典型的制备方法：将半结晶高聚物熔融挤出并高速拉伸，让熔体在较高的应力场下结晶；随后，在熔点以下 20～40℃ 的温度内热处理，即可得到具有垂直于挤出方向而又平行排列的片晶结构的硬弹性材料，再经过拉伸工艺，使片晶之间分离形成微孔，最后经过热定型工艺固定此微孔结构。

在纺丝过程中纺丝温度、纺丝速度（拉伸比）、冷却速率、重结晶时间和温度、拉伸倍数等都影响其孔径的结构与分布。一般认为，初生中空纤维的弹性恢复率越高，其具有的垂直于挤出方向且平行排列的片晶结构越完善，孔隙率越高。熔融纺丝-拉伸法制备中空纤维膜的生产工艺及影响因素，详见图 3-4。

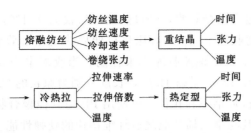

图 3-4 熔融纺丝-拉伸法制备中空纤维膜的生产工艺及影响因素

MSCS 法制备微孔膜的第一步是制备硬弹性材料。首先单体的性能会最终影响成膜的性能。Deopura 等[7] 通过在纤维级 PP 中加入少量的塑料级别的 PP 后，纤维的力学性能得到很大提高，并且发现共混粒料的可纺性比单独用纤维级聚丙烯要好。同时，纺丝温度和喷丝头拉伸比也影响硬弹性 PP 的形成和膜的孔径[8]。Kim[9] 等研究了喷丝头拉伸比、纺丝温度和热处理温度对中空纤维膜结构的影响。研究结果表明，提高喷丝头拉伸比、降低纺丝温度可有效提高初生中空纤维的取向度，因此原纤的结晶度与双折射同步得到提高。适当提高初生中空纤维的热处理温度，PP 的分子链更易发生重排，进一步提高了初生中空纤维的结晶度。提高了原纤的取向，也就提高了 PP 的规整度，此时无定形的 PP 更易在后拉伸时与晶相的 PP 发生相分离，片晶与片晶之间会产生更多的微孔。胡继文等[10] 也得到类似的结果，而且在实验中发现热处理温度超过 120℃ 后结晶结构已达到完美，此时再增加退火温度对孔径不产生影响。所以，提高熔融喷丝头拉伸比、降低退火温度，可提高微孔数量，使膜气体通量得到有效提高。

此外，拉丝方向也影响初生中空纤维的性能。Lowery[11] 提出向上纺丝法用于制备微孔 PP 中空纤维膜。向上纺丝法的原纤从喷丝口的上方拉出，可纺制更高分子量的 PP 单体，使初生中空纤维的强度得到很大提高，而且可以制得更大直径的纤维，所制得的微孔几何尺寸分布更加均匀，具有更高的通量。分别以向上及向下拉伸两种方法制得初生纤维后，于 25℃ 下拉伸 20%，140℃ 下再拉伸 100%。向下拉伸法制得的微孔密度在 625μm^2 中有 300~1425 个，而向上拉伸法得到的微孔密度 625μm^2 中有 1300~1600 个。林刚[12] 使用数学模型对向上纺丝法的优点进行了分析，模型的数据证明向上纺丝时，纤维直径 D 减小的速度比向下纺丝时慢，在纺程上的纤维质量更大。在离喷丝头较近的区域，向下纺的原纤确有较优的拉伸流动取向。但拉伸成膜用的原纤不同于普通纺织纤维，它要求原纤有较高的结晶取向。因此，向上纺丝比向下纺丝更适合于拉伸法制膜所用原纤的纺制。

经过热处理后的中空纤维，还有冷热拉伸与热定型两步关键的制膜过程。胡继文等[13] 研究了硬弹性 PP 的微观结构随不同拉伸率的变化，拉伸 18% 时 SEM 照片中开始出现了微银纹或裂纹。硬弹性样品拉伸 60%~100% 时可以看到越来越多的片晶发生了分离，并沿垂直于拉伸方向扩展，在片晶中分离出来的微纤数量越来越多，形成的微孔也越来越多。当样品拉伸至 130% 时，微孔的数量不再变化或变化很少，微孔在横向方向尺寸减小，而在拉伸方向尺寸增加。Bierenbaum 等[14,15] 在小幅度冷拉伸原纤后，采用多级略低于 PP 熔点的温度热拉伸。例如，在室温下伸长 60%，在 137℃ 下多级拉伸，制得的微孔膜具有更高的透气性和稳定性。

经过后拉伸的微孔膜尺寸是不稳定的，遇热会发生收缩，分离开的片晶会重新排列导致微孔消失或者减少，所以需要热定型，使分子链松弛重排。Brazinsky 等[16] 对比了没有经过热定型和 142℃热定型过后的微孔膜，经过热处理后仅为 1.4%，而不经过热定型的微孔膜在 90℃下放置 1h，长度收缩 9.4%。对比热拉伸后热定型的收缩量对热稳定性的影响，收缩量是通过热定型的两个辊的辊速收缩率来控制。当收缩率为 3.75%、7.5%、10.0%、15.0% 时，所得的微孔膜在 125℃暴露 1h 后，长度分别为原长的 92%、95%、95%、97%、97%。为了得到更大的后拉伸倍率和孔径，可使用 PP 与其他聚合物共混后拉伸制膜。杜强国[17] 等研究了聚丙烯及其与聚乙烯共混之后纤维切片的硬弹性能。使用 HDPE 与 PP 共挤出成片，148℃下膜预热 2min 然后热处理，25℃下冷拉伸 60%，升高温度至 105℃再拉伸 140%，105℃下保持 1min，此时有 15% 的回缩在拉伸方向上，125℃下热定型 2min 使膜的尺寸不再变化。使用熔体流动速率为 0.6 的高分子量的 PP 与 10%（质量分数）的 HDPE 共混后，50℃冷拉伸 70%，120℃拉伸 180%，最后得到的微孔膜的孔隙率为 54%，耐热 195℃。Kiuchi 等[18] 通过添加少量低分子物质如硬脂酸、十八胺作为增塑剂，使分子间作用力减小，拉伸更加容易，还能使拉伸后的孔规整性提高。

熔融纺丝-拉伸法制膜时不需添加易溶性物质等成孔助剂，也不需要溶剂，工艺较为简单，生产效率较高，膜强度高、成本低、对环境无污染，被认为是应优先发展的工业化纺丝制膜生产技术。该方法的缺点是致孔过程对初生中空纤维聚集态结构的要求较为苛刻，纺丝、后拉伸工艺控制难度较大，纤维膜微孔孔径精确控制困难，孔径分布范围较宽（0.1～3μm）。

3.4 应用示例

3.4.1 聚丙烯中空纤维膜

典型熔融纺丝-拉伸法制备 PP 中空纤维膜工艺如下。PP 母料首先在特定温度熔融，熔体经过喷丝头挤出成形为中空纤维状，并通过具有一定温度梯度的冷却水浴进行冷凝，经高速旋转的牵引装置缠绕，形成初生中空纤维。由熔融纺丝形成的初生中空纤维在 120～140℃进行重结晶处理 1～3h，形成沿着纤维轴向平行排列的片晶结构。经过不同倍数的多辊冷热拉伸将片晶分离，形成微孔，片晶与片晶之间由微原纤连接，最后在 135℃时热定型 10～70min 得到聚丙烯中空纤维微孔膜。

邵斐斐等[19] 采用熔融纺丝-拉伸法，制备了聚丙烯中空纤维微孔膜，并深入考察了制膜工艺，如纺丝卷绕速度、重结晶温度和时间、拉伸倍数和热定型温度等对膜结构与性能的影响。

3.4.1.1 PP 中空纤维的片晶结构

应用 DSC 测试计算 PP 中空纤维的熔点和结晶度。图 3-5 表示四种不同纤维的 DSC 曲线，分别是重结晶前后的初生中空纤维和不同拉伸倍数形成的膜。由图 3-5 计算得到的熔点、熔变和结晶度数据，列于表 3-1 中。其中，PP-1 是重结晶前的初生中空纤维；PP-2 是重结晶处理的初生中空纤维；PP-3 是进行 2 倍拉伸致孔的中空纤维膜；PP-4 是进行 3 倍拉伸的中空纤维膜。由表 3-1 可见，重结晶后初生中空纤维的结晶度得到明显提高，经过拉伸之后，结晶度减小。由此表明重结晶能够有效提高结晶的完整性，拉伸破坏了片晶结构，使片晶可能发生了变形、相对滑移、扭曲和分离；倍数增大后，发现结晶度进一步减小，拉伸的倍数越大，片晶的规整结构被破坏越大。

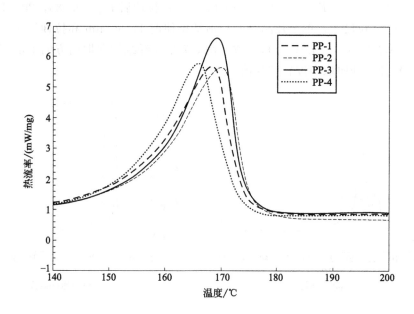

图 3-5 重结晶前后和拉伸前后纤维的 DSC 曲线

⊡ **表 3-1 熔点和结晶度**

样品号	熔点 /T_m	$\Delta H_f/(J/g)$	结晶度/%
PP-1	167.6	80.28	48.7%
PP-2	169.4	86.97	52.7%
PP-3	168.9	83.56	50.6%
PP-4	165.4	82.28	49.9%

式(3-1)是表示熔点与片晶厚度关系的公式[20]。其中，T_m 和 T_m^0 分别表示片晶体厚度为 l 和 ∞ 时的熔点，K；σ_e 为表面能，J/cm^2；ΔH_m^0 为完全结晶 PP 的熔变，J/cm^3；l 为片晶的厚度，nm。

$$T_m = T_m^0(1 - 2\sigma_e/\Delta H_m^0 l) \tag{3-1}$$

由式(3-1)可见，片晶的厚度与熔点呈正相关关系，熔点增大，片晶厚度增大。结合表 3-1，四种不同纤维的熔点大小已知，可以推断纤维片晶厚度的变化情况。重结晶后，熔点增大，片晶厚度也增大。经过拉伸过程，熔点降低，表明拉伸后片晶厚度减小。若增大拉伸倍数，熔点进一步降低，晶体厚度也进一步减小，与前面讨论结果一致。

应用 XRD 研究片晶厚度和取向大小。测试的对象是拉伸倍数为 3.0 倍前后的中空纤维。首先进行了广角 X 射线的衍射，通过式(3-2)计算晶粒尺寸；再次，在方位角方向上进行取向的扫描分析，判断取向大小。

$$\text{size} = \frac{k\lambda}{F_w \times \cos\theta} \tag{3-2}$$

式中，$k=1$；$\lambda=0.154$；F_w 为半高宽，通过软件计算得到；θ 为衍射角度。

对于聚丙烯纤维或聚丙烯膜而言，晶体类型分别包括 α-晶型的（110）、（040）和（130）衍射面上的衍射强度峰高值，以及 β-晶型的一个强衍射面（300）的衍射强度峰高值，如图 3-6 所示。运用 XRD 数据分析软件 jade 5.0 对图 3-6 进行数据分析，得到半高宽 F_w 和 2θ 数据，计算得到拉伸前 $F_w=0.497$，$2\theta=14.049°$；拉伸后 $F_w=0.583$，$2\theta=13.999°$，代入式(3-2)，求得晶粒尺寸，单个片晶厚度分别是拉伸前 17.906nm 和拉伸后 16.521nm。可见拉伸后片晶厚度变小，与 DSC 分析一致。图 3-7 是在纤维轴向取向方向上的 XRD 图。由图 3-7 可见，拉伸后轴向取向度较拉伸前变大。

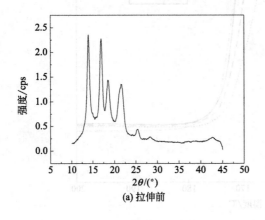
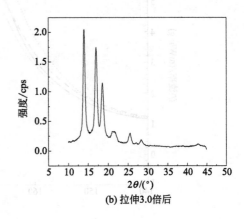

图 3-6 拉伸前后纤维的 XRD

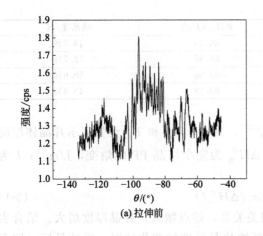
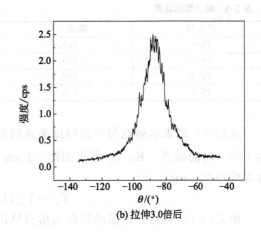

图 3-7 拉伸前后纤维轴向取向方向上的 XRD 图

3.4.1.2 卷绕速度对初生中空纤维性能和气体通量的影响

设定计量泵挤出转速为 18r/min，研究不同卷绕速度对初生中空纤维直径、力学性能、微观结构和气体通量的影响。表 3-2 给出纤维的内外径和结晶度随卷绕速度的变化。由表 3-2 可得，随着卷绕速度的增大，纤维的直径逐渐减小，结晶度先增大后减小。图 3-8 表示初生中空纤维重结晶前后断裂强度随卷绕速度的变化情况。由图 3-8 可见，随着卷绕速度的增大，初生中空纤维的断裂强度升高，到 530r/min 后逐渐趋于缓和。当卷绕速度超过

570r/min 时，断裂强度反而减小。断裂强度定义为单位横截面的应力大小，与应力大小和纤维的直径有关。当在低的卷绕速度下增大卷绕速度时，剪切力变大，结晶度随之增大，纤维的直径逐渐减小，所以断裂强度逐渐增大。当结晶度增大到一定程度时，再增大卷绕速度，结晶度不提高，所以断裂强力不变，而且直径减小较少，所以有一段缓和区。当卷绕速度太大时，结晶时间变短，纤维未充分结晶就进入冷凝水浴冷凝，结晶度降低，直径相对减小较少，所以断裂强度表现为减小的趋势。重结晶前后，初生中空纤维断裂强度的趋势相同，但是经过重结晶后，纤维的断裂强度明显升高。

表 3-2 卷绕速度对纤维内外径和结晶度的影响

卷绕速度/(r/min)	外径/μm	内径/μm	结晶度（重结晶后）
410	451	293	40.5
430	439	287	43.3
450	428	271	45.8
470	411	266	50.6
490	399	252	52.1
510	387	246	55.0
530	371	231	57.9
550	366	226	57.7
570	340	215	56.7
590	328	209	53.5
610	314	201	50.3

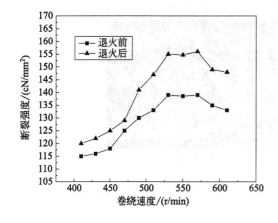

图 3-8　初生中空纤维重结晶前后断裂
强度与卷绕速度关系

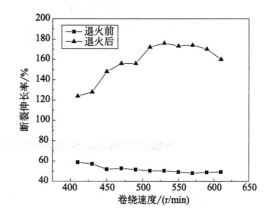

图 3-9　初生中空纤维断裂
伸长率与卷绕速度关系

图 3-9 给出的是断裂伸长率随卷绕速度变化的情况。由图 3-9 可见，重结晶前，断裂伸长率较小，并且随着卷绕速度的增大，断裂伸长率稍有减小，主要是因为重结晶前，纤维是刚性材料，断裂强度的变化与断裂伸长率的变化相反。重结晶后，纤维的断裂伸长率表现出与断裂强度相同的趋势，主要是因为重结晶后，纤维结晶发生变化，生成片晶结构，成为硬弹性材料，表现出很好的弹性恢复能力。

图 3-10 表示不同卷绕速度下形成的初生中空纤维经过重结晶后的 PP 中空纤维膜外表面

形貌。由图 3-10 可见，随着卷绕速度的增大，重结晶后片晶的排列越来越规整，结晶越来越完善，沿纤维轴向取向较好，与 XRD 结果一致。重结晶充分的初生中空纤维，如果卷绕速度过小，形成初生中空纤维时，结晶度太低，经过重结晶形成的片晶数量也会很低，如图 3-10(a) 所示。过高的卷绕速度对片晶的形成也是不利的，如图 3-10(f) 所示，表面较混乱，没有片晶结构。然而比较 XRD 计算单个片晶厚度的结果，图 3-10 的电镜照片下并没有观测到单个片晶体结构，只是膜表面的形态结构。

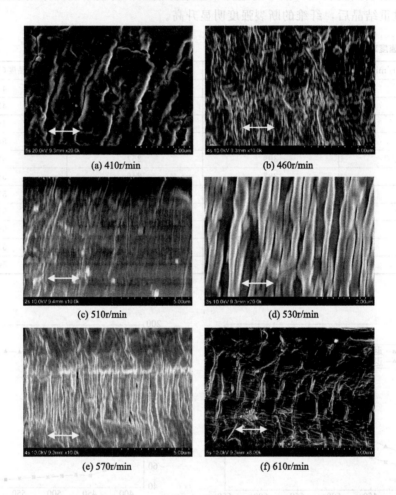

图 3-10　不同卷绕速度下形成的中空纤维经过重结晶后的 PP 中空纤维膜外表面形貌

图 3-11 给出的是孔隙率和气体通量随卷绕速度的变化情况。可以看出，随着卷绕速度的增大，孔隙率越来越大，气体通量也越来越大，最大通量可以达到 $110m^3/(m^2 \cdot h)$，最大孔隙率为 60%，最佳卷绕速度为 $530r/min$。

3.4.1.3　重结晶条件对初生中空纤维和膜性能的影响

重结晶（退火）过程是指在熔点以下进行的热处理过程，使得分子链段重排，片晶进一步完善。重结晶过程对于聚丙烯中空纤维膜的制备是至关重要的。不经过重结晶处理，直接进行拉伸，孔隙率很低。这是因为重结晶过程使得取向和结晶度大大提高，并且形成了沿着纤维轴向排列的片晶结构，而这些都是成孔的结构要素。

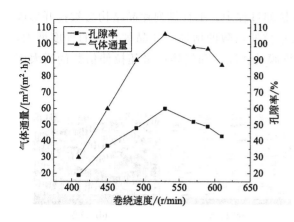

图 3-11 孔隙率和气体通量与卷绕速度的关系

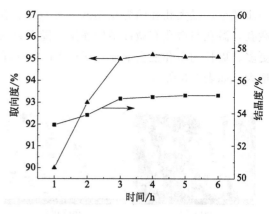

图 3-12 重结晶时间与取向度和结晶度的关系

图 3-12 给出了 120℃下纤维的取向度和结晶度随重结晶时间的变化。从图中可以看到重结晶 3h，结晶度和取向度趋于饱和，即随着热处理时间的增加，大分子链段不断重排，其结晶趋于完善。

图 3-13 表示纤维的取向度和结晶度随重结晶温度的变化。从图 3-13 中看出，在一定的时间（2h）下，温度过低时，大分子链段运动较慢，片晶不够完善。当温度高于 130℃时，取向度和结晶度基本不变，且已达到最大值，再提高重结晶温度对纤维的结晶没有太大影响。图 3-14 显示的是重结晶时间对膜气体通量的影响。由图 3-14 可见，完善的重结晶结构，可以使拉伸所得的膜气体通量达到最佳。

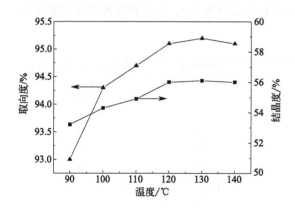

图 3-13 重结晶温度对取向度和结晶度的影响

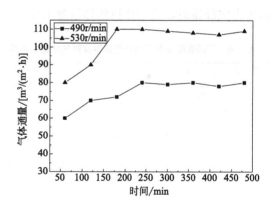

图 3-14 重结晶时间对膜气体通量的影响

3.4.1.4 总拉伸倍数对膜性能的影响

总拉伸由冷拉伸和热拉伸组成。为了考察总拉伸倍数对膜结构的影响，首先固定冷拉伸倍数为 1.5，改变热拉伸倍数，所得结果见图 3-15。由图 3-15 可见，随着总拉伸比的增加，孔径增大。由图 3-15(a) 可见，总拉伸倍数为 1.7 倍的 PP 中空纤维膜，表面几乎没有微孔；图 3-15(b) 显示拉伸倍数为 2.0 倍时，膜表面有大量微孔，微孔呈"竹节"状，最大孔径大约为 $0.2\mu m \times 0.05\mu m$；继续增大总拉伸倍数至 2.5，如图 3-15(c) 所示，微孔变大，片晶厚度减小，最大孔径约为 $0.3\mu m \times 0.05\mu m$。当总拉伸倍数增大到 3.0 倍时，片晶厚度进一步减小，最大孔径约为 $0.5\mu m \times 0.1\mu m$。在拉伸过程中，平行排列片晶结构会被拉开形成微孔，微孔与微孔有微纤结构连接。随着纤维总拉伸倍数的增加，片晶被拉开的程度增大，更多、更长的微孔便会形成，所以 PP 中空纤维膜的孔隙率和气体通量随拉伸倍数的增大而增大，如表 3-3 所示。

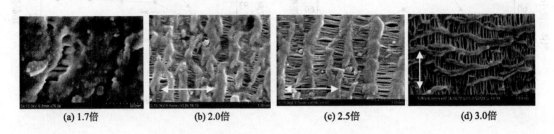

| (a) 1.7倍 | (b) 2.0倍 | (c) 2.5倍 | (d) 3.0倍 |

图 3-15 不同总拉伸倍数下 PP 中空纤维膜外表面形貌

⊙ **表 3-3 总拉伸倍数对孔隙率和气体通量的影响**

总拉伸倍数	气体通量/[$m^3/(m^2 \cdot h)$]	孔隙率/%
2.0	74.1	30
2.5	99.3	40
3.0	110	56

3.4.1.5 热拉伸温度对膜性能的影响

表 3-4 列出了不同卷绕速度下热拉伸温度对气体通量的影响。在不同卷绕速度下，制备初生中空纤维时，设定冷拉伸倍数为 1.5 左右，总拉伸倍数为 3.0，改变热拉伸温度制备中空

⊙ **表 3-4 不同卷绕速度下的热拉伸温度对气体通量影响**

卷绕速度/(r/min)	冷拉伸倍数	热拉温度/℃	总拉伸倍数	气体通量/[$m^3/(m^2 \cdot h)$]
410	1.5	90	2.7	26
	1.5	100	2.7	28
	1.5	110	2.7	35
	1.5	120	2.7	15
450	1.5	90	2.7	30
	1.5	100	2.7	46
	1.5	110	2.7	50
	1.5	120	2.7	32
490	1.5	90	2.7	60
	1.5	100	2.7	62
	1.5	110	2.7	70
	1.5	120	2.7	53
530	1.5	90	2.7	85
	1.5	100	2.7	89
	1.5	110	2.7	110
	1.5	120	2.7	70
570	1.5	90	2.7	71
	1.5	100	2.7	85
	1.5	110	2.7	90
	1.5	120	2.7	67

纤维膜，测试膜的气体通量。

由表 3-4 可见，对于不同的卷绕速度，在 110℃ 以下提高热拉伸温度有助于气体通量的提高。在 120℃ 时气体通量急剧减少，可能是在高温下分子链发生了滑移导致微孔数量减少。为此选取了卷绕速度为 530 r/min，拉伸倍数为 3.0 的膜样品进行扫描电子显微镜测试。

图 3-16 是不同热拉伸温度下 PP 中空纤维膜外表面形貌。由图 3-16(a) 中可以看到，在 90℃ 的情况下，纤维表面几乎没有微孔出现。这可能是因为温度较低，片晶内部大分子运动比较困难，再增大拉伸倍数可能会出现断裂的缺陷孔。由图 3-16(b) 可见，温度达到 100℃ 时，经过拉伸后，纤维表面的孔径增大。但是，这种孔结构显然不均匀，而且很多微孔孔径较大。这可能是由于在热拉伸温度较低的情况下，大分子链很难发生相对滑移，因此微原纤的形成受阻，在电镜照片中微原纤结构较少。由图 3-16(c) 可见，纤维表面微孔结构很均匀，片晶分离较好，片晶与片晶之间的微原纤形成较多。这可能是因为非片晶内的大分子链解除了分子间作用力，在拉伸外力的作用下形成起到连接作用的微原纤结构。由图 3-16(d) 可见，热拉伸温度过高，纤维的表面混乱程度增大，微孔较大，但不规则，有的是竹节状，有的则是类似圆形孔，而且片晶的排列也不再规整。这有可能是因为温度过高时，拉伸对膜的作用力不再显著，分子链不但在拉伸方向上发生相对移动，在很多其他方向，也发生了运动，重新排列。虽然孔径大，但是对微孔的形成是不利的，容易形成缺陷孔，使膜表现出高通量、低截留的缺点，因此也应该避免。

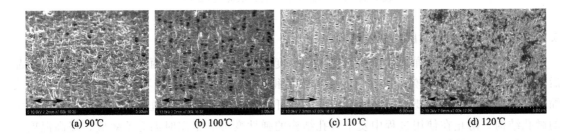

(a) 90℃   (b) 100℃   (c) 110℃   (d) 120℃

图 3-16 不同热拉伸温度下 PP 中空纤维膜外表面形貌

3.4.1.6 拉伸对膜表面亲水性的影响

材料的亲（疏）水性不仅与材料的化学结构有关，而且与材料制品的表面粗糙度有关。PP 中空纤维膜在拉伸过程中，其表面形态结构也会发生很大变化，从而影响膜的亲水性。

表 3-5 为 PP 中空纤维拉伸前后膜表面接触角的变化情况。经过拉伸之后接触角变大，纤维表面更加疏水；拉伸倍数越大，接触角就越大，表面疏水性也就越大，拉伸制备的 PP 中空纤维微孔膜疏水性能较好。这可能与纤维表面的粗糙程度有关，经过拉伸后，纤维由致密表面变成微孔膜，表面变得更加粗糙，使得接触角变大。进一步测试了纤维表面粗糙度的情况，结果如图 3-17 所示。由图 3-17(a) 可见，拉伸前的表面较为平整，表面粗糙度较小，经过拉伸后，表面变得更加粗糙，如图 3-17(b) 所示。

▫ **表 3-5　PP 中空纤维拉伸前后膜表面接触角的变化**

卷绕速度/(r/min)	拉伸前接触角/(°)	拉伸 2.0 倍接触角/(°)	拉伸 3.0 倍接触角/(°)
410	108.1	114.3	120.3
460	109.2	114.4	121.4
510	106.99	115.3	122.3
560	108.8	115.6	122.7

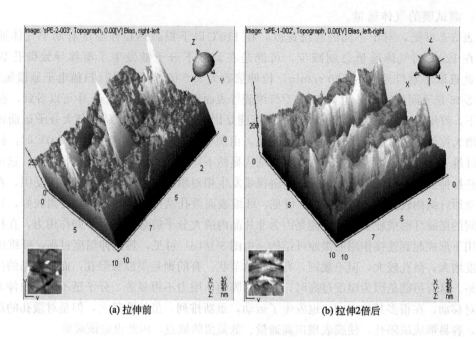

(a) 拉伸前　　　　　　　　　(b) 拉伸2倍后

图 3-17　PP 中空纤维膜表面粗糙度 3D 图

3.4.1.7　热定型条件对膜性能的影响

弹性恢复能力是指弹塑性体弹性变形后长度恢复的百分比。聚丙烯中空纤维经过重结晶后形成片晶结构，具有较好弹性恢复能力，使得拉伸制得的微孔膜不稳定，极容易发生收缩，失去微孔。因此，要将拉伸致孔后的中空纤维膜在张力作用下进行热定型，以形成稳定的微孔结构，防止在使用过程中发生微孔结构的弹性变形。根据时温等差效应，提高温度与延长时间的效果相同，选定定型温度为 135℃，考察热定型时间对膜气体通量的影响，选择的膜是拉伸为 3.0 倍的中空纤维膜。

表 3-6 为不同的热定型时间下的中空纤维膜恢复率情况。从表 3-6 中可以看出在同样的测试条件下，弹性恢复越小，表明孔结构越稳定。随着时间的增大，弹性恢复减小，至 50min 左右；再增大热定型时间，弹性恢复基本保持不变，孔结构已达到稳定状态。

▣ 表 3-6　热定型时间对膜恢复率的影响

热定型时间/min	微孔膜原长/m	放置 2h/m	收缩率/%
0	0.2	0.149	25.5
10	0.2	0.151	24.5
20	0.2	0.165	17.5
30	0.2	0.191	4.5
40	0.2	0.199	1.5
50	0.2	0.20	0

刘训到等[21] 研究了热定型时间对 PP 中空纤维膜外表面形貌的影响，结果如图 3-18 所示。在热定型时间为 60min 时，片晶与片晶之间分离出来的微原纤维横向尺寸最大，沿后续拉伸方向形成的微孔孔径最大，如图 3-18(c) 所示。随着热定型时间的减少，平行排列的

片晶发生倾斜导致片晶重新排列，如图 3-18(a) 所示。片晶之间的微孔遇热时发生收缩或者合闭。当热定型时间在 60min 以下时，提高热定型时间，可以减轻微孔收缩的幅度，如图 3-18(a)、图 3-18(b) 所示，微孔尺寸越来越大。当热定型时间超过 60min 之后，如图 3-18(d) 所示，已经分离开的片晶重新靠拢，导致微孔尺寸减小或者消失。

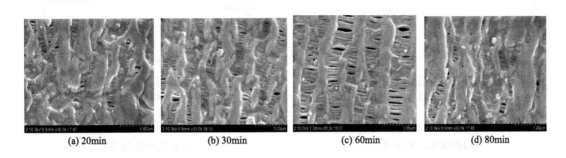

| (a) 20min | (b) 30min | (c) 60min | (d) 80min |

图 3-18 不同热定型时间对 PP 中空纤维膜外表面形貌的影响

3.4.2 聚乙烯中空纤维膜

典型熔融纺丝-拉伸法 PE 中空纤维膜制备工艺如下：使用单螺杆挤出机制备 PE 初生中空纤维，螺杆挤出机设有 3 个加热区，温度分别为 170℃、195℃和 210℃，挤出机口模温度为 190℃。制得的 PE 初生中空纤维在 110℃下热处理 1～6h，然后将纤维在拉伸机上进行拉伸。首先在室温下冷拉伸一定比例，然后在 55～90℃下进行热拉伸，使总伸长率达到 200%以上。最后将拉伸后的中空纤维在一定伸长作用下置于 115～125℃的烘箱内进行热定型处理，热定型时间为 30～150min，最后即得 PE 中空纤维微孔膜。

邵斐斐等[22] 以 PE 为制膜原料，采用熔融纺丝-拉伸法制备 PE 中空纤维膜，讨论了卷绕速度、拉伸致孔过程等工艺条件对膜性能结构的影响。

3.4.2.1 卷绕速度对初生中空纤维力学性能的影响

图 3-19、图 3-20 分别是在不同的卷绕速度下重结晶前后 PE 中空纤维膜断裂强度、断裂伸长率的关系。可以看出经过重结晶处理后，纤维的断裂强度、断裂伸长率都有不同程度的提高，这与纤维片晶结构的完善及整体取向度的提高密切相关。断裂强度和断裂模量的提高是由于经过重结晶以后，结晶更加完善，结晶度和取向度均有所提高。断裂伸长率的提高一方面与结晶的完整性提高有关，另一方面可能与重结晶后链段的松弛、自由体积的增大有关。Rosova[23] 指出重结晶过程使得聚合物链长度增加，并且无定形区的分子量发生结晶，向片晶转化，从而在片晶与片晶之间产生了分布窄的缚结分子和大量的伸直链分子。而 Lee[24] 认为这些缚结分子和伸直链的存在是纤维具有硬弹性的主要原因。由此我们可以推断，重结晶使得片晶厚度增大，结晶更加完善，片晶与片晶之间的缚结分子和伸直链分子增多。从图 3-19、图 3-20 中还可以看出，断裂伸长率和断裂强度随着卷绕速度的增大而增大。这是因为随着卷绕速度的增大，理论上有利于分子链的取向排列，取向度和结晶度也都有所提高，使断裂强度和断裂伸长率增大。所以，适当地提高卷绕速度有利于提高初生中空纤维的性能，有利于拉伸致孔。但是，随着卷绕速度的增大，若结晶时间太短，纤维硬化以后容易使初生中空纤维出现缺陷。

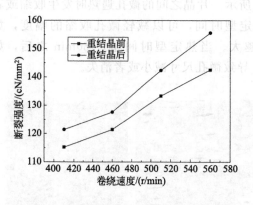

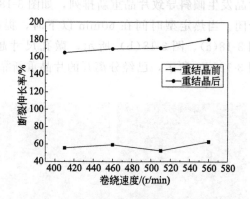

图 3-19　重结晶前后 PE 中空纤维断裂强度　　　　图 3-20　重结晶前后 PE 中空纤维断裂伸长率
与卷绕速度的关系　　　　　　　　　　　　　　与卷绕速度的关系

3.4.2.2　卷绕速度对初生中空纤维取向度的影响

纤维整体取向度可以通过声速法测定。经过熔融纺丝制备的初生中空纤维，在所述的卷绕速度下，其片晶结构沿着纤维轴方向取向。图 3-21 显示了重结晶前后 PE 中空纤维取向度随卷绕速度的变化情况。从图 3-21 中可以看出，重结晶后纤维的取向度增大，而随着卷绕速度的增加，取向度略有增大。Kim[25] 等指出在冷却装置存在的情况下，卷绕速度增大，即剪切力增大，但是结晶和取向的时间变短，所以使得取向度变化不大甚至减小。

3.4.2.3　卷绕速度对孔隙率和气体通量的影响

对不同卷绕速度下的中空纤维进行相同倍数的拉伸，再测其孔隙率和气体通量，得到图 3-22。由图 3-22 可以看出随着卷绕速度的增大，孔隙率和气体通量都有所增大。这是因为卷绕速度的增大，有利于片晶的形成和取向，有利于孔隙率和气体通量的增大。

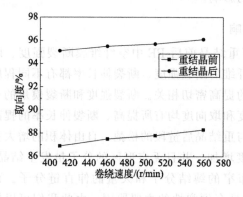

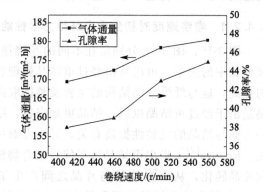

图 3-21　重结晶前后 PE 中空纤维取向度　　　　图 3-22　孔隙率和气体通量随卷绕
随卷绕速度的变化情况　　　　　　　　　　　速度的变化曲线

3.4.2.4　退火温度对膜性能的影响

在 MSCS 过程中，退火温度是影响 PE 中空纤维膜微孔形成过程和孔结构的重要因素[26]。众所周知，PE 薄膜退火后，其晶体结构发生了重组。通过双折射（birefringence，BR）测量，可以有效表征取向 PE 的结晶度。当重结晶发生时，会产生更"完美"的晶体结构，使 BR 增加[27]。Lee 等定量研究了 BR 随退火温度的变化[24]。结果表明，随着退火温度的升高，BR 增加，片晶层厚度进一步增加。如图 3-23 所示，PE 中空纤维膜显示出独特的口袋状狭缝形状的微孔结构，这在很大程度上受退火温度的影响。退火温度对微孔结构的影响主要是通过改变非晶区和晶区片晶之间应力连接分子的浓度和强度来实现的。通过提高退火温度，可以将松散的连接分子链段拉入晶区中，增加片晶层厚度，提高结晶度。

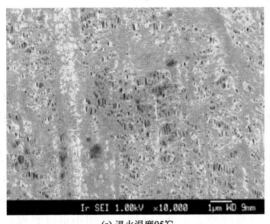 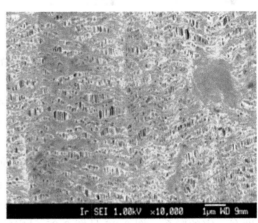

(a) 退火温度95℃　　　　　　　　　　　　(b) 退火温度125℃

图 3-23　PE 中空纤维膜场发射扫描电子显微镜 (FE-SEM) 表面形貌

3.4.2.5　拉伸致孔过程对膜性能的影响

人们将硬弹性材料具有的硬弹性归因于片晶结构。由于片晶之间存在大量由系带分子构成的连接点，使得硬弹性材料在受到张力时，内部片晶将发生弯曲和变形，片晶间被拉开。拉伸包括冷拉伸和热拉伸。冷拉伸使得片晶之间形成微小的细孔，热拉伸使得微孔进一步发展成更大的孔。Kim[25] 等指出，冷拉伸作用在于破坏结晶结构，在非晶区形成微细的缝状细孔；热拉伸作用是使冷拉伸得到的孔进一步拉大，而起连接作用的是片晶之间的微原纤。下文分别介绍拉伸致孔过程对膜接触角、晶体结构、气体通量以及表面形态的影响。

（1）拉伸致孔对膜接触角的影响

接触角的测试是判断材料亲疏水性的一个简单的方法。图 3-24 为不同卷绕速度下重结晶后未经拉伸和拉伸后的初生中空纤维接触角的测试，可以看到拉伸之后膜接触角有所增大。

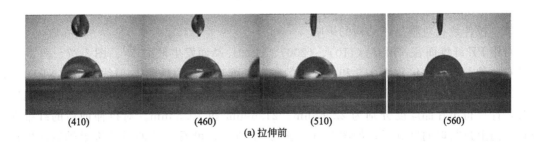

(410)　　　　　(460)　　　　　(510)　　　　　(560)

(a) 拉伸前

图 3-24

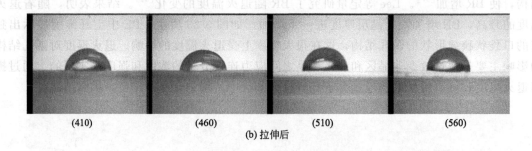

(b) 拉伸后

图 3-24 未经拉伸和拉伸后的初生中空纤维膜接触角的测试

计算拉伸之后接触角的平均值为 91.29°[图 3-24(b)]，这表明拉伸制成的 PE 中空纤维微孔膜是疏水膜。这可能与纤维表面的粗糙程度有关。经过拉伸后，纤维由致密表面变成微孔膜，表面变得更加粗糙，使得接触角变大。

为进一步表征纤维表面的粗糙度，使用原子力显微镜进行了测试。图 3-25 所示为卷绕速度为 510r/min 时的表面粗糙度 3D 图，表面粗糙度由拉伸之前的 66.16nm[图 3-25(a)]变化到拉伸 3.0 倍后的 71.52nm[图 3-25(b)]。这表明纤维接触角的变化与纤维的表面粗糙度有一定的联系。图 3-26 是图 3-25 对应的中空纤维膜表面 AFM 图。从图中可以观察到，拉伸前片晶排列紧密，拉伸之后，片晶与片晶之间形成了微孔结构，使得表面粗糙度发生变化，疏水性也相应发生了变化。

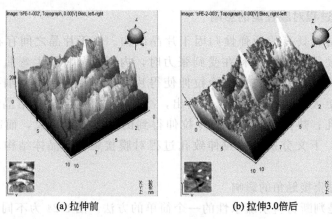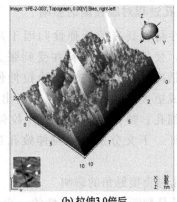

(a) 拉伸前　　　　　　　　　　(b) 拉伸3.0倍后

图 3-25 PE 中空纤维膜表面粗糙度 3D 图

（2）拉伸致孔对膜晶体结构的影响

对于 PE 纤维而言，可在（110）、（200）、（020）晶面发生散射[28]。图 3-27～图 3-29 分别是对拉伸前、拉伸倍数为 2.5 和 3.0 后的中空纤维膜进行的广角 X 射线衍射（XRD）。由图 3-27～图 3-29 可以看到（110）晶面峰强度相对较高，表明片晶沿着纤维轴向取向良好；同时，计算得出片晶厚度分别为 22.65nm、21.69nm 和 20.53nm。对拉伸前后的纤维在方位角方向上进行取向度分析，如图 3-30、图 3-31 所示，可看到拉伸后纤维沿轴取向度比拉伸前显著提高。

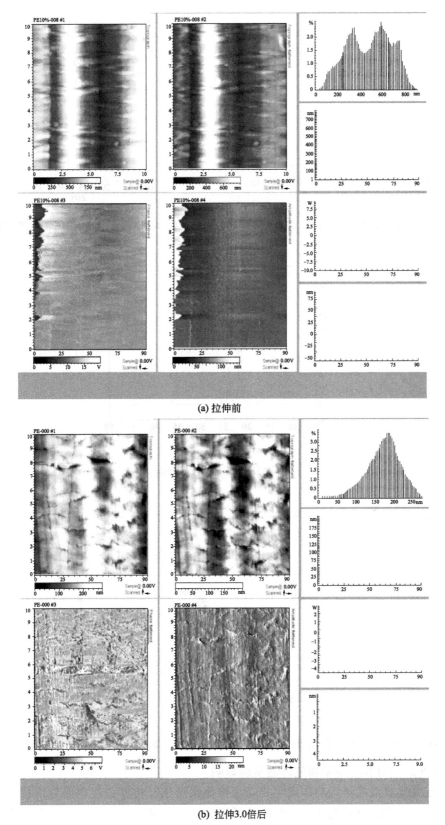

(a) 拉伸前

(b) 拉伸3.0倍后

图 3-26 PE 中空纤维膜表面 AFM 图

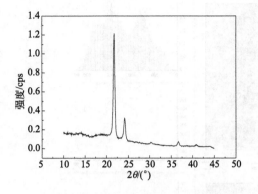

图 3-27　未拉伸初生中空纤维 XRD

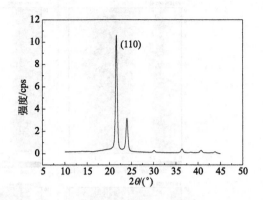

图 3-28　拉伸 2.5 倍中空纤维膜 XRD

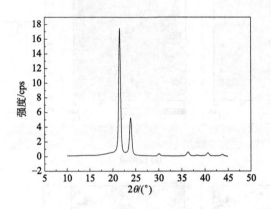

图 3-29　拉伸 3.0 倍中空纤维膜 XRD

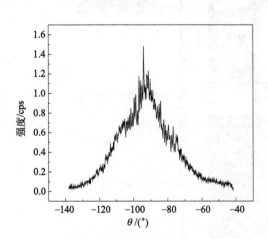

图 3-30　拉伸前纤维取向方向上的 XRD

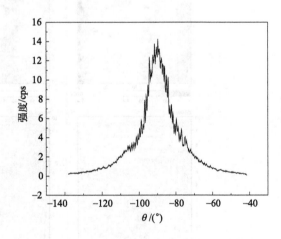

图 3-31　拉伸后纤维取向方向上的 XRD

（3）拉伸致孔对膜孔径率和气体通量的影响

PE 中空纤维膜微孔结构的形成主要通过拉伸来形成。拉伸过程主要分冷拉伸和热拉伸两个阶段。PE 中空纤维首先在较低温度（低于 40℃）下进行冷拉伸，然后在较高温度（低于熔点）下热拉伸到较大的伸长率。拉伸倍数和拉伸速率都对膜的微孔结构和性能有很大的影响。由表 3-7 可以看出随拉伸倍数增加，孔隙率增加，PE 中空纤维膜的气体通量增加。这是因为硬弹性 PE 纤维被拉伸时，纤维中的平行排列片晶结构会被拉开，形成微孔结构；同时，非晶区分子链发生取向，而在微孔之间形成大量微纤结构。随着纤维拉伸倍数的增加，片晶被拉开的程度增大，会形成更多、更大的微孔。

表 3-7 孔隙率和气体通量之间随拉伸倍数的变化情况

拉伸倍数	孔隙率/%	气体通量/$[m^3/(m^2 \cdot h)]$
2.0	30	144.1
2.5	40	173.1
3.0	51	200.3

如图 3-32 所示，随着拉伸速率的提高，PE 中空纤维膜孔隙率和气体通量增加。这是因为，硬弹性 PE 纤维被拉伸时，纤维中平行排列的片晶结构会被拉开，形成微孔结构。随着拉伸速率的增大，纤维中的分子链来不及松弛，造成较多缺陷；同时，由于拉伸时裂纹孔的出现，造成单位面积内孔结构增多，因而拉伸速率增加，PE 中空纤维膜孔隙率和气体通量均增加。

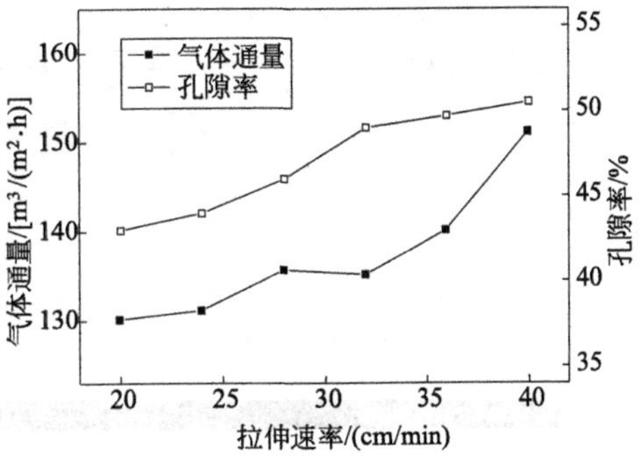

图 3-32 气体通量和孔隙率随拉伸速率的变化

3.4.2.6 聚乙烯中空纤维膜的表面形态

PE 中空纤维膜微孔的形成与片晶结构是分不开的。图 3-33 为重结晶前后的初生中空纤维膜和不同拉伸倍数中空纤维膜外表面形貌。由图 3-33 中可以看到其表面是由许多片状结构（包含数个片晶的结构）沿纤维轴方向堆砌而成。由图 3-33(a) 可以看到，在高放大倍数下，未发现规则排列的片晶结构，而图 3-33(b) 经过重结晶以后明显看到纤维轴向排列的片晶结构，重结晶后片状结构更加均匀完善，表明重结晶对片晶的形成及微孔的制备是至关重要的。由图 3-33(a)、(d) 与图 3-33(a)、(b) 比较可以看出，拉伸使得片状结构之间形成

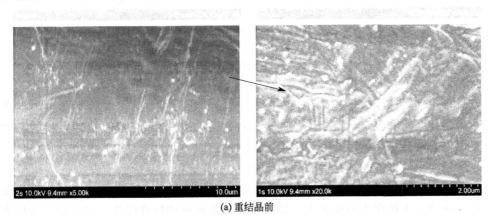

(a) 重结晶前

图 3-33

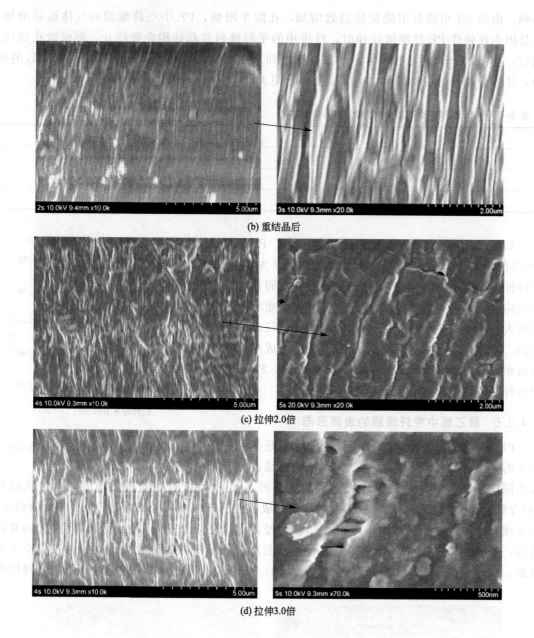

(b) 重结晶后

(c) 拉伸2.0倍

(d) 拉伸3.0倍

图 3-33　重结晶前后的 PE 中空纤维膜和不同拉伸位数中空纤维膜外表面形貌

间隙，进一步拉伸间隙增大形成微孔。在图 3-33(a)、(b) 中，未经拉伸的初生中空纤维表面致密，由晶体结构和无定形区组成。图 3-33(c)、(d) 中显示了经过拉伸后膜的亚微观结构，它是由折叠链片晶、微原纤和无定形区组成的。

奚振宇等[29] 指出折叠链片晶、片晶间的自由体积和无定形区的存在是微孔形成的基础。在应力的作用下，片晶间无定形区的非晶态大分子进一步取向，使得微原纤沿纤维轴向拉长，片晶间的自由体积不断地扩大，最后形成大量规整的微孔结构。图 3-34 是 PE 中空纤维膜外表面和横截面形貌。可以看到，微孔是连通的孔道，呈现"蜂窝"状。

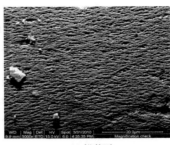

| (a) 外表面 | (b) 外表面局部放大 | (c) 横截面 |

图 3-34 PE 中空纤维膜外表面及横截面形貌

3.5 结论与展望

　　聚烯烃材料具有良好的化学稳定性，耐热、耐酸碱性好，力学强度高，价格低廉，而且有很好的加工性能。以 MSCS 法制备聚烯烃中空纤维膜力学强度高，无须支撑体，断裂伸长率大，而且制备过程环保、无污染。20 世纪 80 年代后期，国外 MSCS 技术发展迅速，日渐成熟，由该方法制备的膜逐渐应用于生物医学工程、水处理工程以及饮料食品工业领域。我国聚烯烃微孔膜的研究起步较晚，发展较为缓慢，所制备产品的性能与国外产品相比存在很大差距，急需解决 MSCS 法孔结构控制以及亲水改性等问题，使其具有更好的应用前景。

参考文献

[1] DRUM M L, LOFT J T, PLOVAN S G. Novel opened-celled microporous film：US3801404 [P]. 1974-04-02.

[2] KAMADA K, MINAMI S, YOSHIDA K. Porous polypropylene hollow filaments and the method for manufacture：US4055696 [P]. 1977-10-25.

[3] 韦福建. 熔纺-拉伸法制备高性能聚丙烯中空纤维膜的研究 [D]. 贵阳：贵州大学，2016.

[4] 徐又一，徐昌辉，谢伯明，等. 结晶高聚物硬弹性材料的研究进展——Ⅲ. 硬弹性材料的弹性机理 [J]. 功能材料，1996，27 (1)：28-31.

[5] MAFROSOVICH M N, ANDREEV V G, KOSTROV Y A, et al. Preparation of hollow porous polypropylene fibers having a high gas permeability [J]. Fiber Chemistry, 1985, 15：245-248.

[6] MILES MJ, BAER E. "Hard elastic" behavior in high— impact Polystyrene [J]. Mater. Sci. 1979, 14：1254-1262.

[7] DEOPURA B L, KADAM S. A study on blends of different molecular weights of polypropylene [J]. Journal of Applied polymer Science, 1986, 31 (7)：2145-2155.

[8] KAMADA K, MIANMI S, KYOSHIDA K. Porous Polypropylene hollow filaments and method making the same：US4055696 [P]. 1977-10-25.

[9] KIM J J, JANG T S, KWON Y D, et al. Structure study of polypropylene hollow Fiber membrane made by the melt-spinning and cold-stretching method [J]. Journal of Membrane Science, 1994, 93 (3)：209-215.

[10] 胡继文，黄勇，沈家瑞. 聚丙烯中空纤维膜的微孔结构的控制 [J]. 功能高分子学报，2002，15 (1)：24-28.

[11] LOWERY J J, PLOTKIN N D, ROBINSON J. Microporous hollow fiber and process and apparatus for preparing such fiber：US45046 [P]. 1983-09-20.

[12] 林刚. 拉伸法微孔聚烯烃中空纤维膜原纤熔纺过程的数值模拟分析（I）-聚丙烯 [J]. 膜科学与技术，1997，17 (6)：25-33.

[13] 胡继文,孙友德. 应力场下聚丙烯熔体的结晶与硬弹性的形成 [J]. 应用化学，1997，14 (4)：83-84.

[14] BIERENBAUM H S, PENOYER J A, ZIMMERMAN D. Simultaneous stretching of multiple plies of polymeric film：US4058582 [P]. 1977-11-15.

[15] BIERENBAUM H S, PENOYER J A, ZIMMERMAN D. Simultaneous stretching of multiple plies of polymeric film：US3679538 [P]. 1972-07-25.

[16] BRAZINSKY I, COOPER W M, GOULD A S. Process for preparing a microporous Polymer film：US4138459 [P]. 1979-2-6.

[17] 杜强国,林明德,于同隐. 硬弹性聚丙烯纤维的结构特点 [J]. 复旦学报（自然科学版），1986，25 (2)：375-382.

[18] KIUCHI M, TERADA S, MITSUI H. 多孔質フィルムの製造方法および多孔質フィルム：JP11297297 [P]. 1999-10-29.

[19] 邵斐斐. 聚丙烯中空纤维膜的制备及应用研究 [D]. 天津:天津工业大学，2013.

[20] 何曼君,陈维孝. 高分子物理（修订版）[M]. 上海:复旦大学出版社，2000：87.

[21] 刘训到. 人工肺用聚丙烯中空纤维膜工艺的研究 [D]. 天津:天津工业大学，2011.

[22] 邵斐斐. 熔融-拉伸法制备聚乙烯中空纤维膜 [D]. 天津:天津工业大学，2011.

[23] ROSOVA E Y, KARPOV E A, LAVRENTIEV V K, et al. The effect of annealing on structural rearrangements and mechanical properties of hard elastic polyethylene [C] //TITOMANLIO G, The 12th annual meeting of the polymer processing society, Italy: Polymer Institute of Italy, 1996：297-302.

[24] LEE S Y, PARK S Y, SONG H S. Lamellar crystalline structure of hand elastic HDPE films and its influence on microporous membrane formation [J]. Polymer, 2006, 47：3540-3547.

[25] KIM J, KIM S S, PARK M. Effects of precursor properties on the preparation of polyethylene. Polymer hollow fiber membranes by stretching [J]. Journal of Membrane Science, 2008, 318：201-209.

[26] TAN X M, RODRIGUE D. A Review on porous polymeric membrane preparation. Part II：production techniques with polyethylene, polydimethylsiloxane, polypropylene, polyimide, and polytetrafluoroethylene [J]. Polymers, 2019, 11 (8)：1310-1345.

[27] CHEN R, SAW C, JAMIESON M, et al. Structural characterization of Celgard® microporous membrane precursors：Melt-extruded polyethylene films. Journal of Applied polymer Science, 1994, 53：471-483.

[28] WUNDERLICH B, CORMIER C M, KELLER A, et al. Annealing of stirrer-crystallized polyethylene [J]. Macromolecular Physics B, 1967, 41：93-101.

[29] 奚振宇,杜春慧,徐又一,等. 聚乙烯中空纤维膜制备及微孔结构的控制 [J]. 功能材料，2007，38 (2)：283-285.

第4章

热致相分离制膜方法

4.1 引言

热致相分离（thermally induced phase separation，TIPS）法[1,2]，是一种由温度变化驱动相分离的方法。它是将一些热塑性、结晶性的聚合物（如聚烯烃等）与某些高沸点的低分子化合物（稀释剂）在高温（一般高于结晶聚合物的熔点 T_m）下形成均相溶液。当降低温度时，原先的均相溶液又发生固-液（S-L）或液-液（L-L）相分离，在其固化后脱除稀释剂即成为聚合物微孔材料。所谓稀释剂，其实对该聚合物而言是一种潜在溶剂，在常温下是非溶剂而高温时是溶剂，即"高温相溶，低温分相"。TIPS法制备微孔膜的主要步骤如下。

① 聚合物/稀释剂均相溶液的制备。对于给定的聚合物，首先要选择一种高沸点、低分子量的稀释剂。这种稀释剂在室温下是固态或液态，与聚合物不相溶，当升高至一定温度时能与聚合物形成均相溶液。

② 将上述溶液预制成所需的形状，如平板状、管式、中空纤维等。

③ 冷却。溶液在冷却过程中发生相分离并伴随着聚合物的固化。

④ 稀释剂、萃取剂的脱除，最终得到微孔结构。

热致相分离法是20世纪80年代初 Castro[3] 提出的一种制膜方法。之后，TIPS法制膜研究如雨后春笋，发展迅速。随后，Vitzthum 和 Davis[4] 用等规聚丙烯（isotactic polypropylene，iPP）/N,N-双（2-羟乙基）牛脂烷基胺通过 TIPS 法制备平板微孔膜。1985 年 Shipman[5] 也通过 TIPS 法获得了多孔材料，使用材料主要有：聚丙烯（PP）、聚乙烯（PE）、聚丙烯/聚乙烯共聚物、聚对苯二甲酸乙二酯（PET）、聚碳酸酯（PC）、聚偏氟乙烯（PVDF）、聚对苯二甲酸丁二酯（PBT）和聚酯共聚物等[6-16]。德国、美国、澳大利亚、日本等一些发达国家成功应用 TIPS 法工业化生产 PVDF、PP 和 PE 材质平板过滤膜与中空纤维膜，应用于错流微滤过程、血浆分离、膜蒸馏；其他的还有透气性雨衣、尿布、医用绷带等。

本章在介绍 TIPS 制膜方法基本原理基础上，重点阐述 PVDF、PP、超高分子量聚乙烯（UHMWPE）、含氟共聚物等聚合物的制膜工艺条件及膜结构与性能。

4.2 基本原理

4.2.1 TIPS 制膜方法简介

在 TIPS 制膜方法中，控制膜结构与性能的因素较多。在聚合物种类选定情况下，能够改变热力学条件的主要是稀释剂[6-16]。不同稀释剂与聚合物的相互作用不同，由此会影响聚合物-稀释剂体系相图及体系相分离机理。故聚合物和不同稀释剂体系相图常用于指导多孔膜的制备。Matsuyama 等[16] 研究了 iPP 与水杨酸甲酯（methyl salicylate，MS）、二苯醚（diphenyl ether，DPE）、二苯基甲烷（diphenylmethane，DPM）三种聚合物-稀释剂体系相图，发现依照 iPP-MS、iPP-DPE、iPP-DPM 顺序，体系相图中的浊点曲线向低温发展，同时也发现，稀释剂的种类对结晶曲线的影响不大。在一定温度下冷却时，依照上述顺序，聚合物稀相的生长速率逐渐降低，体系的液滴尺寸出现差异，表明稀释剂对体系相图有重要影响，从而最终影响膜结构。

聚合物浓度对膜结构有很大的影响：一方面，聚合物浓度的变化将改变体系在相图中的位置，使体系在冷却过程中经历不同的相分离过程；另一方面，聚合物浓度的变化对体系的黏度及聚合物的结晶动力学，都产生重要影响。Laxminarayan 等[15] 研究了 iPP-DPE 体系中聚合物浓度及聚合物结晶对膜结构的影响；分别选择了聚合物浓度为 15%（质量分数）和 35%（质量分数）的试样，以 130K/min 的冷却速率，从 433K 冷却到 373K，恒温保持 10min，随后通过液氮淬冷。实验结果表明，随着聚合物浓度的增加，L-L 相分离后，聚合物稀相的生长速率减小，使聚合物浓度为 15%（质量分数）的膜试样形成的微孔大于后者所形成的微孔。

聚合物分子量对体系相图也有影响。Matsuyama 等[16] 在研究 iPP-DPE 体系中发现，当 iPP 分子量降低时，相图中的浊点曲线向低温区域发展，而动力学结晶曲线则变化不大。在低分子量 iPP 的体系中，相分离速度开始较慢，但增长较快，并逐渐超过较高分子量 iPP 体系；最后膜孔呈现胞孔状结构，而较高分子量 iPP 体系则为孔较小的双连续结构。聚合物分子量不仅可以影响膜孔径，而且可以影响膜孔形状。

在动力学方面，冷却速率影响显著[6-16]。首先，由于 TIPS 制膜过程是一个非平衡的过程，因此必须考虑冷却速率对体系非平衡相图的影响。研究显示，冷却速率对体系 L-L 相分离温度以及非平衡相图中的浊点曲线影响不大，但对 S-L 相分离或动态结晶温度曲线则影响明显。随着体系过冷度的增加，动态结晶曲线温度降低，即 S-L 相分离曲线温度降低，从而使 L-L 相分离区域扩大，偏晶点向聚合物浓度高的区域转移。另一方面，在 L-L 相分离中，体系的冷却速率影响聚合物稀相的成长，冷却速率越大，膜孔径越小。此外，冷却速率对 S-L 相分离中的结晶动力学产生影响。Yang 等[17] 以萘烯为稀释剂，通过 TIPS 法制备了 PP 微孔管状膜，研究了冷却速率对膜结构的影响。结果表明，在冷却速率较小的试样中，结构主要由大的球簇状体聚集而成，而在冷却速率较大的试样中，则主要为枝叶状（leafy）结构。这主要是由于冷却速率的差异导致结晶生长差异，在冷却速度较慢的条件下，晶簇有足够的时间形成完整的球簇状体；而在冷却速度较快的条件下，大分子链在短时间内被固化，形成了枝叶状的结构，无法再发展形成球簇结构。

在聚合物-稀释剂体系中添加成核剂，可以改变聚合物的结晶动力学，提高结晶度，从而影响膜的结构。唐娜等[18] 利用 TIPS 法制备了 iPP-豆油体系 iPP 平板微孔膜，并在体系中添加了成核剂苯甲酸及己二酸。研究结果显示，成核剂的加入，增加了 iPP 在相分离过程中的结晶位置，降低了结晶过程中形成稳定晶核所必需的结晶焓，改善了体系中晶体的均匀性。在一定范围内，随着成核剂己二酸含量的增加，膜的透水性能得到提高。当操作压力为 0.1MPa，iPP 浓度为 27％（质量分数），己二酸含量为 0.4％（质量分数）时，膜的水通量达 280kg/(m^2·h)。Luo 等[19] 研究了三种成核剂（二亚苄基山梨糖醇、脂肪酸和安息香酸）添加对 iPP/豆油/邻苯二甲酸二丁酯（DBP）体系膜结构的影响。结果显示，二亚苄基山梨糖醇的添加，使膜结构中球晶的尺寸明显减小。当二亚苄基山梨糖醇的添加量为 0.5％（质量分数）时，产生的球晶尺寸最小。

稀释剂的萃取及膜干燥，对膜结构也有一定影响。Matsuyama 等[20] 选用了三氯乙烯、戊烷等十种萃取剂和空气干燥、冷冻干燥两种干燥方法来研究萃取及干燥条件对 PE-煤油体系膜结构及渗透性能的影响。结果显示，通过选择萃取剂及干燥条件，可以调节膜孔隙率、孔径以及膜渗透性能。随着萃取剂表面张力以及沸点温度的提高，膜收缩变明显；而空气干燥方法得到的膜则比冷冻干燥方法得到的膜收缩明显。

通过控制稀释剂蒸发，在 TIPS 法下可以得到各向异性膜。Matsuyama 等[16] 以 DPE 为稀释剂，通过表面稀释剂蒸发和在膜厚度方向造成冷却速率梯度，制备具有膜孔梯度和致密表皮层的 iPP 各向异性膜。Atkinson 等[21] 对 iPP-DPE 体系的 TIPS 各向异性膜及蒸发模型进行了研究，探讨了成膜表面的空气对流对各向异性膜结构的影响。

TIPS 法纺制中空纤维膜时，除了以上影响因素外，研究者同时也对纺丝工艺，如空气层高度、卷绕速度等因素做了探讨。

在制膜材料方面，主要集中于一些结晶性疏水材料，如 PP、PE。为了改善膜亲水性，一些亲水性材料，如乙烯-丙烯酸共聚物（ethylene-acrylic acid copolymer，EAA）及其改性树脂、乙烯-乙烯醇共聚物（ethylene-vinyl alcohol copolymer，EVOH）、聚乙烯醇缩丁醛（PVB）、尼龙（聚酰胺纤维）等也受到了关注。此外，一些耐高温、抗化学腐蚀性材料，如聚醚醚酮（PEEK）、聚苯硫醚（PPS）、聚（4-甲基-1-戊烯）[poly（4-methyl-1-pentene），TPX 或 PMP]、乙烯-三氟氯乙烯交替共聚物（ethylene trifluorochloroethylene copolymer，ECTFE）等也可以采用 TIPS 法制备相应的多孔膜；还有一些医用组织工程多孔材料，如聚（L-乳酸）[poly（L-lactic acid），PLLA]及其共聚物、聚苯乙烯等也可采用 TIPS 法制备；还有少量研究也涉及聚甲基丙烯酸甲酯（PMMA）、醋酸纤维素等。

上述研究显示，对 TIPS 法的研究集中在半结晶聚合物上，其优点主要体现在以下几个方面。

① TIPS 法与一般的非溶剂致相分离法（non-solvent induced phase separation，NIPS）相比，相分离是通过温度变化产生的，而不是通过溶剂与非溶剂的交换产生的。很多结晶、带有强氢键作用的聚合物在室温下难有适合溶剂，无法采用 NIPS 法成膜，而 TIPS 法"高温相溶、低温分相"的特点，大大扩充了对稀释剂的选择余地，开辟了相分离法制备微孔膜的新途径。PP、UHMWPE 等一些室温下难溶或不溶的聚合物均可通过 TIPS 法制成微孔

膜，拓宽了膜材料的范围。

② TIPS 法通过较为迅速的热交换导致高分子溶液分相，而不是缓慢的溶剂-非溶剂交换。故高分子溶液分相迅速，所得膜孔径分布窄。

③ TIPS 法通过改变条件可得到多种孔结构形态，如蜂窝状结构（cellular structure）、网状结构（lacy structure）、树枝状孔（finger-typed pore）等，膜孔可以是封闭的、半封闭的和开孔的。不仅如此，TIPS 法还可以制备适用于控制释放的相对较厚的各相同性微孔结构，改变制膜条件，或用该法制备各向异性的微孔结构。

④ 在 TIPS 过程中，稀释剂种类、组成及冷却条件同最终膜孔结构关系密切，改变其中一个或者几个条件，就能达到调节膜孔径和孔隙率的目的，并有很好的再现性。

⑤ 制备过程易连续化。

图 4-1 是典型的 TIPS 法制备中空纤维膜的纺丝设备及工艺。聚合物-稀释剂溶液在挤出设备中形成，随后溶液按照预定形状被挤出、冷却、卷绕，均相溶液随后发生分相并固化。然后经溶剂萃取脱除稀释剂，干燥检测并卷绕成产品。当溶液黏度较高时，可选用螺杆挤出机挤出成形；当纺丝溶液黏度较低时，也可以用高温溶料罐进行溶料和挤出。

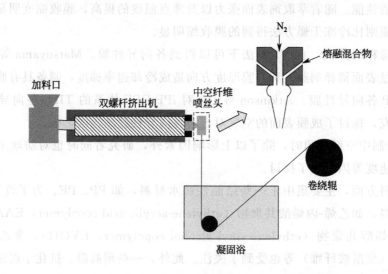

图 4-1 典型的 TIPS 法制备中空纤维膜的纺丝设备及工艺

在 TIPS 法成膜过程中，对于一种固定的聚合物材料，主要影响因素体现如下。

① 稀释剂的种类。它决定了与聚合物相互作用的强弱，即相互作用参数 χ 的大小，进而影响相图结构及相分离机制。

② 聚合物含量。对于相转化制膜，无论是 NIPS 还是 TIPS，始终是影响膜结构与性能的一个主要参数。

③ 冷却速率。无论是 L-L 还是 S-L 相分离，冷却速率对膜结构与性能的影响都非常明显。对 L-L 相分离来说，它影响液滴的粗化，进而影响孔结构；对于 S-L 相分离，它影响聚合物的结晶，进而影响整个膜结构。

④ 聚合物分子量。聚合物分子量大小影响高分子在溶液中的运动，进而影响到热力学。

⑤ 成核剂。成核剂的影响主要体现在 S-L 相分离情况下，它的加入或多或少都影响到聚合物结晶成核机理，进而影响结晶聚集体的大小和膜结构。

4.2.2 聚合物与溶剂相容性理论基础

由于聚合物结构的复杂性，分子量大且具有多分散性，分子的形状有线型支化和交联的不同，高分子聚集态又有非晶态和晶态之分。因此，聚合物溶解现象比较复杂。对于非晶态的聚合物来说，其分子堆砌比较松散，分子间相互作用较弱，因此溶剂分子比较容易渗入聚合物内部使之溶胀或者溶解；而晶态聚合物由于分子排列规整，堆砌紧密，分子间相互作用很强，以致溶剂分子渗入聚合物内部非常困难，因此晶态聚合物的溶解比非晶态聚合物要困难得多。

聚合物与溶剂相容须满足 $\Delta G_{m} = \Delta H_{m} - T\Delta S_{m} < 0$。当然 ΔH_{m} 越小越好，ΔH_{m} 的大小对溶解能否自发进行起着决定性的作用。一般来说，极性聚合物在极性溶剂中，由于高分子与溶剂分子之间的强烈相互作用，溶解时放热（$\Delta H_{m} < 0$），使体系的自由能降低，所以一般溶解过程可以自发进行。对于非极性聚合物，溶解过程一般需吸热，即 $\Delta H_{m} > 0$，对于这样的聚合物-溶剂二元体系有：

$$\Delta H_{m} = V\phi_{1}\phi_{2}(\delta_{1} - \delta_{2}) \tag{4-1}$$

式中　ϕ_{1}、ϕ_{2}——两种组分的体积分数；

　　　V——溶液总体积；

　　　δ_{1}、δ_{2}——两组分的溶解度参数，$(J/cm^{3})^{1/2}$。

所以，δ_{1}、δ_{2} 数值越接近，ΔH_{m} 就越小，自发溶解的倾向就越大。这种简单地用聚合物的溶解度参数和溶剂溶解度参数相近作为聚合物在溶剂中溶解的判据称为 Hildebrand 溶解度参数法。但是，这种一维溶解度参数方法一般只适用于非极性溶质和溶剂的相互混合，它是"相似相溶"经验规律的定量化。对于极性稍强的聚合物的溶解，则不但要求它与溶剂的溶解度参数中的非极性部分接近，还要求极性部分也接近，才能溶解。通过对 Hildebrand 溶度公式进行修正，以适用具有极性的聚合物的溶解：

$$\Delta H_{m} = V\phi_{1}\phi_{2}(\omega_{1} - \omega_{2})^{2} + (\Omega_{1} - \Omega_{2})^{2} \tag{4-2}$$

式中　ω——极性部分的溶解度参数；

　　　Ω——非极性部分的溶解度参数。

$$\omega = P\delta^{2} \quad \Omega = D\delta^{2} \tag{4-3}$$

式中　P——分子的极性分数；

　　　D——非极性分数。

二维溶度参数法将溶剂分为弱氢键力、中等氢键力和强氢键力三类，要预测聚合物在哪些溶剂中能够溶解，除了溶解度参数相近之外，还需要考虑聚合物和溶剂的氢键力。

由于

$$\delta = (DE/V)^{1/2} \tag{4-4}$$

总的蒸发能 ΔE 可以分解为三项，即色散力作用项 ΔE_{d}、极性力作用项 ΔE_{p} 和氢键力作用项 ΔE_{h}，即：

$$\Delta E = \Delta E_{d} + \Delta E_{p} + \Delta E_{h} \tag{4-5}$$

综合式(4-4)和式(4-5)，溶解度参数被分解为以下三项，Hansen 提出了三维溶解度参数：

$$\delta^{2} = \delta_{d}^{2} + \delta_{p}^{2} + \delta_{h}^{2} \tag{4-6}$$

Hansen 三维溶解度参数同时体现了"相似相溶"和"极性相近"两个原则。Hansen 还提出一个经验公式用来预测聚合物在有机溶剂中的溶解性能：

$$R_i = \sqrt{4(\delta_{ds} - \delta_{dp})^2 + (\delta_{ps} - \delta_{pp})^2 + (\delta_{hs} - \delta_{hp})^2} \tag{4-7}$$

式中，R_i 为聚合物在该溶剂中的溶解半径；δ_d、δ_p、δ_h 分别代表溶解度参数的色散力、极性力和氢键的贡献值；下标 s 和 p 分别代表溶剂和聚合物。一旦确定了溶解球的中心坐标（δ_{dp}，δ_{pp} 和 δ_{hp}），就可以计算 R_i。可溶溶剂 R_i 的最大值即为溶解球的半径 R。如果 $R_i < R$，聚合物在溶剂中是可溶的。如果 $R_i > R$，则聚合物在溶剂中是不可溶的。但由于求取三维溶度参数需要在三维空间作图，使用不便，近年来人们又在 Hansen 三维溶度参数的基础上简化，建立了一些新的二维溶度参数。

Karger 等把溶解度参数推广为四部分，分别为色散溶解度参数（δ_d）、定向溶解度参数（δ_o）、感应溶解度参数（δ_i）和路易丝酸碱溶解度参数（δ_a，δ_b）之和，从而提出了四维溶解度参数：

$$\delta^2 = \delta_d^2 + \delta_o^2 + 2\delta_i\delta_d + 2\delta_a\delta_b \tag{4-8}$$

因此，对于非晶态的非极性聚合物而言，选择 Hildebrand 参数相近的溶剂即可。对于非晶态的极性聚合物而言，则要符合"相似相溶"和"极性相近"两个原则。对于结晶性非极性聚合物而言，其溶解过程需包括结晶部分的熔融以及高分子与溶剂的混合两个部分，一般只能通过提高温度才能溶解。对于结晶性极性聚合物而言，如果能与溶剂之间形成氢键，即使温度很低也能溶解，同时也可以采用与结晶性非极性聚合物相同的方式溶解。

4.2.3 热力学基础

平衡热力学相图有助于对膜动力学形成过程及最终膜结构的理解。聚合物溶液制膜过程中的分相过程通常包括 S-L 相分离、L-L 相分离及两者的综合。

4.2.3.1 固-液相分离

S-L 相分离常常发生在结晶聚合物溶液分相过程中。特别对于 TIPS 过程，使用的聚合物通常为结晶聚合物，所以 S-L 相分离是常见分相过程。然而，虽然 TIPS 过程通常是一个结晶过程，但是因为缺乏描述结晶热力学的理论，所以聚合物-稀释剂二元体系的 S-L 相分离常用聚合物熔点降低理论表达：

$$\frac{1}{T_m} - \frac{1}{T_m^0} = \frac{RV_u}{\Delta H_u V_d}[\phi_d - \chi\phi_d^2] \tag{4-9}$$

式中，T_m、T_m^0 分别是纯聚合物和聚合物-稀释剂混合物的熔融温度；V_d、V_u 分别是稀释剂和聚合物重复单元的摩尔体积；ΔH_u 为重复单元的摩尔热熔；ϕ_d 为稀释剂体积分数；χ 为 Flory-Huggins 相互作用参数。

从式(4-9)可导出 T_m 与 $\phi_p(=1-\phi_d)$ 的关系式，在不同的 χ 下作图并显示在图 4-2 中。

$$T_m = \frac{1}{\dfrac{RV_u}{\Delta H_u V_d}(\phi_d - \chi\phi_d^2) + \dfrac{1}{T_m^0}} \tag{4-10}$$

式中，$\Delta H_u = 6700\text{J/mol}$；$V_u = 36\text{mL/mol}$；$T_m^0 = 483\text{K}$；$V_d = 266\text{mL/mol}$；摩尔体积均从该物质的密度计算而来。DBP 密度为 1.046g/mL，PVDF 密度为 1.78g/mL，重均分

子量为 125000。

如图 4-2 所示，当 $\chi<0$ 时，熔点降低为向下弯曲的曲线；当 $\chi=0$ 时，降低的熔点随聚合物浓度呈线性关系；当 $\chi>0$ 时，熔点降低趋势为向上弯曲的形态。但是，当 χ 过大时，在低浓度侧熔点反而上升，这种情况不能反映真实情况。因为当 χ 过大时，聚合物-稀释剂相互作用降低，体系相溶性变差，通常低浓度区发生 L-L 相分离，熔点降低方程不再适用，故出现图中熔点升高的不合理现象。实际情况为在低浓度区域时，体系熔点趋于水平，熔点基本不再发生变化。

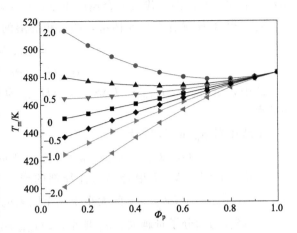

图 4-2　结晶性聚合物-稀释剂体系熔点
降低趋势随 χ 变化规律

此外，从式（4-9）可看出，对于指定的聚合物种类，除体系的组成中 ϕ_d 外，T_m 的高低还受下列因素的影响。

① 稀释剂的分子量越高，V_u/V_d 越小，T_m 越高。

② χ 值越小，聚合物熔点降低得越明显，见图 4-2。若 χ 值变大，稀释剂对聚合物熔点降低的作用变得不明显。若 χ 值很大，在聚合物浓度低端的 T_m-Φ_p 曲线趋于水平。此时，体系易发生伴随有聚合物结晶的 L-L 相分离。χ 主要由聚合物/稀释剂体系确定。

③ 相比而言，聚合物的分子量对 S-L 相分离的影响不如对 L-L 相分离影响大，因为一般而言，聚合物分子量是一个较大的数值。

实际上在 S-L 相分离中，聚合物从溶液中结晶形成的最终形态非常复杂，影响因素较多。其中，聚合物浓度是一个特别重要的参数。从稀溶液中结晶易于形成折叠链片晶，其形态与聚合物特性及结晶条件有关。对于高浓度聚合物溶液，常常形成各种形态超分子中间结晶聚集体，结晶形态与浓度关系显示在图 4-3。图 4-3 中极低浓度为单晶，低浓度为片晶，高浓度为球晶。

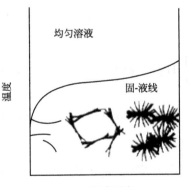

图 4-3　聚合物结晶形态与浓度关系

4.2.3.2　液-液相分离

对于玻璃态聚合物溶液，L-L 相分离是一个常见的分相过程。因为聚合物和稀释剂相互作用的差异，L-L 相分离也能够发生在结晶聚合物溶液分相过程中。总体而言，聚合物-稀释剂相互作用越强（相互作用参数越小），溶液越易发生 S-L 相分离；两者相互作用越弱（相互作用参数越大），越倾向于发生 L-L 相分离。

聚合物-稀释剂二元体系 L-L 相平衡的 Flory-Huggins 方程为：

$$\frac{\Delta G_{\text{mix}}}{RT}=n_s\ln\phi_s+n_p\ln\phi_p+\chi n_s\phi_p \tag{4-11}$$

式中，ΔG_{mix} 为 Gibbs 混合自由能；ϕ_s 和 ϕ_p 分别为稀释剂和聚合物的体积分率；n_s 和 n_p 分别为稀释剂和聚合物的摩尔数；χ 为聚合物与稀释剂间的 Flory-Huggins 相互作用参数。上式右侧前两项代表混合熵的贡献，后一项代表混合焓的贡献。

对于聚合物-稀释剂二元体系，两者相混溶的判据是在全浓度范围内满足

$$\Delta G_{mix} < 0 \tag{4-12}$$

$$(\partial^2 \Delta G_{mix}/\partial \phi_p^2)_{T,P} > 0 \tag{4-13}$$

式中，$\Delta G_{mix} = \Delta H_{mix} - T\Delta S_{mix}$，$\Delta H_{mix}$ 为混合焓，ΔS_{mix} 为混合熵。ϕ_p 为聚合物体积分率。

上式中对 ϕ_p 求二次偏导得：

$$(\partial^2 \Delta G_{mix}/\partial \phi_p^2)_{T,P} = RT(n_s + m_p)[1/\phi_s + 1/(x\phi_p) - 2\chi] \tag{4-14}$$

式中，$x = V_p/V_s$ 为聚合物与稀释剂的摩尔体积之比。分析等式，除体系组成 ϕ_p 外，ΔG_{mix} 和 $(\partial^2 \Delta G_{mix}/\partial \phi_p^2)_{T,P}$ 的大小受三个因素的影响：

① 聚合物的分子量越大，n_p 越小，ΔG_{mix} 越大，$(\partial^2 \Delta G_{mix}/\partial \phi_p^2)_{T,P}$ 越小；

② 稀释剂的分子量越大，则 n_s 越小，ΔG_{mix} 越大，$(\partial^2 \Delta G_{mix}/\partial \phi_p^2)_{T,P}$ 越小；

③ χ 值越大，ΔG_{mix} 越大，$(\partial^2 \Delta G_{mix}/\partial \phi_p^2)_{T,P}$ 越小。

综合上面的分析，影响聚合物/稀释剂 L-L 平衡的全部因素是：聚合物种类、分子量及其分布，稀释剂种类、溶液固含量和体系所处的温度。

式(4-11)对 n_s 和 n_p 求偏导，得到稀释剂和聚合物的化学位 μ_s、μ_p：

$$\mu_s = RT[\ln\phi_s + (1-1/x)\phi_p + \chi\phi_p^2] \tag{4-15}$$

$$\mu_p = RT[\ln\phi_p + (1-x)\phi_s + \chi\phi_s^2] \tag{4-16}$$

α、β 分别表示两相区分裂后的贫相、富相，则双结线满足：

$$\mu_s^\alpha = \mu_s^\beta \tag{4-17}$$

$$\mu_p^\alpha = \mu_p^\beta \tag{4-18}$$

结合式(4-15)~式(4-18)得：

$$[(\phi_p^\beta)^2 - (\phi_p^\alpha)^2]\chi = \ln\left(\frac{1-\phi_p^\alpha}{1-\phi_p^\beta}\right) + \left(1 - \frac{1}{x}\right)(\phi_p^\alpha - \phi_p^\beta) \tag{4-19}$$

$$x[(1-\phi_p^\beta)^2 - (1-\phi_p^\alpha)^2]\chi = \ln\left(\frac{\phi_p^\alpha}{\phi_p^\beta}\right) + (x-1)(\phi_p^\alpha - \phi_p^\beta) \tag{4-20}$$

在旋结线上的点满足：$(\partial^2 \Delta G_{mix}/\partial \phi_p^2)_{T,P} = 0$，即：

$$2\chi V_p\phi_p^2 + (V_p - V_s - 2\chi V_p)\phi_p + V_s = 0 \tag{4-21}$$

临界互溶点组成 $\phi_{p,c}$ 及相互作用参数 χ_c 由 $(\partial^2 \Delta G_{mix}/\partial \phi_p^2)_{T,P} = 0$ 和 $(\partial^3 \Delta G_{mix}/\partial \phi_p^3)_{T,P} = 0$ 共同确定，解得：

$$\phi_{p,c} = 1/(1 + x^{1/2}) \tag{4-22}$$

$$\chi_c = \frac{1}{2}(1 + x^{-1/2})^2 \tag{4-23}$$

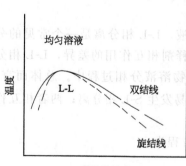

图 4-4 典型聚合物-稀释剂体系 L-L 相分离相图

典型聚合物-稀释剂二元体系的 L-L 相分离相图显示在图 4-4。由两相共存线，即双结（binodal）线和旋结（spinodal）线构成。因为高分子的多分散性，又将双结线称为浊点线。

聚合物溶液的相分离属于相变现象，膜孔结构是动

力学过程结果。但是，聚合物溶液热力学条件不同，相分离就会以不同的机制进行，会带来膜结构的显著差异。

在相图中，双结线与旋结线包围的区域称为亚稳区。聚合物溶液处于热力学不稳定状态。但是由于新相的产生必须克服一定成核功，所以对于微小热量波动，溶液仍然保持一定的稳定性，形成过冷溶液。只有热量波动或浓度波动足以克服形成临界核的势垒时，新相核才能在亚稳区产生。一旦新相形成，相分离就会沿着两相界面进行以减小界面自由能，最终达到更为稳定的热力学状态。这样形成新相的过程称为成核-生长（NG）机理。在亚稳区，溶液多以这种机理分相。当浓度较小时，以聚合物成核-生长为主，形成不连续的聚合物基质，该情况不适于制膜［图4-5(a)］。当浓度较高时，以稀相核成核-生长为主，形成连续聚合物基质下的胞孔状（cell）形态［图4-5(c)］。但通过后期的生长、聚并可能变为部分开放的孔结构。

旋结线所包围的区域称为非稳区。此时，L-L相分离遵从旋结分离（SD）机理。这时，微小的热量波动就足以产生热力学稳定的富稀释剂相和富聚合物相，形成双连通的结构，称之为双连续结构［bicontinuous structure，图4-5(b)］。然而，经过后期生长粗化（coarsening）也有可能形成胞孔状结构。Van de Witte将以上三种情况形成的膜结构形象地表示在图4-5。

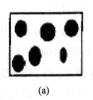  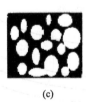

(a)　　　　　　　　(b)　　　　　　　　(c)

图4-5　三种不同分相机理下形成的膜结构

总之，在L-L相分离情况下，膜结构是新相核生成速率、生长聚并速率及富相固化速率三者竞争决定的。应该注意的是，双结和旋结分相并不是一个突变现象，而是一个渐变过程。

4.2.3.3　综合液-液相和固-液相分离

对于结晶性聚合物溶液，既可以发生聚合物结晶的S-L相分离，也常常会出现L-L相分离，实际由分相机理与体系的相互作用决定，即与相图结构有关。对于指定的聚合物，相图结构主要由稀释剂种类确定。研究表明，L-L相分离状况强烈地依赖于稀释剂的种类，而S-L相分离对其的依赖性较小。

稀释剂种类对综合相图结构的影响主要通过聚合物/稀释剂间的相互作用参数 χ 表现出来。图4-6为相图结构随相互作用参数变化。对于指定的聚合物种类及其分子量，当 χ 增加时，双结线和旋结线上移至较高位置，而动力学结晶线位置基本不变，这样偏晶点右移，两相区面积变大。其效果是在较宽的浓度范围内按照L-L相分离模式进行，且浊点温度与动态结晶温度差值变大，体系在固化前经历的L-L相分离和液滴生长时间延长，体系固化后的膜（主要的膜形态为胞腔结构）孔径变大。

图4-7是典型的结晶聚合物-稀释剂体系相图。对于快速结晶聚合物溶液，溶液组成低

于偏晶点组成时优先发生 L-L 相分离，随之发生 S-L 相分离；而在组成高于偏晶点时，优先发生 S-L 相分离，随之可能发生 L-L 相分离。结合 L-L 相分离和 S-L 相分离的综合相图结构是预测固定后的膜结构、膜性能的重要工具。

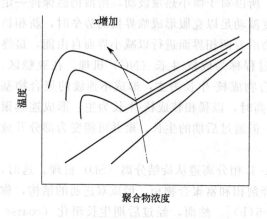

图 4-6 相互作用参数 χ 对相图的影响

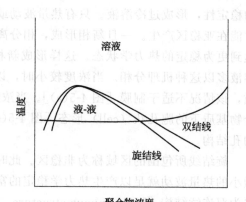

图 4-7 综合 L-L 和 S-L 相分离相图

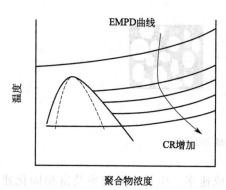

图 4-8 冷却速率对相图的影响

EMPD—平衡熔点降低曲线；CR—冷却速率

图 4-7 是从平衡态热力学得到的热力学平衡相图。实际应用的相图是在一定的冷却速率或冷却方式下的动态相图，冷却速率对相图结构的影响表示在图 4-8。冷却速率增加时，表达 L-L 相分离的双结线和表达 S-L 相分离的动态结晶线均下移。一般来讲，S-L 下移程度更多，效果是偏晶点右移，L-L 相分离区域变大，这样也会影响体系的相分离过程及最终的膜结构。

总体来说，体系的热力学和分相动力学性质决定了膜结构。在相互作用较强的聚合物稀释剂体系，一般冷却时发生 S-L 相分离。其中，溶液中聚合物的结晶，对结构的形成有重要影响。根据聚合物初始浓度的不同，聚合物的结晶可能有不同的结构：在非常低的浓度下，聚合物易形成单晶；在低浓度下，易形成堆叠的片晶；而在聚合物高浓度区域，易出现轴晶或者球晶的超分子结构。这些晶体结构一般与聚合物的性质和结晶的条件有关。

在不同的条件下得到了多种结构类型：纤维状或绒毛状表面的聚合物球晶结构。在相互作用相对较弱的聚合物稀释剂体系中，体系在聚合物浓度较低的范围内，L-L 相分离容易先于 S-L 相分离出现，而在聚合物浓度较高的范围则首先发生 S-L 相分离。在 L-L 相分离区域，有可能经历两种分相机理：双结线和旋结线之间的成核生长机理；旋结线之内的旋结分离。由此获得两种不同的结构：①由成核与生长机理形成的连续性较差的珠状或者蜂窝状的结构；②由旋结分相机理获得的双连续结构。

从动力学角度来说，当冷却速度很快时，占主要地位的是旋结分相；相反，当冷却速度较慢时，成核与增长占主导地位。在 L-L 相分离后，最终膜结构由粗化过程决定。粗化是实现界面自由能的最小化，表现为液滴的合并而尺寸增大，形成多孔。对于结晶聚合物，通过 L-L 相分离可以得到圆珠粒子（bead）、多孔球形以及双连续等结构。

4.3 应用示例

4.3.1 聚偏氟乙烯中空纤维膜

4.3.1.1 简介

聚偏氟乙烯（PVDF）的成膜方法主要为相分离法[22]，包括：NIPS 和 TIPS。

NIPS 法制备的 PVDF 多孔膜呈现致密皮层和多孔支撑层结构，通量较小，力学强度较低。一些研究者逐步尝试用 TIPS 法制备 PVDF 多孔膜。与 NIPS 法相比，TIPS 法在制备分离膜过程中存在的一些技术难点表现如下。

① 通常制膜温度较高，故对设备要求严格。

② 膜成形过程对温度极其敏感，所以对冷却条件的要求非常高。

③ 在相分离过程中，如果发生 L-L 相分离，膜内的孔易呈封闭或半封闭式结构，影响膜孔的通透性；如果仅有 S-L 相分离发生，易于形成孤立大球粒结晶聚集体，膜力学性能较差，易折断。

④ 稀释剂的选择较为困难，目前为止没有很好的规律可循。

要想克服这些困难，必须对制膜体系的分相热力学、分相动力学进行深入而细致的研究。对热力学的研究主要体现在不同稀释剂和 PVDF 相互作用的不同上，从而导致不同的膜结构与性能。

4.3.1.2 PVDF 膜结构与性能

早期，Hiatt 等[23] 以环己酮、丁内酯和丙烯酸等为稀释剂，研究了不同稀释剂-PVDF 体系，得到的膜结构呈现不规则球晶结构。Smith 等[24] 以三醋酸甘油酯为稀释剂，通过成核剂的加入，制备膜孔分布规整的 PVDF 多孔膜。Lloyd 等[6,7] 对 PVDF-DBP 体系进行了研究，测定了体系动力学相图，结果显示：在一定的冷却速率条件下，体系首先出现 S-L 相分离。当 PVDF 浓度为 46%（质量分数）时，体系从 180℃高温淬冷进入 0℃水中，膜结构呈现绒毛状球晶结构。

研究者[25] 又进一步探索了由不同 PVDF 浓度经淬火和慢冷制得膜结构（图 4-9、图 4-10）。从图 4-9、图 4-10 中可以看出，在单一 DBP 稀释剂下，膜主要呈现为球簇状结构。两种冷却条件下膜结构的区别表现为：在缓慢冷却的条件下，PVDF 溶液有更多的时间使少量的晶核充分生长，所以形成的粒状结构更加规则，尺寸更大。在 PVDF 浓度为 40%（质量分数）时，几乎为完善的圆球；而在淬冷条件下，膜结晶温度更低，形成的晶核较多，所以缓慢冷却时粒子尺寸远远大于淬冷时的粒子尺寸。

文献显示[25]，PVDF-DBP 体系经历 S-L 相分离。相关表现为：当高温 PVDF 溶液温度降到结晶曲线以下时，有 PVDF 晶体从溶液中析出，形成大球簇状结构；而同时稀释剂被排斥到球粒中间，聚集在一起，萃取后形成了较大空隙。

在缓慢冷却条件下，由于聚合物结晶更加完善，形成非常规则的圆球形态，使稀释剂被

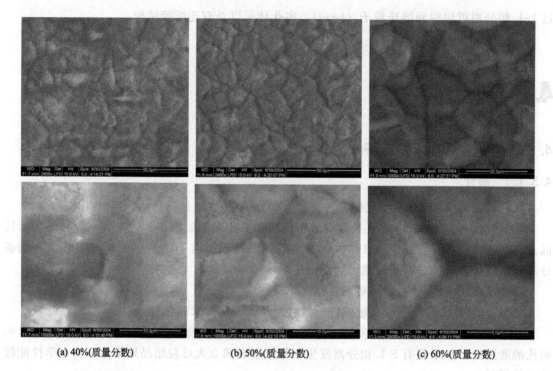

(a) 40%(质量分数) (b) 50%(质量分数) (c) 60%(质量分数)

图4-9 25℃淬冷条件下膜结构

上：低倍率；下：高倍率

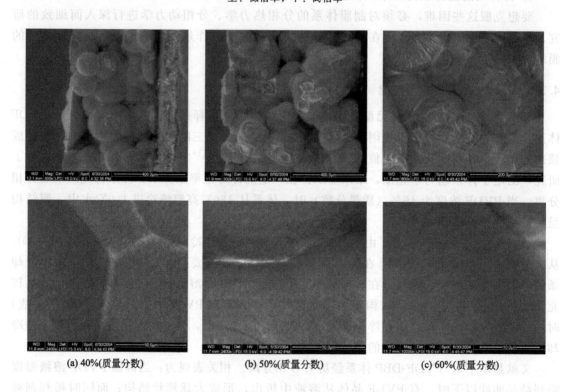

(a) 40%(质量分数) (b) 50%(质量分数) (c) 60%(质量分数)

图4-10 0.8℃/min冷却速率下膜结构

上：低倍率；下：高倍率

排挤在球与球之间，形成大空隙结构。因此，在较小 PVDF 浓度时，特别是在 PVDF 浓度小于 40%（质量分数）时，形成的球粒互不相连，如砂粒堆在一起，膜几乎没有力学强度，故文献中未给出其结构照片。在 PVDF 浓度大于 40%（质量分数）以后，随着聚合物浓度的增加，膜形成的球粒结构连接性能逐渐增强，膜内球粒与球粒之间空隙逐渐减小，膜强度增加。从高倍率电镜照片还可以看到，圆形球粒内部为带有微孔的绒毛状结构，表明有部分稀释剂仍然留在球粒内部，提取后形成微孔。

冷却条件对膜结构影响非常显著。在淬冷过程中，制膜样品表面放置或不放置金属夹板会对膜结构产生明显的影响，结果显示在图 4-11。放置或不放置金属夹板，影响了膜的冷却速率。若放置夹板的冷却速度较慢，则球粒结构发展更加充分。

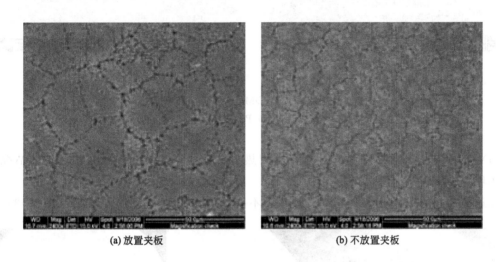

(a) 放置夹板　　　　　　　　　　　　　(b) 不放置夹板

图 4-11　冷却方式对平板膜结构的影响

邻苯二甲酸二甲酯（DMP）也能够较好地溶解 PVDF，研究者探索了该体系下的膜结构，发现膜横截面出现了较为明显的球簇状结构（图 4-12），球粒与球粒之间相互分散明显，存在较为明显的缝隙，球粒尺寸相对均匀。从高倍率照片中可以看出，球粒表面存在多孔隙结构。由 Gu 等[26] 报道的该体系动力相图可知，PVDF-DMP 体系在该聚合物浓度条件下，聚合物-稀释剂高温体系溶液在冷却过程中首先发生了 S-L 相分离。当该体系高温溶液温度降到结晶曲线时，体系溶液分离为聚合物稀相和聚合物纯相。随着体系温度进一步降低，越来越多的 PVDF 出现结晶，并且聚集生长成为大粒状结构。在此过程中，部分稀释剂在增长的球晶中被排挤到球晶生长前沿，使得前沿聚合物浓度降低。当温度进一步降低时，球晶前沿发生 L-L 相分离，经一定发展后形成球表面的多孔结构，球晶之间的稀释剂在萃取后则形成了球晶与球晶之间的缝隙。

对于 PVDF 常见的稀释剂，即使采用急速冷却的方式，由单一稀释剂得到的膜结构通常也很难避免球簇结构。这主要是由于在高温下，PVDF 与 DBP 或 DMP 的相容性较好，在实验用聚合物浓度范围内，体系在冷却过程中，都首先发生 S-L 相分离，易形成明显的球簇状结构形态，而且部分稀释剂被排挤在这一球簇状结构之间，被乙醇萃取后形成空隙。这种球晶与球晶相互分离的结构，会对膜性能（如强度）产生负面影响。所以，由单一稀释剂制备理想结构和性能的 PVDF 多孔膜十分困难。研究者通过不同稀释剂的复合，改变稀释剂

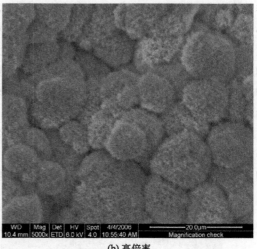

(a) 低倍率　　　　　　　　　　　　　　(b) 高倍率

图 4-12　PVDF-DMP 体系下膜结构
30%（质量分数）PVDF；20℃淬冷

和 PVDF 的相互作用来调整 PVDF 体系分相热力学条件，在改变体系分相机理的情况下，最终实现对膜结构的优化[27-29]。

通过稀释剂的混合，研究者[30] 纺制了不同浓度的 PVDF 中空纤维膜（图 4-13）。在

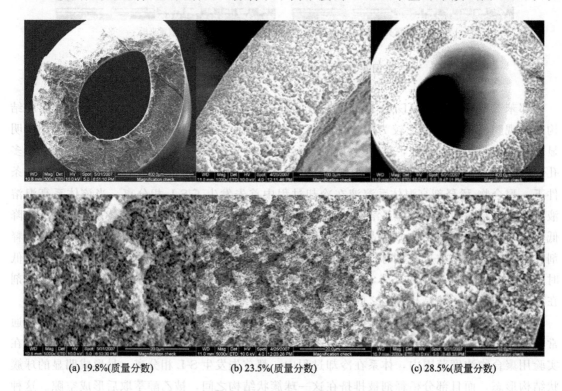

(a) 19.8%(质量分数)　　　　(b) 23.5%(质量分数)　　　　(c) 28.5%(质量分数)

图 4-13　PVDF 浓度对中空纤维膜形态结构的影响[30]
上：低倍率；下：高倍率

PVDF 浓度较低时，膜呈现出良好的双连续形态，膜孔通透性优异，水通量较大。随着浓度的增加，PVDF 结晶在整个膜成形过程中占主导地位，膜结构中出现球簇状结构聚集体。但是，聚集体之间界线并不明显，连接性较好，为近似双连续形态。

图 4-14 显示了 PVDF 浓度对中空纤维膜水通量和孔隙率的影响。随着 PVDF 浓度的增加，水通量急剧减小，而孔隙率也呈现下降趋势，符合一般规律，原因也不难理解。随着 PVDF 浓度的增加，稀释剂含量降低，故孔隙率较低，水通量减小。但与平板膜相比，因为在高温环境中停留时间较短，稀释剂挥发量较小，故通量明显较高。

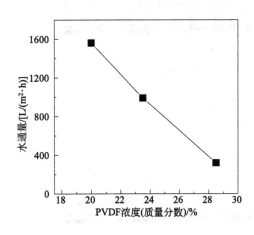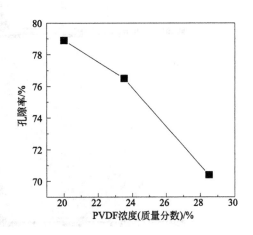

图 4-14 PVDF 浓度对中空纤维膜水通量和孔隙率的影响

PVDF 浓度对膜力学性能的影响显示在图 4-15。可以发现，随着浓度的增加，膜断裂强度提高，但是断裂伸长率在浓度为 23.5％（质量分数）以后，并没有明显增加；相反，还有所降低。其力学性能与膜结构形态关系明显，随着浓度的增加，膜断裂强度明显提高，对此不难理解。但是，随着浓度的增加，膜由良好的双连续形态逐渐转变为近似双连续形态，出现了明显的球簇状聚集体。虽然连接性较好，使膜的断裂伸长率达到 100％以上，但是仍然影响

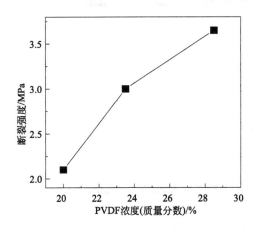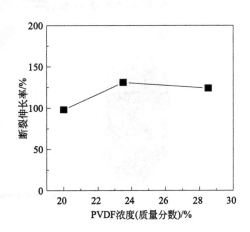

图 4-15 PVDF 浓度对膜力学性能的影响

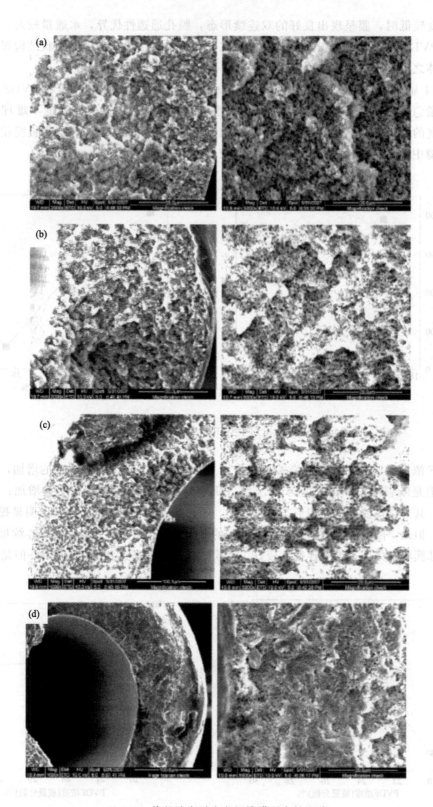

图 4-16 绕丝速率对中空纤维膜形态的影响

(a) 72m/min；(b) 41m/min；(c) 30m/min；(d) 20m/min

了膜的断裂伸长率，随着浓度的增加并没有呈现增加趋势。

绕丝速率对膜结构与性能也有较明显的影响[30]。随着绕丝速率的增加，膜直径和壁厚变小，膜横截面相对更为致密。但是，膜表面结构变化不大，膜水通量和孔隙率总体变化不大。主要原因是总体绕丝速率变化绝对值较小，故对膜结构形态和孔隙率影响不大（图 4-16～图 4-18），所以通量也变化较小。

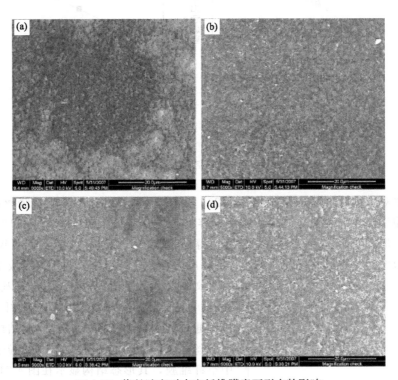

图 4-17 绕丝速率对中空纤维膜表面形态的影响

（a）72m/min；（b）41m/min；（c）30m/min；（d）20m/min

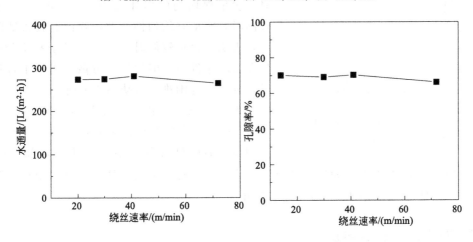

图 4-18 绕丝速率对中空纤维膜的水通量和孔隙率的影响

绕丝速率对中空纤维膜力学性能的影响明显（图 4-19）。随着绕丝速率的增加，膜断裂强度和断裂伸长率显著增加，在纤维脆断更加困难时，很难得到平整的横截面。

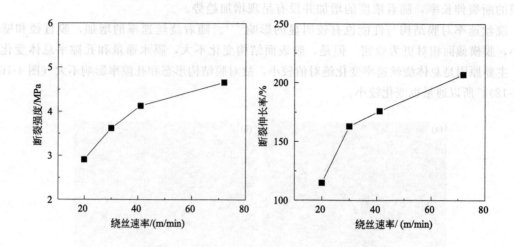

图 4-19 绕丝速率对中空纤维膜力学性能的影响

绕丝速率对中空纤维膜的影响见图 4-20。由图 4-20 可以看出，随着绕丝速率的增加，中空纤维收缩率变大，也就是说膜干燥后更容易收缩，其最大收缩率约为 11%。因为随着绕丝速率的增加，残留应力较大，故纤维变得易于收缩。也进一步表明，在较高纺丝速度下，虽然应力大部分得到放松，但仍然有部分应力存在于纤维中，膜干燥后收缩率较高。

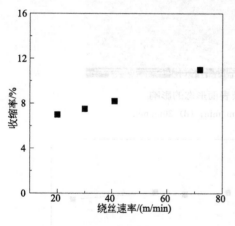

图 4-20 绕丝速率对中空纤维膜纤维
收缩率的影响（原长 20cm）

文献显示，无机物粒子填充有利于改善膜性能[31]，在 TIPS 法制备 PVDF 中空纤维膜基础上，试图通过加入 $CaCO_3$ 粒子，优化膜结构与性能。通过纺丝工艺的探索，制备了 $CaCO_3$ 粒子填充 PVDF 中空纤维膜，其形态结构显示在图 4-21。

由图 4-21 可以看出，在 $CaCO_3$ 粒子含量较少时，膜呈现均匀的多孔结构。当 $CaCO_3$ 粒子含量较高时，膜形态均匀性变差，膜内有较大缺陷孔出现，表明在含量较低时，$CaCO_3$ 粒子易于分散；并且在实验条件下，能够均匀分散。当粒子含量较高时，分散较为困难，有缺陷孔出现。

无机物粒子溶出后中空纤维膜性能显示在图 4-22。粒子填充膜经酸浸泡后，水通量和孔隙率增加明显，而内外径和泡点几乎不变，强度略有减小。原因是膜经酸浸泡后，$CaCO_3$ 粒子与酸反应被溶解，生成气体和盐分，增加了膜孔隙率和膜孔连通性，水通量增加，强度略有减小。

4.3.2 聚丙烯中空纤维膜

4.3.2.1 简介

PP 中空纤维膜是通过熔融纺丝拉伸成孔。虽然拉伸成孔制膜工艺较为简单，不使用有机溶剂，没有废水排放。但是，因为拉伸成孔后孔隙率有限，限制了膜性能的进一步提高。

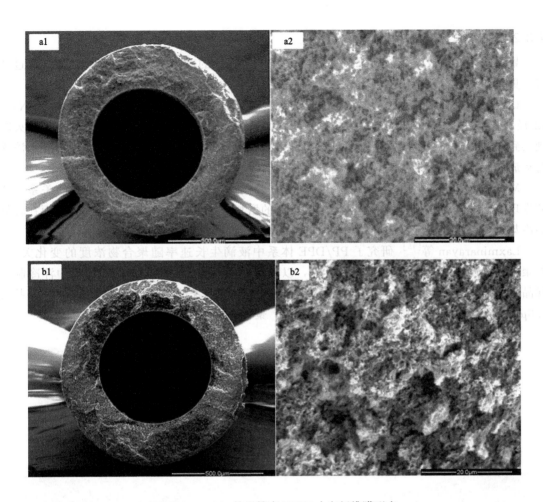

图 4-21 CaCO₃ 粒子填充 PVDF 中空纤维膜形态

(a) 13%（质量分数）；(b) 23%（质量分数）；(1) 低倍率；(2) 高倍率；PVDF/MD 比率恒定

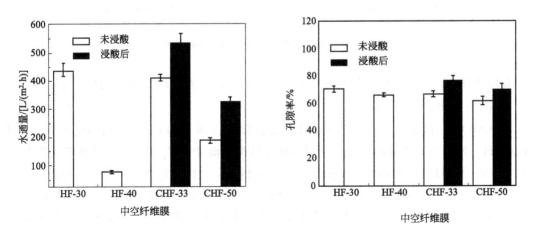

图 4-22 无机物粒子溶出后中空纤维膜性能

随着热致相分离法的逐步发展，采用 TIPS 法制备 PP 中空纤维膜的研究及生产工艺相应出现。影响膜结构性能的因素仍然主要为聚合物浓度、稀释剂、冷却速率与成核剂等。

4.3.2.2 PP 膜结构与性能

聚合物浓度的改变往往带来膜的孔隙率及平均孔径的改变，进而影响膜的分离透过性能。更重要的是，聚合物浓度将改变体系在相图中的位置，并改变相分离动力学速率。

Lloyd 等[6] 的研究表明球晶的尺寸随着聚合物浓度的增加而增加。对于 iPP/[N,N-双(2-羟乙基)牛脂烷基胺]（TA）稀释剂体系，如果 iPP 的量低于偏晶组成，使用冷水淬火时观察到花边结构，而在缓慢冷却时形成蜂窝结构；当 iPP 的量高于偏晶组成，使用冷水淬火时形成没有孔的球状结构，缓慢冷却时生成具有多孔表面的大球晶结构[7]。

Mcguire 等[12] 研究了 iPP/$C_{32}H_{66}$ 体系中聚合物浓度与膜结构中球晶粒径的关系。研究发现，在较高的冷却速率下，随聚合物浓度的增加，膜结构中的球晶粒径变小；而在较低的冷却速率下，随聚合物浓度的增加，膜结构中的球晶粒径反而变大。

Laxminarayan 等[15] 研究了 PP/DPE 体系中液滴生长速率随聚合物浓度的变化关系。将聚合物浓度为 15％和 35％的两个样品，以相同的冷却速率冷却，然后在液氮中淬冷制得样品。扫描电镜观察发现，膜结构全部为胞腔结构。前者的胞腔直径为 9μm，而后者为 4.5μm（图 4-23），表明随聚合物浓度的增加，聚合物贫相的生长速率变小。

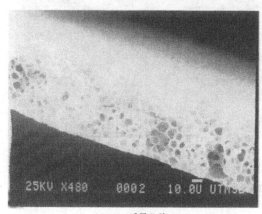
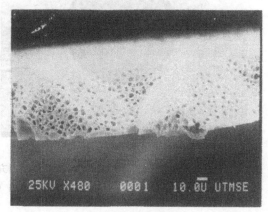

(a) 15%(质量分数)　　　　　　　　(b) 35%(质量分数)

图 4-23 iPP-DPE 体系中不同聚合物浓度制得的膜形貌

稀释剂种类影响聚丙烯与稀释剂相互作用参数 χ，进而影响相分离历程。Kim 等[8] 制备了聚合物浓度均为 50％（质量分数）的 iPP/二十烷（$C_{20}H_{42}$）、iPP/二十烷酸（$C_{19}H_{39}COOH$）和 iPP/TA 三种体系的微孔膜样品（图 4-24）。通过扫描电镜观察发现：iPP/$C_{20}H_{42}$ 发生 S-L 相分离，生成典型的球晶结构；而 iPP/$C_{19}H_{39}COOH$ 体系发生 L-L 相分离，且在分相过程中开始发生结晶，影响了完整球晶结构的形成，生成了细碎的粒子状结构；iPP /TA 体系先发生 L-L 相分离，相分离后期或分离后才开始结晶固化，从而生成了伴有球晶形貌的胞腔状结构。三种体系膜结构的不同源于三种稀释剂与 iPP 间不同的相互作用参数 χ。

Matsuyama 等[16] 应用溶解度参数法评估了水杨酸甲酯（MS）、DPE、二苯甲烷（DPM）与 iPP 的相容性，发现 DPM 与 iPP 的相容性最好，MS 最差。他们还绘制了 iPP/MS、iPP/DPE 和 iPP/DPM 三个体系的非平衡相图，并测量了液滴生长结束时的粒径，发

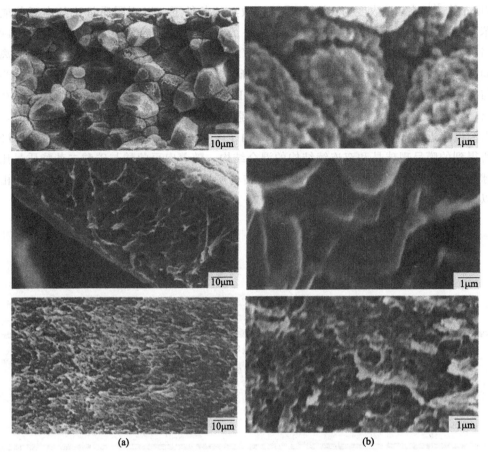

图 4-24 iPP/稀释剂体系［iPP 浓度，50%（质量分数）］膜形貌

（a）低放大倍率；（b）高放大倍率（上：iPP/$C_{20}H_{42}$；中：iPP/$C_{19}H_{39}COOH$；下：iPP/TA）

现 iPP/MS 体系的双结线温度最高，iPP/DPM 的最低，三个体系的动态结晶温度线较为接近。这是因为聚合物与稀释剂的相容性变差时，浊点线会上移到较高温度，而对聚合物的结晶温度影响较小，这意味着冷却时可得到更长的膜孔生长时间。

对于聚合物和稀释剂的作用力研究，常用的研究方法是通过两种与聚合物溶解性能不同的溶剂进行复配成组合稀释剂，来改变稀释剂和聚合物的作用力。通过这种组合稀释剂的方式来调节孔结构已是 TIPS 法的一大特点。

Vadalia 等[32]研究了高密度聚乙烯（HDPE）/邻苯二甲酸二癸酯（PTC_{13}）/正十六烷（HC_{16}）三元体系的热致相分离过程。HDPE/PTC_{13} 二元溶液存在 L-L 相分离，而 HDPE/HC_{16} 二元溶液只存在 S-L 相分离。采用改变组合溶剂配比的方式可调节 χ 值，即调节三元体系的相图结构，发现 PTC_{13} 在复合稀释剂中超过 80%（质量分数）后，三元体系将发生 L-L 相分离。

杨振生[33]用 DBP 和 DOP（邻苯二甲酸二辛酯）组成的复合稀释剂制备了 PP 中空纤维膜，并测定了 PP/DBP/DOP 三元体系的拟二元相图。实验结果表明，共溶剂配比对拟二元体系相分离的影响较为明显，改变组合溶剂配比的方式可调节三元体系的相图结构；而对于平衡熔点线、动态结晶线影响不显著。调整组合溶剂配比不但可以调节三元体系的相分离模式，而且还可以调节固化后膜的结构形貌。

Zhou 等[34] 在 PP 浓度为 20%（质量分数）的条件下，以不同质量比的肉豆蔻酸与碳酸二苯酯作为复合稀释剂，使用 TIPS 法制备了 PP 中空纤维膜，其截面形貌如图 4-25 所示。当肉豆蔻酸与碳酸二苯酯的质量比大于 3/2 时，PP 二元稀释体系经历 S-L 相分离，膜横截面结构主要为球晶结构，随着肉豆蔻酸与碳酸二苯酯质量比的降低，球晶变大。当肉豆蔻酸与碳酸二苯酯的质量比为 11/9～2/3 时，PP 与二元稀释剂的相互作用减弱，发生 L-L 相分离，系统进入不稳定或亚稳区域。当肉豆蔻酸与碳酸二苯酯的质量比为 11/9 时，体系的浊点温度接近结晶温度。在冷却过程中，由于 L-L 相分离几乎与聚合物结晶同时发生，因此所得到的膜呈现球晶和双连续结构的混合结构。随着肉豆蔻酸与碳酸二苯酯质量比的降低，球晶结构逐渐消失，并被均匀的双连续结构所取代。因此，相分离机理和 L-L 相分离区可以显著改变 PP 膜的截面形貌。

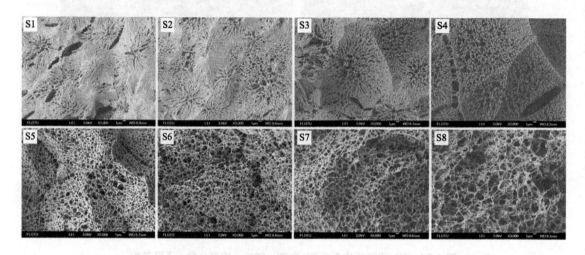

图 4-25　不同肉豆蔻酸与碳酸二苯酯的质量比制备的聚丙烯中空纤维膜的横截面形貌
S1—1/0；S2—4/1；S3—7/3；S4—3/2；S5—11/9；S6—1/1；S7—9/11；S8—2/3

Lloyd 等[7] 研究了 iPP/TA 体系中冷却速率对非等温相图形状的影响，发现冷却速率对双结线位置的影响不明显，而对动态结晶温度线影响明显。在高冷却速率下，结晶温度值更低，使得偏晶点的位置右移。而偏晶点两侧的相分离方式不同，不同的冷却速率将改变偏晶点附近的体系的相分离方式。在 S-L 相分离情形下，一般形成球状粒子结构，冷却速率提高，晶粒尺寸变小。增加冷却速率，会缩短结晶固化时间并提高成核点数目，从而改变膜的微孔结构。

Mcguire 等[12] 应用 20% 固含量的 iPP/$C_{32}H_{66}$/己二酸体系制备膜样品。通过 SEM 发现，高冷却速率时，过冷度增大，球晶数量增多，结晶速度加快，由于球晶生长受到限制而形成花边状的孔结构；低冷却速率时，稀释剂在球晶区域之间结晶，获得绒毛状的球晶结构。在 L-L 相分离模式下，冷却速率降低，腔胞孔尺寸变大。这是因为冷却速率的降低有利于延长腔胞生长时间，使腔胞尺寸增大，结晶速度比 L-L 相分离速率慢得多。结晶虽然已经开始，但 L-L 相分离仍在发生，直至体系完全固化结晶为止。不仅如此，改变冷却速率还可以改变膜结构。

Castro[3] 的研究表明，浓度为 25% 的 iPP/TA 体系，当降温速率从 5K/min 提高到 1350K/min 时得到胞腔逐渐减小的胞腔状结构；而当降温速率大于 2000K/min 时，形成双连续的小孔结构。这是由于快速冷却使体系迅速越过亚稳区而进入不稳区，按照 SD 模式发生 L-L 相分离形成双连续结构。

Matsuyama 等[16] 用 iPP/DPE 体系制备平板膜，分别以空气和水作为冷却介质，发现以水作为冷却介质时的冷却速率要远高于以空气作为冷却介质时的冷却速率，制得的膜表面有非常致密的皮层结构，横截面呈现严重不对称情形。由这一结果可以看出，可以通过控制降温速率来控制膜的制备，根据要求生产出无皮层的微孔滤膜、非对称的超滤膜或致密皮层的气体分离膜。

Lim 等[9] 以苯甲酸为成核剂，进行了 iPP/$C_{32}H_{66}$/苯甲酸体系的等温结晶动力学研究，发现成核剂的加入提高了结晶温度，提高了结晶速率，显著减小了球晶尺寸。这是因为成核剂的加入降低了成核所需的自由能，减小了获得特定结晶速率所需的过冷度，同时提高了成核密度。

李凭力[35] 以豆油为稀释剂，己二酸为成核剂，研究了加入成核剂对 TIPS 法制备的 PP 中空纤维膜结构与性能的影响。发现成核剂含量在 0.0%～0.5%（质量分数）时，水通量和膜平均孔径随成核剂含量增加而增加。当成核剂含量大于 0.5%（质量分数）后，水通量和膜平均孔径随成核剂含量增加而降低。

杨振生[33] 以 TH3988 和己二酸为成核剂，研究了成核剂对 TIPS 法制备的 PP 中空纤维膜结构与性能的影响，发现 TH3988 是一种恰当的成核剂，可以提高膜性能；而添加己二酸只降低膜的渗透性能。

4.3.3 超高分子量聚乙烯中空纤维膜

4.3.3.1 简介

超高分子量聚乙烯（UHMWPE）于 1957 年由美国联合化学公司用齐格勒催化剂首先研制成功[36]。它是一种白色粉末状的线型聚合物，分子量通常在 $1.0 \times 10^6 \sim 5.0 \times 10^6$ g/mol，结晶度为 65%～85%，密度为 0.92～0.96 g/cm³。超长的分子链长度赋予 UHMWPE 很好的强力、韧性、耐磨性、抗应力开裂性、润滑性、耐化学性等特点。UHMWPE 的极高分子量使其分子链无序缠结，UHMWPE 熔体黏度高达 10^8 Pa·s。其流动性极差、临界剪切速率极低、易产生熔体破裂等缺点，使 UHMWPE 难以用常规方法加工，因此较其他聚合物膜（如 PE 膜、PP 膜等），UHMWPE 膜的研究起步较晚。

英国库克森恩泰克公司于 20 世纪 80 年代就已开发出 UHMWPE 的微孔隔板材料[37]。1988 年，Lopatin 等[38] 提出将 UHMWPE 与矿物油共混并采用 TIPS 法制备微孔膜，相对 HDPE 微孔膜，UHMWPE 微孔膜的通透性有所提高，还发现稀释剂的加入可改善 UHMWPE 的成膜性与力学性能。1993 年，Pluyter 等采用十氢萘或 1,2,3,4-四氢萘等挥发性物质作为稀释剂，通过控制稀释剂挥发过程中膜的收缩，制得孔隙率高达 90% 的 UHMWPE 平板膜[39]。2001 年，Takia 等选用不同配比的 UHMWPE 与 HDPE 共混制备微孔膜，发现增加 UHMWPE 含量，可提高膜的伸长率，降低热收缩。2009 年，国外已经成功实现了 UHMWPE 微孔材料的工业化生产，主要用于蓄电池隔板，产品的使用寿命超过 3 年。2011 年，Zhang 等[40] 研究了 UHMWPE/液体石蜡（LP）成膜体系在 TIPS 成膜过程中的等温结晶与非等温结晶行为，通过 Avrami 方程分析等温结晶过程中相对结晶度随结晶时间的变化，发现在较高结晶温度下可以获得相对高的二次结晶含量，同时还使用 Avrami 理论研究 UHMWPE 的非等温结晶，二次结晶的程度随着冷却速率的增加而增加。2016 年，Otto 等[41] 通过烧结经碳纳米管修饰的 UHMWPE 粉末颗粒，制备了具有高导电性的多孔微滤膜，为使用无溶剂工艺制备 UHMWPE 导电多孔膜提供了一种方法。同年，Toquet 等[42] 研究了环烷油和浓度对 TIPS 法制备 UHM-WPE 膜过程中聚合物结晶度的影响。研究表明，结晶度和结晶温度均受环烷油的体积分数控制，SiO_2 有助于增强 UHMWPE 的结晶度。

国内 UHMWPE 膜的研究起步较晚。1999 年，李启厚等采用粉末烧结法制备 UHM-WPE 多孔材料。2003 年，赵忠华等[43] 借助 UHMWPE/稀释剂二元体系相图研究了诸多因素对 UHMWPE 微孔材料微观结构的影响。2004 年，陈翠仙等[44] 对 UHMWPE 微孔膜进行了亲水改性。2006 年，铉晓群纺制出了 UHMWPE 中空纤维膜。2007 年，张春芳等[45] 以 LP 为稀释剂，用 TIPS 法制备 UHMWPE 微孔膜，测定其相图，研究了冷却速率、UHMWPE 含量及 UHMWPE 分子量对膜性能的影响。同年，丁怀宇等[46] 选用 DPE 与十氢萘作为稀释剂，采用 TIPS 法制备了具有良好热稳定性的 UHMWPE 平板膜，通过相图与 SEM 研究了冷却速率、UHMWPE 含量及黏度对膜孔结构与性能的影响。2008 年，沈烈等[47] 采用液体 LP 作为稀释剂，探讨了浊点温度与结晶温度的关系，表明该体系在成膜过程中发生了 S-L 相分离。2014 年，刘思俊等[48] 基于相图，研究了 UHMWPE 和 LP 的相分离行为，并通过 TIPS 法制备了具有不同多孔结构的 UHMWPE 膜。同年，该课题组还重点研究了二亚苄基山梨糖醇（DBS）对 UHMWPE 结晶以膜结构的影响。结果表明，相分离过程中 DBS 首先自组装成原纤维，随着温度降低，DBS 原纤维作为异相成核剂加速了 UHMWPE 结晶。由于 DBS 原纤维的存在，UHMWPE 微孔膜显示出小的多孔尺寸和低的水渗透性，但是力学强度相对较大。此外，与 UHMWPE 分子链相比，DBS 原纤维网络显示出更长的松弛时间和对流场的强敏感性，剪切流破坏 DBS 原纤维网络并导致 DBS 原纤维沿剪切方向排列，对齐的 DBS 原纤维促进 UHMWPE 薄片垂直于流动方向的生长，可获得高取向度、高透水性的 UHMWPE 微孔膜。

2015 年，温维佳等[49] 将低挥发、低毒性的凡士林作为 UHMWPE 的溶剂，研究了凡士林对 UHMWPE 分子量链的解缠作用，讨论了使用非稳态溶剂进行流变测量的重要性，研究发现在膜中保持微孔的纤维状晶体网络结构与分子链缠结密度密切相关。同年，Wu 等采用 TIPS 法制备了纳米 SiO_2/UHMWPE/HDPE 共混微孔膜（NBMs），研究了纳米 SiO_2 颗粒对 NBMs 结构和性能的影响，研究表明纳米 SiO_2 颗粒作为成核剂有利于 NBMs 结晶[50]。与纯 HDPE 膜相比，NBMs 由于其高结晶度和 UHMWPE 链的富集而表现出更高的孔隙率和更低的热收缩率。2016 年，于俊荣等[51] 采用预处理的织物作为中间体，通过 TIPS 法制备了具有新结构的 UHMWPE/织物复合微孔膜。通过优化 UHMWPE 的浓度和黏均分子量，得到了一种高水通量和抗牛血清白蛋白的复合微孔膜。2009～2016 年，肖长发课题组[52-56] 将 PEG 作为成孔剂制备了 UHMWPE 平板膜，还将无机物粒子 SiO_2 引入 UHMWPE 成膜体系，制备了一系列 UHMWPE/SiO_2 杂化平板膜与中空纤维膜。此外，该课题组还制备了具有网络增强结构和多孔结构的 PVDF/UHMWPE/SiO_2 三元共混中空纤维疏水膜[57]。

4.3.3.2 UHMWPE 膜的制备方法

UHMWPE 分子量极高，用传统的搅拌叶进行铸膜液制备，会出现在升温溶胀过程中，由于大分子链的缠节而发生"爬杆"现象。因此，传统搅拌溶料的方式并不适合该材料的溶解挤出，通常采用螺杆挤出作为制备 UHMWPE 铸膜液的方法。

UHMWPE 平板膜与中空纤维膜的制备过程见图 4-26。可将聚合物、无机物粒子或添加剂、抗氧剂及矿物油制备为悬浊液，喂入双螺杆，并将挤出的铸膜液快速刮膜后即形成平板凝胶体。若采用凝胶纺丝工艺则可得到中空纤维凝胶体，芯液为矿物油，冷却介质为 20℃水。采用汽油、乙醇、水依次对凝胶体进行萃取后，得到平板膜或中空纤维膜；最后，将膜浸泡在 60%甘油水溶液中 24h，取出后置于室温下风干备用。

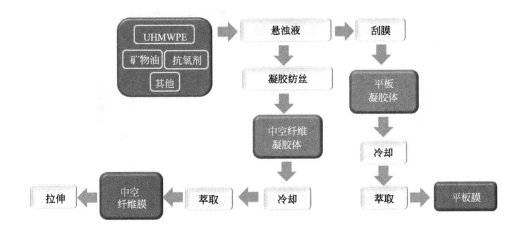

图 4-26 UHMWPE 平板膜与中空纤维膜的制备过程

4.3.3.3 UHMWPE 膜的结构和性能

UHMWPE 溶液黏度高（图 4-27），稀释剂流动缓慢，稀释剂液滴不易聚并、生长，稀释剂萃取后所得孔较小；无成孔剂时，几乎没有通量（图 4-28）。成孔剂 PEG 的加入可明显改善成膜体系的流动性，随 PEG 含量增加，成膜体系黏度降低，有利于稀释剂液滴生长为较大液滴，其萃取后形成较大孔。同时，PEG 是一种水溶性添加剂，水洗后 PEG 所占空间

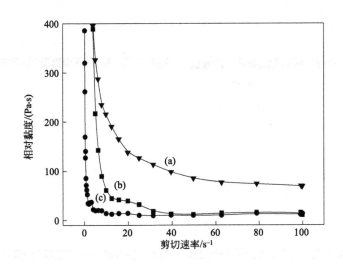

图 4-27 不同 PEG 含量对成膜体系流变性能的影响

(a) 0%（质量分数）；(b) 10%（质量分数）；(c) 15%（质量分数）

即形成溶出孔，随 PEG 含量增加，PEG 的溶出孔数量增多，孔径增大，故可通过增加 PEG 含量提高膜的通透性。当 PEG 含量过高时，PEG 容易团聚，其溶出孔尺寸大但数量少，膜孔连通性变差（图 4-29）。所以，膜的孔隙率不升反降，水通量减小。

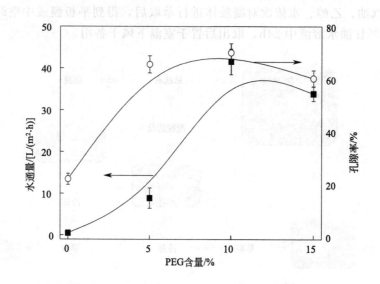

图 4-28 PEG 含量对膜水通量与孔隙率的影响

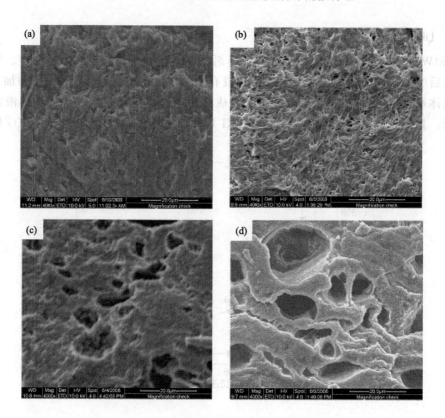

图 4-29 PEG 含量对膜横截面 SEM 结果的影响

(a) 0%（质量分数）PEG；(b) 5%（质量分数）PEG；(c) 10%（质量分数）PEG；(d) 15%（质量分数）PEG

由于 UHMWPE 膜刚性较差,在压力下运行,严重的形变使泡点孔径测试存在困难,这里不作介绍。为了提高 UHMWPE 的刚性,我们课题组选用无机物粒子 SiO_2 与 UHMWPE 共混制膜。图 4-30 表明,随 SiO_2 含量增加,膜收缩率与膜收缩致水通量衰减率均呈下降趋势,表明 SiO_2 提高了 UHMWPE 膜的保形性,具体来自两方面原因:其一,无机填料本身不收缩,它的加入可从整体上降低共混聚合物成形收缩率;其二,微细无机物粒子加入后,起到成核剂的作用,加快了成核速度,较高的晶核密度使球晶之间连接性增强。故 SiO_2 可降低膜整体的收缩率,减少孔的塌陷。这里所研究的收缩率与一般定义的成形收缩率不同,包括了萃取环节稀释剂去除所产生的收缩,数值较大。

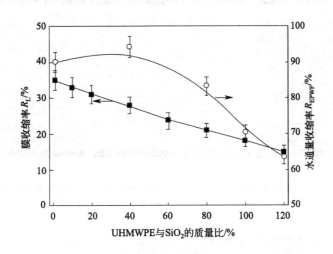

图 4-30 SiO_2 含量对 UHMWPE/SiO_2 膜收缩率与水通量衰减率的影响

为研究 UHMWPE/SiO_2 二元杂化中空纤维膜的多重孔结构,需首先对未添加 SiO_2 的 UHMWPE 中空纤维膜进行分析,可见在未拉伸的 UHMWPE 中空纤维膜横截面有较多孔。这些孔是稀释剂萃取后所留下的空间,应为热致相分离孔,其数量较多,但连通性较差,同时膜内、外皮层均致密无孔(图 4-31)。当拉伸 2 倍后,热致相分离孔收缩,膜内、外皮层均出现了许多小孔,应归属于非晶区破坏孔。因此,TIPS 法制得的 UHMWPE 膜拉伸后,其孔结构由热致相分离孔与非晶区破坏孔构成。

而对于 UHMWPE/SiO_2 二元杂化中空纤维膜,未拉伸的膜横截面有很多 SiO_2 无机物粒子被 UHMWPE 包裹。虽然存在许多热致相分离孔,但其连通性较差(图 4-32),内、外皮层较 UHMWPE 膜粗糙,但仍无明显孔隙。当拉伸 2 倍后,膜外皮层出现均匀分布的三角形界面孔,内皮层可见非晶区破坏的微纤状结构,微纤之间的缝隙即为非晶区破坏孔,晶区与 SiO_2 构成整体孔结构的骨架。界面孔与非晶区破坏孔均在拉伸后产生,这里将两者统称为拉伸孔。虽然拉伸孔在膜皮层更容易观察到,但实际存在于膜内各部分。尽管热致相分离孔收缩,但拉伸孔与热致相分离孔相互连通使膜实际孔径增大、膜孔连通性得以改善。因此,TIPS 法制得的 UHMWPE/SiO_2 二元杂化中空纤维膜,经拉伸可形成由热致相分离孔、界面孔及非晶区破坏孔组成的多重孔。界面孔的出现,使 UHMWPE/SiO_2 二元杂化中空纤维膜较 UHMWPE 膜多孔结构更明显。

图 4-33 为 UHMWPE/SiO_2 中空纤维膜拉伸的极限状态形貌。界面孔被拉长成为长裂

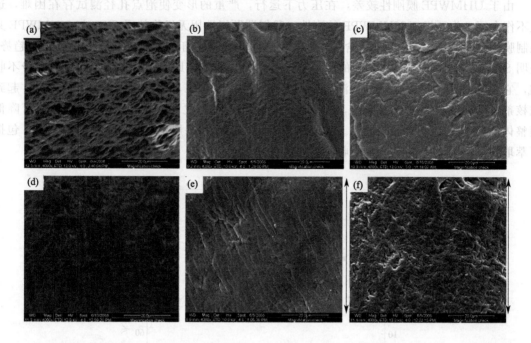

图 4-31 拉伸对 UHMWPE 中空纤维膜横截面 (a)、(d) 与外皮层 (b)、(e) 及内皮层 (c)、(f) 结构的影响

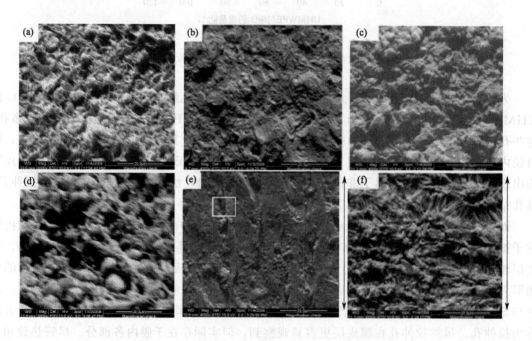

图 4-32 拉伸对 UHMWPE/SiO₂ 二元杂化中空纤维膜横截面 (a)、(d)
与外皮层 (b)、(e) 及内皮层 (c)、(f) 结构的影响

纹，且在膜的外皮层与纵截面均清晰可见，可知界面孔在膜内部均存在，沿纤维轴向相邻的孔可通过长裂纹相互连通。

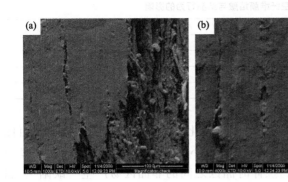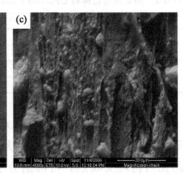

图 4-33 UHMWPE/SiO$_2$ 中空纤维膜拉伸的极限状态形貌
（a）全貌；（b）外皮层；（c）纵截面

由表 4-1 所示 UHMWPE 中空纤维膜与 UHMWPE/SiO$_2$ 二元杂化中空纤维膜的通透性能可知，未拉伸的 UHWMPE 中空纤维膜由于孔结构单一（仅有热致相分离孔）、孔之间连通性较差，故膜的孔隙率较低，水通量几乎为零。拉伸 2 倍的 UHMWPE 中空纤维膜，在热致相分离孔的基础上，产生了非晶区破坏孔，使膜的孔隙率与水通量稍有提高。而拉伸 2 倍的 UHMWPE/SiO$_2$ 二元杂化中空纤维膜，除热致相分离孔与非晶区破坏孔以外，又在 UHMWPE 与 SiO$_2$ 之间产生了界面孔，其出现进一步丰富了膜孔结构，使膜孔连通性也得以改善，所以膜的孔隙率与水通量显著提高。综上所述，界面孔作为拉伸孔的一部分，其对膜多重孔结构与通透性能的贡献不容忽视。

表 4-1 UHMWPE 中空纤维膜与 UHMWPE/SiO$_2$ 二元杂化中空纤维膜的通透性能

样品	孔隙率/%	水通量/[L/(m^2·h)]
未拉伸的 UHMWPE 中空纤维膜	20.1	0
拉伸 2 倍的 UHMWPE 中空纤维膜	30.3	12.5
拉伸 2 倍的 UHMWPE/SiO$_2$ 二元杂化中空纤维膜	62.0	57.5

后处理（这里包括热处理与拉伸）对膜的结晶影响显著，因此对结晶进行探讨是必要的。现将凝胶中空纤维状凝胶体制成中空纤维膜后，进行如下处理：直接在 20℃空气中冷拉伸（样品标记为 C 膜）；100℃水中热处理 30min 后于 20℃空气中冷拉伸（默认情况，样品标记为 HC 膜）；100℃水中热处理 30min 后，于 100℃水中热拉伸（样品标记为 HH 膜）。同时，分别采用下标 0、2、4、5、6 表示拉伸比，如 C$_0$ 表示膜在 20℃空气中未进行冷拉伸，HC$_6$ 表示膜在 100℃水中热处理 30min 后于 20℃空气中冷拉伸 6 倍，以此类推。

如表 4-2 所示，与 C$_0$ 膜和 C$_5$ 膜相比，热处理使微晶完善，所以 HH$_0$ 膜和 HH$_5$ 膜的相对结晶度较大，而熔限较小。与 HH$_0$ 膜相比，热拉伸后的 HH$_5$ 膜，由于取向诱导结晶，UHMWPE 的相对结晶度增大，且由于拉伸后膜部分层状结构转化为结晶更完善的纤维束状结构。UHMWPE 熔点升高，但拉伸生成了很多不完善的微晶，所以其熔限增加。而直接冷拉伸的 C$_5$ 膜，由于大分子活动能力不强，球晶沿拉伸方向中心破裂，UHMWPE 的相对结晶度反而小于 C$_0$ 膜。

样品	UHMWPE 熔点/℃	UHMWPE 熔限/℃	UHMWPE 相对结晶度/%
C$_0$	141.3	16.4	51.42
HH$_0$	141.1	14.3	54.33
C$_5$	143.3	20.0	48.20
HH$_5$	142.7	17.7	58.48

图 4-34 为不同热处理条件对 UHMWPE/SiO$_2$ 二元杂化中空纤维膜形貌的影响。由图可见，HC$_5$ 膜的孔数与孔径较大，C$_5$ 膜较小，HH$_5$ 膜极小。原因是热处理后产生许多新微晶充当物理交联点，可抑制分子链段滑移，拉伸时晶区之间的非晶区易产生"缺陷"。当拉伸比足够大时，这些缺陷发展为孔隙，所以 HC$_5$ 膜孔数与孔径均大于 C$_5$ 膜。而对于 HH$_5$ 膜，分子链在热水中获得足够动能而具有较强的活动能力，分子链在拉伸过程中产生滑移，阻碍了孔隙的产生，加之热处理导致的收缩，使膜的孔数与孔径均极小。因此，热处理与拉伸对孔结构的影响是孔收缩与"缺陷"的综合作用。

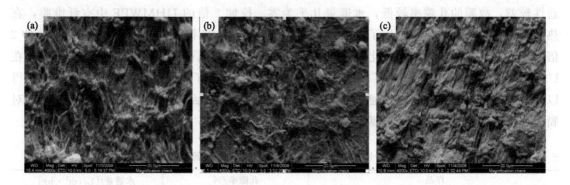

图 4-34　不同热处理条件对 UHMWPE/SiO$_2$ 二元杂化中空纤维膜形貌的影响

(a) HC$_5$；(b) C$_5$；(c) HH$_5$

图 4-35～图 4-37 为拉伸对 UHMWPE/SiO$_2$ 二元杂化中空纤维膜横截面形貌的影响。由图 4-35～图 4-37 可见，膜的外径、内径及壁厚均随拉伸比增加而减小。在未拉伸的 HC$_0$ 膜横截面，可见许多连通性较差的热致相分离孔，膜内、外皮层致密无孔。

对于拉伸 2 倍的 HC$_2$ 膜，界面孔与非晶区破坏孔作为拉伸孔出现，其与热致相分离孔相互连通，使膜孔径增大，膜孔连通性得以改善，形成了良好的多重孔结构。对于拉伸 6 倍的 HC$_6$ 膜，界面孔沿拉伸方向顶点延长而形成长裂纹。这些长裂纹将轴向相邻的孔相互连接，纤维状结构之间的孔隙尺寸增大，膜横截面可见部分热致相分离孔的收缩。因此，拉伸比增加，热致相分离孔对多重孔结构的贡献减弱，而拉伸孔对多重孔结构的贡献增强。

由图 4-38，即不同后处理所得膜的通透性能可知，热处理后未拉伸的 HH$_0$ 膜孔隙率较低，源于孔在热水中收缩变形。拉伸后，对水通量而言，HC 膜较高，C 膜较低，HH 膜极低，源于不同拉伸条件下孔结构的变化。热处理可避免大孔出现，所以 HC 膜的泡点孔径比 C 膜小。但由于 HC 膜在拉伸过程中易产生"缺陷"，形成较多孔隙，其孔隙率与水通量均较高。由于热拉伸大分子链段活动能力强，不利于非晶区断裂形成孔隙，所以 HH 膜水通量最低。

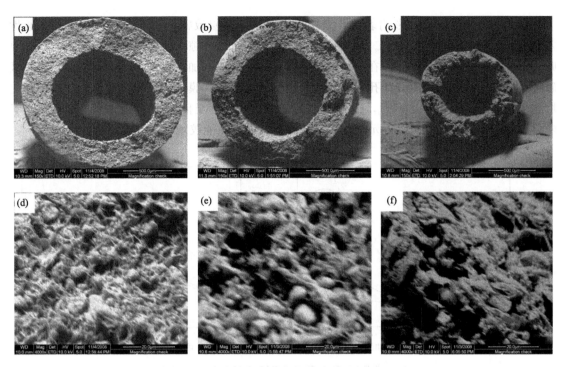

图 4-35 拉伸对 UHMWPE/SiO₂ 中空纤维膜横截面形貌的影响

(a)、(b) HC₀；(b)、(e) HC₂；(c)、(f) HC₆

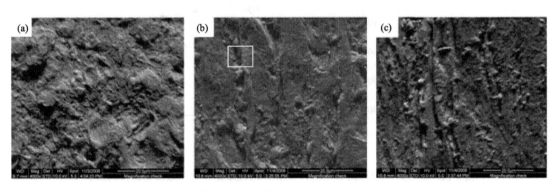

图 4-36 拉伸对 UHMWPE/SiO₂ 中空纤维膜外皮层形貌的影响

(a) HC₀；(b) HC₂；(c) HC₆

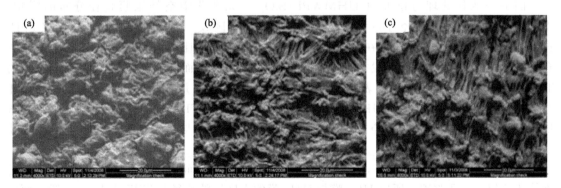

图 4-37 拉伸对 UHMWPE/SiO₂ 中空纤维膜内皮层形貌的影响

(a) HC₀；(b) HC₂；(c) HC₆

拉伸比对膜通透性能影响表明，未拉伸膜由于外皮层致密、孔结构单一及膜孔连通性差，其水通量与孔隙率均很小。随拉伸比增大，水通量、孔隙率及泡点孔径均增加，这主要归因于非晶区破坏孔与界面孔在拉伸后产生，并随拉伸比增加数量增多、尺寸增大，非晶区破坏孔、界面孔与热致相分离孔相互连通，使膜孔径增大、膜孔连通性得以改善。当拉伸比增至较高水平（大于 5 倍）时，部分热致相分离孔收缩甚至闭合，水通量和孔隙率反而下降。所得 UHMWPE/SiO$_2$ 二元杂化中空纤维膜的通透性能较现有文献报道有所提高。

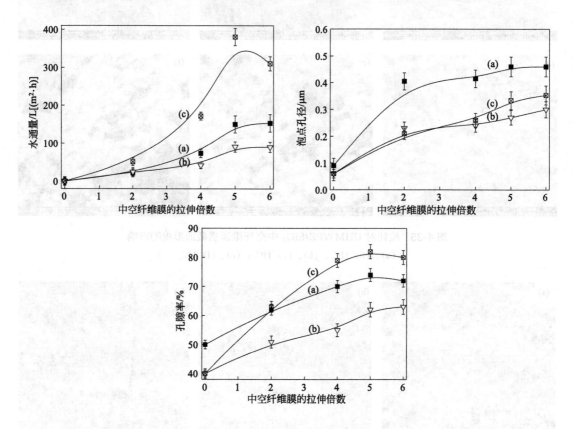

图 4-38 热处理与拉伸对 UHMWPE/SiO$_2$ 二元杂化中空纤维膜通透性的影响
(a) C 膜；(b) HH 膜；(c) HC 膜

图 4-39 为热处理与拉伸对 UHMWPE/SiO$_2$ 二元杂化中空纤维膜孔径分布的影响。由图 4-39 可见，膜的孔径分布于两个区域：孔径较小区域（Ⅰ区域）的总孔比例（TPF，占膜内所有孔体积的百分比）在拉伸初期已较高，且随拉伸比增大其 TPF 减小，表明这些孔在拉伸前已存在，应为成膜初期产生的热致相分离孔；而孔径较大区域（Ⅱ区域）的 TPF 则随拉伸比增大而增加，表明这些孔与拉伸直接相关，应为拉伸孔，其中包括界面孔与非晶区破坏孔。因此，将 UHMWPE 与 SiO$_2$ 共混，用 TIPS 法与 MSCS 法联用，制备 UHMWPE/SiO$_2$ 二元杂化中空纤维膜，可获得包括拉伸孔与热致相分离孔在内的多重孔结构。

对于Ⅰ区域的孔径与 TPF，C$_2$ 膜较大，HC$_2$ 膜较小，而 HH$_2$ 膜极小。这是因为热处理使热致相分离孔收缩，所以 HC$_2$ 膜与 HH$_2$ 膜的Ⅰ区域的孔径与 TPF 均小于 C$_2$ 膜。而对于 HH$_2$ 膜，热水中拉伸提高了大分子的活动能力，进而在拉伸过程中产生滑移，使热处理

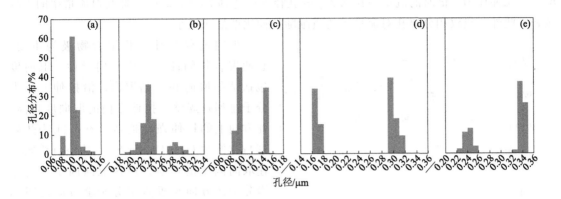

图 4-39 热处理与拉伸对 UHMWPE/SiO$_2$ 二元杂化中空纤维膜孔径分布的影响

(a) HH$_2$；(b) C$_2$；(c) HC$_2$；(d) HC$_4$；(e) HC$_5$

后收缩的孔很难恢复至最初尺寸，所以其Ⅰ区域的孔径与 TPF 均极小。对于Ⅱ区域，未经热处理直接冷拉伸的膜内部的热致相分离孔较大，拉伸孔与热致相分离孔互相连通形成较多连通大孔，所以 C$_2$ 膜Ⅱ区域的孔径较大。

随拉伸比增加，Ⅰ区域与Ⅱ区域的孔径均增大，Ⅰ区域的 TPF 减小，而Ⅱ区域的 TPF 增大，表明拉伸使热致相分离孔对多重孔结构的贡献减弱，而拉伸孔对多重孔结构的贡献增强。此外，本节通过 SME 也可看到热致相分离孔在拉伸时收缩。因此，这里孔径分布测试结果所示热致相分离孔的孔径随拉伸而增大，应归因于拉伸孔与热致相分离孔之间相互连通，增大了膜的测试孔径。

综上所述，TIPS 法与 MSCS 法联用所得 UHMWPE/SiO$_2$ 二元杂化中空纤维膜的孔径分布是拉伸孔与热致相分离孔综合作用的结果。

图 4-40 为不同孔径的孔对流量率的影响，流量率增大速度越快，相应孔径的孔的 TPF 越大。由图 4-40 可见，流量率分两次增大，较小孔径对应Ⅰ区域热致相分离孔的贡献，较大孔径对应Ⅱ区域拉伸孔的贡献，HC$_2$ 膜流量率在 0.15μm 孔径处陡增至 25% 左右。此处为拉伸孔对流量率的贡献，表明 HC$_2$ 膜内拉伸孔的 TPF 较大。随拉伸比增加，拉伸孔的贡献

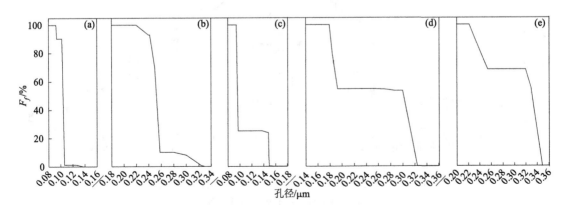

图 4-40 不同孔径的孔对流量率的影响

(a) HH$_2$；(b) C$_2$；(c) HC$_2$；(d) HC$_4$；(e) HC$_5$

增大，拉伸比为 5 倍时的流量率在 $0.32\mu m$ 孔径处已达到 70%，此时拉伸孔对流量率的贡献显著。此外，热致相分离孔对流量率的贡献随拉伸比增加而减小。

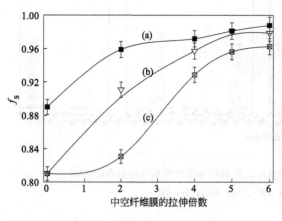

图 4-41 热处理与拉伸对 UHMWPE/SiO₂
中空纤维膜声速取向因子的影响
(a) C膜；(b) HH膜；(c) HC膜

取向过程对纤维状聚合物极为重要，它使聚合物的性质产生各向异性。取向度包括结晶取向和非晶取向。沿拉伸方向大分子排列越规整，拉伸方向的取向度越高，此方向上的拉伸强度越高。图 4-41 为热处理与拉伸对 UHMWPE/SiO₂ 中空纤维膜声速取向因子的影响。声速取向因子是通过沿分子链方向与垂直于分子链方向之间的声波速度差异测量的，可基本反映取向度；声速取向因子越大，取向度越高。与 C 膜相比，HC 膜与 HH 膜在热处理过程中发生解取向，声速取向因子较小。在相同拉伸比条件下，由于热水中拉伸分子链活动能力强，有利于分子链的展开和微晶的取向，因此 HH 膜的声速取向因子大于 HC膜，即 HH 膜取向度大于 HC 膜。同时，纤维膜的取向度随拉伸比增加而提高。

由图 4-42 所示膜力学性能可知，对于未拉伸膜，热处理后由于分子链解取向，故 HH₀ 膜或 HC₀ 膜拉伸强度较小而断裂伸长率均较大。对于拉伸膜，尽管 HH 膜取向度比 C 膜低，但 HH 膜内部孔隙较小，孔隙为拉伸过程中的弱节，所以 HH 膜的拉伸强度与断裂伸长率均大于 C 膜；而 HC 膜由于取向度较低且内部孔隙较多，其拉伸强度与断裂伸长率均低于其他两者。当热处理条件相同时，随拉伸比增加，取向度增加，膜的拉伸强度增大，断裂伸长率减小。因此，力学性能的变化是取向与膜内孔隙综合作用的结果。

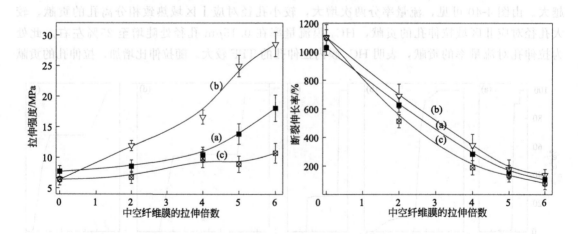

图 4-42 热处理与拉伸对膜拉伸强度与断裂伸长率的影响
(a) C膜；(b) HH膜；(c) HC膜

UHMWPE 含量对 UHMWPE 中空纤维膜结构与性能影响明显。由图 4-43 UHMWPE 含量对 UHMWPE/SiO₂ 二元杂化中空纤维膜横截面的 SEM 结果可知，UHMWPE 含量较低时，较多的稀释剂被排斥在 UHMWPE 球晶之间，形成大孔结构，孔结构存在塌陷。因此，应尽量避免使用过低含量的 UHMWPE 制膜体系，以获得孔结构相对稳定的膜产品。在高冷却速率时，提高聚合物含量可缩短结晶时间、增加制膜体系黏度，阻碍膜内球晶与稀释剂液滴生长，使球晶之间孔隙与稀释剂液滴萃取后所得孔均较小，膜孔致密化；同时，聚合物含量的提高，使球晶之间连接性增强，膜孔不易塌陷，孔形状较完整。

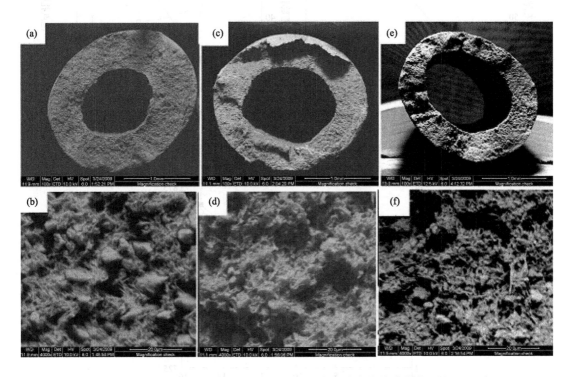

图 4-43 UHMWPE 含量对 UHMWPE/SiO$_2$ 二元杂化中空纤维膜横截面的 SEM 结果

(a)、(b) 5%（质量分数）UHMWPE；(c)、(d) 8%（质量分数）UHMWPE；

(e)、(f) 12%（质量分数）UHMWPE

    UHMWPE 含量对膜孔结构的影响可直接引起膜通透性能的变化（图 4-44）。UHMWPE 含量较低时，膜内存在大孔结构，因此泡点孔径较大。随 UHMWPE 含量增加，孔数增多，孔隙减小，膜孔致密化，泡点孔径呈减小趋势。但由于较高的 UHMWPE 含量使孔结构稳定不易塌陷，所以当 UHMWPE 含量大于 12%（质量分数）时，泡点孔径不再显著减小。而水通量和孔隙率由于膜孔稳定不易塌陷，其随 UHMWPE 含量增加而呈增大趋势，两者在 UHMWPE 含量大于 12%（质量分数）时，由于膜孔的致密化而基本稳定。因此，UHMWPE 含量对膜通透性能的影响，是膜孔致密化与膜孔稳定性综合作用的结果。

    UHMWPE 含量对 UHMWPE/SiO$_2$ 中空纤维膜力学性能影响较大。由图 4-45 UHMWPE 含量与膜力学性能的关系可知，随 UHMWPE 含量增加，拉伸强度与断裂伸长率均增大。原因是膜孔结构随 UHMWPE 含量增加而变得致密，且结构稳定，球晶之间连接性增强。

    在 TIPS 法制备微孔膜中，稀释剂的选取是控制膜孔结构的重要方法。研究者以矿物油为主稀释剂，以聚氧乙烯（PEO）为辅稀释剂，制备了 UHMWPE/SiO$_2$ 二元杂化中空纤维膜，通过分析 UHMWPE/复合稀释剂体系热力学相图中双结线与结晶曲线的变化，判断不同稀释剂配比与不同 UHMWPE 含量制膜体系的相分离行为；通过 SEM 观察膜孔结构与相

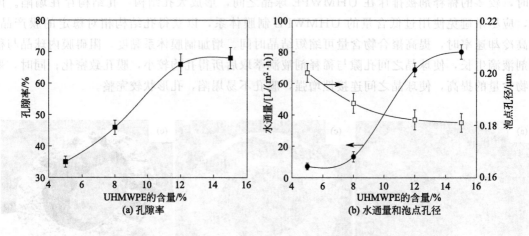

图 4-44 UHMWPE 含量对 UHMWPE/SiO₂ 中空纤维膜通透性能的影响

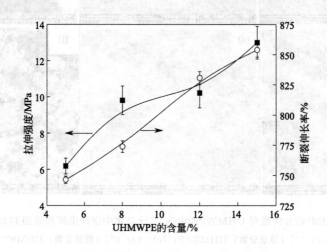

图 4-45 UHMWPE 含量与膜力学性能的关系

分离行为的关系，还探讨了 UHMWPE 含量、冷却介质及萃取与拉伸顺序对复合稀释剂制得的 UHMWPE/SiO₂ 二元杂化中空纤维膜孔结构与性能的影响。

复合稀释剂的组成对溶液黏度影响明显。由图 4-46 可知，随 PEO 含量增加，制膜体系黏度降低，源于 PEO 本身黏度较低，流动性较好。而当 PEO 含量增至 15%（质量分数）时，由于矿物油含量过低，UHMWPE 大分子链段不能充分舒展，制膜体系黏度大幅增加。

稀释剂与聚合物的相互作用可直接体现在制膜体系的热力学性质上。用 DSC 测定不同 UHMWPE 含量下 UHMWPE/矿物油/PEO 凝胶体系的结晶温度，得到动态结晶线；用显微镜观察体系的 L-L 相分离温度（即浊点温度），得到双结线，由此作出该体系的热力学相图。此外，解释聚合物/稀释剂体系 TIPS 法成膜孔结构可借助该体系的热力学相图。

如图 4-47 所示，UHMWPE/矿物油体系只显示了动态结晶线，表明矿物油与 UHMWPE 之间相互作用较强。其可被认为是 UHMWPE 的良好稀释剂，制膜体系在冷却过程中全浓度范围内表现为单纯 S-L 相分离，L-L 相分离表现不出来。

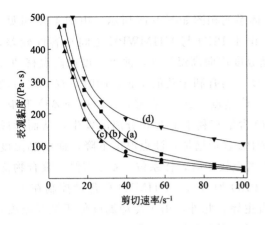

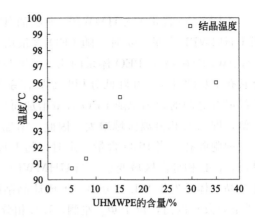

图 4-46　PEO 含量对制膜体系流变曲线的影响
(a) 0%（质量分数）；(b) 5%（质量分数）；
(c) 10%（质量分数）；(d) 15%（质量分数）

图 4-47　UHMWPE/矿物油体系的动态相图

当结晶性聚合物/稀释剂体系为弱相互作用体系，低温冷却时会发生 L-L 相分离并伴随聚合物的结晶，所得膜孔连通性较好。考虑到矿物油与 UHMWPE 之间相互作用较强，制膜体系在冷却过程中全浓度范围内为 S-L 相分离，故可向制膜体系中加入与 UHMWPE 相互作用较弱的不良稀释剂，以改变制膜体系的相分离行为，使 L-L 相分离占主导，从而有效控制膜孔结构。UHMWPE 与 PEO 相互作用较弱，因此 PEO 可作为本研究的辅稀释剂。

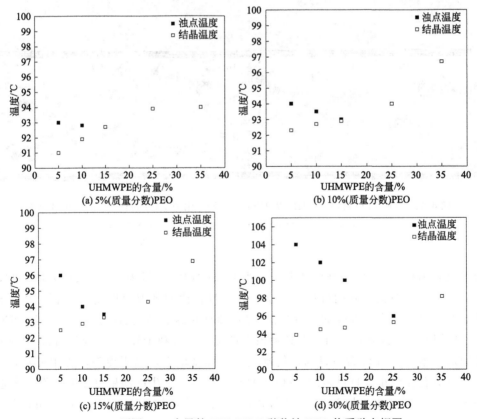

图 4-48　不同 PEO 含量的 UHMWPE/矿物油/PEO 体系动态相图

不同 PEO 含量的 UHMWPE/矿物油/PEO 体系的相图如图 4-48 所示。由图 4-48 可见，当 UHMWPE 含量一定时，随 PEO 含量增加，由于 PEO 与 UHMWPE 之间相容性较差，UHMWPE/矿物油/PEO 体系的浊点温度与结晶温度均向高温移动，浊点温度向高温移动可延长孔生长的时间，并降低分相时制膜体系的黏度，均有利于孔的生长。同时，双结线与动态结晶线之间的距离也随 PEO 含量增加而增大，偏晶点（Φ_m）右移，L-L 相分离位于 Φ_m 左侧，即 L-L 相分离区域增大。因此，增加 PEO 含量有利于 L-L 相分离的发生，从而形成较大的胞腔孔。当 PEO 含量一定时，随 UHMWPE 含量增加，浊点温度下降，而结晶温度升高，L-L 相分离区域变小。当 UHMWPE 含量增至较大时，体系位于 Φ_m 右侧，聚合物优先结晶，体系发生 S-L 相分离，形成球晶结构。PEO 加入后，UHMWPE 含量控制在 15%（质量分数）以内，位于 Φ_m 左侧，L-L 相分离占主导。此外，由于冷却温度低于结晶温度，铸膜体系在 L-L 相发生的同时，伴随 S-L 相分离。

稀释剂的组成影响膜孔结构，也影响其通透性能。图 4-49 为不同 PEO 含量对 UHMWPE/SiO$_2$ 二元杂化中空纤维膜横截面的 SEM 结果。由图 4-49 可见，膜呈对称结构，无 PEO 的膜由于在全浓度范围内发生 S-L 相分离，所得膜内只体现粒子堆积结构，可见清晰的球晶结构或其变体（如棒状、叶片状粒子），膜孔连通性较差。

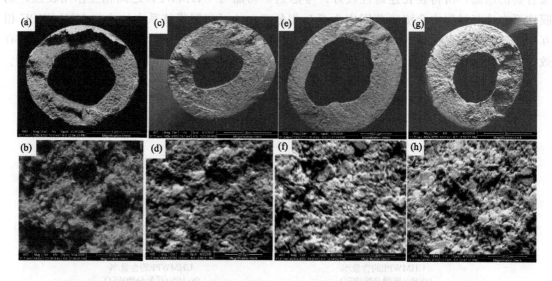

图 4-49 不同 PEO 含量对 UHMWPE/SiO$_2$ 二元杂化中空纤维膜横截面的 SEM 结果

(a)、(b) 0%（质量分数）PEO；(c)、(d) 5%（质量分数）PEO；

(e)、(f) 10%（质量分数）PEO；(g)、(h) 15%（质量分数）PEO

对于复合稀释剂矿物油/PEO 所制膜，当 UHMWPE 含量为 8%（质量分数）时，体系分相模式为 L-L 相分离，膜内可见较多胞腔孔，且较快的降温速度使 L-L 相分离不充分时即发生 S-L 相分离；在胞腔孔的边沿存在球晶之间的孔隙，膜孔连通性较好。随 PEO 含量增加，L-L 相分离时间延长，且制膜体系流动性提高，有利于稀释剂液滴生长，其萃取后形成的孔隙尺寸增大。PEO 含量过高，使制膜体系黏度增大，阻碍冷却过程中稀释剂液滴生长，使大部分孔径减小，且过多的 PEO 不易均匀分散，产生的团聚直接影响膜孔连通性。

由图 4-50 可见，未添加 PEO 的膜外皮层致密无孔，加入 PEO 后，皮层粗糙化，源于 PEO 的溶出。过多的 PEO 不易分散，团聚的 PEO 溶出后在皮层形成一些浅表面孔洞。

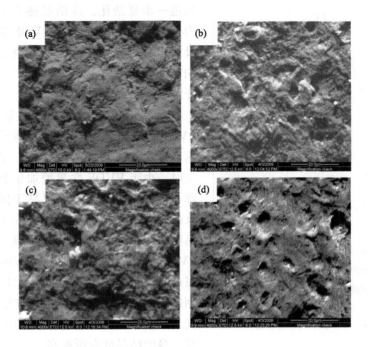

图 4-50 PEO 含量对 UHMWPE/SiO₂ 二元杂化中空纤维膜外皮层形貌的影响

(a) 0%（质量分数）PEO；(b) 5%（质量分数）PEO；
(c) 10%（质量分数）PEO；(d) 15%（质量分数）PEO

由于 PEO 改变了体系的相分离行为，影响了膜孔结构，因此膜的通透性能也将随 PEO 含量而发生变化（图 4-51）。随 PEO 含量增加，膜内孔径增大，且膜孔连通性提高，膜的孔隙率、泡点孔径与水通量均增大。过量的 PEO 产生团聚现象，降低了膜孔连通性，且使大部分孔的孔径减小，因此孔隙率与水通量均下降。

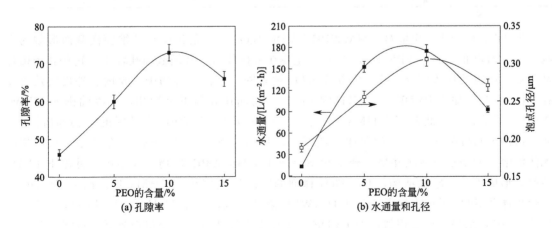

图 4-51 PEO 含量对 UHMWPE/SiO₂ 二元杂化中空纤维膜通透性能的影响

不同聚合物共混是改变膜结构与性能较为简易的方法。UHMWPE 与 PVDF 相容性较差，利用这一特性，采用 TIPS 法与熔融纺丝拉伸（MSCS）法联用，制备了具有多重孔结构的 UHMWPE/PVDF/SiO₂ 三元杂化中空纤维膜。其复杂的界面孔形状使膜的多重孔结

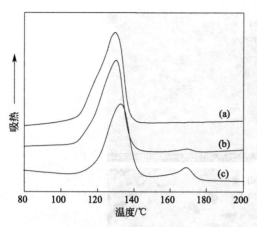

图 4-52 不同 PVDF 含量对
UHMWPE/PVDF/SiO₂ 三元杂化中
空纤维膜 DSC 谱图的影响
(a) 0%（质量分数）；(b) 20%
（质量分数）；(c) 50%（质量分数）

构进一步复杂化。从结晶热力学与液滴生长动力学角度出发，研究了 PVDF 含量、冷却介质及拉伸对膜孔结构、通透性能及力学性能的影响。下面就不同 PVDF 含量产生的影响作简单介绍。

图 4-52 为不同 PVDF 含量对 UHMWPE/PVDF/SiO₂ 三元杂化中空纤维膜 DSC 谱图的影响，其相关结果如表 4-3 所示。在聚合物含量一定时，由于 PVDF 含量增加使制膜体系黏度下降，提高了高分子链段更易于向晶面迁移能力及微晶的聚集能力，结晶更完善，聚合物的结晶度与熔点均增加，而熔限减小。此外，由于 PVDF 结晶温度高于 UHMWPE，PVDF 在降温过程中优先结晶，为之后 UHMWPE 的结晶创造了成核点，这使 UHMWPE 晶核密度增大，其结晶度增加；同时，较高的 PVDF 含量也使其本身的结晶度有所提高。

表 4-3　不同 PVDF 含量对 UHMWPE/PVDF/SiO₂ 三元杂化中空纤维膜熔融与结晶行为的影响

PVDF 占聚合物的质量分数/%	UHMWPE 熔点 /℃	UHMWPE 熔限 /℃	UHMWPE 结晶度 /%	PVDF 熔点 /℃	PVDF 熔限 /℃	PVDF 结晶度 /%
0	129.30	19.00	57.21	—		
20	130.20	17.90	58.24	169.20	13.50	11.17
50	132.80	15.91	70.93	170.00	11.90	21.35

图 4-53 为 PVDF 含量对 UHMWPE/PVDF/SiO₂ 三元杂化中空纤维膜横截面形貌的影响。无 PVDF 的 UHMWPE/SiO₂ 二元杂化膜在未拉伸时，其横截面孔较小。这些孔为稀释剂萃取后所得的热致相分离孔，大部分 SiO₂ 被紧密包裹在聚合物中，膜内、外皮层致密无孔（图 4-54）。加入 PVDF 后，UHMWPE 与矿物油在高温下呈均相，矿物油砌入 UHMWPE 分子链之间，低温下 UHMWPE 结晶，分布于 UHMWPE 非晶区的矿物油脱除后，非晶区的 UHMWPE 分子链聚集体呈微纤状，将晶区连接起来。PVDF 在高温下与矿物油无法混溶，而是自身熔融并呈自聚集状态分散于 UHMWPE/矿物油体系中，低温下 PVDF 结晶，形成松散的球状结构，且不随稀释剂的脱除发生变化。UHMWPE 球晶、PVDF 球状聚集体及 SiO₂ 无机物粒子通过 UHMWPE 微纤连接，其中 UHMWPE 球晶与 PVDF 聚集体从 SEM 结果看形态相似，但 PVDF 聚集体由于尺寸较大且分布松散更易观察（图 4-53 中方框区域），两者在液氮中淬断后在膜横截面呈圆面分布，而 SiO₂ 在液氮中不易淬断，或突出或脱落后凹陷，在膜的横截面呈球形立体分布。UHMWPE 与 PVDF 较差的相容性使其间存在界面，PVDF 成形收缩率大于 UHMWPE（UHMWPE 为 1.5%~3.0%，PVDF 为 3.0%~3.5%），这两相在拉伸前即发生界面相分离，产生界面孔。这些界面孔呈细纹状分布（图 4-54 中箭头所指区域）。PVDF 含量的增加不仅改善了制膜体系的流动性，还影响

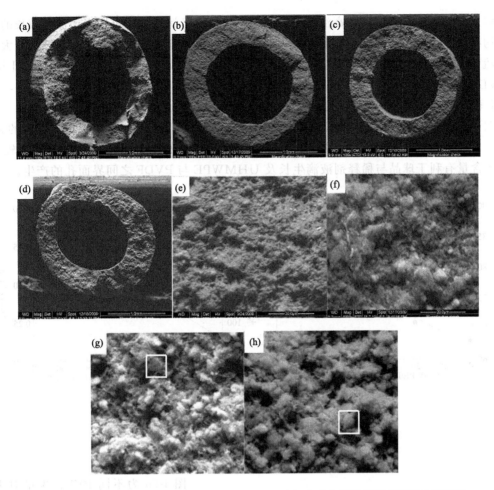

图 4-53 PVDF 含量对 UHMWPE/PVDF/SiO₂ 三元杂化中空纤维膜横截面形貌的影响

（a）、（e）0%（质量分数）；（b）、（f）20%（质量分数）；（c）、（g）50%（质量分数）；（d）、（h）65%（质量分数）

图 4-54 PVDF 含量对 UHMWPE/PVDF/SiO₂ 三元杂化中空纤维膜内、外皮层形貌的影响

（a）、（e）0%（质量分数）；（b）、（f）20%（质量分数）；（c）、（g）50%（质量分数）；（d）、（h）65%（质量分数）

制膜体系的相容性，使体系在高温下即开始分相，分相时间延长。较好流动性与较长的分相时间均有利于球晶与稀释剂液滴的生长，球晶之间孔隙与稀释剂萃取后所得孔隙均较大。因此，随 PVDF 含量增加，膜横截面的孔径增大，孔数增多，膜内、外皮层变为多孔结构。当 PVDF 含量达到 50％（质量分数）时，多孔结构较为明显。PVDF 含量过高时，大量 PVDF 聚集体破坏了 UHMWPE 微纤结构，产生很多大孔。

图 4-55 为 PVDF 含量对 UHMWPE/PVDF/SiO$_2$ 三元杂化中空纤维膜通透性能的影响。由图 4-55 可知，随 PVDF 含量增加，孔隙率、水通量及泡点孔径均增大，源于较高的 PVDF 含量有利于球晶与稀释剂液滴生长及 UHMWPE 与 PVDF 之间界面孔的产生。

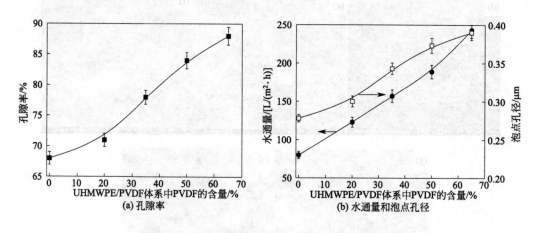

(a) 孔隙率

(b) 水通量和泡点孔径

图 4-55 PVDF 含量对 UHMWPE/PVDF/SiO$_2$
三元杂化中空纤维膜通透性能的影响

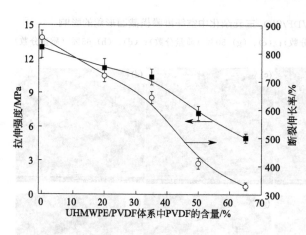

图 4-56 不同 PVDF 含量对 UHMWPE/PVDF/SiO$_2$
三元杂化中空纤维膜力学性能的影响

图 4-56 为不同 PVDF 含量对 UHMWPE/PVDF/SiO$_2$ 三元杂化中空纤维膜力学性能的影响。由图 4-56 可见，随 UHMWPE 含量降低，即 PVDF 含量增加，拉伸强度与断裂伸长率均下降，在 PVDF 含量超过 35％（质量分数）后下降较快。这是因为 PVDF 含量增加，孔径增大，孔数增多，这都构成了拉伸过程中的弱节，使膜在拉伸过程中容易产生破坏。当 PVDF 含量过高时，作为晶区连接结构的 UHMWPE 微纤被 PVDF 聚集体破坏，严重影响了纤维膜的强度。其断裂伸长率下降不仅受膜内孔隙的影响，还与 PVDF 本身断裂伸长率

低于 UHMWPE 有关。因此，可以得到结论，UHMWPE 的加入可显著提高 PVDF 膜的力学性能。Takia 等对比不同 UHMWPE 与 HDPE 比例制备的微孔膜后认为，UHMWPE 含量越高，膜的断裂伸长率越高，这与本研究结果一致。

4.3.4　含氟共聚物中空纤维膜

4.3.4.1　简介

含氟聚合物是指以 C—C 链为主链，在侧链或支链上连接有一个或一个以上的氟原子，甚至全部是氟原子的聚合物。常见的含氟共聚物包括乙烯-三氟氯乙烯共聚物（ECTFE）和乙烯-四氟乙烯共聚物（ETFE）。此类含氟共聚物引入第二单体（如乙烯），在保持聚合物特有的高性能前提下，改善其热塑性加工性能，使含氟共聚物具有更宽广的应用领域。

ECTFE 的商品名为 HALAR，是由三氟氯乙烯和乙烯近乎 1∶1 形成的交替共聚物。这种交替结构极大地改善了热塑性加工性能，同时保持了聚三氟氯乙烯均聚物原有的优良性能，特别是耐热（分解温度 350℃）、耐化学品性及耐候性。ECTFE 密度不高、韧性好、硬度高，表现出比聚四氟乙烯和聚全氟乙丙烯更优异的耐磨损、耐腐蚀和耐候性能。与其他热塑性塑料相比，ECTFE 在高温下的耐氯和氯衍生物的性能特别突出，耐化学试剂腐蚀性能与全氟聚合物相当。ECTFE 具备优于聚偏氟乙烯的耐强碱强酸、耐高温、耐强化学腐蚀性能及可加工性能，是制备高性能微孔膜的理想材料之一[58]。

ETFE 是由乙烯和四氟乙烯通过共聚而成，俗称聚氟乙烯（F-40）。其拉伸强度最大可达到 50MPa，约是聚四氟乙烯的 2 倍，被称为最强韧的氟碳化合物，兼具聚四氟乙烯耐化学腐蚀性、耐高低温性、耐候性等特性及聚乙烯的易加工性。此外，ETFE 还拥有优良的介电性能、耐摩擦、阻燃性、抗蠕变性能等。ETFE 在防污、防腐等领域具有广泛的应用，是制备高性能微孔膜的理想材料之一，其在特种分离领域具有较高的潜在应用价值[59]。

随着膜分离技术在石油化工、食品加工、海水淡化、市政污水处理、有机废液处理等众多领域的应用不断拓宽，对制膜材料及膜性能的要求也越来越高。在很多应用环境中，如高温、酸碱介质或含低分子有机物液体物质等情况下，现有的有机聚合物膜已不能满足使用要求，开发具有更加优异化学稳定性、耐热、高强度和高抗污染性的新型膜材料已成为膜科学与技术领域的热点方向。含氟共聚物微孔膜具有优异的性能，可以在一些特殊领域获得较好的应用。

4.3.4.2　ECTFE 中空纤维膜

以 ECTFE 为成膜聚合物，以己二酸二异辛酯（DOA）和邻苯二甲酸二乙酯（DEP）为混合稀释剂，以可溶和不可溶无机物粒子混合而成的复合无机物粒子为成孔剂，采用熔融纺丝-拉伸法制备了 ECTFE 中空纤维膜，以研究不同复合无机物粒子添加量对膜结构及性能的影响[60]。

图 4-57 为不同复合无机物粒子添加量对 ECTFE 中空纤维膜横截面形貌的影响。未添加复合无机物粒子的成膜体系中 ECTFE 含量较高，所得膜结构紧密、微孔结构较少且孔径较小。随成膜体系中复合无机物粒子的加入，所得膜横截面出现较大的微孔结构，这主要是由复合无机物粒子中水溶性组分溶出造成的。随复合无机物粒子添加量增大，横截面溶出微孔结构增多，孔隙率和孔径均呈增大趋势。

由 ECTFE 中空纤维膜整体形貌可见，所得膜横截面由靠近内表面的疏松微孔结构向靠

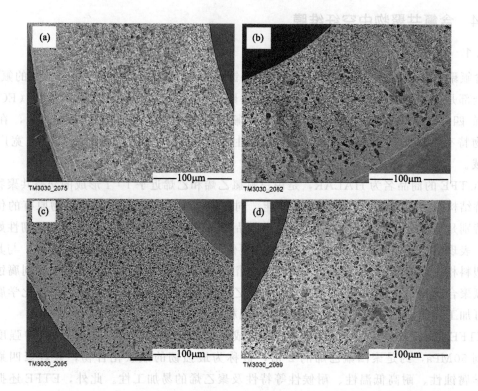

图 4-57 不同复合无机物粒子添加量对 ECTFE 中空纤维膜横截面形貌的影响
(a) 0% (质量分数); (b) 10% (质量分数); (c) 15% (质量分数); (d) 20% (质量分数)

近外表面的致密皮层结构演变。这是由于纺丝成形过程中,初生纤维膜外表面直接接触室温下凝固浴时发生快速热交换而迅速降温;而越接近内表面,降温速度越慢,微孔越多,结构越疏松。随复合无机物粒子添加量增大,靠近外表面的微孔结构增多,致密皮层变薄。当复合无机物粒子添加量为 20% (质量分数) 时,致密皮层基本消失。

图 4-58 为不同复合无机物粒子添加量对 ECTFE 中空纤维膜表面形貌的影响。对比内外表面形貌可知,所得膜外表面均覆盖一层孔隙率低、孔径小的致密皮层。随复合无机物粒子添加量的增大,膜的内表面微孔结构增多、孔径增大,膜的外表面由光滑致密层结构向粗糙多孔结构演变。

表 4-4 为 ECTFE 中空纤维膜通透性能数据。由平均孔径和孔隙率数据可见,所得膜的平均孔径较小,这与成膜体系中 ECTFE 含量 [40% (质量分数)] 较高有关。随复合无机物粒子添加量增大,孔径及孔隙率均呈增大趋势。孔径增大与复合无机物粒子中可溶性组分的大量溶出,形成较大尺寸溶出微孔结构有关;且随复合无机物粒子含量增大,溶出微孔结构增多,膜结构变得相对疏松,孔隙率增大。

膜的氮气通量是指单位时间内单位膜面积内透过氮气的体积,测试过程中氮气需要通过膜孔来透过膜,所以膜的孔径及孔隙率变化将直接影响膜的氮气通量。对于未添加复合无机物粒子的膜,其膜表面低孔隙率的致密层较厚,氮气通过的阻力较大,通量最小。随复合无机物粒子添加量增大,膜中微孔结构增多,孔径增大,致密层结构变薄,氮气能更加通畅地透过膜孔,使通量增大。

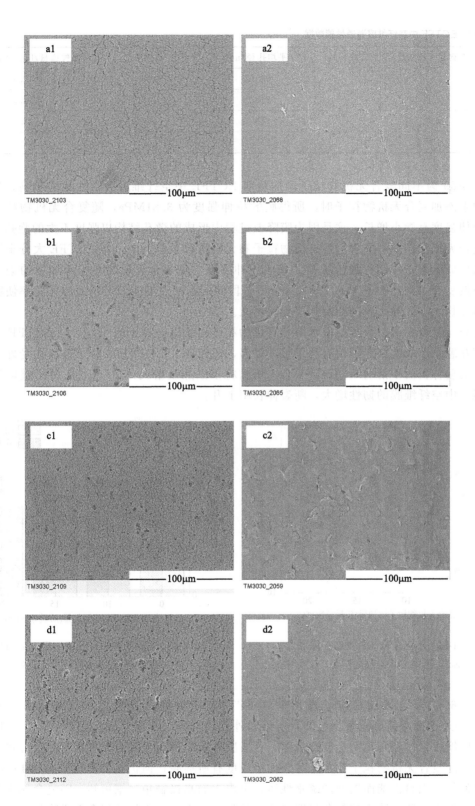

图 4-58 不同复合无机物粒子添加量对 ECTFE 中空纤维膜表面形貌的影响

(a) 0%（质量分数）；(b) 10%（质量分数）；(c) 15%（质量分数）；(d) 20%（质量分数）；
(1) 内表面；(2) 外表面

⊡ **表 4-4 ECTFE 中空纤维膜通透性能数据**

复合无机物粒子添加量(质量分数)/%	平均孔径/nm	孔隙率/%	氮气通量/[m³/(m²·h)]
0	204.2	43.4	12.8
10	218.2	48.1	14.9
15	239.5	54.2	18.2
20	252.9	57.0	21.1

图 4-59 为不同复合无机物粒子添加量对 ECTFE 中空纤维膜力学性能的影响。当成膜体系中未添加复合无机物粒子时,所得膜的拉伸强度为 3.81MPa,随复合无机物粒子的加入,拉伸强度有微小增长。这是因为膜降温过程中形成的微孔结构以强度不大的胞孔结构为主,复合无机物粒子中非水溶性有机物粒子和无机物粒子的引入,与 ECTFE 大分子链段相互缠结形成结点,一定程度上提高了膜的拉伸强度。随复合无机物粒子添加量的进一步增大,虽然复合无机物粒子与 ECTFE 大分子链段间的缠结点增多,但较大的孔隙率使膜的实际受力面积减小,导致膜的断裂强度变化不大。

此外,复合无机物粒子中非水溶性有机物粒子和无机物粒子的引入,与 ECTFE 大分子链段相互缠结形成的结点不仅有利于强度提高,还保证了 ECTFE 大分子链段在受外界拉力作用下运动伸长而不滑动断裂。随复合无机物粒子添加量增大,ECTFE 大分子链段运动能力增强,中空纤维膜的韧性增大,断裂伸长率上升。

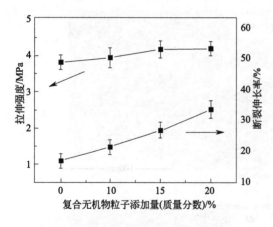

图 4-59 不同复合无机物粒子添加量
对 ECTFE 中空纤维膜力学性能的影响

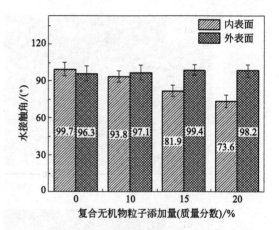

图 4-60 复合无机物粒子添加量对 ECTFE
中空纤维膜静态水接触角的影响

图 4-60 为复合无机物粒子添加量对 ECTFE 中空纤维膜静态水接触角的影响。由图 4-60 中外表面水接触角数据可知,所得膜外表面均表现出疏水性;而随复合无机物粒子添加量的增大,接触角无明显变化规律,这与膜外表面形成了相对光滑致密的聚合物皮层有关。虽然随复合无机物粒子的加入,表面粗糙度有所提高,但仍主要呈现聚合物 ECTFE 本身因较低的表面自由能而展现的疏水性质。由内表面水接触角数据可知,随复合无机物粒子添加量的增大,所得膜水接触角呈明显下降趋势:一方面,添加的复合无机物粒子中不可溶亲水性组分在膜基质中的残留量增大;另一方面,复合无机物粒子溶出孔的形成增大了膜内表面孔隙率,有利于水滴渗透进入膜孔。

液体渗透压是表征疏水微孔膜渗透性能的重要参数，其在减压膜蒸馏等疏水膜应用中有重要意义。只有在低于微孔膜液体渗透压的操作压力下进行膜蒸馏实验，才能保证原料液不会渗透通过膜孔，保证膜蒸馏脱盐效率。采用外压法测试了 ECTFE 中空纤维膜的液体渗透压，结果如图 4-61 所示。当成膜体系中未添加复合无机物粒子时，所得膜的液体渗透压达到 0.33MPa，表明其具有良好的疏水性和耐压性。随复合无机物粒子添加量的增大，膜的液体渗透压逐渐下降，主要是因为膜的外表面致密皮层变薄，孔隙率及外表面微孔结构增大，相对疏松的微孔结构和较大的膜孔使测试液体能够在较小的压力下进入和透过膜。

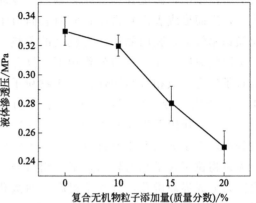

图 4-61　复合无机物粒子添加量对 ECTFE 中空纤维膜液体渗透压的影响

采用 3.5%（质量分数）的 NaCl 溶液测试 ECTFE 中空纤维膜的减压膜蒸馏脱盐性能。图 4-62 为不同复合无机物粒子添加量 ECTFE 中空纤维膜的膜蒸馏通量随测试时间变化曲线。在连续的膜蒸馏测试过程中，膜的渗透通量呈现先降低后趋于稳定的变化趋势：一方面，中空纤维膜的膜孔在持续负压和蒸气压差的作用下会被压缩，孔隙率减小，直到微孔结构稳定；另一方面，在膜蒸馏传质和传热过程中，膜表面因溶液浓度增大和温度升高，发生浓差极化和温度极化现象。随复合无机物粒子添加量的增大，所得膜初始和稳定渗透通量均有不同程度的增大，表明膜的孔隙率越高，通量越大。

图 4-63 为不同复合无机物粒子添加量

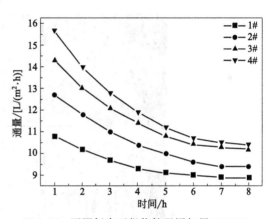

图 4-62　不同复合无机物粒子添加量 ECTFE 中空纤维膜的膜蒸馏通量随测试时间变化曲线
1#—0%（质量分数）；2#—10%（质量分数）；
3#—15%（质量分数）；4#—20%（质量分数）

ECTFE 中空纤维膜的膜蒸馏脱盐率。得益于 ECTFE 中空纤维膜疏水性和孔径尺寸较小的外表面，脱盐率可以达到 99% 以上，表现出优异的脱盐性能。随复合无机物粒子的加入，膜孔径和孔隙率增大，在膜蒸馏通量提高的同时，较大的膜孔径也更易造成原料液中无机盐的渗透，使膜脱盐率降低。

4.3.4.3　ETFE 中空纤维膜

以 ETFE 为成膜聚合物，邻苯二甲酸二丁酯（DBP）为增塑剂，以可溶和不可溶无机物粒子混合而成的复合无机物粒子为成孔剂，采用熔融纺丝-拉伸法制备了 ETFE 中空纤维膜，研究不同后拉伸倍数对膜结构及性能的影响。根据拉伸倍数不同（未拉伸、拉伸 2 倍、拉伸 3 倍、拉伸 4 倍）将样品进行编号，分别为 M-1、M-2、M-3 和 M-4。

图 4-64 为不同后拉伸倍数 ETFE 中空纤维膜的内外表面形貌。ETFE 中空纤维膜的外表面较内表面更致密，界面微孔的数量及溶出孔较少。这与 ETFE 熔体从喷丝口挤出后，

膜内外表面存在温度差有关。外表面由于与空气层直接接触，温度梯度变化较剧烈，冷却速度快，进而形成表面致密层；而内表面由于热交换速率较低，膜内侧还存有较高的余热，减缓了固化速度。在牵伸力的作用下，复合无机物粒子作为分散相且是刚性的无机物粒子，几乎不会产生形变；而 ETFE 作为柔性的基质相，在外力作用下极易发生变形。在膜后牵伸过程中，由于 ETFE 中空纤维膜的内表面中复合无机物粒子含量相对较高，基质相与分散相之间易形成界面微孔，有利于提高界面微孔数量，增大膜孔隙率。因此，随后拉伸倍数增加，膜的内外表面微孔数量增加，孔径及孔隙率增大，且内表面孔数量多于外表面。

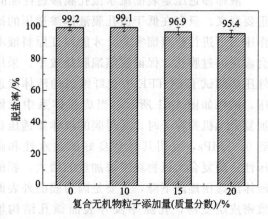

图 4-63　不同复合无机物粒子添加量 ECTFE 中空纤维膜的膜蒸馏脱盐率

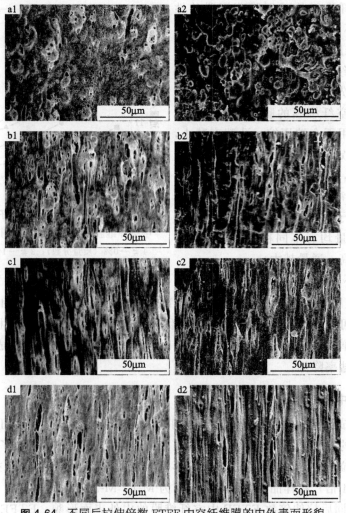

图 4-64　不同后拉伸倍数 ETFE 中空纤维膜的内外表面形貌

(1) 内表面；(2) 外表面；(a) ～ (d) 分别表示 M-1、M-2、M-3 和 M-4

图 4-65 为不同后拉伸倍数 ETFE 中空纤维膜的横截面形貌。由图 4-65（a1）～（d1）可以看出，ETFE 中空纤维膜横截面呈现出蜂窝状微孔结构，仅表面有一层较薄的致密层，因此其可视为一种均质膜。蜂窝状结构的形成一方面是由于所加增塑剂 DBP 经无水乙醇萃取后，在膜内产生微孔结构；另一方面是由于复合无机物粒子中水溶性组分经水溶出后，形成溶出孔结构。由图 4-65（a3）～（d3）可以看出，随后拉伸倍数增大，膜横截面孔径变大，结构更为疏松。这是由于后拉伸导致刚性的无机物粒子和柔性的 ETFE 在外力作用下形成界面微孔；后拉伸倍数越大，界面微孔越大，孔隙率越高，壁厚越薄（表 4-5）。膜壁厚的减小有利于提高膜孔之间的贯通，减小传质阻力，改善膜渗透性能。

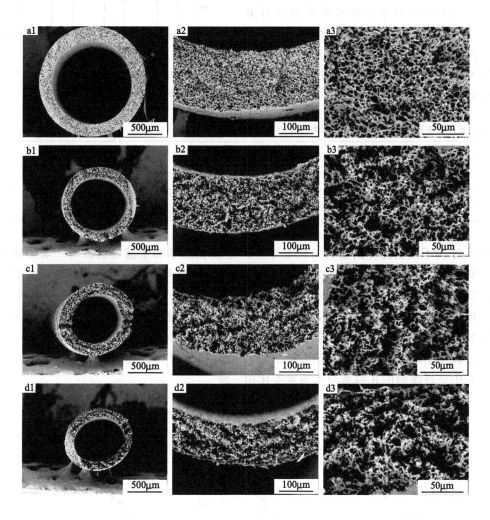

图 4-65 不同后拉伸倍数 ETFE 中空纤维膜的横截面形貌

（a）～（d）分别表示 M-1、M-2、M-3 和 M-4

⊡ **表 4-5 ETFE 中空纤维膜外径及内径**

膜编号	M-1	M-2	M-3	M-4
外径/mm	1.53	1.22	1.02	0.92
内径/mm	1.16	0.89	0.73	0.68
壁厚/mm	0.185	0.165	0.145	0.12

图 4-66 为不同后拉伸倍数对 ETFE 中空纤维膜外表面水接触角的影响。未拉伸 ETFE 中空纤维膜外表面水接触角为 122.5°，随后拉伸倍数增大，膜外表面水接触角变化很小，表明不同后拉伸倍数对其接触角影响较小。

表 4-6 为 ETFE 中空纤维膜平均孔径及最大孔径。随后拉伸倍数增大，所得膜平均孔径及最大孔径均增加。未拉伸 ETFE 中空纤维膜中只有复合无机物粒子中的水溶性组分溶出，形成少量溶出孔，表面较致密，因此平均孔径和最大孔径较小；经后拉伸处理后，膜的表面形成较大尺寸界面孔，且随后拉伸倍数增大，界面孔增多，孔径增大。

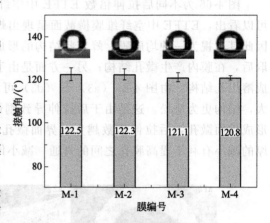

图 4-66 不同后拉伸倍数对 ETFE 中空纤维膜外表面水接触角的影响

⊡ **表 4-6 ETFE 中空纤维膜平均孔径及最大孔径**

膜编号	平均孔径/nm	最大孔径/nm
M-1	245.6	493.1
M-2	406.4	863.2
M-3	486.3	1106.5
M-4	556.1	1864.7

图 4-67 为不同后拉伸倍数对 ETFE 中空纤维膜孔隙率和水通量的影响。未拉伸 ETFE 中空纤维膜的孔隙率和水通量都较低，随着后拉伸倍数增大，所得膜的孔隙率和水通量均有较明显提高。当后拉伸倍数为 4 时，所得膜孔隙率达到 67.36%。在未拉伸 ETFE 中空纤维膜中只有溶出孔，孔数量少且孔径较小，而随后拉伸倍数增大；ETFE 中空纤维膜的界面微孔数量逐渐增加，孔径增大，孔隙率增加，有利于提高膜水通量。图 4-68 为不同后拉伸倍数对 ETFE 中空纤维膜氮气通量的影响。随后拉伸倍数增大，氮气通量出现较大提高，这与 ETFE 中空纤维膜的孔隙率与水通量变化相一致。

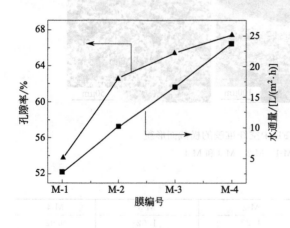

图 4-67 不同后拉伸倍数对 ETFE 中空纤维膜孔隙率和水通量的影响

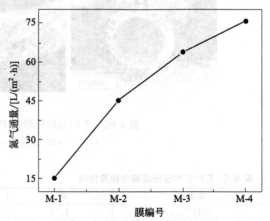

图 4-68 不同后拉伸倍数对 ETFE 中空纤维膜氮气通量的影响

图 4-69 为 ETFE 中空纤维膜的应力-应变曲线。随后拉伸倍数增大，ETFE 中空纤维膜的断裂强度增大，断裂伸长率减小。在后拉伸过程中，ETFE 大分子链段在外力作用下沿膜轴向重新排列，使膜内部大分子链取向度增加，规整度提高，有利于提高膜断裂强度，而膜断裂伸长率降低。

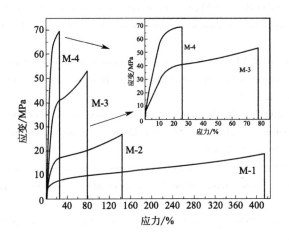

图 4-69　ETFE 中空纤维膜的应力-应变曲线

4.4　结论与展望

21 世纪后，随着膜分离技术在水处理领域的规模化工程应用，特别是膜生物反应器的快速发展，不仅需要中空纤维膜具有良好的渗透性能（通量），同时也要具有优异的力学性能。TIPS 法纺丝工艺相对简单，在较高聚合物浓度下可以制备出较高膜孔隙率和良好力学性能的微孔中空纤维膜，并且孔径分布窄，在主流湿法相转化纺丝外为制备高通量和高强度的中空纤维膜提供了另外一种选择，特别适用于 PP、UHMWPE、含氟共聚物等常温下很难找到溶剂的聚合物。

参考文献

[1] MULDER M. Basic principles of membrane technology [M]. Netherland：Springer，1991：76-77.

[2] BAKER R W. Membrane technology and applications [M]. 2nd edition. England：John Wiley & Sons，Ltd.，2004：109-112.

[3] CASTRO A J. Method for making microporous products：US 4247498 [P]. 1981-01-27.

[4] VITZTHUM G H，DAVIS M A. 0.1 Micron rated polypropylene membrane and method for its preparation：US 4490431 [P]. 1984-12-25.

[5] SHIPMAN G H. Microporous sheet material，method of making and articles made there with：US 4539256 [P]. 1985-09-03.

[6] LLOYD D R，KINZER K E，TSENG H S. Microporous membrane formation via thermally induced phase separation，Ⅰ. Solid-Liquid phase separation [J]. Journal of Membrane Science，1990，52：239-261.

[7] LLOYD D R, KIM S S, KINZER K E. Microporous membrane formation via thermally induced phase separation, II. Liquid-Liquid phase separation [J]. Journal of Membrane Science, 1991, 64: 1-11.

[8] KIM S S, LLOYD D R. Microporous membrane formation via thermally induced phase separation, III. Effect of thermodynamic interactions on the structure of isotactic polypropylene membranes [J]. Journal of Membrane Science, 1991, 64: 13-29.

[9] LIM G B A, KIM S S, YE Q H, et al. Microporous membrane formation via thermally induced phase separation, IV. Effect of isotactic polypropylene crystallization kinetics on membrane structure [J]. Journal of Membrane Science, 1991, 64: 31-40.

[10] KIM S S, LIM G B A, ALWATTARI A A, et al. Microporous membrane formation via thermally induced phase separation, V. Effect of diluent mobility and crystallization on the structure of isotactic polypropylene membrane [J]. Journal of Membrane Science, 1991, 64: 41-53.

[11] ALWATTARI A A, LLOYD D R. Microporous membrane formation via thermally induced phase separation, VI. Effect of diluent morphology and relative crystallization kinetics on polypropylene membrane structure [J]. Journal of Membrane Science, 1991, 64: 55-68.

[12] MCGUIRE K S, LLOYD D R, LIM G B A. Microporous membrane formation via thermally induced phase separation, VII. Effect of dilution, cooling rate, and nucleating agent addition on morphology [J]. Journal of Membrane Science, 1993, 79: 27-34.

[13] DOI Y, MATSUMURA H. Polyvinylidene fluoride porous membrane and a method for producing the same: US 5022990 [P]. 1991-06-11.

[14] TAKAMURA M, YOSHIDA H. Porous polyvinylidene fluoride resin film and process for producing the same: US 6299773 [P]. 2001-10-09.

[15] LAXMINARAYAN A, MCGUIRE K S, KIM S S, et al. Effect of initial composition, phase separation temperature and polymer crystallization on the formation of microcellular structures via thermally induced phase separation [J]. Polymer, 35 (14): 3060-3068.

[16] MATSUYAMA H, BERGHMANS S, BATARSEH M T, et al. Effects of thermal history on anisotropic and asymmetric membranes formed by thermally induced phase separation [J]. Journal of membrane science, 1998, 142 (1): 27-42.

[17] YANG M C, PERNY J S. Effect of quenching temperature on the morphology and separation properties of polypropylene microporous tubular membranes via thermally induced phase separation [J]. Journal of polymer research, 1998, 5: 213-219.

[18] 唐娜, 刘家祺, 马敬环, 等. 热致相分离聚丙烯平板微孔膜的制备 [J]. 膜科学与技术, 2005, 25 (2): 38-41.

[19] LUO B Z, ZHANG J, WANG X L, et al. Effects of nucleating agents and extractants on the structure of polypropylene microporous membranes via thermally induced phase separation [J]. Desalination, 2006, 192 (1-3): 142-50.

[20] MATSUYAMA H, KIM M M, LLOYD D R. Effect of extraction and drying on the structure of microporous polyethylene membranes prepared via thermally induced phase separation [J]. Journal of Membrane Science, 2002, 204: 413-419.

[21] ARKINSON P M, LLOYD D R. Anisotropic flat sheet membrane formation via TIPS: atmospheric convection and polymer molecular weight effects [J]. Journal of Membrane Science, 2000, 175: 225-238.

[22] LI X F. Morphology control of polyvinylidene fluoride porous membrane [M]. India: Research Signpost, 2009: 513-525.

[23] HIATT W C, VITZTHUM G H. Microporous membrane via thermally induced phase separation, materials science of synthetic membranes [M]. Lloyd D R. Washington, DC: American Chemical Society, ACS Symp. Ser. No. 269, 1985: 229-244.

[24] SMITH S D, SHIPMAN G H, FLOYD R M, et al. Microporous PVDF films and method of manufacturing: US20050058821A1 [P]. 2005-03-17.

[25] LI X F, LU X L. Morphology of polyvinylidene fluoride and its blend in thermally induced phase separation process

［J］. Journal of Applied Polymer Science，2006，101（5）：2944-2952.

［26］ GU M H，ZHANG J， WANG X L，et al. Crystallization behavior of PVDF in PVDF-DMP system via thermally induced phase separation ［J］. Journal of Applied Polymer Science，2006，102：3714-3719.

［27］ LU X L，LI X F. Preparation of polyvinylidene fluoride membrane via the thermally induced phase separation using a mixed diluent ［J］. Journal of Applied Polymer Science，2009，114（2）：1213-1219.

［28］ LI X F，WANG Y G，LU X L，et al. Morphology changes of polyvinylidene fluoride membrane under different phase separation mechanisms ［J］. Journal of Membrane Science，2008，320（1-2）：477-482.

［29］ LI X F，XU G Q，LU X L，et al. Effects of mixed diluent composition on the morphology of polyvinylidene fluoride membrane in thermally induced phase separation process ［J］. Journal of Applied Polymer Science，2008， 107：3630-3637.

［30］ LI X F，LIU H Y，XIAO C F，et al. Effect of take-up speed on polyvinylidene fluoride hollow fiber membrane in a thermally induced phase separation process ［J］. Journal of Applied Polymer Science，2013，128：1054-1060.

［31］ PAN B J，ZHU L，LI X F. Preparation of PVDF/CaCO$_3$ composite hollow fiber membrane via a thermally induced phase separation method ［J］. Polymer Composites，2013，34（7）：1204-1210.

［32］ VADALIA H C，LEE H K，MYERSON A S，et al. Thermally induced phase separation in ternary crystallizable polymer solutions ［J］. Journal of membrane science，1994，89（1-2）：37-50.

［33］ 杨振生. 热致相分离法 iPP 中空纤维微孔膜及其形态结构研究 ［D］. 天津大学，2005.

［34］ ZHOU B，TANG Y，LI Q，et al. Preparation of polypropylene microfiltration membranes via thermally induced （solid-liquid or liquid-liquid）phase separation method ［J］. Journal of Applied Polymer Science，2015，132：35-44.

［35］ 李凭力. 热致相分离聚丙烯中空纤维膜及其萃取特性的研究 ［D］. 天津：天津大学，2002.

［36］ 胡家璁. 大分子科学与诺贝尔奖 ［J］. 世界科学，2002（8）：2-6.

［37］ WEIGHALL M J. Battery separator design requirements and technology improvements for the modern lead/acid battety ［J］. Journal of Power Sources，1995，53（2）：273-282.

［38］ LOPATIN G，YEN L Y. Microporous membranes of ultrahigh molecular weight polyethylene：US 4828772 ［P］. 1989-05-09.

［39］ PLUYTER P B，SMITH P，VAN UNEN L H T，et al，Process of making microporous films of UHMWPE：US 5248461 ［P］. 1993-09-28.

［40］ ZHANG C，BAI Y，GU J，et al. Crystallization kinetics of ultra high-molecular weight polyethylene in liquid paraffin during solid-liquid thermally induced phase separation process ［J］. Journal of Applied Polymer Science，2011，122（4）：2442-2448.

［41］ OTTO C，HANDGE U A，GEORGOPANOS P，et al. Porous UHMWPE membranes and composites filled with carbon nanotubes：permeability，mechanical，and electrical properties ［J］. Macromolecular Materials & Engineering，2017，302，1600405：1-14.

［42］ TOQUET F，GUY L，SCHLEGEL B，et al. Effect of the naphthenic oil and precipitated silica on the crystallization of ultrahigh-molecular-weight polyethylene ［J］. Polymer，2016，97：63-68.

［43］ 赵忠华，薛平，何亚东，等. 用 TIPS 法成形超高分子量聚乙烯微孔材料的机理分析 ［J］. 高分子材料科学与工程，2003，19（1）：24-27，31.

［44］ 陈翠仙，郭红霞，王平，等，超高分子量聚乙烯微孔滤膜表面的亲水化改性方法：CN 200410062258.0 ［P］. 2007-03-14.

［45］ 张春芳，朱宝库，徐又一. 热致相分离法制备超高分子量聚乙烯微孔膜 ［J］. 功能材料，2007，38（增刊）：2731-2734.

［46］ 丁怀宇，李兰，王丽华，等. 热致相分离法制备超高分子量聚乙烯多孔膜的方法：CN 200610113814.1 ［P］. 2010-05-12.

［47］ SHEN L，PENG M，QIAO F，et al. Preparation of microporous ultra high molecular weight polyethylene （UHMWPE）by thermally induced phase separation of a UHMWPE/liquid paraffin mixture ［J］. Chinese Journal of Polymer Science，2008，26（6）：653-657.

[48] LIU S J, ZHOU C X, YU W. Phase separation and structure control in ultra-high molecular weight polyethylene microporous membrane [J]. Journal of Membrane Science, 2011, 379 (1-2): 268-278.

[49] CHEUNG S Y, WEN W, GAO P. Disentanglement and micropore structure of UHMWPE in an athermal solvent [J]. Polymer Engineering & Science, 2015, 55 (5): 1177-1186.

[50] WU Y C, CUI Y H, JIN H L, et al. Study on the preparation and thermal shrinkage properties of nano-SiO₂/UHMWPE/HDPE blend microporous membranes [J]. Journal of Applied Polymer Science, 2015, 132 (3), 41321: 1-8.

[51] LIU R, WANG X W, YU J R, et al. Development and evaluation of UHMWPE/woven fabric composite microfiltration membranes via thermally induced phase separation [J]. Rsc Advances, 2016, 6 (93): 90701-90710.

[52] LI N N, XIAO C F, ZHANG Z Y. Effect of polyethylene glycol on the performance of ultrahigh-molecular-weight-polyethylene membranes [J]. Journal of Applied Polymer Science, 2010, 117 (2): 720-728.

[53] LI N N, XIAO C F. Preparation and properties of UHMWPE/SiO₂ hybrid hollow fiber membranes via thermally induced phase separation-stretching method [J]. Iranian Polymer Journal, 2009, 18 (6): 479-489.

[54] LI N N, XIAO C F. Effect of the preparation conditions on the permeation of ultrahigh-molecular-weight-polyethylene/silicon dioxide hybrid membranes [J]. Journal of Applied Polymer Science, 2010, 117 (5): 2817-2824.

[55] LI N N, XIAO C F. The effect of stretch on multi-pore-structure of ultrahigh molecular weight polyethylene/SiO₂ hybrid hollow fiber membranes [J]. High Performance Polymers, 2010, 22 (7): 820-833.

[56] LI N N, XIAO C F, WANG R, et al. The effect of binary diluents on the performance of ultrahigh molecular weight polyethylene/SiO₂ hybrid hollow fiber membrane [J]. Journal of Applied Polymer Science, 2012, 124 (S1): E169-E176.

[57] LI N N, LIU F, LU Q C, et al. The preparation and study of poly (vinylidene fluoride) /ultrahigh-molecular-weight polyethylene/SiO₂, hollow fiber membrane with network enhanced structure [J]. Reactive & Functional Polymers, 2016, 109: 64-69.

[58] PAN J, XIAO C F, HUANG Q L, et al. ECTFE porous membranes with conveniently controlled microstructures for vacuum membrane distillation [J]. Journal of Materials Chemistry A, 2015, 3 (46): 23549-23559.

[59] HUANG Q L, XIAO C F, HU X Y, et al. Fabrication and properties of poly (tetrafluoroethylene-co-hexafluoropropylene) hollow fiber membranes [J]. Journal of Materials Chemistry, 2011, 21 (41): 16510-16516.

[60] WU Y J, HUANG Q L, XIAO C F, et al. Study on the effects and properties of PVDF/FEP blend porous membrane [J]. Desalination, 2014, 353: 118-124.

第5章

熔融纺丝-拉伸界面致孔制膜方法

5.1 引言

第 3 章所述的熔融纺丝-拉伸法（MSCS），是 20 世纪 70 年代 Celanese 公司开发的一种多孔膜制备方法，1977 年日本三菱人造丝公司首次将熔融纺丝-拉伸法用于聚丙烯中空纤维微孔膜的制备。熔融纺丝-拉伸法制膜基本原理是指将聚合物在高应力下熔融挤出，高的挤出应力使聚合物大分子链在垂直于挤出方向形成平行排列的片状微晶，纺丝成形后经冷拉伸，平行排列的片晶结构被拉开，形成大量由片晶之间的微裂纹和微纤结构所构成的微孔。最后通过热定型（微孔结构进一步结晶）固定微孔结构，即可得到孔径范围在 $0.1 \sim 3\mu m$ 的微孔膜。熔融纺丝-拉伸法制备中空纤维膜具有纺丝速度快（$200 \sim 600 m/min$），生产效率高，制膜过程中无须添加任何添加剂、生产成本低、对环境无污染等优点。然而，由于熔融纺丝-拉伸法中空纤维膜孔结构的形成受限于成膜聚合物的结晶和聚集态结构，仅适用于聚乙烯、聚丙烯等这类易结晶、硬弹性聚合物，很难推广至其他聚合物中空纤维膜的制备过程，因而发展受限。为了拓宽熔融纺丝制膜的应用领域和提高中空纤维膜性能，膜研究者开展了熔融纺丝-拉伸界面致孔技术的研究。本章主要介绍熔融纺丝-拉伸界面致孔法的技术原理及其在中空纤维膜制备方面的应用。

5.2 基本原理

5.2.1 界面

复合体系的相界面（interface）是指两相或多相复合体系的交界面（过渡区）。当两种不能相互溶解或相容性较差的聚合物混合在一起时，会形成明显的界面[1]。目前，关于聚合物复合体系的研究主要集中在聚合物相容性、分散相形态和复合体系热力学性质等方面，而对复合体系界面的研究较少，还未形成较系统和完整的理论。在膜分离技术领域，关于复合体系相界面与膜分离性能的研究文献报道较少。

一般而言，两相聚合物的复合体系中存在以下区域结构：两种聚合物各自独立的相和两相之间的界面层。界面层也称为过渡区，在此区域发生两相的融合以及两种聚合物大分子链段之间的相互扩散。界面层的结构对复合体系的性质起决定性作用。当构成复合体系的两种聚合物之间具有一定程度的分子级混合和扩散时，界面层的作用就十分突出[2]。

聚合物复合体系界面层的形成可分成两个步骤：第一步是两相之间的相互接触；第二步是两种聚合物大分子链段之间的相互扩散。增加两相之间的接触面积有利于大分子链段之间的相互扩散，提高两相之间的融合力。因此，在复合过程中应保证两相之间的高度分散，适当减小相畴尺寸是非常重要的。界面层厚度主要取决于两种聚合物的相容性。此外，界面层厚度还与大分子链段尺寸、组成以及相分离条件有关。对于基本不混溶的聚合物共混体系，聚合物大分子链段之间只有轻微的相互扩散，因而两相之间有非常明显和确定的相界面[3]。

随着两种聚合物之间混溶性的增加，其扩散程度增大，相界面越来越模糊，界面层厚度越来越大，两相之间的融合力增大；完全相容的两种聚合物最终形成均相，相界面消失。研究发现，由于相界面的存在，在加工或使用过程中会发生相分离，使材料的力学性能受到影响[4]。

5.2.2 界面致孔

早在 20 世纪 90 年代，肖长发等首次提出共混纤维界面致孔原理，研究了具有界面相分离微孔结构特征的丙烯腈共聚物（PAC）/醋酸纤维素（CA）共混多孔纤维。采用湿法纺丝制备的 PAC/CA 初生纤维经一定温度的干燥处理后，由于 PAC 与 CA 热变形能力不同，使共混纤维中组分 PAC 与 CA 之间产生明显的界面，形成界面微孔，在赋予纤维较高孔隙率和吸水性能的同时，还保持了纤维较好的力学性能。图 5-1 为具有界面相分离微孔结构的 PAC/CA 共混纤维微观形貌图[5]。

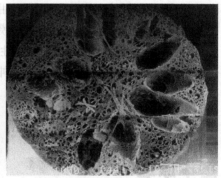

图 5-1 具有界面相分离微孔结构的 PAC/CA 共混纤维微观形貌图

在共混组分部分相容的体系中，由于共混物组分在外部环境刺激（应力、温度等）下的响应不同（形变能力不同），进而发生某种程度的界面相分离，最终产生界面微孔结构。相比其他成孔方法，界面相分离致孔可使纤维材料具有较高孔隙率的同时，仍保持较好的力学性能。

　　肖长发课题组将共混纤维界面致孔原理引入中空纤维多孔膜的制备过程，尤其是针对致孔较困难的熔融纺丝法中空纤维膜制备过程[6]，根据热力学相容性理论和聚合物共混界面相分离原理，系统研究了聚氨酯系、聚烯烃系聚合物共混体系界面孔结构的形成过程。结果发现，由于聚合物之间相容性的差异将导致共混物在熔融纺丝中空纤维膜制备过程中形成相界面，经拉伸及热处理，共混物组分的形变能力不同，沿拉伸方向发生某种程度的界面相分离而形成界面孔结构。特别是聚合物与无机物粒子的复合体系，由于无机物粒子多为高表面能的刚性物质，而聚合物则多为低表面能的韧性物质，在两者混合时将形成明显的界面区。对界面区形态结构的研究表明，这种界面区的存在有利于界面微孔的形成。利用聚合物的韧性和无机物粒子的刚性及两者存在的相界面，引入界面微孔来改变膜的分离性能，可赋予所得分离膜高孔隙率的同时并不降低其力学强度。

　　此外，可将熔融纺丝-拉伸界面致孔法拓展至其他不同聚合物之间以及聚合物与无机物粒子之间的二元或三元多相聚合物成膜体系的制膜过程[7]。基于聚合物之间相容性的差异形成聚合物界面孔、聚合物与无机物粒子之间形成聚合物/无机物界面孔、可溶性无机相或有机相形成的溶出孔以及拉伸过程中形成的拉伸孔和界面孔等相互交叉与贯通，形成多重孔结构。提出的中空纤维膜多重孔结构的设计、构建、重组及优化理论，有效地丰富和发展了中空纤维多孔膜的成形理论。图5-2为具有多重孔结构特征的PVDF中空纤维膜横截面形貌和孔结构模型。

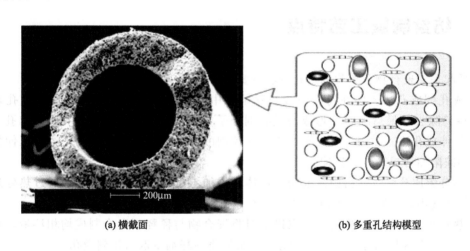

（a）横截面　　　　　　　　　　　（b）多重孔结构模型

图5-2　具有多重孔结构特征的PVDF中空纤维膜横截面形貌及孔结构模型

　　图5-3为聚合物多相成膜体系构建多重孔结构。多重孔结构包括界面孔、拉伸孔和溶出孔等。可以看出，在聚合物/无机物粒子杂化体系中，聚合物与无机物粒子属于不相容体系，分子间作用力较小。在拉伸过程中，刚性无机物粒子几乎不发生形变，而聚合物柔性体沿应力方向产生较大形变，使聚合物/无机物粒子之间发生界面相分离，出现明显的界面微孔结构［图5-3（a）］。在聚合物/聚合物共混体系中，聚合物会沿着应力方向同时产生形变，但聚合物的形变能力不一致，导致聚合物/聚合物两相之间的界面层被打开，形成聚合物与聚合物之间的界面孔，且该界面孔沿应力方向更加明显［图5-3（b）］。由成孔剂溶出形成的溶出孔，在拉伸应力作用下，部分溶出孔变形为细长形［图5-3（c）］。但若拉伸倍数较高，则溶

出孔的当量孔径减小甚至发生闭合[8]。

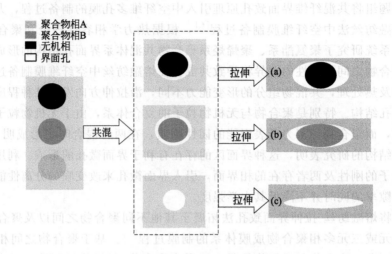

图 5-3　聚合物多相成膜体系构建多重孔结构

5.3　纺丝制膜工艺特点

概括起来，聚合物分离膜的成孔方法主要如下。

① 成孔剂成孔法。即在铸膜液或纺丝熔体中添加适当的可溶性物质作为成孔剂，制膜后再将其除去，最后在膜中形成与成孔剂分子或聚集体尺寸相当的微孔（溶出孔）。

② 拉伸成孔法。多用于聚集态结构较易控制的聚烯烃等本体聚合物，经后拉伸使膜中产生结构缺陷而形成微孔（拉伸孔）。

③ 热分解成孔法。在铸膜液或纺丝熔体中添加不溶性成孔剂，成膜后通过热处理使其分解成气体逸出，在膜中形成相应的微孔（气体逸出孔）。

④ 热致相分离法。在聚合物熔点以上时将聚合物与稀释剂混合制成均相溶液，体系在降温过程中发生 S-L 相分离或 L-L 相分离，最后将稀释剂萃取后得到微孔。

这些成孔方法已在实际的制膜过程中得到应用，相对于其他聚合物成孔方法，界面相分离致孔具有如下优点。

① 由于聚合物基质相与分散相之间可形成多重孔结构，因此分离膜具有较高的孔隙率，同时由于分散相（如无机物粒子相）在基质相中可以充当无机物粒子增强，使得分离膜仍保持较高的力学强度。

② 针对成孔较难的中空纤维膜纺丝体系，如熔融纺丝温度较高导致的低分子量成孔剂无法使用，或高温纺丝条件下聚合物基质相与成孔剂相容性差导致纺丝可纺性差等问题，界面致孔可有效解决其成孔难的问题。

图 5-4 为聚合物中空纤维膜熔融纺丝-拉伸界面致孔法制膜过程。

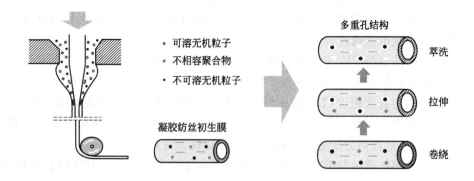

图 5-4 聚合物中空纤维膜熔融纺丝-拉伸界面致孔法制膜过程

5.4 应用示例

将界面相分离作为一种新的致孔方法引入中空纤维膜的成孔过程,采用自主开发的双螺杆挤出纺丝-拉伸界面致孔技术先后研制出高强度、高孔隙率、大通量的聚偏氟乙烯、聚氯乙烯、聚全氟乙丙烯中空纤维膜等[9,10]。

5.4.1 聚偏氟乙烯中空纤维膜

聚偏氟乙烯 PVDF 具有优异的化学稳定性、热稳定性和加工性能,是一种性能优良的新型聚合物制膜材料。PVDF 可溶于某些强极性有机溶剂,如 N,N-二甲基乙酰胺(DMAC)、N,N-二甲基甲酰胺(DMF)、二甲基亚砜(DMSO)以及 N-甲基吡咯烷酮等,因此溶液纺丝法(溶液相转化法,NIPS)是 PVDF 中空纤维膜最常用的制备方法[11]。图 5-5 为典型溶液相转化法 PVDF 中空纤维膜横截面形貌,由图可见其横截面结构由外部致密皮层和中间大孔支撑层构成,疏松多孔的结构有利于较高的渗透通量,但同时导致膜的力学强度降低。

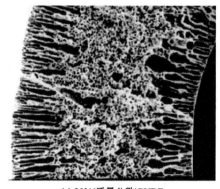

(a) 20%(质量分数)PVDF

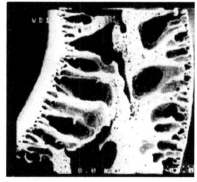

(b) 20%(质量分数)PVDF+8%(质量分数)PVP

图 5-5 典型溶液相转化法 PVDF 中空纤维膜横截面形貌

日本科学家高井信治采用熔融纺丝-拉伸法制备了 PVDF 中空纤维膜，所得中空纤维膜力学强度较好，但孔隙率较低，通透性也较差。国内杜春慧等也采用这种方法制备 PVDF 中空纤维膜，所得膜的通透性同样有待进一步提高[12]。

目前熔融纺丝法制备 PVDF 中空纤维膜主要包括熔融纺丝-拉伸法及热致相分离法。在 PVDF 熔融纺丝成膜体系中引入一种与 PVDF 相容性较差的物质作为分散相，该物质具有良好的可纺性并能与基质相 PVDF 形成界面微孔。同时，为得到高孔隙率的 PVDF 中空纤维膜，所选分散相物质应较为方便去除，即该分散相本身也作为一种致孔成分。聚氧乙烯（PEO）作为一种水溶性高分子量均聚物，具有柔软性、良好的可延展性，且由于其分子量较高，其熔体黏度仍能满足与 PVDF 共混熔融纺丝加工要求。通过对 PEO 与 PVDF 的相容性进行考察可知，二者的溶解度参数分别为 20.26 $(J/cm^3)^{1/2}$ 和 23.50 $(J/cm^3)^{1/2}$，表明二者的相容性较差，有利于界面微孔的形成。因此，可选择 PEO 为致孔成分，将其与 PVDF 共混；为降低纺丝温度并增加 PVDF 的流动性，加入一定量的稀释剂，通过熔融纺丝的方法制备 PVDF 中空纤维膜。这样 PEO 与 PVDF 在共混熔融纺丝挤出的过程中就可形成界面微孔，有利于消除热致相分离法纺丝制膜过程中产生的致密皮层。图 5-6 为熔融纺丝成形的 PVDF 中空纤维膜形貌。可见，熔融纺丝成形的 PVDF 中空纤维膜为具有界面孔结构特征的高强度和大通量中空纤维膜，与溶液纺丝法得到的膜结构不同，较好地解决了溶液纺丝法中空纤维膜孔隙率高而强度低的难题。图 5-7 为 PVDF 熔融纺丝成膜体系双螺杆挤出纺丝流程[13]。

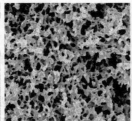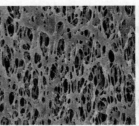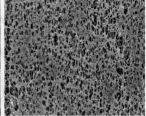

图 5-6 熔融纺丝成形的 PVDF 中空纤维膜形貌

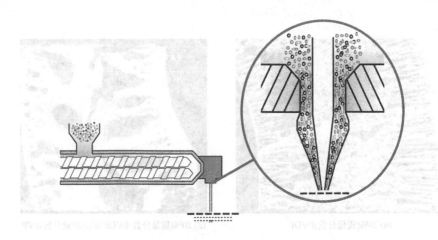

图 5-7 PVDF 熔融纺丝成膜体系双螺杆挤出纺丝流程

5.4.2　聚全氟乙丙烯中空纤维膜

作为分子结构最为规整的全氟聚合物，聚四氟乙烯（PTFE）具有极其优异的化学稳定性、热稳定性和抗污染性等性能。然而，PTFE 结晶度高、熔点高、熔体黏度高等特点使其具有"不溶不熔"的特性，很大程度上限制了其加工性能。为弥补 PTFE 加工性能的不足，对 PTFE 进行改性以使其可熔融加工已成为目前全氟聚合物材料重要的研究方向。对 PTFE 的改性主要集中在四氟乙烯（TFE）的共聚改性，通过 TFE 与其他全氟乙烯单体辐射引发进行高压共聚反应；或采用引发剂引发进行高压悬浮聚合或乳液聚合反应，在 TFE 主链上引入支链取代基，改变 PTFE 大分子链的构型，降低其分子规整度，进而改善其熔融加工性能。改性后的全氟聚合物既保留了 PTFE 原有的优异的物理、化学特性，又在可熔融加工性能方面得到改进，简化生产工艺，降低生产成本，大大拓宽其应用领域，具有良好的发展和应用前景。表 5-1 列出了部分已商业化的全氟聚合物对应的生产厂商。常见的全氟聚合物产品有 TFE-乙烯共聚物（ETFE）、TFE-全氟烷基乙烯基醚共聚物（PFA）、TFE-HFP 的共聚物（FEP）等[14,15]。

□ **表 5-1　部分已商业化的全氟聚合物及其对应的生产厂商**

共聚物	化学结构式	主要生产厂商
TFE/CH₂＝CH₂ (ETFE)	$\text{-}(CF_2CF_2)_n(CF_2CF_2)_n\text{-}$	旭硝子、杜邦、山东东岳
TFE/CF₂＝CF—CF₃ (FEP)	$\text{-}(CF_2CF_2)_m(CF_2(CF_3)CF_2)_n\text{-}$	杜邦、大金、山东东岳
TFE/CH₂＝CH—CH₃	$\text{-}(CF_2CF_2)_m(CH(CH_3)CH_2)_n\text{-}$	旭硝子、山东东岳
TFE/FVE (PFA)	$\text{-}(CF_2CF_2)_m(CF(ORf)CF_2)_n\text{-}$	杜邦、大金、山东东岳、索尔维

FEP 是最早开发的共聚改性全氟聚合物材料，它是 TFE 与 HFP 的无规共聚物。与 PTFE 一样，FEP 也是全氟化直链聚合物，大分子链完全由 C 和 F 原子构成，C—F 键的键能高且键距短，F 原子稠密地排布在 C—C 大分子主链周围，具有优异的化学稳定性、耐高低温性和抗污染性等。图 5-8 为 FEP 的分子结构式。

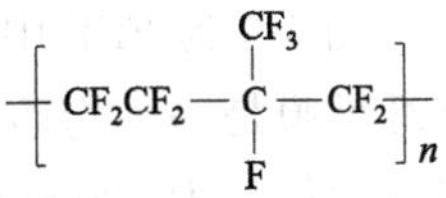

$$\left[CF_2CF_2 - \underset{F}{\overset{CF_3}{C}} - CF_2 \right]_n$$

图 5-8 FEP 的分子结构式

FEP 虽然是完全氟化的结构，但大分子主链上的分支和侧链（三氟甲基，CF₃）破坏了 PTFE 结构原有的规整性，降低 PTFE 的结晶度，因而 FEP 具有相当稳定的熔点和良好的熔融加工性能。FEP 熔点随聚合物中 HFP 含量增加而降低。表 5-2 列出了共聚物中六氟丙烯含量对 FEP 结晶峰和熔点的影响。

□ **表 5-2　共聚物中六氟丙烯含量对 FEP 结晶峰和熔点的影响**

聚合物	六氟丙烯的摩尔分数/%	熔点/℃	$2\theta/(°)$
PTFE	0	327	18.1
FEP 100a	13	263	17.7
SF-25b	25	183	17.4
SF-50c	50	160	15.7

表 5-3 为 PTFE 与 FEP 基本物化性能对照表。可见，FEP 与 PTFE 的常见物化性能基本相同，可熔融加工是 FEP 与 PTFE 的最大区别。由于引入了 HFP，熔融状态下 FEP 的黏度较 PTFE 大幅降低，所以可采用通常热塑性树脂的加工方法，如挤压、注射以及吹塑成形等方法对 FEP 进行加工，大幅拓宽 FEP 的应用领域[16,17]。

指标	PTFE	FEP
熔点/℃	327	265～285
熔融黏度/(Pa·s)	1011	103～105
间隔 10min 的 MFI/g	不流动(400℃)	0.5～35(327℃)
长期使用最高温度/℃	250～260	200～210

注：MFI——熔体流动指数。

在膜分离技术领域中，通常聚合物分离膜的多孔结构是通过在成膜体系中引入成孔剂，纺丝制膜后再将其除去而实现的。由于 FEP 熔融加工温度较高（300℃以上），而常用的成孔剂多为低分子量的水溶性或非水溶性聚合物或有机化合物，难以满足高温加工条件的要求。此外，FEP 的分子表面能低，很难找到与之相容性较好且耐高温、高沸点的稀释剂，所以也很难通过 TIPS 法制备 FEP 中空纤维膜。目前，国内外以 FEP 为原料制备中空纤维膜的文献报道很少[18,19]。例如，美国专利以 FEP 为原料，以三氟氯乙烯（CTFE）为稀释剂，采用 TIPS 法制备了 FEP 中空纤维膜，但由于纺丝制膜过程中很难对膜孔结构进行有效控制以及 CTFE 用量较大且价格昂贵等，该项技术工业实施难度大。杜邦公司通过在 FEP 聚合过程中对 TFE 和 HFP 单体进行氯化以提高聚合产物在卤烃溶剂中的溶解能力，进而采用常规 TIPS 法制备 FEP 中空纤维膜。杜邦公司还在 FEP 纺丝制膜过程中引入气相 CTFE 单体，改善 FEP 中空纤维膜的结构与性能。这些方法同样由于生产成本高、操作难度大，所得到的中空纤维膜的孔隙率低等，很难以工业化规模实施。

现以可溶性和非可溶性无机物粒子及分散剂等组成复合成孔剂，采用熔融纺丝-拉伸界面致孔法制备具有多重孔结构和均质膜特征的 FEP 中空纤维膜，对中空纤维膜的结构与性能进行分析和讨论[10,20,21]。

图 5-9 为 FEP 中空纤维膜横截面形貌。从低倍横截面 FESEM 结果可以看出，所得 FEP 中空纤维膜是一种均质膜。随放大倍数的增加可以明显看到贯通的海绵状孔结构 [图 5-9(b)]。当放大倍数为 20000 倍时 [图 5-9(c)]，在横截面中可以看到颗粒的存在，而这些颗粒就是复合成孔剂中的非溶性无机物粒子。复合成孔剂中非水溶性无机物粒子的存在使膜产生了界面孔，同时可溶性无机物粒子洗出后形成的溶出孔将界面孔相互连通，从而得到了贯通的海绵状孔，提高了膜的通透性。总体而言，形成海绵状孔的因素主要有：①基质相 FEP 与复合成孔剂中非可溶性无机物粒子之间形成的界面孔；②复合成孔剂在纺丝过程中阻碍了 FEP 基体的贯通，使得 FEP 之间形成结构孔；③复合成孔剂中可溶性无机物粒子洗出后，使 FEP 与无机物粒子之间的界面孔相互贯通；④稀释剂 DOP 被无水乙醇萃取后，形成溶出孔。

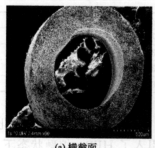 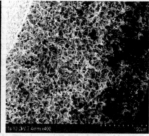 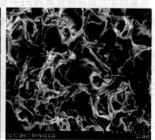

(a) 横截面　　　　　　　　(b) 横截面局部(一)　　　　　　　(c) 横截面局部(二)

图 5-9　FEP 中空纤维横截面形貌

图 5-10 为 FEP 中空纤维膜内外表面形貌,从图中可以看出膜的外表面孔隙率较低,内表面孔隙率相对较高。这主要是因为在纺丝过程中中空纤维膜内外表面固化时间不同。FEP纺丝体系熔体黏度较高,且对温度较敏感。当纺丝熔体从喷丝口挤出后,初生中空纤维膜的外表面遇冷空气迅速固化,内表面由于降温较慢导致固化相对缓慢。在随后的牵伸过程中,由外表面传递应力,未固化的内表面在应力作用下发生拉伸变形,形成界面孔,因而孔隙率较高,外表面较为致密。

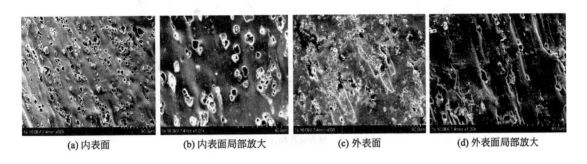

| (a) 内表面 | (b) 内表面局部放大 | (c) 外表面 | (d) 外表面局部放大 |

图 5-10 FEP 中空纤维膜内外表面形貌

图 5-11 为 FEP 中空纤维膜内外表面经拉伸后的形貌对比,从图中可以看出拉伸后,膜内表面产生较多界面孔,外表面形貌变化不明显,界面孔数量较少。这是因为纺丝熔体从喷丝口挤出后,膜的外表面率先接触空气而固化,内表面固化较慢,复合成孔剂向未固化的内表面迁移,导致靠近内表面复合成孔剂数量增多。在牵伸产生的应力作用下,作为分散相的复合成孔剂由于是刚性的无机物粒子,几乎不发生形变;基质相 FEP 为柔性大分子链,易发生形变,从而导致在 FEP 与复合成孔剂之间形成界面孔。膜外表面由于复合成孔剂含量较少,因而形成的界面孔数量较少,孔隙率较低。

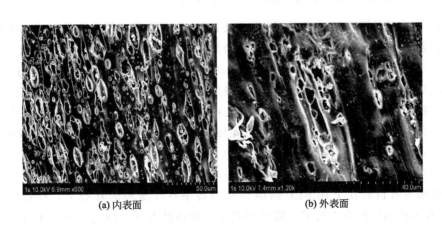

| (a) 内表面 | (b) 外表面 |

图 5-11 FEP 中空纤维膜内外表面经拉伸后的形貌对比

复合成孔剂含量对 FEP 中空纤维膜水通量和孔隙率的影响如图 5-12。从图 5-12 中可以看出,复合成孔剂含量的增加和后拉伸均能提高膜的水通量和孔隙率。在成膜体系中,复合成孔剂含量的增加提高了其在成膜体系中的体积,可溶性成孔剂溶解后,提高了膜的孔隙率;FEP 与非可溶性成孔剂之间的界面黏合作用力较弱,膜经拉伸后易形成界面孔,使得膜孔隙率提高。所得 FEP 中空纤维膜的各项性能参数如表 5-4 所示。

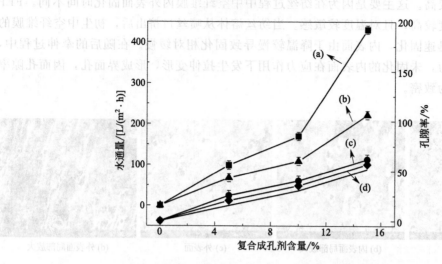

图 5-12 复合成孔剂对 FEP 中空纤维膜水通量和孔隙率的影响
（a）拉伸后水通量；（b）拉伸前水通量；（c）拉伸后孔隙率；（d）拉伸前孔隙率

⊡ **表 5-4　FEP 中空纤维膜性能参数**

膜参数	F5		F10		F15	
拉伸倍率	0	0.5	0	0.5	0	0.5
外径与内径/mm	2.34,0.96	2.02,0.78	2.21,0.88	1.94,0.72	2.35,0.98	2.05,0.81
平均孔径/μm	0.452±0.003	0.514±0.003	0.578±0.005	0.751±0.005	0.634±0.008	0.946±0.008
泡点孔径/μm	0.504±0.005	0.680±0.005	0.611±0.008	0.802±0.008	0.746±0.009	1.027±0.009

注：F5、F10、F15 表示复合成孔剂含量分别为 5%、10%、15%。

图 5-13 为成膜体系中复合成孔剂含量对 FEP 中空纤维膜孔径分布的影响。从图 5-13 中可以看出，随成膜体系中复合成孔剂含量的增加，膜的孔径分布逐渐变宽，大孔的数量也逐渐增多。当复合成孔剂含量较多时［图 5-13(a)］，复合成孔剂在膜中分散不均匀，容易发生团聚，水洗后形成大孔。当复合成孔剂含量降低时，其在成膜体系中的分散均匀程度提高，团聚减少，膜孔径分布逐渐变窄。当复合成孔剂含量为 20%（质量分数）时［图 5-13(c)］，溶出孔孔径分布较窄，大孔所占比例较少。因此，复合成孔剂的含量越少，其成膜体系中分散越均匀，孔径分布越窄。复合成孔剂含量增多导致其在成膜体系中的分散均匀程度降低，复合成孔剂易发生团聚，形成大孔，孔径分布变宽。

国内膜研究者黄岩在上述 FEP 熔融纺丝制备中空纤维膜的基础上，探索绿色制备工艺[22,23]。在不使用任何有毒溶剂、稀释剂或增塑剂的情况下，以完全水溶的无机物粒子氯化钙（$CaCl_2$）和一定分子量的聚合物聚氧乙烯为复合成孔剂，通过熔融纺丝-在线拉伸水洗制备 FEP 中空纤维膜。图 5-14 为熔融纺丝 FEP 中空纤维膜绿色制备过程。将预干燥好的 FEP 粉料及复合成孔剂按一定比例投入高速粉碎机中剧烈搅拌至混合均匀；为使物料混合均匀，物料先经熔融挤出、切粒得到粒料，再经双螺杆挤出机熔融纺丝-在线拉伸和水洗得到 FEP 中空纤维膜（图 5-15）。

图 5-16 为绿色制备 FEP 中空纤维膜形貌结构。从图 5-16(a) 中的膜数码照片可以看

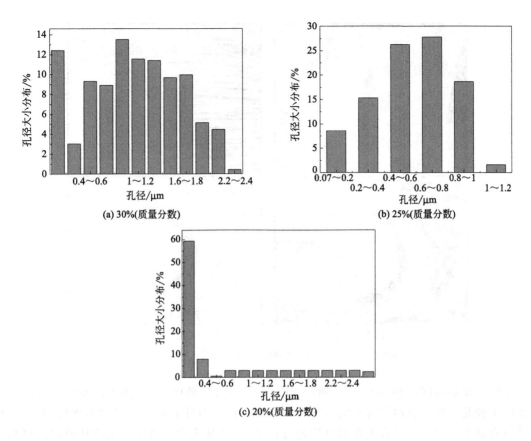

图 5-13 复合成孔剂含量对 FEP 中空纤维膜孔径分布的影响

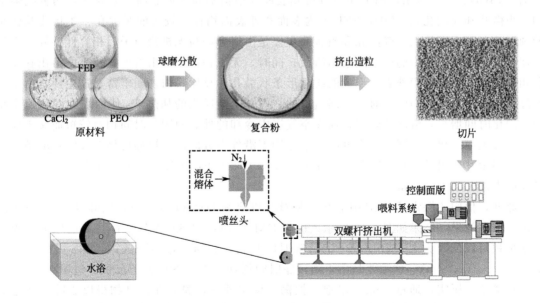

图 5-14 FEP 中空纤维膜绿色制备过程

出，经过水洗处理后，FEP 中空纤维膜恢复原料本身的乳白色，膜丝直径相对均匀，具有

图 5-15 FEP 中空纤维膜制备过程的实物照片

（a）纺丝粒料；（b）初生中空纤维膜；（c）水洗过程；（d）FEP 中空纤维膜

一定柔性。而通过图 5-16（b）、（c）所示 FEP 中空纤维膜截面 SEM 图可以发现，所得 FEP 中空纤维膜是一种具有均匀海绵状的网络孔结构，且膜内外表面无明显致密皮层的均质膜，反映出在制膜过程中，复合成孔剂可均匀分散于 FEP 基质中。当纺丝细流从喷丝头挤出进入空气层中冷却固化成形后，经水洗过程将水溶性成孔剂溶出，在相应位置留下微孔结构。如图 5-16（d）、（e）所示，FEP 中空纤维膜表面孔结构不同于横截面，主要存在两种孔隙结构（小微孔和大微孔）。其中，FEP 膜内表面和外表面均存在较大的椭圆孔、条状孔及较小的圆形孔。膜表面较大的椭圆孔和条状孔主要是由聚合物与无机物粒子间相容性差异产生的拉伸孔以及水洗过程中的成孔剂溶出所致；同时，无机物粒子洗出后形成较小的溶出孔将大孔相互连通。此外，膜外表面形成的纺锤形条状微孔明显比膜内表面丰富，这主要是由于纺丝过程中膜内、外表面固化时间不同造成的，内部不断通入的加热 N_2 使内表面固化速度减慢，固化时间增长，流动性较好；而在空气层中冷却的外表面固化时间相对较短而又未完全凝固，外表面变化更为剧烈，在缠绕牵引作用下沿外力方向进行拉伸更易形成细长的条纹状孔隙。FEP 中空纤维膜的 SEM 图和图 5-16（e）中相应的 EDX 光谱再次证实水洗后成孔剂被彻底去除，几乎无残留。

　　此外，他们还探索了 FEP 中空纤维膜对有机溶剂 DMSO 体系中碳化硅（SiC）粒子的分离、浓缩效果，结果如图 5-17 所示。由于 DMSO 体系中 SiC 浓度较高且黏度较大，膜渗透通量相对较低，为 $9.95L/(m^2 \cdot h)$，随时间延长，膜通量逐渐降低，60min 后膜通量降低至 $5.64L/(m^2 \cdot h)$。这主要是由于随过滤时间增加，大量 SiC 粒子沉积、包覆在膜表面，膜孔被堵塞、压实，通过 30min 浸泡、振荡、反洗处理，膜表面污染物得以去除。通过对比图 5-17（b）中清洗前后的膜表面数码照片图可以看出，膜基本恢复原形貌。经重复过滤测试发现，膜通量恢复情况良好，通量恢复至 $8.96L/(m^2 \cdot h)$；经三次循环测试后，膜重复使用性良好。由过滤前后分散液数码照片图可以看出，FEP 中空纤维膜对 DMSO 体系中

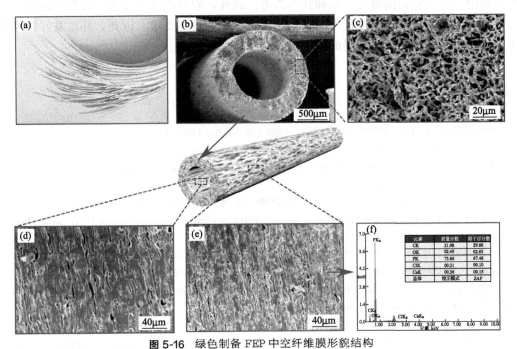

图 5-16 绿色制备 FEP 中空纤维膜形貌结构

（a）数码照片；（b）横截面全貌；（c）横截面局部放大；（d）内表面；（e）外表面；（f）EDX 谱图

SiC 粒子具有良好的截留效果，可对分散液中 SiC 粒子进行浓缩、再利用，显示出在有机溶剂体系分离中的应用潜力。

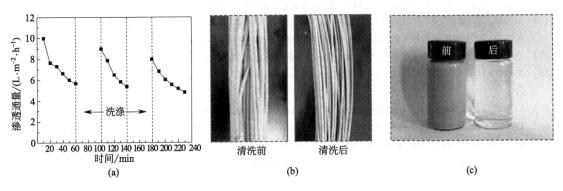

图 5-17 FEP 中空纤维膜过滤通量变化（a）、膜清洗前后数码照片（b）
和 SiC/DMSO 分散液分离前后数码照片（c）

5.5 结论与展望

　　界面相分离致孔方法不同于传统的相转化法或拉伸法，其可针对中空纤维膜成孔较难的熔融纺丝成膜体系，解决其成孔难题。界面相分离致孔方法有效地丰富了聚合物中空纤维膜的成形理论和聚合物选择范围，尤其是为适用于苛刻条件下的耐环境、抗污染、高强度的特种聚合物中空纤维膜提供研究思路和技术参考。此外，膜分离技术作为一种新型的清洁、绿色环保技术，对膜材料制备过程中的绿色、无害化具有更高要求。因此，环境友好的绿色制备工艺将是中空纤维膜未来发展的重要趋势。

参考文献

[1] 吴培熙,张留城.聚合物共混改性[M].北京:中国轻工业出版社,1996:13-42.

[2] 黄玉东.聚合物表面与界面技术[M].北京:化学工业出版社,2003:122-123.

[3] PUKÁNSZKY B. Interfaces and interphases in multicomponent materials：past，present，future [J]. European Polymer Journal, 2005, 41 (4)：645-662.

[4] 敖宁建.纳米 PA6、 PP/SBS 复合材料界面结构与性能[J].航空材料学报,2001,21 (3):1-4.

[5] XIAO C F, LIU Z F. Microvoid formation of acrylic copolymer（PAC）/cellulose acetate（CA）blend fibers [J]. J. Appl. Polym. Sci. , 1990, 41 (1-2)：439-444.

[6] 胡晓宇,肖长发.熔融纺丝制备中空纤维膜研究进展[J].高分子通报,2008,(6):1-7.

[7] 李娜娜.乙烯基聚合物杂化膜的结构控制与性能研究[D].天津:天津工业大学,2010.

[8] 李娜娜,肖长发,姜兆辉.冻胶法制备超高分子量聚乙烯/SiO_2杂化微孔膜研究-稀释剂与 SiO_2 对铸膜液熔融结晶性能的影响[J].功能材料,2009,40 (6):990-993,997.

[9] 胡晓宇,肖长发,安树林,等.PU/PVDF 共混中空纤维膜结构与性能[J].膜科学与技术,2007,27 (6):97-100.

[10] HUANG Q L, XIAO C F, HU X Y, et al. Fabrication and properties of poly（tetrafluoroethylene-co-hexafluoropropylene）hollow fiber membranes [J]. Journal of Materials Chemistry, 2011, 21 (41)：16510.

[11] 陆茵.PVDF 相转化法成膜机理及其制膜规律的研究[D].浙江:浙江大学,2003.

[12] 杜春慧."熔纺-拉伸"法制备聚偏氟乙烯中空纤维微孔膜的结构控制与性能研究[D].浙江:浙江大学,2005.

[13] 肖长发.高性能中空纤维膜研究进展[C]//2013 年全国高分子学术论文报告会.上海:中国化学会高分子学科委员会,2013:K1-03.

[14] 缪京媛,叶牧.氟塑料加工与应用[M].北京:化学工业出版社,1987:94-95.

[15] 刘海辉,张兴祥,王宁.四氟乙烯基可熔融加工全氟聚合物研究进展[J].化工新型材料,2010,38 (1):1-4.

[16] 陈凯凯.聚全氟乙丙烯微孔膜制备及其性能研究[D].天津:天津工业大学,2015.

[17] 苗中青,肖长发,黄庆林.聚全氟乙丙烯中空纤维膜研究[J].高分子学报,2012,12:1423-1428.

[18] PAREKH B S, PATEL R B, CHENG K S. Hollow fiber membrane contact apparatus and process：US7717405 [P]. 2010-05-18.

[19] COVITCH M J. Method for making a porous fluorinated polymer structure：US 4434116 [P]. 1984-02-28.

[20] CHEN K K, XIAO C F, HUANG Q L, et al. Study on vacuum membrane distillation（VMD）using FEP hollow fiber membrane [J]. Desalination, 2015, 375：24-32.

[21] 游彦伟,肖长发,王纯,等.聚全氟乙丙烯中空纤维膜的制备及性能[J].高等学校化学学报,2017,38 (9):1678-1686.

[22] HUANG Y, HUANG Q L, LIU H L, XIAO C F, et al. A facile and environmental-friendly strategy for preparation of poly（tetrafluoroethylene-co-hexafluoropropylene）hollow fiber membrane and its membrane emulsification performance [J]. Chemical Engineering Journal, 2020, 384：123345.

[23] HUANG Y, LIU H L, XIAO C F, et al. Robust preparation and multiple pore structure design of poly（tetrafluoroethylene-co-hexafluoropropylene）hollow fiber membrane by melt spinning and post-treatment [J]. Journal of the Taiwan Institute of Chemical Engineers, 2019, 97：441-449.

第6章

聚四氟乙烯中空纤维膜制备方法

6.1 引言

聚四氟乙烯（PTFE）被称为"塑料王"，是一种全氟化直链聚合物，C—F 键的键能高且键距短，F 原子稠密地排布在 C—C 大分子主链周围，具有其他聚合物无法比拟的化学稳定性、热稳定性、不黏性及润滑性等，特别是突出的耐酸碱、腐蚀性，使其作为苛刻条件下液体、气体及微粒子的理想过滤材料而被广泛应用于航空航天、石油化工、机械、电子电器、建筑、纺织等诸多领域[1]。然而，由于 PTFE 本身高度对称的无支链线型结构，导致 PTFE 熔体的黏度极高（约为 $107 \sim 108 kPa \cdot s$），熔融状态下流动性能差，无法熔融加工；同时，PTFE 还不溶于各种常规有机溶剂，也无法溶液加工[2,3]。PTFE "不溶不熔"的特点使其难以像常规的聚合物膜材料如聚偏氟乙烯、聚砜、聚丙烯腈那样采用传统的相转化法制备分离膜[4]。

拉伸法是商业化 PTFE 微孔膜的主要制备方法。1973 美国发明了 PTFE 双向拉伸膜，膜的孔隙率高达 $60\% \sim 80\%$，孔径范围在 $0.02 \sim 15\mu m$。迄今为止，由美国戈尔公司生产的 PTFE 双向拉伸微孔膜仍处于世界领先水平。相对于双向拉伸平板膜，PTFE 中空纤维膜的制备技术难度更高。目前，国外只有日本住友公司（产品名 Poreflon^{TM}）和美国戈尔公司（产品名 Zeflour^{TM}）能够生产出优质的 PTFE 中空纤维膜，产品主要应用在盐水精制、膜生物反应器（MBR）、油水分离、垃圾渗滤液处理等领域[5-7]。本章主要介绍 PTFE 中空纤维膜的制备方法。

6.2 基本原理

用于制备 PTFE 拉伸膜的原料是具有很强成纤性的 PTFE 分散树脂，一般具有足够高的分子量（平均分子量约 $2 \times 10^6 \sim 10 \times 10^6$）和结晶度（可达 98%）。在常温条件下，PTFE 分散树脂呈白色细粉状，平均表观密度为 $450g/L$，平均粒径约 $500\mu m$，内含大量粒径为

$0.1\sim0.4\mu m$ 的初级粒子，其结构示意图如图 6-1 所示[8]。

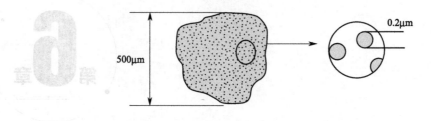

图 6-1 PTFE 分散树脂结构

PTFE 分散树脂的初级粒子由若干个 PTFE 大分子链折叠成片晶，在剪切力作用下片晶沿受力方向滑移，使大分子链展开形成纤维带状结构。在热和力的作用下片晶界面进一步发生滑移，折叠在片晶中的大分子链进一步展开形成微细纤维空隙和结点，从而得到"结点-原纤"状网络微孔。图 6-2 为 PTFE 拉伸膜中原纤和结点在双向拉伸过程中的变化示意图和"结点-原纤"状网络微孔形貌。由于初级粒子间凝聚力低，故 PTFE 大分子链受很小的剪切作用就会沿粒子长轴方向排列，形成线型结晶物。PTFE 分散树脂受剪切作用而纤维化是其他树脂所不具有的一种特性[5]。

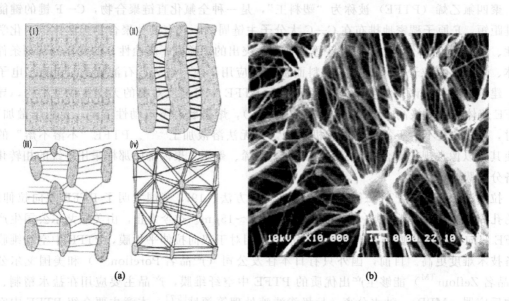

图 6-2 PTFE 原纤和结点位置在拉伸时的变化示意图（a）[9] 和"结点-原纤"状网络微孔形貌（b）

由于 PTFE 分散树脂的初级粒子折叠片晶滑移纤维化所需活化能很低，具有很强的成纤性，所以在运输或保存过程中，要特别注意避免剧烈的晃动。在加工过程中，为防止 PT-FE 树脂和设备、树脂间的摩擦，需加入一定比例的助挤剂（润滑剂）。由于 PTFE 分散树脂与助挤剂混合后形成糊料状再进行挤出加工，因此被称为"糊料挤出"。对于助挤剂，其选择依据是气味小、着火点高、表面张力小、沸点低、对皮肤刺激小等。目前常用的助挤剂种类主要有"isopar"系列、石油类（主要包括石脑油、溶剂油和石蜡油）等[10]。

PTFE 中空纤维膜主要采用"糊料挤出-拉伸法"制备，其成孔机理与 PTFE 拉伸膜基本一致，也是得到"结点-原纤"状微孔结构。只是与 PTFE 双向拉伸膜相比较，PTFE 中空纤维膜经历的只是中空纤维的轴向拉伸，径向拉伸程度较小。因此，难以得到双向拉伸膜典型的网络微孔，膜的整体孔隙率偏低。

除了"糊料挤出-拉伸法"，也有研究人员采用凝胶纺丝法来制备 PTFE 中空纤维膜[11,12]。凝胶纺丝，通常是将 PTFE 分散乳液与低分解温度的成纤聚合物（纺丝载体）溶液混合以达到纺丝可纺性要求，经常规的干-湿法或干法纺丝后得到初生凝胶中空纤维。在后续的烧结过程中，纺丝载体被分解去除，而 PTFE 树脂发生熔融黏结形成连续的 PTFE 中空纤维膜。

6.3 应用示例

6.3.1 凝胶纺丝-烧结法聚四氟乙烯中空纤维膜

郭玉海等[13] 以具有低分解温度和优异可纺性的水溶性聚合物聚乙烯醇（PVA）为纺丝载体，采用加硼凝胶纺丝法制得 PTFE 纤维。利用 PVA 与硼酸（H_3BO_3）形成配合物，再与 PTFE 分散乳液混合得到凝胶纺丝溶液。凝胶纺丝溶液经常规湿法纺丝得到初生纤维，最后烧结得到 PTFE 纤维。凝胶剂 H_3BO_3 的加入在保证纺丝溶液黏度的前提下，大大减少了纺丝载体 PVA 的添加量，简化后续的烧结过程，具有节能环保的优点。一定条件下 H_3BO_3 及其盐类可与 PVA 发生化学交联反应，依据反应条件不同，PVA 与 H_3BO_3 可发生单分子加成或双分子加成反应。在酸性介质中形成具有侧链结构的化合物 [Ⅰ]，在碱性介质中形成双二醇型交联结构 [Ⅱ]。图 6-3 为 PVA 与 H_3BO_3 络合机理[11]。

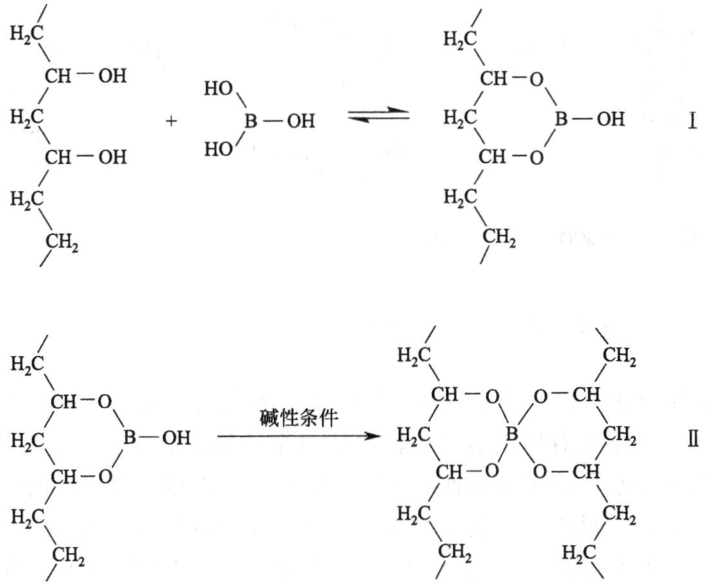

图 6-3　PVA 与 H_3BO_3 络合机理

由以上反应可知，PVA 和 H_3BO_3 可发生分子内交联反应生成二维配合物，在碱性条件下进一步反应生成三维配合物，即生成分子间交联结构 [II]，使纺丝溶液黏度明显增大，并且明显提高初生纤维的力学性能。然而，过量 H_3BO_3 的加入会使纺丝溶液出现凝胶，流动性变差，难以纺丝。凝胶化出现的点除与 H_3BO_3 添加量有关，还与 PVA 水溶液浓度、PVA 平均聚合度等有关。

黄庆林等以 PVA 为纺丝载体，以 PTFE 分散乳液为成膜聚合物，采用凝胶纺丝-烧结法研究制备了 PTFE 中空纤维多孔膜。在 PTFE/PVA 成膜体系中引入凝胶剂 H_3BO_3，同时引入纳米无机物粒子碳酸钙（$CaCO_3$），采用凝胶纺丝-烧结法制得具有多重孔结构特征的 PTFE/$CaCO_3$ 杂化中空纤维膜[14]。

图 6-4 为 PTFE/$CaCO_3$ 杂化中空纤维膜微孔结构形成示意。PTFE/$CaCO_3$ 杂化中空纤维膜的孔结构由两部分构成：一是烧结过程中 PTFE 树脂之间的间隙被固定下来形成的烧结孔；二是后拉伸过程中 PTFE 基质相与 $CaCO_3$ 分散相之间形成的界面孔。一般而言，烧结法所得膜的孔隙率较低，约在 $10\% \sim 40\%$ 范围内，且孔径分布较宽。PTFE/$CaCO_3$ 杂化中空纤维膜不经后拉伸也会产生界面孔。这是因为在纺丝过程中，由于卷绕牵伸产生的应力使低表面能的 PTFE 与 $CaCO_3$ 发生界面相分离，形成界面孔。但中空纤维膜若不经后拉伸，PTFE 与 $CaCO_3$ 之间界面相分离不明显，所得孔径较小，孔隙率较低。

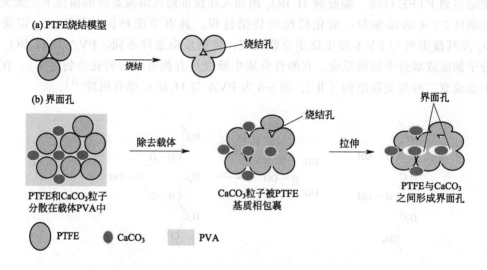

图 6-4 PTFE/$CaCO_3$ 杂化中空纤维膜微孔结构形成示意

图 6-5 为凝胶纺丝法 PTFE/PVA 初生中空纤维横截面形貌。从图 6-5 中可以看出，凝胶纺丝所得初生中空纤维没有形成溶液相转化法典型的指状孔结构。这是因为添加 H_3BO_3 的凝胶纺丝溶液经中空喷丝口进入碱性硫酸钠水溶液中，形成三维交联的配合物结构，使得纤维力学性能大幅提高，最终形成初生纤维。在此过程中没有发生溶剂与非溶剂之间的相互扩散，因而得不到指状孔结构。从图 6-5 中还可看出，初生 PTFE/PVA 中空纤维横截面结构较为致密，没有明显的孔结构。在高放大倍数的横截面 SEM 照片中存在明显的"微纤"结构。"微纤"可能是凝胶纺丝溶液中 PVA 与 H_3BO_3 在进入凝胶介质之前形成的二维纤维状配合物。

(a) 横截面　　　　　　　　　　(b) 横截面局部放大

图 6-5　凝胶纺丝法 PTFE/PVA 初生中空纤维膜横截面形貌

图 6-6 为烧结后 PTFE 中空纤维膜横截面形貌。从图 6-6 中可以看出，所得 PTFE 中空纤维膜为具有对称结构的均质膜。初生膜中由 PVA 与 H_3BO_3 形成的二维纤维状配合物的"微纤"结构经烧结后被分解消失。烧结后的中空纤维膜横截面具有典型的烧结孔特征，结构较为致密，孔径较小，孔隙率较低。

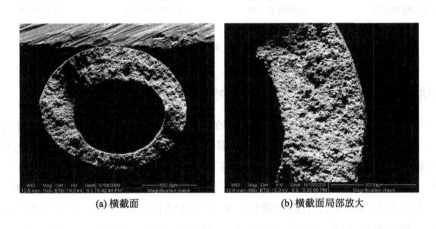

(a) 横截面　　　　　　　　　　(b) 横截面局部放大

图 6-6　烧结后 PTFE 中空纤维膜横截面形貌

图 6-7 为不同 $CaCO_3$ 含量的 PTFE/$CaCO_3$ 杂化中空纤维膜表面形貌。从图 6-7 中可以看出，随 $CaCO_3$ 添加量增加，膜表面粗糙度逐渐增大。在 PTFE/PVA 初生膜中，PTFE 在 PVA 载体中形成分散结构。烧结后 PVA 被除去，PTFE 树脂发生熔融黏结形成较为致密和光滑的结构 [图 6-7(a)]。$CaCO_3$ 粒子的引入增加膜表面粗糙度，随 $CaCO_3$ 含量增大，$CaCO_3$ 在成膜体系中的分散情况逐渐变差，甚至发生粒子团聚，导致膜表面粗糙度增大。

图 6-8 为不同拉伸倍数的 PTFE/$CaCO_3$ 杂化中空纤维膜表面形貌。可以看出，拉伸后的 PTFE/$CaCO_3$ 杂化中空纤维膜表面粗糙度有所提高。提高 $CaCO_3$ 含量和拉伸倍数，可使膜表面孔隙率和孔径尺寸明显增大 [图 6-8(d)]。

(a) Hybrid-0
(CaCO₃添加量为0)

(b) Hybrid-1
(CaCO₃添加量为10%)

(c) Hybrid-2
(CaCO₃添加量为20%)

(d) Hybrid-3
(CaCO₃添加量为30%)

图 6-7　不同 $CaCO_3$ 含量的 PTFE/$CaCO_3$ 杂化中空纤维膜表面形貌

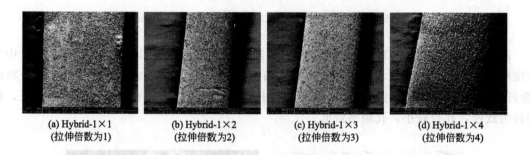

(a) Hybrid-1×1
(拉伸倍数为1)

(b) Hybrid-1×2
(拉伸倍数为2)

(c) Hybrid-1×3
(拉伸倍数为3)

(d) Hybrid-1×4
(拉伸倍数为4)

图 6-8　不同拉伸倍数的 PTFE/$CaCO_3$ 杂化中空纤维膜拉伸后的表面形貌对比

6.3.2　糊料挤出-拉伸法聚四氟乙烯中空纤维膜

糊料挤出-拉伸法制备 PTFE 中空纤维膜的具体步骤为：先将 PTFE 分散树脂与液体助挤剂在低于 19℃ 条件下混合均匀形成糊料，糊料在 30℃ 左右下静置 8h 得到熟化料，熟化后的糊料在推压下经"糊料挤出"得到初生 PTFE 中空管，PTFE 中空管经脱脂挥发除去助挤剂后进入拉伸过程。PTFE 中空管在一定温度下被均匀拉伸形成"结点-原纤"状微孔结构，最后在高于 PTFE 熔融温度以上进行烧结，膜的微孔结构得以固定，冷却后得到成品 PTFE 中空纤维膜。糊料挤出-拉伸法制备 PTFE 中空纤维膜工艺流程如图 6-9 所示[15]，PTFE 中空纤维膜及微观形貌如图 6-10 所示[5]。与 PTFE 双向拉伸膜相比较，PTFE 中空纤维膜经历的只是单向拉伸，难以得到双向拉伸膜典型的"结点-原纤"状网络微孔，因而整体孔隙率较双向拉伸膜偏低。

对于糊料挤出-拉伸法 PTFE 中空纤维膜制备工艺，拉伸过程是形成微孔的直接原因，因此拉伸工艺条件（如拉伸速率、拉伸温度、拉伸倍数等）对 PTFE 中空纤维膜的结构与性能影响至关重要[15]。图 6-11 为不同拉伸速率下 PTFE 中空纤维膜的表面形貌。由图可见，当拉伸速率为 100mm/min 时得到的"结点-原纤"结构最明显，其中的微纤长度最长，孔隙率最高。随着拉伸速率的提高，微纤长度明显减小。但当拉伸速率提高到 500mm/min 时，微纤长度减少不明显，孔隙率略有降低。这主要是由于拉伸速度过快，PTFE 初级结构中的折叠片晶来不及被完全拉伸出来，导致"结点-原纤"结构形成不完全，得到的微纤长度较低。

图 6-12 为不同拉伸温度下 PTFE 中空纤维膜的表面形貌，可以看出随着拉伸温度的增

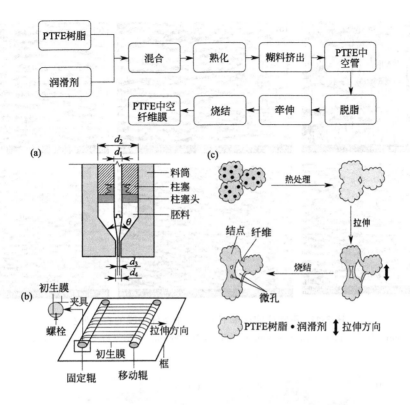

图 6-9 糊料挤出-拉伸法制备 PTFE 中空纤维膜工艺流程

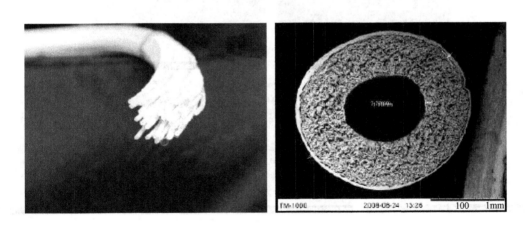

图 6-10 PTFE 中空纤维膜及微观形貌

加，"结点-原纤"结构中的微纤长度逐渐变长，孔隙率显著提高。拉伸温度的升高会使 PT-FE 大分子链间的相对滑移变得更容易，PTFE 初级结构中的折叠片晶更容易被拉出，所需的外力也更小。研究发现[16,17]，随着拉伸温度的上升，原纤长度的增加幅度大于结点宽度的增加幅度。在拉伸过程中，更易形成"结点-原纤"状微孔结构。因此，在一定范围内，当拉伸倍数和拉伸速率一定的情况下，高拉伸温度条件下得到的膜的孔径更大。

图 6-13 为不同拉伸倍数 PTFE 中空纤维膜的表面形貌。很明显，随着拉伸倍数的增加，

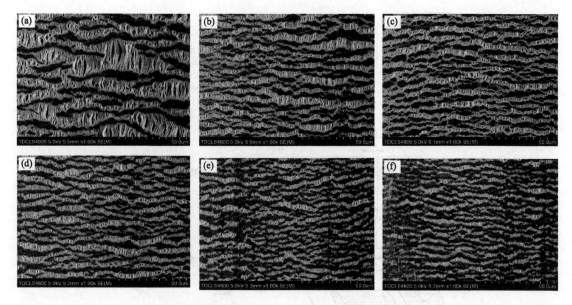

图 6-11　不同拉伸速率下 PTFE 中空纤维膜的表面形貌

(a) 100mm/min；(b) 300mm/min；(c) 500mm/min；(d) 1000mm/min；(e) 2000mm/min；(f) 3000mm/min

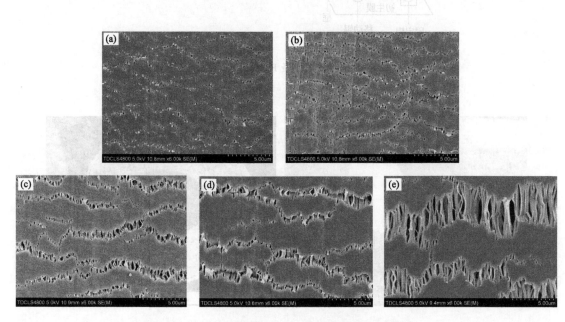

图 6-12　不同拉伸温度下 PTFE 中空纤维膜的表面形貌

(a) 10℃；(b) 20℃；(c) 30℃；(d) 50℃；(e) 100℃

膜的"结点-原纤"结构中的微纤长度逐渐被拉长，原纤化程度显著提高。由于 PTFE 中空纤维经历的只是纵向拉伸，在纵向拉伸过程中主要形成两部分结构：一部分是由 PTFE 分散树脂形成的长条形"结点"结构，该结构的长边方向与拉伸力的方向垂直；另一部分是 PTFE 分散树脂纤维化过程中被拉出的原纤，在进一步拉伸下，逐渐形成"裂隙"结构，原纤的方向与拉伸方向一致。因此，随着拉伸倍数的增加，"结点-原纤"结构逐渐明显，导致在纵向拉伸力作用下，膜中原纤的长度增加，结点宽度降低，孔隙率和孔径均显著增大。

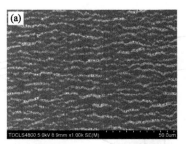
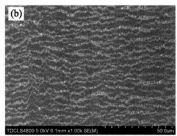
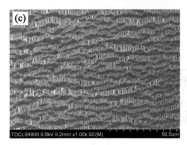
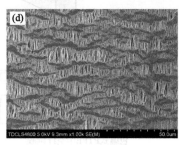
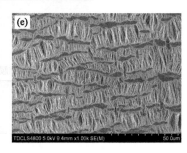

图 6-13 不同拉伸倍数 PTFE 中空纤维膜的表面形貌

(a) 100％；(b) 200％；(c) 300％；(d) 400％；(e) 500％

6.3.3 包缠法聚四氟乙烯中空纤维膜

由于糊料挤出-拉伸法制备 PTFE 中空纤维膜孔径与孔隙率的调控存在矛盾，即 PTFE 中空纤维膜须经高拉伸倍数才能获得高的膜孔隙率，但高拉伸倍数将导致膜孔径随之增加，降低了膜的分离精度，限制了 PTFE 中空纤维膜的应用领域。日本 Sumitomo 公司通过在糊料挤出-拉伸法制备的大孔径 PTFE 中空纤维基膜上包缠双向拉伸的 PTFE 平板膜，以此制得具有非对称结构的高孔隙率、小孔径 PTFE 包缠中空纤维膜，成为其在分离领域最重要的膜产品之一[18]。

包缠法 PTFE 中空纤维膜制备流程如图 6-14 所示。先用分切机将 PTFE 双向拉伸平板膜分切成相同宽度的长条（分离层），后采用绕包机将其按照一定角度螺旋缠绕在糊料挤出-拉伸法 PTFE 中空纤维膜（基膜）外表面，最后经一定温度的热黏结和定型后得到包缠法 PTFE 中空纤维膜。

王峰等研究了包缠法 PTFE 中空纤维膜制备过程中的两个关键问题：①分离层与基膜的无缝包缠；②分离层与基膜的无胶黏结[19,20]。发现要制备性能优异的 PTFE 包缠中空纤维膜应综合考虑分离层宽度（w）、包缠张力（f）、包缠角度（φ）和搭接宽度（x）等包缠因素，以及热定型工艺参数、黏结工艺参数等，以确保实现分离层对基膜的无缝包缠和无胶黏结。图 6-15 为 PTFE 中空纤维基膜以及非对称结构的 PTFE 包缠中空纤维膜的横截面和内、外表面微观形貌照片。对比横截面电镜照片可明显看出，包缠后的 PTFE 中空纤维膜呈现出清晰的非对称微孔结构，外层包覆的 PTFE 双向拉伸膜孔径［图 6-15(b3)］明显小于基膜的外表面孔径［图 6-15(a3)］。研究还发现包缠后的 PTFE 中空纤维膜的最大孔径取决于分离层孔径，而平均孔径和孔隙率基本保持不变。

除了将双向拉伸法的 PTFE 平板膜包缠在糊料挤出 PTFE 中空基膜表面之外，肖长发

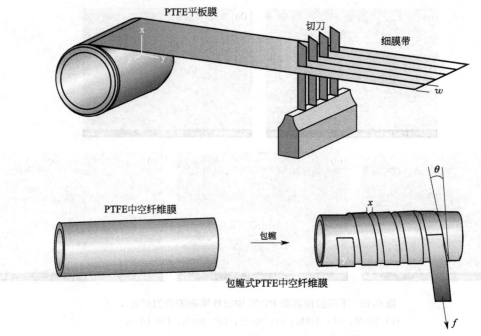

图 6-14　包缠法 PTFE 中空纤维膜制备流程

w—分离层宽度；f—包缠张力；θ—包缠角度；x—搭接宽度

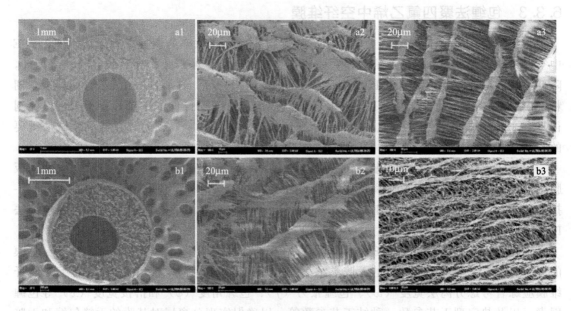

图 6-15　PTFE 中空纤维膜微观形貌扫描电镜照片

(a1)～(a3)—PTFE 中空纤维基膜横截面、内表面、外表面；
(b1)～(b3)—PTFE 包缠中空纤维基膜横截面、内表面、外表面

等[21] 还研究了以静电纺丝 PTFE 超细纤维膜作为分离层，将其包缠在中空基膜表面制得 PTFE 中空纤维膜。具体以中空玻璃纤维编织管为基膜，通过静电纺丝-烧结技术将 PTFE 超细纤维膜均匀包缠在中空玻璃纤维编织管表面，制备得到兼具高强度、自支撑性和高分离

精度的 PTFE 中空纤维膜。图 6-16 为其具体制备过程。

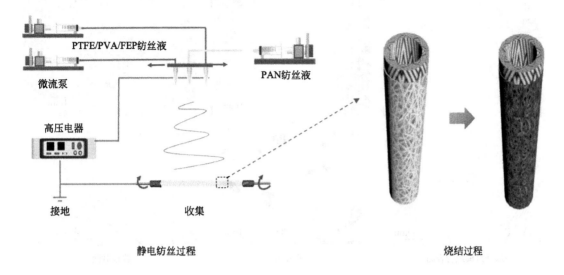

图 6-16 中空玻璃纤维编织管增强 PTFE 中空纤维膜制备过程

纺丝装置不同于常规静电纺丝之处在于接收装置，将中空玻璃纤维编织管嵌套在导电丝上，随导电丝高速旋转，表面接收的静电纺丝 PTFE 初生纤维均匀缠绕在中空编织管表面得到初生膜，后对初生纤维膜进行烧结以除去纺丝载体。与此同时，PTFE 烧结成形，最终得到中空玻璃纤维编织管增强 PTFE 中空纤维膜。其中，玻璃纤维编织管赋予膜支撑性与高强度，表面 PTFE 超细纤维分离层具有很高的孔隙率和窄孔径分布。图 6-17 为所得 PTFE 中空纤维膜的形貌特征。可以看出中空玻璃纤维编织管增强 PTFE 中空纤维膜由内部中空玻璃纤维编织管基膜和外部静电纺丝 PTFE 超细纤维分离层构成。图 6-17（a）所示为中空玻璃纤维编织管基膜形貌，编织管为基膜提供了高强度和大孔结构，经静电纺丝和烧结过程后，PTFE 超细纤维分离层均匀包裹在中空玻璃纤维编织管外表面 [图 6-17（b）]。从图 6-17（c）中膜横截面形貌图可见，所得 PTFE 中空纤维膜呈现良好的中空结构，中空玻璃纤维编织管使膜获得良好的自支撑性，且外部静电纺丝 PTFE 超细纤维分离层厚度均匀。

由于静电纺丝 PTFE 超细纤维膜表面相较于 PTFE 双向拉伸膜表面粗糙度更高，静电纺丝超细纤维堆叠形成的微纳结构可产生更多的气穴，导致表面与水滴接触面积减少，从而获得更高的疏水性。图 6-18 为中空玻璃纤维编织管增强 PTFE 中空纤维膜的表面浸润性能，显示出优异的疏水性与亲油特性，因此可以应用于油水分离领域。尤其是由于 PTFE 优异的化学稳定性使其可用于含酸碱、有机溶剂等苛刻环境下的油水分离过程。

对于油水分离，油包水或水包油乳液的分离对膜表面浸润性、孔径大小及其分布比油水混合液的分离要求更高。肖长发等还研究了不同种类油包水乳液的分离性能以及膜重复利用性能。图 6-19 为膜分离前后乳液和滤液宏观数码照片和微观显微镜图片。以煤油和甲苯乳液为例，分离前乳液呈乳白色，膜分离后则变澄清透明。结合光学显微镜图像可知，分离前乳液中存在平均粒径为 $2\mu m$ 左右的液滴，而经分离后，滤液中观察不到液滴存在，表明膜具有良好的油包水乳液分离性能。可进一步评估所得膜在油水分离过程中的稳定性和重复利用性。每个循环分离 20mL 乳液，每个循环结束后，通过简单进行乙醇浸泡、冲洗对膜进行

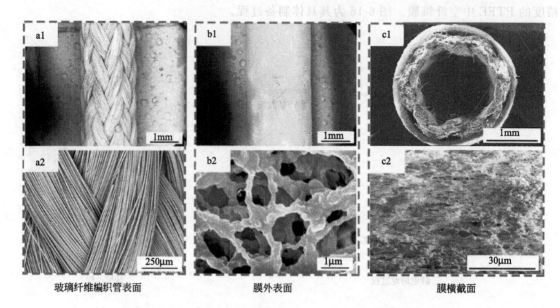

玻璃纤维编织管表面　　　　膜外表面　　　　膜横截面

图 6-17 中空玻璃纤维编织管增强 PTFE 中空纤维膜形貌特征

1—膜整体低倍数形貌；2—局部放大形貌

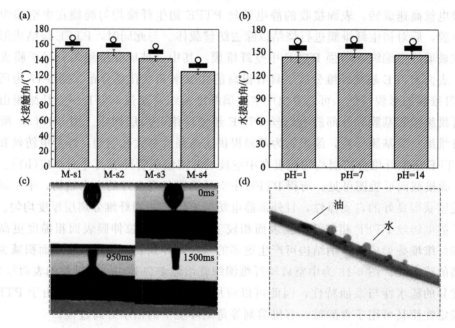

图 6-18 中空玻璃纤维编织管增强 PTFE 中空纤维膜的表面浸润性能

（a）水接触角；（b）不同 pH 值下水接触角；（c）油接触角；（d）水滴与油滴在膜表面行为数码照片

清洗，经干燥（80℃下）后进入下一个循环，测试结果如图 6-20 所示。当循环测试 10 次后，膜的分离效率保持在相对稳定的水平上（均高于 97%）。对循环测试前后膜接触角进行了测试，发现膜表面水接触角维持在 137°以上，膜疏水性能依然保持稳定，表明 PTFE 超细纤维膜表面结构稳定，膜表面污染物易清除，显示出良好的重复使用性能。

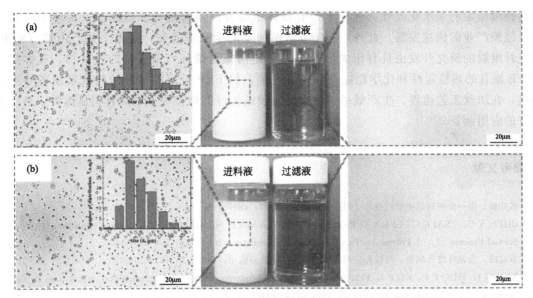

图 6-19 膜分离前后进料液和过滤液宏观对比照片和微观显微镜图片

(a) 煤油包水乳液；(b) 甲苯包水乳液

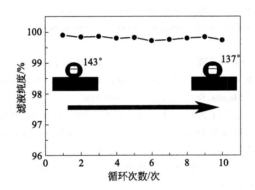

图 6-20 膜油水分离重复使用性能

6.4 结论与展望

PTFE 中空纤维膜突出的综合性能使其在苛刻环境（耐酸碱、耐有机试剂）分离、防水透气、膜蒸馏、膜吸收法烟道气脱碳、工业气体脱硫、废水脱氨等膜接触器领域具有广阔的应用前景。亲水改性的 PTFE 中空纤维膜在垃圾渗滤液、膜生物反应器中的应用也体现出很好优势。然而我国 PTFE 中空纤维膜的研究起步较晚，在 PTFE 中空纤维膜成形理论基础和制备技术等方面与国外先进水平的差距还很明显。近 10 年来，浙江理工大学、中国科学院大连化学物理研究所、浙江东大环境工程有限公司、浙江净源膜科技有限公司、湖州森诺环境科技有限公司等国内科研单位和生产企业对 PTFE 中空纤维膜的基础研究和产业化开发加大投入，在 PTFE 中空纤维膜制备技术和产业化装备方面已取得了系列突破，形成了具有一定规模的 PTFE 中空纤维膜生产能力。但在 PTFE 中空纤维膜的均匀性孔结构调控、持续稳定的亲水化改性、连续生产装备体系等方面还需进一步提高，以实现 PTFE 中空纤维膜产业的快速发展。此外，关于可熔融加工的全氟聚合物，如聚全氟乙丙烯（FEP）中空纤维膜的研究开发也具有很大潜力。FEP 是四氟乙烯和六氟丙烯的共聚物，其保持了 PTFE 原有的热稳定性和化学稳定性等优异性能，但 FEP 可直接熔融纺丝成形制备中空纤维膜，在纺丝工艺流程、生产效率、中空纤维膜结构性能调控等方面具有明显优势，显示出较好的应用前景。

参考文献

[1] 钱知勉. 进一步拓展氟树脂的应用 [J]. 塑料通讯，1997，(3)：1-2.

[2] CHEN Y C, TSAI C C, LEE Y D. Preparation and Properties of Silylated PTFE/SiO$_2$ Organic-Inorganic Hybrids via Sol-Gel Process [J]. J. Polym. Sci. Part A：Polymer Chemistry，2004，42 (7)：1789-1807.

[3] 罗益峰. 含氟纤维的制备、特性和应用 [J]. 高科技纤维与应用，1999，24 (5)：21-24.

[4] XIONG J, HUO P F, KO F K. Fabrication of ultrafine fibrous polytetrafluoroethylene porous membranes by electrospinning [J]. J. Mater. Res.，2009，24 (9)：2755-2761.

[5] 谢琼春. 聚四氟乙烯中空纤维膜的制备及其工艺的探究 [D]. 浙江：浙江理工大学，2016.

[6] TAKASHI K, TOMOKO K, TOSHIO Y. Polytetrafluoroethylene resin porous membrane, separator making use of the porous membrane and methods of producing the porous membrane and the separator：US5158680 [P]. 1992-10-27.

[7] SAKANE I, OSAKA. Porous films of Polytetrafluoroethylene and process for producing said films：US4049589 [P]. 1977-09-20.

[8] 陈珊妹，李敖琪. 双向拉伸 PTFE 微孔膜的制备及其孔性能 [J]. 膜科学与技术，2003，1 (2)：19-22.

[9] FENG S S, ZHONG Z X, WANG Y, et al. Progress and perspectives in PTFE membrane：Preparation, modification, and applications [J]. J. Membr. Sci.，2018，549：332-349.

[10] 周理水. 聚四氟乙烯单向拉伸膜的工艺研究 [J]. 塑料工业，2000，14 (6)：50-52.

[11] HUANG Q L, XIAO C F, HU X Y. Preparation and properties of polytetra- fluoroethylene/CaCO$_3$ hybrid hollow fiber membranes [J]. J. Appl. Polym. Sci.，2012，123 (1)：324-330.

[12] HUANG Q L, XIAO C F, HU X Y. A novel method to prepare hydrophobic polytetrafluoroethylene membrane, and its properties [J]. J. Mater. Sci.，2010，45 (24)：6569-6573.

[13] 郭玉海，来侃，孙润军，等. 聚四氟乙烯凝胶纤维的制备方法：ZL1970857A [P]. 2007-05-30.

[14] 黄庆林，肖长发，胡晓宇. PTFE/CaCO$_3$ 杂化中空纤维膜制备及其界面孔研究 [J]. 膜科学与技术，2011，31 (6)：46-49.

[15] LIU G C, GAO C J, LI X M, et al. Preparation and properties of porous polytetrafluoroethylene hollow fiber membrane through mechanical operations [J]. Journal of Applied Polymer Science，2015，132 (43)：42696-42706.

[16] 张华鹏，朱海霖，王峰，等. 聚四氟乙烯中空纤维膜的制备 [J]. 膜科学与技术，2013，33 (1)：17-21.

[17] 王永军，郭玉海，张华鹏. PTFE 薄膜的横向非均匀拉伸行为研究 [J]. 高分子材料科学与工程，2008，24 (12)：141-144.

[18] WANG F, LI J M Li, ZHU H L, et al. Effect of the highly asymmetric structure on the membrane characteristics and microfiltration performance of PTFE wrapped hollow fiber membrane [J]. Journal of Water Process Engineering，2015，7：36-45.

[19] 王峰，朱海霖，郭玉海，等. 聚四氟乙烯包缠中空纤维膜的制备及其亲水改性 [J]. 纺织学报，2016，37 (2)：35-38.

[20] 王峰. 非对称结构 PTFE 中空纤维膜的制备及分离性能研究 [D]. 浙江：浙江理工大学，2016.

[21] HUANG Y, XIAO C F, HUANG Q L, et al. Robust preparation of tubular PTFE/FEP ultrafine fibers-covered porous membrane by electrospinning for continuous highly effective oil/water separation [J]. Journal of Membrane Science，2018，568：87-96.

中空纤维复合膜制备方法

7.1 引言

  中空纤维复合膜一般由多孔支撑层（增强体）和表面分离层（功能层）的双层膜结构构成，多孔支撑层提供力学性能；表面分离层提供选择分离性能。中空纤维复合膜主要包括以中空纤维基膜为增强体的中空纤维复合膜和以纤维或纤维集合体（如编织管）为增强体的纤维增强型中空纤维复合膜。本章重点阐述以中空纤维基膜作为增强体的中空纤维复合膜制备方法，纤维增强型中空纤维复合膜制备方法详见第 8 章。

  中空纤维复合膜基膜的制备方法有：溶液纺丝制膜法、热致相分离法和熔融纺丝-拉伸界面致孔法。功能层制备方法有：溶液相转化法和界面聚合法。例如，同质增强型聚偏氟乙烯中空纤维膜[1]，由熔融纺丝-拉伸界面致孔法制备聚偏氟乙烯中空纤维多孔基膜，然后通过溶液相转化法在基膜表面复合同质聚偏氟乙烯表面分离层。聚酰胺中空纤维复合纳滤膜[2]，由溶液相转化法制备聚砜中空纤维多孔基膜，然后通过界面聚合法在基膜表面复合聚酰胺超薄分离层。溶液纺丝制膜法、热致相分离法、熔融纺丝-拉伸界面致孔法已在其他章节介绍，这里不再赘述。

  本章着重阐述以中空纤维基膜为增强体的中空纤维复合膜制备方法以及膜的结构、性能与应用。

7.2 工艺技术特点

  中空纤维复合膜常用的制备方法有表面涂覆的物理方法和界面聚合的化学方法。根据完成方式不同，表面涂覆的物理方法又可分为多孔基膜复合法、双层共挤出复合制膜法等，而界面聚合的化学方法一般为多孔基膜界面聚合法。

7.2.1 多孔基膜复合法

  多孔基膜复合法是以中空纤维多孔膜作为基膜（支撑体），在其表面复合分离层制备中空纤维复合膜的方法。图 7-1 为多孔基膜复合制膜过程，主要步骤包括如下。

① 中空纤维基膜表面预湿处理。用适宜的预湿溶液对中空纤维多孔基膜进行预湿处理，使部分预湿溶液浸入多孔基膜表面孔，形成较致密的表面层，抑制后续复合过程中因铸膜液渗入而影响表面孔结构的现象。

② 复合表面分离层。将定量的聚合物、溶剂和成孔剂等在一定温度下进行搅拌分散、溶解、脱泡，形成均一铸膜液。采用化学纤维皮/芯复合纺丝技术在预湿处理后的多孔基膜表面复合聚合物分离层。

③ 固化成形。在牵引力作用下，复合后的中空纤维膜经空气层进入凝固浴，固化成形。

④ 萃洗。成形后的中空纤维复合膜经浸泡、萃洗、定型等后处理，去除膜中残余的溶剂、添加剂等，制成中空纤维复合膜。

多孔基膜复合法常用的多孔基膜主要为熔融纺丝法和热致相分离法制备的高强度、大通量中空纤维多孔膜。根据表面分离层与多孔基膜聚合物种类，又可分为同质增强型中空纤维膜[3] 和异质增强型中空纤维膜[4]。

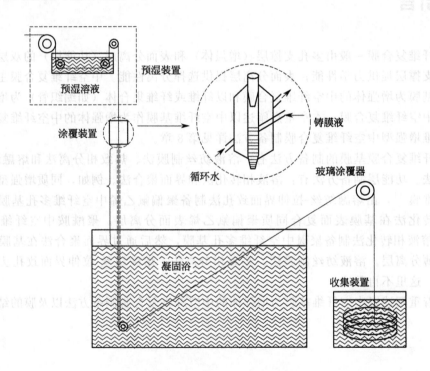

预湿装置
预湿溶液
涂覆装置
铸膜液
循环水
玻璃涂覆器
凝固浴
收集装置

图 7-1　多孔基膜复合纺丝制膜过程

7.2.2　双层共挤出复合制膜法

双层中空纤维复合膜是将作为基膜的铸膜液和作为表面功能层的铸膜液通过喷丝头同时挤出，经固化成形、后处理等制得[5]。图 7-2 为双层共挤出纺丝制膜过程，主要步骤包括如下。

① 铸膜液制备。将定量的聚合物 I 和聚合物 II、相应的溶剂和成孔剂分别投入纺丝液罐 I 和 II，在一定温度下搅拌溶解、脱泡，分别形成均一铸膜液。

② 纺丝。铸膜液 I 和铸膜液 II 经过滤后用计量泵定量打入喷丝头内/外层通道，同时将芯液注入喷丝头中间插入管中，经过一段空气层后，铸膜液浸入凝固浴中。

③ 双扩散成膜。铸膜液中的溶剂向凝固浴扩散以及凝固浴中的凝固剂（非溶剂）向铸膜液细流扩散，膜的内侧和外侧同时发生凝胶化过程。首先形成皮层，随着双扩散不断进行，铸膜液内部的组成不断变化。当达到临界浓度时，聚合物完全固化，从凝固浴中沉析出来，得到初生中空纤维膜。

④ 溶剂及添加剂萃洗。经卷绕、萃洗，去除初生中空纤维膜中残余的溶剂、可溶性成孔剂，最终制得双层中空纤维复合膜。

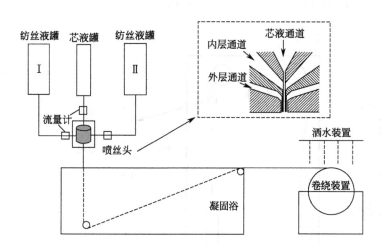

图 7-2 双层共挤出纺丝制膜过程

在双层中空纤维复合膜中，各层（非均质）的化学性质和流变性质均不同，而成膜过程中同时或相继发生相分离，两层之间的界面结构变化也较为复杂，所以双层中空纤维膜的成形过程及其调控相比单层（均质）中空纤维膜更为复杂[5]。除了单层中空纤维膜纺丝控制参数，如铸膜液组成、黏度、温度、挤出流量、芯液组成、卷绕速度、空气层高度与湿度、喷丝头规格尺寸等外，还需考虑两种铸膜液的化学性质及相互作用、挤出速度关系、喷丝头内外通道结构等因素。

双层中空纤维膜的研究与开发应用在气体分离[6]、渗透气化[7]、膜蒸馏[8]、纳滤[9]以及正渗透[10] 等领域受到关注。由于双层中空纤维膜表面功能层与基膜聚合物种类不同，两层之间的界面结构对双层中空纤维膜的性能有很大影响。

7.2.3 多孔基膜界面聚合法

多孔基膜界面聚合法是以中空纤维多孔膜作为基膜，在其表面通过界面聚合构筑功能层制备中空纤维复合膜的方法。多孔基膜的制备方法与常规中空纤维超滤膜相似，将基膜卷绕在涂覆机的退绕辊上，通过牵引机喂入涂覆机，在基膜表面进行界面聚合制备出复合膜。图7-3 所示为多孔基膜界面聚合法制备过程[11]，主要步骤包括如下。

① 水相和油相溶液配制。将定量的多胺和水相添加剂溶解于水中，制成水相溶液；将均苯三甲酰氯溶解于正己烷中，制成油相溶液，分别投入水相槽（1-3）和油相槽（4-3）。

② 基膜水相浸渍。将中空纤维基膜放置于放卷辊（1-2）上，置于水相槽的安装轴上，辊下部浸入水相中，开启放卷辊，使膜表面含有水相。

③ 膜丝牵引。按照膜丝走向将基膜牵引至涂覆机上。

④ 界面聚合。开启蠕动泵（4-4），将油相泵入聚合反应器中进行界面聚合反应，然后经加热干燥和卷绕收丝制成初生中空纤维复合膜。

⑤ 后处理。将初生中空纤维复合膜浸渍在一定浓度的保护液中处理，以保护膜孔结构。

为确保界面聚合顺利进行，中空纤维基膜进入反应器之前需吹扫基膜表面多余的水分。此外，界面聚合反应后，加热干燥处理的目的是使表面功能层的结构更加致密，完善力学性能。

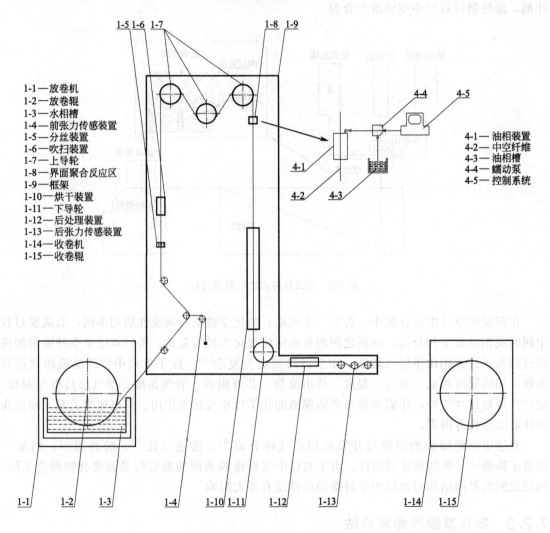

1-1—放卷机
1-2—放卷辊
1-3—水相槽
1-4—前张力传感装置
1-5—分丝装置
1-6—吹扫装置
1-7—上导轮
1-8—界面聚合反应区
1-9—框架
1-10—烘干装置
1-11—下导轮
1-12—后处理装置
1-13—后张力传感装置
1-14—收卷机
1-15—收卷辊

4-1—油相装置
4-2—中空纤维
4-3—油相槽
4-4—蠕动泵
4-5—控制系统

图 7-3　多孔基膜界面聚合法制备过程

7.3　应用示例

7.3.1　同质增强型聚偏氟乙烯中空纤维膜

7.3.1.1　简介

随着中空纤维膜分离技术应用领域不断拓宽，对中空纤维膜性能的要求也越来越高，制备兼具高强度、大通量和高分离精度且适用于不同操作环境的中空纤维膜具有重要意义[4,12]。为此，日本旭化成公司发明了热致相分离法（TIPS），制备出高强度、大通量 PVDF 中空纤维膜；美国通用电气、日本三菱等公司相继开发出 MBR 技术专用的异质增强型（增强体与表面分离层由不同物质组成）PVDF 中空纤维膜，具有强度和分离精度高、渗透通量大、抗污染性好且易于规模化生产和工程化应用等特点，产品已获得广泛应用。近些年来，国内也开展了异质增强型中空纤维膜的研发与应用。例如，以聚酯、聚丙烯等纤维编织管、非织造布以及聚砜中空纤维多孔膜等为增强体（基膜），在增强体表面复合 PVDF 分离层，或者将异质纤维增强体嵌入多孔膜内部等。此外，多种增强型中空纤维膜及其制备技术也取得多项专利，膜产品在国内市场的占有率逐步提高。

针对国内污水处理专用膜材料存在的问题，笔者[13-16]根据热力学相容性理论和聚合物共混界面相分离原理，开发出双螺杆挤出熔融纺丝-拉伸界面致孔技术，制备出轴向断裂强度和径向抗内、外压强度明显优于常规溶液纺丝法中空纤维膜的高强度和大通量中空纤维膜，在 MBR 领域获得成功应用。但是，基于熔融纺丝成形机理开发的纺丝制膜技术，不论热致相分离法还是熔融纺丝-拉伸界面致孔技术，所得中空纤维膜均为微滤范畴（平均孔径≥0.1μm），膜的分离精度（截留率）和亲水性较差，使用过程中易形成难以清除的嵌入式污染物，清洗难度较大，应用受到限制。

此外，为解决异质增强型中空纤维膜界面结合强度较差的难题，基于同质复合增强原理，我们采用溶液相转化法在熔融纺丝-拉伸界面致孔法 PVDF 中空纤维多孔基膜表面复合同质 PVDF 分离层，制备出同质增强型 PVDF 中空纤维膜[1,4,17,18]。

7.3.1.2　同质增强型 PVDF 中空纤维膜制备

图 7-4 为同质增强型 PVDF 中空纤维膜复合纺丝制膜过程。首先，熔融纺丝-拉伸界面致孔法制备的 PVDF 中空纤维多孔基膜垂直通过装有 PVDF 铸膜液的共挤出装置，铸膜液对多孔基膜表面发生浸润、略有溶解，使固相的多孔基膜表面形成较薄的聚合物凝胶层，进而铸膜液与多孔基膜凝胶层两相之间的 PVDF 大分子链发生相互扩散、缠结。随着在凝固浴中固化成形，表面分离层与多孔基膜之间形成具有过渡层特征的界面结构，有效提高两相之间的界面结合强度。

以 N,N-二甲基乙酰胺为溶剂，按一定质量比将 PVDF、聚乙烯吡咯烷酮（PVP-K30）、吐温-80 置入 DMAC 中，在 70℃溶解、脱泡，制成 PVDF 铸膜液，通过干-湿法纺丝成形，空气层高度为 10cm，卷绕速度为 15cm/min，铸膜液 60℃，凝固浴（水）温度为 20℃。根据铸膜液中 PVDF 含量［如 6%、10%、14%、18%（质量分数）］，将所得同质增强型 PVDF 中空纤维膜分别标记为 M6、M10、M14、M18，多孔基膜记为 M0，如表 7-1 所示。

⊡ 表 7-1　同质增强型 PVDF 中空纤维膜的纺丝配比

膜编号	PVDF(质量分数)/%	PVP-K30(质量分数)/%	吐温-80(质量分数)/%	DMAC(质量分数)/%	多孔基膜
M0	0	0	0	0	
M6	6	7	3	84	熔融纺丝-拉伸法 PVDF 中空纤维膜
M10	10	7	3	80	
M14	14	7	3	76	
M18	18	7	3	72	

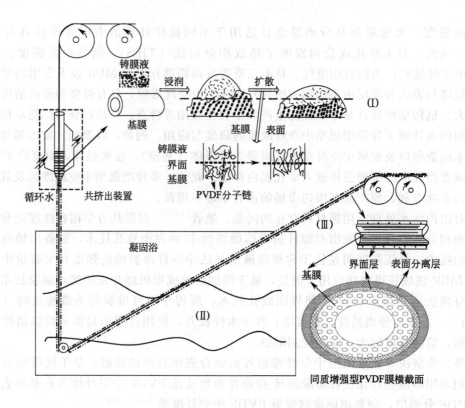

图 7-4 同质增强型 PVDF 中空纤维膜复合纺丝制膜过程

7.3.1.3 PVDF 含量对膜结构与性能的影响

图 7-5 为不同 PVDF 含量铸膜液所得同质增强型 PVDF 中空纤维膜横截面形貌。由图 7-5 (a1) 可知，多孔基膜具有典型的均质膜结构。随着放大倍数的增加，在 SEM 图上 [图 7-5 (a2)] 可观察到连通性较好的海绵状孔结构，但未出现溶液相转化法特有的致密性外皮层结构。

由图 7-5 (a2)、(b2)、(c2)、(d2)、(e2) 可知，同质增强型 PVDF 中空纤维膜靠近外表面处可分为三个部分。外层是 PVDF 表面分离层，内层是多孔基膜，两者之间为海绵状孔结构的界面过渡层，赋予中空纤维膜较理想的界面结合状态。由表 7-2 可知，膜表面分离层的厚度随铸膜液中 PVDF 含量增加而增大，表面分离层占整个膜壁厚的比例由 PVDF 含量为 6% （质量分数）时的 1/7 增加至 18% （质量分数）时的 1/4。当膜壁厚增大到一定程度后，膜的过滤阻力增大，水通量降低。当铸膜液中 PVDF 含量为 6% （质量分数）时，膜的表面分离层很薄，几乎观察不到明显的指状孔结构；PVDF 含量增加到 10% （质量分数）和 14% （质量分数）时，表面分离层厚度明显增大，出现典型的指状孔结构。在双扩散成膜分相过程中，瞬时分相易于形成指状孔结构，而延迟分相则主要生成海绵状孔。铸膜液黏度随 PVDF 含量增加而迅速增大。在复合凝固过程中，铸膜液与非溶剂之间的双扩散速度减缓，延迟分相趋于明显，一定程度上阻止了指状孔的产生。因此，当铸膜液中 PVDF 含量达到 18% （质量分数）时，在表面分离层基本观察不到明显的指状孔结构。

图 7-6 为多孔基膜和同质增强型 PVDF 中空纤维膜外表面形貌。可见熔融纺丝法多孔基膜 （M0） 外表面较粗糙，膜孔较大；而同质增强型 PVDF 中空纤维膜 （M10） 外表面相对较致密和平滑，孔径较小，有利于提高膜的分离精度。

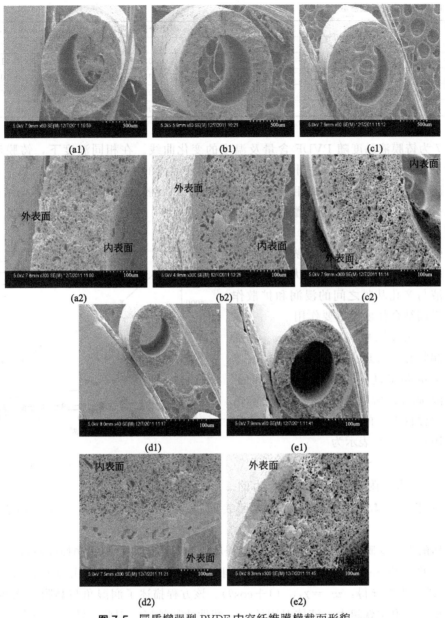

图 7-5 同质增强型 PVDF 中空纤维膜横截面形貌

（a）M0；（b）M6；（c）M10；（d）M14；（e）M18；（1）全貌；（2）局部放大

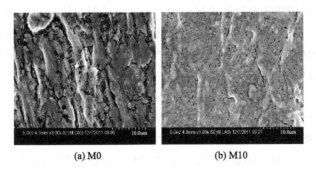

图 7-6 多孔基膜和同质增强型 PVDF 中空纤维膜外表面形貌

膜编号	外径(内径)/mm	壁厚/mm	表面分离层厚度/mm	平均孔径/μm
M0	1.214(0.729)	0.235±0.009	0	0.227
M6	1.410(0.839)	0.283±0.007	0.035±0.003	0.119
M10	1.200(0.721)	0.258±0.024	0.040±0.002	0.101
M14	1.237(0.707)	0.281±0.017	0.051±0.005	0.085
M18	1.234(0.716)	0.277±0.023	0.068±0.005	0.084

图 7-7 为铸膜液黏度随 PVDF 含量及温度的变化曲线。在相同温度下，铸膜液黏度随 PVDF 含量增加而增大，随温度升高而减小。铸膜液黏度的增大使大分子链聚集，非溶剂扩散进入铸膜液更加困难，膜表面相分离延迟时间变长，凝胶速度降低，膜横截面结构中指状孔数目减少，海绵状孔结构孔数增加。

由图 7-5（b2）、（c2）、（d2）可以观察到同质增强型 PVDF 中空纤维膜界面结合处均出现了明显的过渡层结构，很大程度上取决于铸膜液与多孔基膜之间的浸润和扩散作用。它对界面结合强度起重要作用。

通常，可用接触角 θ 和黏附功 w_a 表征物质的浸润状态。从热力学的角度看，液体对固体表面的润湿过程即为液-气界面和固-气界面被液-固面所取代的过程。在恒温条件下，该过程自由能的变化为液体对固体的黏附功，用式（7-1）表示为

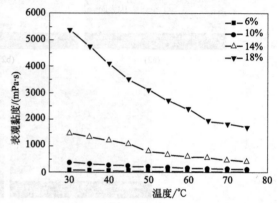

$$w_a = \gamma_{SV} + \gamma_{LV} - \gamma_{SL} \qquad (7-1)$$

图 7-7 铸膜液黏度随 PVDF 含量及温度的变化曲线

式中，w_a 为黏附功，J/m^2；γ_{SV} 为固-气界面表面张力，N/m；γ_{LV} 为液-气界面表面张力，N/m；γ_{SL} 为固-液界面表面张力，N/m。

黏附功的大小反映了液体对固体的浸润程度，黏附功越大，则浸润性能越好。由于直接测定较为困难，Young 根据液滴上各力之间的平衡关系推导出杨氏方程：$\gamma_{SV} = \gamma_{SL} - \gamma_{LV}\cos\theta$。进一步推导得：$w_a = \gamma_{LV}(1+\cos\theta)$。该方程描述了润湿角与黏附功之间的关系，润湿角越小，黏附功就越大，液体对固体的浸润性能就越好。因此，铸膜液与多孔基膜之间的接触角必须足够小才能使两者之间产生足够的浸润和接触。

图 7-8 为铸膜液中 PVDF 含量和接触时间对铸膜液接触角的影响。随 PVDF 含量增加，在 0s 时接触角显著增大，其界面结合强度降低。由图 7-7 可知，铸膜液表观黏度随 PVDF 含量的变化与图 7-8 接触角的变化相似。当铸膜液中 PVDF 含量达到 18％（质量分数）时，表观黏度达到 2400mPa·s（60℃）。由图 7-8（a）可知，0s 时的接触角远大于 90°，这种浸润方式会严重影响界面结合强度。当铸膜液中的良溶剂 DMAC 与多孔基膜接触时，将使基膜表面聚合物发生部分溶胀甚至溶解，此时铸膜液与多孔基膜表面凝胶层 PVDF 大分子链之间相互作用，两相界面变得弥散、模糊，最后逐渐愈合、固化形成一个整体。两者相互扩散的程度越大，界面结合强度越高。因此，可将铸膜液与多孔基膜之间相互扩散的程度定义为接触角随时间的变化率。由图 7-8（b）可知，当铸膜液中 PVDF 含量为 18％（质量分数）时，5s 和 30s 时的接触

角变化率相比于 0s 时显著减小，两相之间相互扩散程度降低，且小于含量为 10%（质量分数）时的变化率。当 PVDF 含量为 10%（质量分数）时，所得接触角在 5s 时的变化率与 30s 时较为接近，表明铸膜液在多孔基膜表面的扩散现象主要发生在相互接触的前几秒内。因此，控制铸膜液在空气中适宜的停留时间可有效调控两相之间的扩散程度。

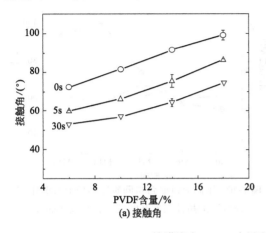
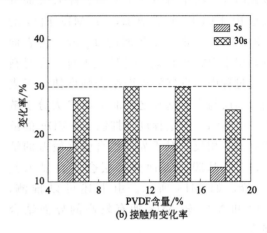

图 7-8　铸膜液中 PVDF 含量和接触时间对铸膜液接触角的影响

　　图 7-9 为 PVDF 中空纤维膜的 DMA 谱图。动态力学分析是在程序控温下，测量物质在振动载荷下的动态模量和力学损耗与温度的关系，常用来研究复合材料增强体和基质间的界面结合状态。在 DMA 测试中，同质增强型 PVDF 中空纤维膜的性能因界面的存在而影响不同分子链段的运动，进而影响其玻璃化转变温度。常规 PVDF 材料在动态力学松弛谱图中呈现 4 个不同的松弛峰。其中，最主要的两个峰：β 松弛峰（-40℃）对应玻璃化转变，是由无定形区碳骨架结构的布朗运动引起的；α 松弛峰（+100℃）则主要归因于结晶区中聚合物大分子链运动。由图 7-9 以及表 7-3 PVDF 中空纤维膜的玻璃化转变温度、差值及其储能模量可知，基膜的 $\tan\delta$ 曲线在 -12℃ 有一个峰出现，属于 PVDF 的 β 松弛峰，同时与玻璃化转变温度 T_g 相对应。多孔基膜为结晶聚合物，其结晶结构抑

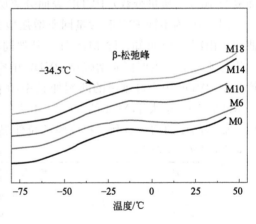

图 7-9　PVDF 中空纤维膜的 DMA 谱图

制了链段的运动，同时复杂的微孔结构也会对 PVDF 大分子链运动产生影响，所以 T_g 峰在图 7-9 中显得弥散而不明显[19]。

□ 表 7-3　PVDF 中空纤维膜的玻璃化转变温度、差值及其储能模量

膜型号	PVDF T_g/℃	T_g 差值($T_{gi}-T_{g0}$, $i=6N,10N,14N,18N$)/℃	E'(25℃)/MPa
M0	-12.3	0	296.7
M6	-11.7	0.6	190.3
M10	-9.9	2.4	241.9
M14	-9.1	3.2	303.5
M18	-12.6	-0.3	312.6

　　注：T_g 为玻璃化转变温度；E' 为储能模量。

由图 7-9 和表 7-3 可知，多孔基膜的玻璃化转变温度基本低于同质增强型 PVDF 中空纤维膜。在通过溶液相转化法复合而成的表面分离层中，当 PVDF 含量较低时，在升温过程中 T_g 峰易被多孔基膜峰位变化所掩盖，所以此时 T_g 峰在图中并不明显。随着表面分离层中 PVDF 含量增加，在 M18 曲线的 $-34.5℃$ 处出现一个较弱的 T_g 峰，为表面分离层中 PVDF 的玻璃化转变温度。在材料形变过程中，良好的界面结合强度使位于表面分离层与多孔基膜之间的 PVDF 大分子链段发生缠结，一定程度上抑制了 PVDF 的链段运动。相反，对于界面结合强度较差的情况，多孔基膜与表面分离层会各自显示其 T_g 峰，如 M18 所示。由上述可以推测，M10 和 M14 较 M18 拥有较高的界面结合强度。

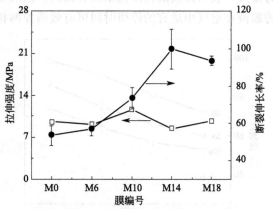

图 7-10 不同 PVDF 含量同质增强型 PVDF 中空纤维膜的拉伸强度及断裂伸长率变化曲线

由表 7-3 可知，同质增强型 PVDF 中空纤维膜在 25℃ 时的储能模量明显低于多孔基膜，而 M14 和 M18 的结果相反。在玻璃化区，大分子链段处于冻结状态，表现出较高的储能模量。随温度升高，黏弹区的大分子链段开始运动，晶体的紧密结构发生变化。在多孔基膜表面复合 10%（质量分数）PVDF 表面分离层后，多孔基膜的刚性减弱，弹性和柔性增强。

图 7-10 为不同 PVDF 含量同质增强型 PVDF 中空纤维膜的拉伸强度及断裂伸长率变化曲线。由图 7-10 可知，除 M10 外，其他同质增强型 PVDF 中空纤维膜的拉伸强度较多孔基膜均有所降低，表明同质增强型 PVDF 中空纤维膜的拉伸强度主要取决于多孔基膜。同质增强型 PVDF 中空纤维膜的断裂伸长率随表面分离层中 PVDF 含量的增加而较明显增大，由 M0 的 50% 增大至 M14 的 99%。由表 7-4 可知，多孔基膜中 PVDF 结晶度高于表面分离层，而结晶度的增大有利于提高膜的拉伸强度和弹性模量。

⊡ **表 7-4 PVDF 膜的结晶度**

项目	表面分离层（M10）	多孔基膜 PVDF（M0）
$\Delta H_f/(J/g)$	40.8	50.1
$\chi_c/\%$	38.9	47.8

注：ΔH_f—熔融熔；χ_c—结晶度。

图 7-11 为同质增强型 PVDF 中空纤维膜的孔径分布。相比 M6、M10、M14 和 M18，M0 的孔径分布较宽。多孔基膜中约 50% 的膜孔径大于 $0.2\mu m$，甚至有部分接近 $1\mu m$。由表 7-2 可知，同质增强型 PVDF 中空纤维膜的平均孔径明显小于多孔基膜，且其表面分离层厚度和孔隙率随 PVDF 含量增加而下降。通过复合表面分离层后，同质增强型 PVDF 中空纤维膜孔径变小，分布变窄，由微滤向超滤发生转变，且分布范围随铸膜液中 PVDF 含量增加而更加集中。M10 膜孔径在 $0.08\sim0.2\mu m$ 范围膜孔数占总数 95%，而 M14 和 M18 孔径 $0.08\sim0.1\mu m$ 范围膜孔数分别占总数的 95% 和 97% 以上，较窄的膜孔径分布可有效提高膜的过滤精度。

图 7-12 为 PVDF 中空纤维膜的水通量和卵清蛋白质截留率。随铸膜液中 PVDF 含量增

加，膜的水通量开始显著下降，且逐步趋于缓和，而截留率则与通量呈相反的变化趋势。首先，同质增强型 PVDF 中空纤维膜的壁厚较多孔基膜更厚，水通量小于多孔基膜。其次，形成的表面分离层会降低同质增强膜的孔隙率，从而降低膜的水通量。同质增强型 PVDF 中空纤维膜外表面比多孔基膜更加致密，膜孔径较小，截留率较高。

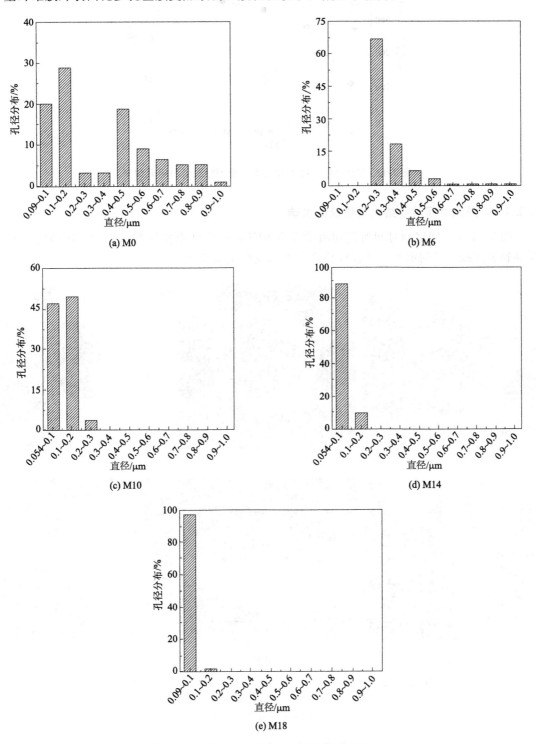

图 7-11　同质增强型 PVDF 中空纤维膜的孔径分布

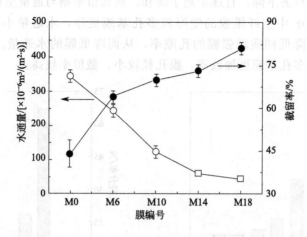

图 7-12 PVDF 中空纤维膜的水通量和卵清蛋白质截留率

7.3.1.4 浸润时间对膜结构与性能的影响

图 7-13 为不同浸润时间所得同质增强型 PVDF 中空纤维膜横截面形貌。随铸膜液对多孔基膜表面浸润时间增加，增强膜横截面并未发生明显变化。

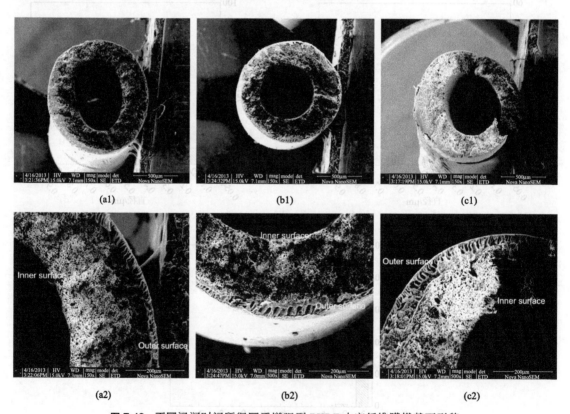

图 7-13 不同浸润时间所得同质增强型 PVDF 中空纤维膜横截面形貌
(a)10s；(b)20s；(c)30s
(1) 全貌；(2) 局部放大

图 7-14 为不同浸润时间所得同质增强型 PVDF 中空纤维膜外表面形貌。随浸润时间增

加，膜表面更加粗糙与致密，而致密的皮层结构会减小增强膜的孔径，降低开孔孔隙率，进而降低膜的通透性能。

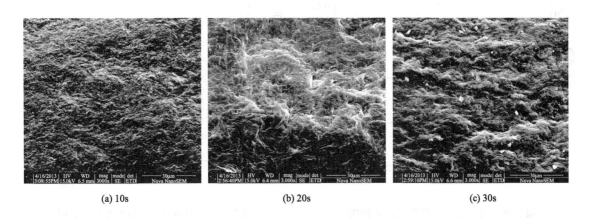

(a) 10s　　　　　　　　(b) 20s　　　　　　　　(c) 30s

图 7-14　不同浸润时间所得同质增强型 PVDF 中空纤维膜外表面形貌

由图 7-15 可见，随浸润时间增加，同质增强型 PVDF 中空纤维膜拉伸强度变化不大，而断裂伸长率明显增大。这是由于随浸润时间增加，铸膜液中良溶剂对多孔基膜表面的浸蚀作用增强，促进了表面分离层中 PVDF 大分子链段与被溶解的多孔基膜表面 PVDF 大分子链段之间的相互作用，有利于提高界面结合强度，增大断裂伸长率。

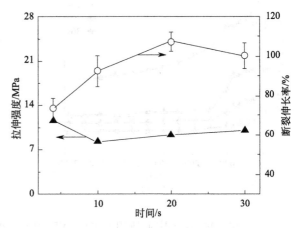

图 7-15　浸润时间对同质增强型
PVDF 中空纤维膜力学性能的影响

由图 7-16 可见，随浸润时间增加，膜最大孔径和孔隙率均呈减小趋势。最大孔径由 5s 时的 $0.58\mu m$ 减小到 30s 时的 $0.46\mu m$，孔隙率则由 61% 减小到 35%。如图 7-17 所示，随浸润时间增加，同质增强型 PVDF 中空纤维膜水通量明显降低，由浸润时间 5s 时的 $122 \times 10^{-6} m^3 / (m^2 \cdot s)$ 降低到 30s 时的 $18 \times 10^{-6} m^3 / (m^2 \cdot s)$。经复合表面分离层后，膜的孔隙率明显减小，通透性能显著下降。过长的浸润时间虽然可产生较高的界面结合强度，但对于膜通透性能的负效应会影响膜的实用性。

如图 7-18 所示，在牛血清蛋白溶液过滤中，同质增强型 PVDF 中空纤维膜经 1h 超滤实验后其通量均降低，随浸润时间增加，通量依次下降为各自初始通量的 53.7%、47.6%、59.9% 以及 70.1%。浸润时间的增加使膜表面分离层中海绵状孔结构趋于致密，孔隙率降低。对于截留率而言，初始阶段（0~600s）较长浸润时间所得膜的截留率明显高于较短浸润时间所得膜，浸润时间的增加使膜外表面更加致密，孔径更小，对蛋白质的截留率明显提高；而随过滤时间延长，膜对蛋白质的吸附逐渐达到饱和，此时对牛血清蛋白的截留率达到 90% 左右。

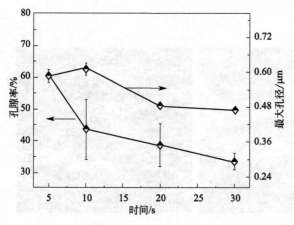

图 7-16 浸润时间对同质增强型 PVDF 中空纤维膜最大孔径和孔隙率的影响

图 7-17 浸润时间对同质增强型 PVDF 中空纤维膜水通量的影响

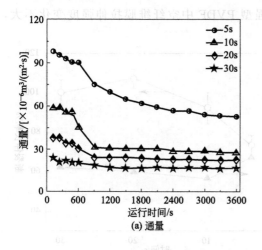

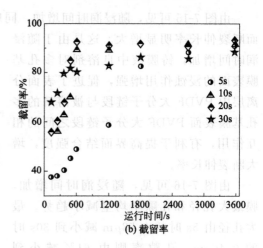

图 7-18 浸润时间对同质增强型 PVDF 中空纤维膜牛血清蛋白通量和截留率的影响

7.3.1.5 界面结合性能研究

当超声波在液体中传播时，超声波与液体的作用会产生非热效应，表现为液体激烈而快速的机械运动与空化现象。空化是指液体中微小空化泡在声波作用下的振荡、生长、收缩直至崩溃的一系列过程。空化泡崩溃时，形成一个局部过热点，极短时间内，在泡内产生高温和高压，并伴生强烈的冲击波和微射流。超声波的这种空化作用给媒介带来巨大的机械效应、热效应及化学效应。因此，可采用超声振荡技术研究同质增强型中空纤维膜的界面结合性能。

图 7-19 为多孔基膜和 PVDF 平板膜的水通量随超声时间的变化。可见，多孔基膜的内压通量随超声时间先略增加后逐渐稳定，水通量变化的波动幅度较小。PVDF 平板膜的水通量也基本保持不变，即超声振荡对多孔基膜和 PVDF 平板膜水通量影响较小。

由图 7-20 可见，随超声时间增加，M6 膜水通量先急剧增加，然后逐渐稳定；M10 水通量先略有降低，然后迅速增加，最后基本保持稳定；而 M18 水通量先缓慢增加，然后逐渐稳定，最后迅速增加。由于 M6 表面分离层 PVDF 含量 [6%（质量分数）] 较低，成膜性能差，膜结构不完整，在超声振荡作用下表面分离层结构易发生破坏。含量为 10%（质量分数）的 PVDF 铸膜液与多孔基膜之间融合良好，膜通量曲线波动小，较平缓。含量为 18%（质量分数）的 PVDF 铸膜液黏度大，表面分离层在凝胶固化前对多孔基膜外表面的浸润作用较弱，界面结合强度较低。随超声波强度和时间的增加，超声波的空化作用增强，由此产生的声化学效应和物理效应致使膜的孔径增大或膜面破损、界面破坏等，最终使膜水通量增大。

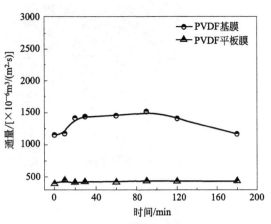

图 7-19　多孔基膜和 PVDF 平板膜的水通量随超声时间的变化

由图 7-21 可知，M10 经气体反冲 4h 后，膜外表面观察不到膜孔结构破坏现象，膜结构形态较为完整。M10 经水力反洗 8h 后，膜外表面出现少量小孔结构。但该膜横截面结构形态仍然较完整，界面结合处无明显剥离损伤。

图 7-22 为同质增强型 PVDF 中空纤维膜（M14）拉伸测试前后膜外表面（a）、内表面（b）和横截面（c）形貌。取样点位于膜试样断裂处 3cm 左右。经拉伸测试后 M14 的外表面膜孔明显被打开，孔径变大，而内表面

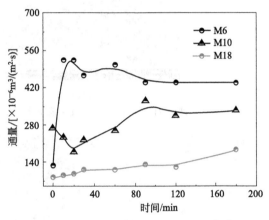

图 7-20　同质增强型 PVDF 中空纤维膜通量随超声时间的变化

的膜孔形貌也发生较大变化，拉伸形变后部分膜孔闭合。通过对比 M14 拉伸前后的形貌可知，拉伸过程中膜外表面出现大量微孔，而横截面处观察不到明显变化，界面仍保持良好状态。

7.3.2　同质增强型聚氯乙烯中空纤维膜

7.3.2.1　简介

聚氯乙烯（PVC）是一种无定形聚合物，结晶度较低（<10%），分解温度低于熔融温度，易溶解于 DMF、DMAC、DMSO、NMP 等极性溶剂，其成膜方法主要为溶液相转化法，所得膜通常为非对称膜结构，包含致密皮层和多孔支撑层。这种膜结构赋予其优异的分离性能、高渗透性能和卓越的抗污染性能[20-23]。但溶液相转化法所得膜的力学性能较差，使用过程中易发生破损，影响出水水质稳定性。尤其是在 MBR 技术应用中，由于高压水流清洗和曝气扰动的影响，强度较差的膜易破损或者断裂，丧失分离功能。相对于溶液相转化法所得膜的疏松结构，熔融纺丝-拉伸法和热致相分离法所得膜的力学性能较优。熔融纺丝-拉伸法和热致相分离法膜通常为均质膜结构[24]，孔径较均一，膜表面开孔孔隙率较高。但

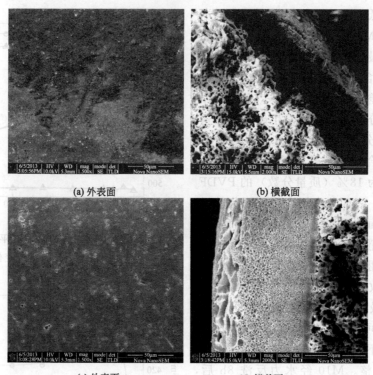

(a) 外表面   (b) 横截面

(c) 外表面   (d) 横截面

图 7-21　气洗（a）、（b）和水洗（c）、（d）后 M10 外表面和横截面形貌

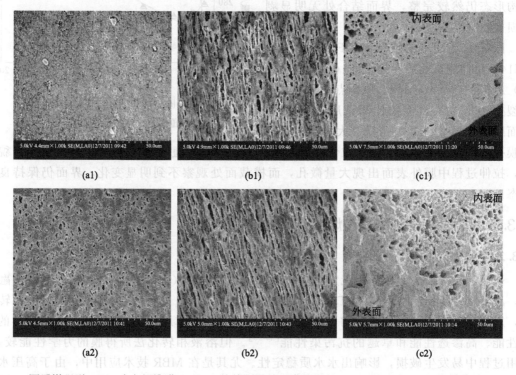

图 7-22　同质增强型 PVDF 中空纤维膜（M14）拉伸测试前后膜外表面（a）、内表面（b）和横截面（c）形貌
(1) 测试前；(2) 测试后

这种开孔结构易发生不可逆的嵌入式污染，而反洗作用对膜通量的恢复效果较差[25]，要结合化学清洗来恢复膜通量。以下介绍采用复合纺丝制膜方法，在高强度、大通量 PVC 多孔基膜（增强体）表面复合同质 PVC 分离层，制备兼具高强度和高分离精度、综合性能优良的同质增强型 PVC 中空纤维膜。

同质增强型中空纤维膜制备的关键之一是要先制取高强度、大通量的多孔基膜，其制备方法主要包括熔融纺丝-拉伸界面致孔法和热致相分离法。由于 PVC 分解温度低于熔融温度，属热不稳定聚合物，采用常规熔融纺丝法难以直接制备 PVC 中空纤维膜。笔者基于多重孔结构理论[13-16,26]，以 PVC 为成膜聚合物，辅以一定比例增塑剂改善其低温流动性，并添加部分热稳定剂，增加纺丝稳定性；采用双螺杆挤出增塑熔融纺丝-拉伸界面致孔法制备了高强度和大通量 PVC 中空纤维多孔膜[27,28]。再将其作为基膜，采用同质复合制膜法制备兼具高强度和高分离精度的同质增强型 PVC 中空纤维膜[28,29]。

7.3.2.2 同质增强型 PVC 中空纤维膜制备

同质增强型 PVC 中空纤维膜制膜过程见图 7-1[30]。制备流程分为四步：首先，对 PVC 中空纤维基膜表面预湿，用 DMAC 或乙醇水溶液作为预湿溶液对基膜进行预湿处理；其次，将预湿处理后的 PVC 中空纤维基膜经涂覆装置，将预先配制好的聚合物溶液（铸膜液）均匀涂覆于 PVC 中空纤维基膜外表面；再次，将涂覆后的 PVC 中空纤维膜经一定空气层浸入凝固浴（水）固化；最后，将固化成形的初生中空纤维膜浸入水中浸泡 48h 以上，去除残余溶剂、添加剂，制成同质增强型 PVC 中空纤维膜，相关复合涂覆工艺参数如表 7-5 所示。其中，铸膜液中 PVC 含量（质量分数）6%、8%、10%、12%、14%标记为样品 M6、M8、M10、M12、M14，分子量 400、6000 的添加剂 PEG 标记为 M10-400、M10-6000，PVC 中空纤维基膜标记为 M0。

⊡ 表 7-5　同质增强型 PVC 中空纤维膜复合涂覆工艺参数

纺丝条件	数值	纺丝条件	数值
铸膜液溶解温度/℃	70.0	外凝固浴温度/℃	20.0
涂覆纺丝温度/℃	20.0	空气层高度/cm	8.0
预湿时间/s	20.0	卷绕速度/(m/min)	2.2
外凝固浴组成	水		

7.3.2.3 PVC 含量对膜结构与性能的影响

由图 7-23(a1)～(a5)可知，同质增强型 PVC 中空纤维膜由表面分离层与基膜组成。由图 7-23(b1)～(b5)和表 7-6 可知，所得膜表面分离层厚度随 PVC 含量增加而增大。当 PVC 含量为 6%（质量分数）时，膜表面分离层无明显指状孔结构，且在表面分离层与基膜之间形成了致密界面层。这主要是由膜制备过程中基膜表面的溶解造成的。当基膜经预湿溶液浸入铸膜液时，较高的 DMAC 溶剂浓度会加速基膜的溶解速度，导致基膜多孔表面结构塌陷形成致密层。随 PVC 含量从 8%（质量分数）增加到 14%（质量分数），膜表面分离层厚度增加，且在表面分离层中形成指状孔结构。当 PVC 含量为 8%（质量分数）和 10%（质量分数）时，膜表面分离层由指状孔结构组成。当铸膜液中 PVC 含量增加到 12%（质量分数）和 14%（质量分数）时，膜表面分离层变为指状孔和海绵状孔结构共存；同时，随铸膜液中 PVC 含量从 12%（质量分数）增加到 14%（质量分数）时，表面分离层中指状孔结构变短，海绵状孔结构厚度增加（表 7-6），主要是由铸膜液在凝固浴中发生延时分相造成的。通常情况下，在双扩散分相成膜过程中，瞬时分相易于形成指状孔结构，而延时分相则主要形成海绵状孔结构。铸膜液黏度随 PVC 含量增加而增大，在双扩散过程中，铸膜液中溶剂与凝固浴中非溶剂双扩散速度变慢，发生延时分相行为，抑制了指状孔结构的发展，形成海绵状孔结构。

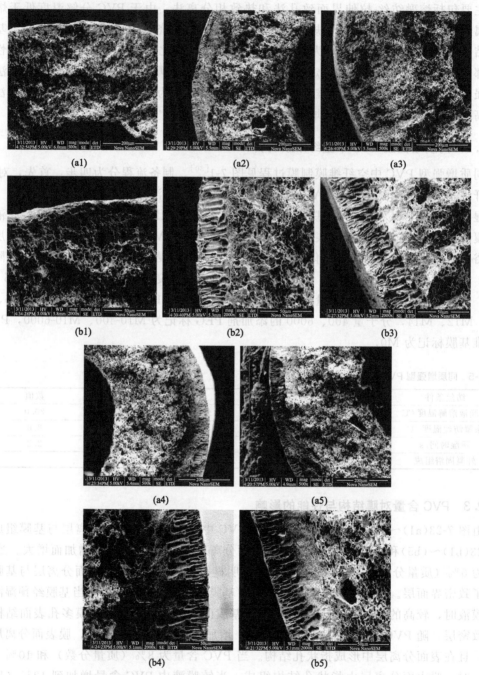

图 7-23 同质增强型 PVC 中空纤维膜横截面形貌

(a1)、(b1) M6；(a2)、(b2) M8；(a3)、(b3) M10；(a4)、(b4) M12；(a5)、(b5) M14

表 7-6 同质增强型 PVC 中空纤维膜参数

膜编号	外径/mm	内径/mm	壁厚/mm	分离层厚度/μm	分离层中海绵状结构厚度/μm
M0	1.71	0.90	0.41	0	0
M6	1.64	0.80	0.42	14.97±0.81	0
M8	1.65	0.77	0.44	32.03±0.61	3.80±0.83
M10	1.72	0.82	0.45	37.24±0.52	3.94±0.46
M12	1.63	0.78	0.43	52.97±2.52	12.86±1.28
M14	1.62	0.76	0.43	53.15±0.42	23.77±2.36

图 7-24 为同质增强型 PVC 中空纤维膜外表面形貌，随铸膜液中 PVC 含量增加，所得膜表面变得致密且光滑，且无明显大孔存在。相对于表面开孔结构，这种致密膜结构在过滤过程中可有效防止污染物的嵌入，膜污染仅发生在膜表面，有利于提高膜的抗污染性能，降低膜清洗成本。

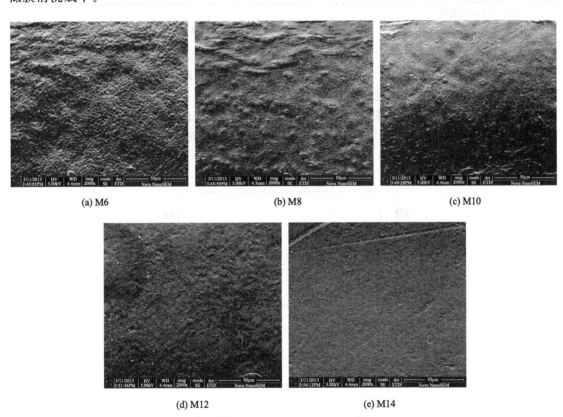

(a) M6   (b) M8   (c) M10

(d) M12   (e) M14

图 7-24 同质增强型 PVC 中空纤维膜外表面形貌

由表 7-7 可知，同质增强型 PVC 中空纤维膜水通量及渗透通量均低于基膜，而蛋白截留率则高于基膜。随铸膜液中 PVC 含量由 6%（质量分数）增加到 10%（质量分数），膜的水通量和渗透通量均增大。当 PVC 含量大于 10%（质量分数）后，则呈减小趋势。铸膜液中 PVC 含量为 10%（质量分数）时，膜的水通量和渗透通量达到最大值。由上述分析可知，当基膜从预湿溶液进入聚合物铸膜液时，较高的溶剂浓度会加速基膜的溶解速度，导致基膜多孔表面结构塌陷形成致密层。这将降低膜孔连通性,进而降低膜渗透通量。当铸膜液中 PVC 含量(质量分数)高于 10%(M12、M14)时,膜的外表面致密程度的增加和表面分离层厚度的增加均会降低膜的水通量和渗透通量。由图 7-25 可见,随 PVC 含量增加,膜的孔隙率和最大孔径均呈减小趋势,相应膜的截留率有所提高。由图 7-24 还可看出,随铸膜液中 PVC 含量增加,膜的外表面致密程度及光滑度增加,即膜的截留率随铸膜液中 PVC 含量增加而增大。

⊡ **表 7-7　同质增强型 PVC 中空纤维膜渗透性能**

膜编号	水通量/[L/(m²·h)]	渗透通量/[L/(m²·h)]	BSA 截留率/%	通量恢复率/%
M0	39.39	12.12	10.71	27.19
M6	3.17	2.80	56.23	96.85
M8	5.66	4.60	58.09	85.69
M10	10.1	8.08	72.06	90.00
M12	8.47	6.77	74.05	85.01
M14	3.74	3.38	76.09	97.33

注:BSA 为牛血清蛋白。

　　由表 7-7 还可看出,同质增强型 PVC 中空纤维膜通量恢复率高于基膜,且均高于 85.00%。这与蛋白过滤过程中不同的污染过程有关。基膜的开孔结构易导致膜内部孔的蛋白吸附及孔堵塞,这种不可逆污染在普通清洗过程中很难清除,需结合反洗及化学清洗去除。同质增强型 PVC 中空纤维膜外表面为致密皮层结构,可有效避免膜内部孔的吸附和孔堵塞现象,降低不可逆污染。同质增强型 PVC 中空纤维膜的污染主要为膜表面的吸附及浓差极化形成的蛋白质滤饼层,而这种污染通过普通清洗即可去除,从而提高膜的抗污染性能。

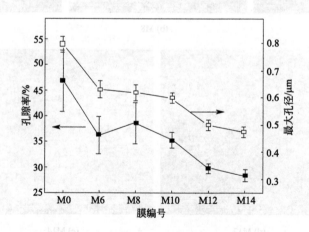

图 7-25　PVC 含量对同质增强型 PVC 中空纤维膜孔隙率及最大孔径影响

　　图 7-26 为同质增强型 PVC 中空纤维膜 M10 拉伸断裂面及断裂后膜外表面形貌。断裂点距夹持点 50mm 处,即断裂点在夹持样品膜的中部。对比图 7-23(b3)和图 7-26(a)可知,拉伸断裂后膜表面分离层中指状孔结构发生扭曲变形,且厚度有所下降,但表面分离层与基膜之间的界面层在断裂前后无明显变化。由图 7-24(c)和图 7-26(b)可知,拉伸断裂后膜的外表面变得粗糙,但这些变化并未导致明显的界面破坏及表面分离层剥离现象,表明膜具有较高的界面结合强度。

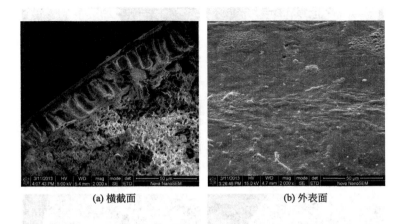

(a) 横截面   (b) 外表面

图 7-26 同质增强型 PVC 中空纤维膜 M10 拉伸断裂面及断裂后膜外表面形貌

由图 7-27 可见，同质增强型 PVC 中空纤维膜拉伸强度低于基膜，而断裂伸长率高于基膜。同质增强型 PVC 中空纤维膜拉伸强度主要由基膜决定，在膜制备过程中，铸膜液中高浓度溶剂 DMAC[>80%（质量分数）]对基膜有一定浸蚀作用，导致所得膜强度有所下降。

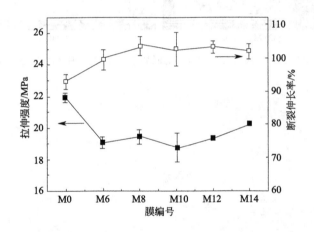

图 7-27 PVC 含量对同质增强型 PVC 中空纤维膜力学性能影响

7.3.2.4 PEG 分子量对膜结构与性能的影响

较高分子量的 PEG 可增加表面分离层的厚度，这与较高分子量的 PEG 增加了铸膜液表观黏度有关。对比图 7-28(b1) 与 (b2) 可知，相对于 PEG-400，PEG-6000 作为添加剂所得膜，可形成较大且较长的指状孔结构。图 7-29 为添加 PEG-400 和 PEG-6000 的同质增强型 PVC 中空纤维膜外表面形貌。随 PEG 分子量的增加，膜的外表面变得光滑且致密。

由图 7-30 可知，同质增强型 PVC 中空纤维膜孔隙率随 PEG 分子量增加而减小，膜最大孔径变化不明显。由表 7-8 可知，PEG-2000 和 PEG-6000 作为添加剂的膜水通量和渗透通量高于 PEG-400 作为添加剂的膜，同时随 PEG 分子量增加，膜对 BSA 截留率增加。这主要是由于 PEG 分子量的增加，增大了膜表面分离层的厚度和外表面的致密程度。

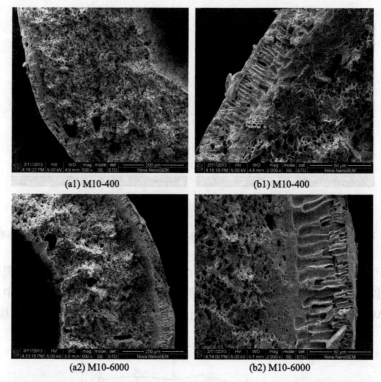

图 7-28 添加 PEG-400 和 PEG-6000 的同质增强型 PVC 中空纤维膜横截面形貌

(a1) M10-400　　(b1) M10-400
(a2) M10-6000　　(b2) M10-6000

由图 7-27 所示 ⋯⋯ 基质，间歇地随温⋯⋯ 体较高中的浓度高和 DMAc 浓⋯⋯ 最大孔径下限。

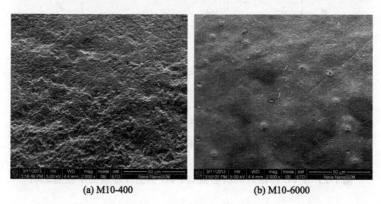

(a) M10-400　　(b) M10-6000

图 7-29 添加 PEG-400 和 PEG-6000 的同质增强型 PVC 中空纤维膜外表面形貌

7.3.2.4 PEG 分子量对膜孔隙率及最大孔径的影响

较低分子量的 PEG 对成膜技术而言较易洗脱，这可较高效分离最高的 PVC，增加了较强加强膜孔隙率。对比图中所述(b1)与(b2)可知，也体现出 PEG-6000 作为致孔剂的优异性。小孔隙度人才的膜结构无论性能与⋯⋯从图 7-29 和 PEG-6000 的同质增强型 PVC 中空⋯⋯而未由相对较高的 PEG 分子量的洗脱⋯⋯人才较为优异的性能。

由图 7-30 可知，随着添加的 PVC 中空纤维膜孔隙率随着 PEG 分子量的增加而减小，这是因为⋯⋯ 较难被洗脱出来，由此 ⋯⋯ 分子 PEG-2000 和 PEG-6000 ⋯⋯ 较难被洗脱而⋯⋯ 而致 PEG-6000 作为致孔剂⋯⋯ 与此同时随 PEG 分子量是⋯⋯ 又由 PEG 分子⋯⋯ PEG 分子⋯⋯ 膜的⋯⋯ 不在较低较大孔径。

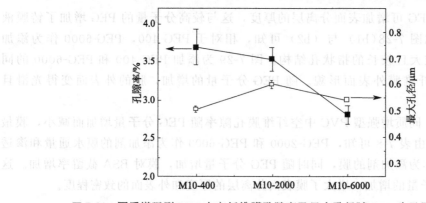

图 7-30 同质增强型 PVC 中空纤维膜孔隙率及最大孔径随 PEG 分子量变化曲线

膜编号	水通量/[L/(m² · h)]	渗透通量/[L/(m² · h)]	BSA截留率/%	通量恢复率/%
M10-400	2.42	1.62	68.01	85.47
M10-2000	10.1	8.08	72.06	90.00
M10-6000	8.08	6.46	76.12	99.00

注:BSA—牛血清蛋白。

从图7-31可以看出，随PEG分子量由400增加到6000，所得膜的拉伸强度及断裂伸长率变化不大，表明添加剂PEG分子量对膜的力学性能影响不明显。

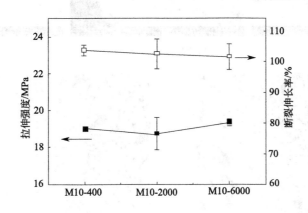

图7-31　PEG分子量对同质增强型PVC中空纤维膜力学性能影响

7.3.2.5　预湿溶液组成对膜结构与性能的影响

由图7-32(a)、(b)膜横截面及其局部放大形貌可知，同质增强型PVC中空纤维膜由表面分离层与基膜组成，表面分离层为指状孔结构，基膜为海绵状孔结构。由图7-32 (c)可知，所得膜拥有致密且光滑的外表面结构，且无明显大孔存在。由图7-32(d)、(e)可知，在表面分离层与基膜之间形成了一层致密界面层。经测试发现，无预湿处理膜的水通量接近0，这与致密界面层的形成有关。

依据图7-32所示，现对同质增强过程中膜孔变化进行假设。如图7-33所示，为增强过程中膜孔变化，无预湿过程如（Ⅰ）所示。在铸膜液接触多孔基膜表面时，由于毛细管力作用铸膜液会渗入膜表面孔中，即孔渗现象。当膜固化成形后易形成致密界面层，如图7-33(b)所示。这种致密界面层将降低膜外表面孔到膜内表面孔的连通性，增大膜自身过滤阻力。为避免致密界面层的形成，在纺丝制膜过程中，将多孔基膜外表面进行预湿，使预湿溶液预先填充在基膜外侧面孔中，消除孔渗现象的发生，过程如（Ⅱ）所示；涂覆过程中膜孔结构变化如图7-33(c)所示。当涂覆过程结束后，预湿溶液经水萃洗，形成如图7-33(d)所示多孔界面结构。很明显，相对于无预湿膜的致密界面层结构，经预湿过程所得膜多孔界面的通透性能更好。

以水、DMAC水溶液、乙醇（EtOH）及其水溶液、PEG-400水溶液和甘油水溶液为预湿溶液，测试其在PVC中空纤维基膜表面的浸润性能，并用接触角表征。预湿溶液对PVC中空纤维基膜接触角记录于表7-9。随浸润时间延长，每种预湿溶液对基膜的接触角均减小，表明所选用预湿溶液对基膜有一定的浸润性能。当预湿溶液为水、30%（质量分数）DMAC溶液、30%（质量分数）与60%（质量分数）PEG-400溶液、30%（质量分数）与

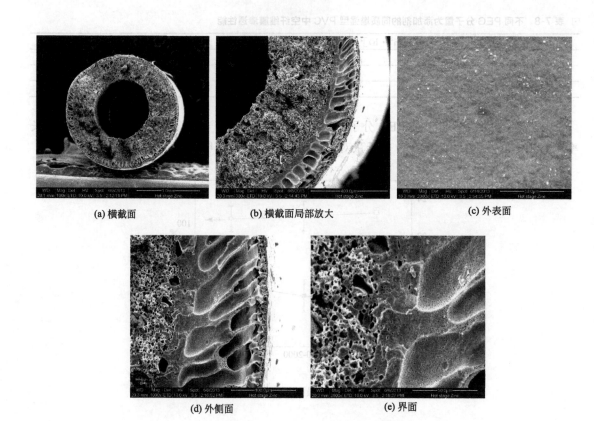

(a) 横截面　　　　　　(b) 横截面局部放大　　　　　　(c) 外表面

(d) 外侧面　　　　　　(e) 界面

图 7-32　无预湿同质增强型 PVC 中空纤维膜形貌

60%（质量分数）甘油溶液时，其对基膜的接触角均高于 60°，表明这些预湿溶液对基膜的浸润性能较差。而当 60%（质量分数）与 80%（质量分数）DMAC 溶液、30%（质量分数）与 60%（质量分数）乙醇溶液、无水乙醇溶液为预湿溶液时，其稳定接触角较小甚至为 0°，表明这些预湿溶液对基膜的浸润性能较好。由表 7-9 还可看出，在相同时间内，随 DMAC 或乙醇质量分数增加，预湿溶液对基膜的接触角呈减小趋势，这与预湿溶液表面张力的减小有关。预湿溶液对基膜接触角在 20s 之后趋于稳定，随时间延长至 60s，减小幅度较小，可以认为 20s 时，预湿溶液对基膜浸润性能达到稳定。同时，60%（质量分数）乙醇溶液和无水乙醇溶液在 20s 时，对基膜接触角为 0°。最佳预湿时间的选择原则为预湿溶液在基膜表面达到最佳渗入状态的时间，即预湿溶液对基膜接触角刚好为 0° 时，此时预湿溶液刚好完全渗入基膜表面孔，不但可有效保护基膜外表面孔，同时可避免表面分离层与基膜之间产生缝隙而发生剥离现象。因此，合理的预湿时间为 20s。

PEG-400 水溶液与甘油水溶液对基膜浸润性能较差，而 DMAC 水溶液与铸膜液有一定混溶性，乙醇及其水溶液对基膜浸润性能较好。

表 7-9　预湿溶液对 PVC 中空纤维基膜接触角

编号	预湿溶液	质量分数/%	时间/s				
			0	10	20	30	60
1	水	100	93.8°	88.7°	86.7°	86.5°	85.8°
2	DMAC 溶液	30	88.9°	75.7°	74.7°	74.2°	71.5°

编号	预湿溶液	质量分数/%	时间/s				
			0	10	20	30	60
3	DMAC 溶液	60	66.5°	52.4°	48.3°	45.4°	41.4°
4	DMAC 溶液	80	51.5°	31.5°	25.0°	16.3°	0°
5	EtOH 溶液	30	64.8°	55.2°	53.6°	52.3°	48.4°
6	EtOH 溶液	60	34.3°	11.5°	0°	0°	0°
7	EtOH	100	19.4°	1.9°	0°	0°	0°
8	PEG-400 溶液	30	82.5°	68.3°	66.6°	66.5°	63.5°
9	PEG-400 溶液	60	86.4°	76.7°	75.8°	75.1°	73.0°
10	甘油溶液	30	93.7°	83.3°	81.8°	80.1°	77.5°
11	甘油溶液	60	101.7°	88.3°	84.1°	83.3°	81.7°

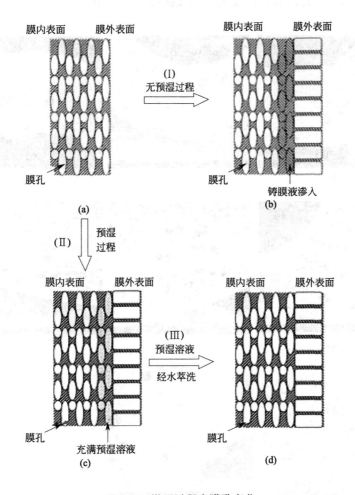

图 7-33 增强过程中膜孔变化

现以纯水、30%（质量分数）DMAC、60%（质量分数）DMAC、80%（质量分数）DMAC 溶液为预湿溶液，制备同质增强型 PVC 中空纤维膜。不同含量 DMAC 预湿溶液对同质增强型 PVC 中空纤维膜横截面形貌影响如图 7-34 所示。相对于无预湿同质增强型 PVC 中空纤维膜，经 DMAC 水溶液预湿所得膜无明显致密界面层。当以纯水或 30%（质量分数）DMAC 溶液为预湿溶液时，所得膜表面分离层与基膜之间有明显缝隙，表明表面分离层在增强体基膜表面附着能力较差。当预湿溶液中 DMAC 含量增加到 60%（质量分数）和 80%（质量分数）时，同质增强型 PVC 中空纤维膜表面分离层与基膜之间无明显缝隙，表明表面分离层在增强体基膜表面附着能力较好，两层之间界面结合状态较优。这主要是由预湿溶液在基膜表面的浸润效果决定的。在浸润时间为 20s 时，纯水与 30%（质量分数）DMAC 溶液对基膜接触角大于 70°。当基膜从预湿溶液进入铸膜液时，表面附着一层预湿溶液所形成的液膜，液膜的存在阻隔了铸膜液与基膜表面的接触，使其相互作用减弱，降低了表面分离层在基膜表面的附着效果，易形成缺陷。当预湿溶液中 DMAC 含量达到 80%（质量分数）时，所得膜出现明显界面层，这与预湿溶液对基膜外表面的溶胀溶解有关。由图 7-34 还可看出，以纯水为预湿溶液所形成的表面分离层为指状孔结构，随预湿溶液中 DMAC 质量分数增加，表面分离层变为圆形和椭圆形孔结构。

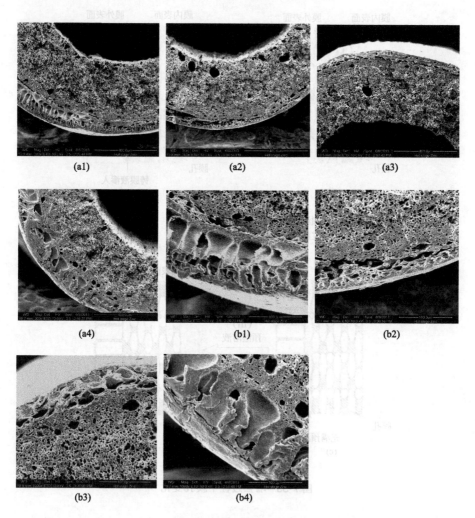

图 7-34 不同含量 DMAC 预湿溶液对同质增强型 PVC 中空纤维膜横截面形貌影响

(a1)、(b1)—0；(a2)、(b2)—30%（质量分数）；(a3)、(b3)—60%（质量分数）；(a4)、(b4)—80%（质量分数）

现以 30%（质量分数）、60%（质量分数）、100%（质量分数）乙醇水溶液为预湿溶液，制备同质增强型 PVC 中空纤维膜。不同含量乙醇预湿溶液对同质增强型 PVC 中空纤维膜横截面形貌影响如图 7-35 所示。相对于无预湿同质增强型 PVC 中空纤维膜，经乙醇水溶液预湿所得膜无明显致密界面层。当预湿溶液中乙醇含量高于 30％（质量分数）时，膜的表面分离层与基膜之间无明显缝隙，表明表面分离层在增强体基膜表面附着能力较强，两相之间界面结合状态较理想。这与乙醇及其水溶液对基膜表面的浸润效果较好有关。在浸润时间为 20s 时，乙醇及其水溶液对基膜接触角较低甚至达到 0°；当基膜经预湿溶液浸入铸膜液时，铸膜液与基膜外表面发生相互作用，包括铸膜液对基膜外表面的溶胀溶解及两者之间大分子链的缠结，可提高表面分离层在基膜外表面的附着效果。当以无水乙醇为预湿溶液时，所得膜界面层较厚，由于无水乙醇对基膜浸润效果较好，在 10s 时，接触角即为 1.9°。当预湿时间为 20s 时，无水乙醇已完全渗入基膜内部，使得基膜多孔外表面裸露在铸膜液中，铸膜液的渗入使得界面层孔隙率降低，厚度增加。由图 7-35 还可看出，当预湿溶液中乙醇含量为 30％（质量分数）和 60％（质量分数）时，表面分离层由圆形和椭圆形孔结构组成，当以无水乙醇为预湿溶液时，表面分离层形成典型指状孔结构。

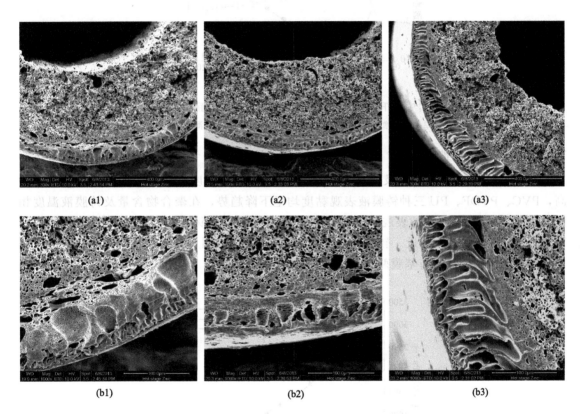

图 7-35 不同含量乙醇预湿溶液对同质增强型 PVC 中空纤维膜横截面形貌影响

(a1)、(b1)—30％（质量分数）；(a2)、(b2)—60％（质量分数）；(a3)、(b3)—100％（质量分数）

图 7-36 为 PVC 中空纤维基膜及同质增强膜渗透通量及截留率随时间变化曲线，其中同质增强型 PVC 中空纤维膜由 60％（质量分数）乙醇水溶液为预湿溶液制备而成。随测试时间延长，PVC 中空纤维基膜与同质增强型 PVC 中空纤维膜渗透通量均呈减小趋势，而截留率呈增大趋势。在 BSA 过滤初期，基膜的渗透通量迅速减小，而同质增强型 PVC 中空纤维膜的渗透通量减小较缓慢。这种不同的变化与不同污染过程有关，基膜的外表面开孔较多，横截面为均质膜结构，属于深度过滤型膜结构。在 BSA 过滤初期，膜污染以膜表面及膜内

部孔的吸附和孔堵塞为主，导致膜渗透通量迅速减小，此种污染为不可逆膜污染；随测试时间延长，浓差极化的影响使得 BSA 分子在基膜表面沉积形成滤饼层，减小了膜过滤孔径，基膜渗透通量缓慢减小，截留率增大。同质增强型 PVC 中空纤维膜外表面为致密皮层，无明显大孔存在，过滤过程中以膜的表面机械截留为主。在 BSA 过滤过程中，膜污染以膜表面的吸附和滤饼层的形成为主，因此膜的渗透通量缓慢减小。测试 120min 后，同质增强型 PVC 中空纤维膜渗透通量高于基膜，表明前者对 BSA 的抗污染性能优于基膜。

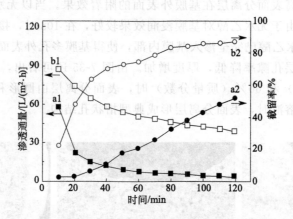

图 7-36 PVC 中空纤维基膜及同质增强膜渗透通量及截留率随时间变化曲线

基膜为 a1、a2；同质增强膜为 b1、b2；操作压力为 0.1MPa；测试温度为（20±2）℃

7.3.2.6 界面结合性能研究

图 7-37 为 PVC、PVDF 及聚氨酯（PU）铸膜液表观黏度随温度变化曲线。随温度升高，PVC、PVDF、PU 三种铸膜液表观黏度均呈下降趋势，在聚合物含量及铸膜液温度相同的条件下，PU 铸膜液的表观黏度明显大于 PVC 和 PVDF 铸膜液的表观黏度，而 PVC 与 PVDF 铸膜液表观黏度相近。较高的黏度会影响铸膜液在多孔基膜表面的铺展浸润和扩散作用，不利于表面分离层与基膜两相之间形成良好的界面结构。

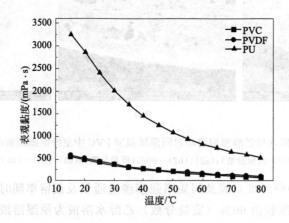

图 7-37 PVC、PVDF 及聚氨酯铸膜液表观黏度随温度变化曲线

由图 7-38(a) 可知，当铸膜液刚接触 PVC 中空纤维基膜外表面即 0s 时，PVDF 和 PU 两种铸膜液在基膜表面的接触角均大于 PVC 铸膜液，表明 PVC 铸膜液对基膜表面浸润性能

优于 PVDF 和 PU 铸膜液。随接触时间延长，三种铸膜液对基膜表面接触角均有所减小。但 10s 时接触角相差不大，这与铸膜液有一定黏度相关。结合图 7-38（b）可知，接触时间为 10s 时，相对于 5s 时的接触角变化率增加较小，表明铸膜液在基膜表面的浸润铺展主要发生在两相接触的前几秒。因此，控制铸膜液与基膜合适的接触时间，不但可获得较好的浸润效果，而且还可降低铸膜液对基膜的溶胀溶解作用，有利于所得膜的力学性能。

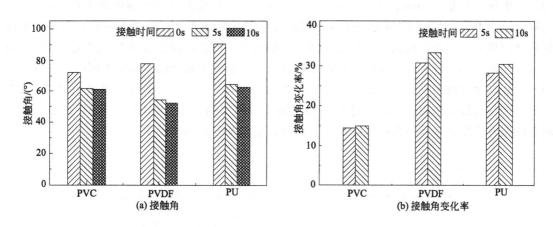

图 7-38 PVC、PVDF、PU 三种铸膜液对 PVC 中空纤维基膜接触角（a）及其接触角变化率（b）

以 PVC 中空纤维多孔膜为基膜，表面分别复合 PVC、PVDF、PU 分离层，制备了同质增强型 PVC 中空纤维膜、PVDF/PVC 复合中空纤维膜、PU/PVC 复合中空纤维膜，所得膜横截面形貌如图 7-39 所示。由图 7-39（a）可知，以 PVC 铸膜液制备的同质增强型 PVC 中空纤维膜表面分离层为典型指状孔结构，在表面分离层与基膜之间形成一层致密过渡界面层。由图 7-39（b）可知，以 PVDF 铸膜液制备的 PVDF/PVC 复合中空纤维膜表面分离层由外到内为不规则大孔结构和规则的海绵状孔结构，海绵状孔尺寸由外到内逐渐变小，在表面分离层与基膜之间未形成过渡界面层，出现了明显的分层结构，表明 PVDF 铸膜液在 PVC 多孔基膜表面浸润程度较差。由图 7-39（c）可知，以 PU 铸膜液制备的 PU/PVC 复合中空纤维膜表面分离层为不规则大孔结构，表面分离层与基膜之间形成了较致密的过渡界面层。

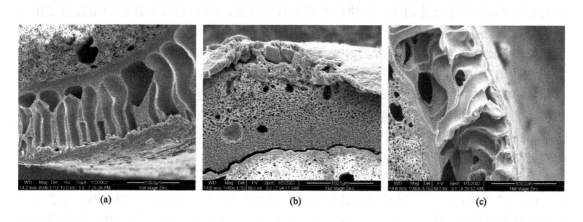

图 7-39 同质增强型 PVC 中空纤维膜（a）与 PVDF/PVC（b）及 PU/PVC（c）复合中空纤维膜横截面形貌

表面分离层与基膜之间界面结合状态不仅与铸膜液在多孔基膜表面的浸润铺展能力有关，也与铸膜液中溶剂对基膜的溶胀溶解、铸膜液中聚合物与基膜聚合物的相容性等密切相关。如图7-40所示，为复合制膜过程中聚合物大分子链缠结示意[31]。图7-40(a)为PVC中空纤维基膜外表面，当与铸膜液接触时，铸膜液中溶剂DMAC会诱发基膜大分子溶胀（甚至溶解），大分子链间空隙增大，如图7-40(b)所示。当铸膜液中聚合物与基膜相同时，即同质增强过程Ⅱ（homogenous-reinforced process），基膜表面溶胀溶解的PVC大分子链与铸膜液中PVC大分子链因界面扩散作用而发生相互缠结现象；两者为同质，避免了不同材质之间热力学不相容现象，缠结度较高，可形成均一体系，固化后两者之间无明显的界面分离，如图7-40(c)所示，界面结合强度较高。当铸膜液中聚合物与基膜不同时，即异质增强过程Ⅲ，聚合物的不相容性使基膜表面溶胀溶解的PVC大分子链与铸膜液中PVDF/PU大分子链相互缠结作用较低，固化后两层之间出现明显的界面，如图7-40(d)所示。两者较差的相容性使得界面结合强度降低，表面分离层与基膜之间易发生剥离。

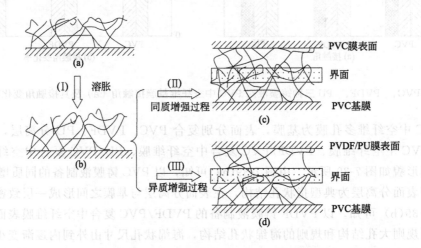

图7-40 复合制膜过程中聚合物大分子链缠结示意

图7-41为同质增强型PVC中空纤维膜、PVDF/PVC及PU/PVC复合中空纤维膜水通量及截留率随伸长率变化曲线。随伸长率增加直至断裂，PVC同质增强膜的水通量变化不大，BSA截留率略有下降，表明PVC同质增强膜的界面结合状态良好；PU/PVC复合膜的水通量和截留率在伸长率低于20％时变化不明显，而断裂时通量明显增大，截留率明显降低，表明PU/PVC复合膜在伸长率低于20％时界面结合状态较好，断裂时界面结合状态被破坏。PVDF/PVC复合膜的BSA截留率在伸长率为2％时变化不大，而水通量迅速增大，表明此时膜表面孔未发生明显变化。水通量的增大主要由界面结构破坏所致；随伸长率进一步增加到10％时，当水通量增大的同时BSA截留率迅速减小，表明此时界面结构破坏的同时膜表面孔变大。当伸长率大于10％时，膜的水通量与BSA截留率变化不明显。由此可知，PVDF/PVC复合膜的界面结合状态较差，在低伸长率时即发生破坏。

图7-42为伸长20％后同质增强型PVC中空纤维膜与PVDF/PVC及PU/PVC复合中空纤维膜横截面形貌。由图7-42(a)与(c)可知，PVC同质增强膜、PU/PVC复合膜表面分离层与基膜之间无明显分离现象，而PVDF/PVC复合膜则出现明显的界面相分离现象。图7-43为拉伸断裂后同质增强型PVC中空纤维膜、PVDF/PVC复合中空纤维膜形貌。

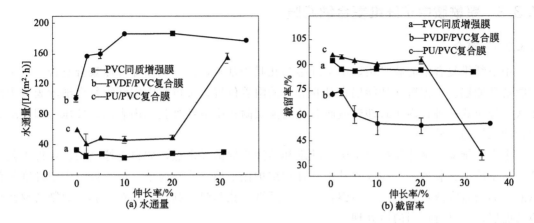

图 7-41 同质增强型 PVC 中空纤维膜、 PVDF/PVC 及 PU/PVC 复合中空纤维膜水通量及截留率随
伸长率变化曲线

PVDF/PVC 复合膜拉伸断裂后表面分离层与基膜之间发生明显剥离现象，而 PVC 同质增强
膜仍保持原有形貌。

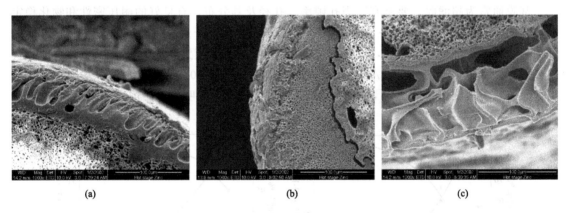

图 7-42 伸长 20% 后同质增强型 PVC 中空纤维膜（a）与 PVDF/PVC（b）
及 PU/PVC（c）复合中空纤维膜横截面形貌

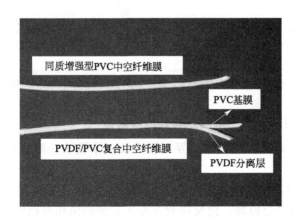

图 7-43 拉伸断裂后同质增强型 PVC 中空纤维膜、 PVDF/PVC 复合中空纤维膜形貌

7.3.3 聚酰胺中空纤维复合纳滤膜

7.3.3.1 简介

中空纤维复合纳滤膜是指以中空纤维多孔膜为基膜，在其表面经界面聚合复合一层聚酰胺脱盐功能层。根据脱盐功能层在基膜表面的附着位置，又可将中空纤维复合纳滤膜分为内压式和外压式两种；内压式即聚酰胺脱盐功能层附在中空纤维膜的内表面，外压式即聚酰胺脱盐功能层附在外表面[32,33]。

中空纤维复合纳滤膜结合了中空纤维和纳滤膜的诸多优点，如自支撑结构、组件工艺简单、易于放大、装填密度高等。其预处理和维护比平板卷式膜简单、成本低。中空纤维复合纳滤膜的制备大致可分为三个步骤：①中空纤维多孔基膜的制备；②在基膜表面制备致密超薄功能层；③进行适当的后处理。

7.3.3.2 中空纤维多孔基膜制备

制备基膜的聚合物主要包括聚砜、聚醚砜、聚丙烯腈、聚偏氟乙烯、聚酰亚胺、聚芳醚酮等。其中，聚砜基膜的应用最为广泛，聚砜基膜具有较好的耐压密性、化学稳定性以及价格低、易成膜等优点。

基膜通常为超滤膜，要求有适当孔隙率、孔径及其分布，有良好的耐压密性和物化稳定性，一般采用干-湿法纺丝制备。图 7-44 为聚砜基膜截留分子量对聚酰胺复合纳滤膜性能的影响。在相同界面聚合条件下，以截留分子量 6000 的超滤膜为基膜，所制得复合膜的二价盐截留率为 73%，通量为 20L/(m^2·h)；而以截留分子量 20000 的超滤膜为基膜，所制得复合膜的二价盐截留率为 99%，通量为 30L/(m^2·h)，性能明显好于前者[34,35]。

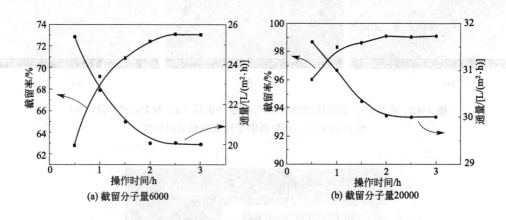

图 7-44 聚砜基膜截留分子量对聚酰胺复合纳滤膜性能的影响

7.3.3.3 聚酰胺中空纤维复合纳滤膜脱盐功能层制备

聚酰胺功能层的制备方法主要包括界面聚合法、涂覆法、原位聚合法及化学蒸气沉积法、动力形成法等。

① 界面聚合法。界面聚合法是目前普遍采用的一种制备聚酰胺复合膜的方法，比较成熟。该方法是利用界面聚合原理，使反应物在互不相溶的两相界面处发生聚合成膜。一般先将多孔基膜浸入溶有一种单体的水溶液中（即水相），排除过量的单体溶液后，再浸入另一

种单体的有机相溶液中（即有机相）进行 L-L 界面缩聚反应，制备超薄聚酰胺脱盐功能层。该方法的关键是选择好两相溶液中的单体浓度，控制好反应物扩散速度，使膜表面的疏密程度合理化[36]。

水相单体主要采用多元胺，包括芳香族和脂肪族两大类。常用的芳香族多元胺包括：苯二胺（间苯二胺、对苯二胺等）及其衍生物、均苯三胺等。常用的脂肪族多元胺包括哌嗪及其衍生物、1,2-乙二胺、1,4-环己二胺、1,3-环己二甲胺、二乙烯三胺、三乙烯四胺、哌啶、聚乙烯亚胺、支化型聚酰胺多胺等。其中，哌嗪是目前最常用的制备复合纳滤膜的多元胺。

用于制备芳香族聚酰胺复合膜的有机相功能单体，通常包括多元酰氯、多元磺酰氯和多元异氰酸酯以及它们的衍生物。酰氯类单体包括苯二酰氯（间苯二酰氯、对苯二甲酰氯等）、均苯三甲酰氯、均苯四甲酰氯、2-萘磺酰氯、5-氧甲酰氯-异酞酰氯、5-异氰酸酯-异酞酰氯等。其中，均苯三甲酰氯是目前最常用的制备复合纳滤膜的多元酰氯。

界面聚合法制备中空纤维复合纳滤膜，其技术关键是中空纤维的外形结构和强度。例如，对于外压式中空纤维复合纳滤膜，其外形为圆柱形，聚酰胺功能层只能包裹在外表面，而初生功能层强度较差，所以要尽可能避免与设备接触而造成损伤[11]。对于内压式中空纤维复合纳滤膜，其技术关键在于膜丝内表面水相的均匀分布及多余水相的去除。常采用气流吹扫，但由于膜丝孔径小、流道长，其效果不理想。因此，内压型纳滤膜的功能层容易出现缺陷以及功能层剥离的现象。

② 涂覆法。涂覆法是将多孔基膜浸入聚合物稀溶液中，然后将其取出阴干，或将聚合物铸膜液涂刮到基膜上后，经外力将其压入基膜微孔中，再经 L-S 相转换法成膜[36]。涂覆法常用聚合物主要包括纤维素（CA）、磺化聚砜（SPSF）、磺化聚苯醚（SPPO）、磺化聚醚砜（SPES）等。

③ 原位聚合法。原位聚合又称单体催化聚合。它是将基膜浸入含有催化剂的单体稀溶液中，然后取出基膜并除去基膜表面过量的单体稀溶液，在高温下进行催化聚合反应，再经适当的后处理，得到具有单体聚合物超薄层的复合膜。

7.3.3.4 脱盐功能层制备工艺及其对膜性能的影响

图 7-45 为界面聚合条件对中空纤维复合纳滤膜性能的影响，所用基膜为聚砜中空纤维超滤膜，功能层单体为哌嗪（PIP）和均苯三甲酰氯（TMC）[34]。图 7-45(a) 为未加三乙胺时的复合纳滤膜性能，其初始脱盐率为 63%，通量为 102L/($m^2 \cdot h$)；经 120min 测试后膜性能趋于稳定，脱盐率达 96%，通量稳定在 65 L/($m^2 \cdot h$)。图 7-45(b) 为水相中添加 1% 的三乙胺后的复合纳滤膜性能，其初始脱盐率为 96%，通量为 31.6L/($m^2 \cdot h$)；经 80min 测试后膜性能趋于稳定，脱盐率达 99%，此时通量稳定在 30L/($m^2 \cdot h$)。对比图 7-45(a)、图 7-45(b) 可知，加入三乙胺后，膜性能有所改善，预压所需时间也有所缩短。由于哌嗪和多元酰氯的界面聚合属于缩聚反应，会产生大量的副产物 HCl，三乙胺的中和作用可使反应高效进行。因此，添加适当的酸吸收剂对膜性能的改善有积极效果。其作用主要体现在两个方面：一方面，是促进反应形成更为致密的功能层；另一方面，是生成的三乙胺盐酸盐可作为功能层的成孔剂调节功能层孔隙率。

图 7-45(c) 为不同水相哌嗪浓度对复合纳滤膜性能的影响。图 7-45(c) 中实心点和空心点分别代表盐截留率和水通量，正方形和三角形分别表示 TMC 浓度为 0.5% 和 1%。当哌

嗪水溶液浓度为 2％时，脱盐率最高，达到 99％。水相单体和油相单体的摩尔配比对复合膜的性能有很大影响。当哌嗪的摩尔数过低时，水分子可能参与反应，使 TMC 的酰氯水解生成羧基，降低反应活性，进而降低功能层的聚合度，致使大分子网络结构不完善。当哌嗪的摩尔数过高时，同样会降低反应产物的聚合度，在有限时间内，难以形成完善的网络结构。图 7-45(d) 为有机相 TMC 浓度对复合纳滤膜性能的影响。图 7-45(d) 中实心和空心分别代表盐截留率和水通量，正方形和三角形分别表示哌嗪浓度为 0.5％和 1％。随有机相 TMC 浓度上升，复合纳滤膜脱盐率先上升后下降，通量则先下降后上升。

图 7-45(e) 为水相浸泡时间对复合纳滤膜脱盐率和通量的影响。随水相浸泡时间延长，

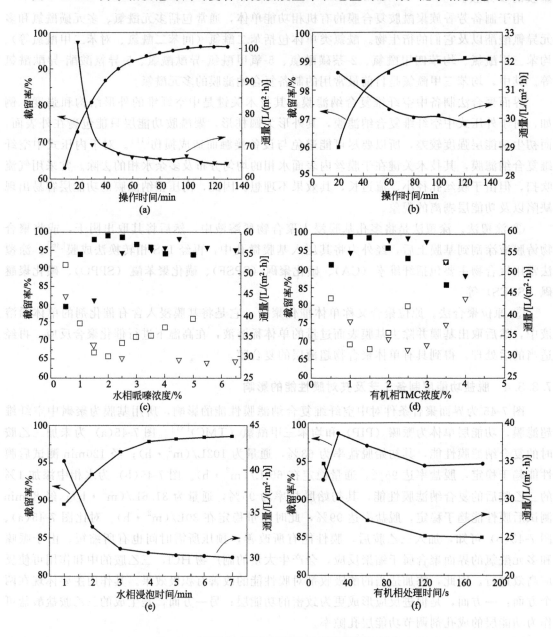

图 7-45 界面聚合条件对复合纳滤膜性能的影响

复合纳滤膜脱盐率先升高后趋于稳定，而水通量则先下降后趋于稳定，复合纳滤膜脱盐率和水通量达到稳定的水相最短浸泡时间为 4min。水相浸泡时间要保证在基膜表面分布足够浓度且均匀的哌嗪单体，进而保证界面聚合反应形成完整的功能层。图 7-45(f) 为有机相处理时间对复合纳滤膜脱盐率和通量的影响。当有机相处理时间为 30s 时，复合膜的脱盐率较佳，表明界面聚合反应速度很快，在很短时间就能够达到平衡，而过长的有机相处理时间，导致复合纳滤膜脱盐率略有下降。此外，随有机相处理时间延长，复合纳滤膜水通量呈下降趋势，直到 120s 后趋于平稳。由于多元胺和多元酰氯之间的反应速度很快，在较短时间内就已经形成了稳定的脱盐功能层。因此，延长反应时间对提高脱盐性能影响不大，反而会降低水通量。此外，界面聚合具有自抑性，功能层一旦形成，就会极大地增加两相单体的扩散阻力，使功能层厚度增长缓慢，水通量逐渐趋于平稳。

7.3.3.5　中空纤维复合纳滤膜的形态结构

图 7-46 是中空纤维复合纳滤膜横截面形貌，在中空纤维基膜的外表面有一层致密的复合功能层。正是这一功能层起到脱盐作用，而功能层与基膜之间的界面结合强度是决定复合膜功能与使用寿命的关键[34]。

图 7-46　中空纤维复合纳滤膜横截面形貌

图 7-47 为有机相处理时间对复合纳滤膜表面形貌的影响。当有机相处理时间为 30s 时，其表面形成较为平整的功能层。随有机相处理时间延长，复合纳滤膜表面颗粒状凸起增多，表面粗糙度增大。这种颗粒状结构增大了复合膜比表面积，有利于提高水通量。但这种结构易被污染，进而降低膜的抗污染性能。

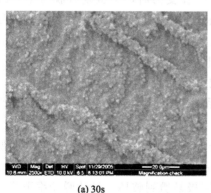

(a) 30s　　　　　　　　　　　　　　(b) 180s

图 7-47　有机相处理时间对复合纳滤膜表面形貌的影响

7.3.3.6　中空纤维复合纳滤膜的受力与形变

中空纤维复合纳滤膜在受力作用下会发生一定的形变，对膜性能产生影响。图 7-48 为平板膜受力形变示意，图 7-49 为中空纤维膜受力示意[37]。

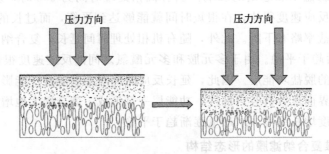

图 7-48　平板膜受力形变示意

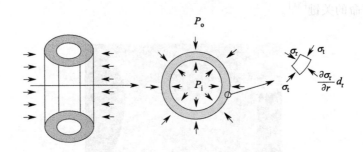

图 7-49　中空纤维膜受力示意

平板膜和中空纤维膜两者形状不同，所制备的复合纳滤膜性能也有一定差异。从受力形变的角度分析如下。①平板基膜为一平面，如不考虑平板膜微观凸起等因素，可认为平板膜表面曲率为零；中空纤维基膜表面为圆弧状，且随着基膜尺寸的不同其曲率也发生改变。界面聚合后，平板基膜表面形成一层完整的平板复合功能层，而中空纤维基膜则生成环绕其外表面或附着在内表面的一层功能层。这种圆柱状功能层存在较复杂的内应力，其主要由环向应力引起，如图 7-49 所示，这种结构易导致中空纤维复合纳滤膜的功能层存在缺陷（如存在较多大的空洞等），受外力作用时易被破坏。②在受力时，平板复合膜与中空纤维复合膜产生的应力形式不同，导致二者形变不同。平板复合膜受压时，形变只发生在厚度方向或者法向，如图 7-48 所示，即只会使平板膜的厚度减小，使平板膜更加致密，而功能层不会发生变形。中空纤维膜受压时将会同时在径向（膜厚度方向）和环向（膜面内方向）两个方向产生压应力，如图 7-49 所示，形变发生在径向和环向上。除了径向的致密化外，环向的收缩可能会导致表面功能层起皱或脱落，造成截留率下降，同时由于两个方向的压缩使膜内部更加致密，通量也随之下降。

图 7-50 为中空纤维膜受力前后激光共聚焦显微镜照片。受压前，中空纤维膜圆整度较好，形态正常；受压后，由于中空纤维膜的外表面周长固定，在压力作用下发生变形，出现小的褶皱，膜的外皮层发生扭曲，此时其功能层极易遭到破坏，导致脱盐率下降[37]。此外，由于聚酰胺功能层刚性较强，当中空纤维基膜发生严重扭曲变形时，极易发生褶皱、破裂，

甚至脱落。

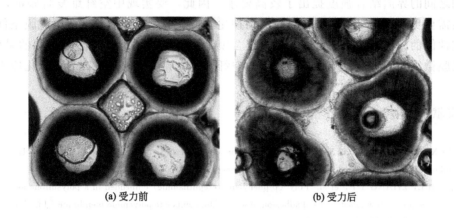

(a) 受力前　　　　　　　　　　　　　　(b) 受力后

图 7-50　中空纤维膜受力前后激光共聚焦显微镜照片

7.3.3.7　中空纤维复合纳滤膜分离性能

对于纳滤膜，无论是中空纤维式还是板式，其分离无机盐的趋势相似，这主要由功能层材质本身的性质所决定。两种形式的主要差异在于脱盐率的高低，与功能层完整度有较大关系。图 7-51 为中空纤维复合纳滤膜的无机盐分离性能。哌嗪-均苯三甲酰氯体系制备的中空纤维复合纳滤膜对无机盐截留顺序[34] 如下：$Na_2SO_4 > MgSO_4 > MgCl_2 > CaCl_2 > NaCl$。

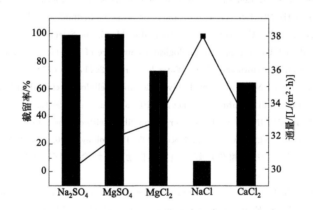

图 7-51　中空纤维复合纳滤膜的无机盐分离性能

二价盐浓度为 0.05mol/L；一价盐浓度为 0.01mol/L；测试压力为 0.5MPa

7.4　结论与展望

中空纤维复合膜一般由多孔支撑层和表面分离层组成，因其特殊的双层膜结构，可根据实际需求选择两层膜的材质及其成膜方法。双层膜结构为中空纤维复合膜的选择提供了多种可能，拓展了中空纤维膜的选择范围，相比传统单层中空纤维膜，其具有更优异的综合性能。但中空纤维复合膜的双层膜结构中多孔支撑层和表面分离层之间的界面（即固/固界面）

在化学组成和结构上存在明显的梯度变化，在受到外界作用力时，两相之间的形变差异对复合膜两相之间的界面结合强度提出了较高要求。因此，要实现中空纤维复合膜的产业化应用，仍然需要更深入地研究两相材料间的物理化学特征、组成和性质及两层成膜条件等对复合膜结构性能的影响规律，确定中空纤维复合膜结构性能与关键制备参数之间的量化关系，建立双层膜微结构的科学设计方法，实现中空纤维复合膜的规模化生产与产业化应用。

参考文献

[1] ZHANG X L, XIAO C F, HU X Y, et al. Preparation and properties of homogeneous-reinforced polyvinylidene fluoride hollow fiber membrane [J]. Applied Surface Science, 2013, 264: 801-810.

[2] SHI Q, NI L, ZHANG Y F, et al. Poly (p-phenylene terephthamide) embedded in a polysulfone as the substrate for improving compaction resistance and adhesion of a thin film composite polyamide membrane [J]. Journal of Materials Chemistry A, 2017, 5: 13610-13624.

[3] LIU H L, XIAO C F, HUANG Q L, et al. Structure design and performance study on homogeneous-reinforced polyvinyl chloride hollow fiber membranes [J]. Desalination, 2013, 331: 35-45.

[4] ZHANG X L, XIAO C F, HU X Y, et al. Study on the interfacial bonding state and fouling phenomena of polyvinylidene fluoride matrix-reinforced hollow fiber membranes during microfiltration [J]. Desalination, 2013, 330: 49-60.

[5] PENG N, WIDJOJO N, SUKITPANEENIT P, et al. Evolution of polymeric hollow fibers as sustainable technologies: past, present, and future [J]. Progress in Polymer Science, 2012, 37: 1401-1424.

[6] DING X L, CAO Y M, ZHAO H Y, et al. Fabrication of high performance matrimid/polysulfone dual-layer hollow fiber membranes for O_2/N_2 separation [J]. Journal of Membrane Science, 2008, 323 (2): 352-361.

[7] WANG Y, COH S H, CHUNG T S, et al. Polyamide-imide/polyetherimide dual-layer hollow fiber membranes for pervaporation dehydration of C1~C4 alcohols [J]. Journal of Membrane Science, 2009, 326 (1): 222-233.

[8] WANG P, TIOH M M, CHUNG T S. Morphological architecture of dual-layer hollow fiber for membrane distillation with higher desalination performance [J]. Water Research, 2011, 45 (17): 5489-5500.

[9] SUN S P, WANGK Y, PENG N, et al. Novel polyamide-imide/cellulose acetate dual-layer hollow fiber membranes for nanofiltration [J]. Journal of Membrane Science, 2010, 363 (1-2): 232-242.

[10] YANG Q, WANG K Y, CHUNG T S. Dual-layer hollow fibers with enhanced flux as novel forward osmosis membranes for water production [J]. Environmental Science & Technology, 2009, 43 (8): 2800-2805.

[11] 张宇峰, 石强, 倪磊, 等. 中空纤维外压复合膜立式自动化连续涂覆设备: CN201720610968. 5 [P]. 2018-02-13.

[12] ZHANG X L, XIAO C F, HU X Y, et al. Hydrophilic modification of high-Strength polyvinylidene fluoride hollow fiber membrane [J]. Polymer Engineering and Science, 2014, 54 (2): 276-287.

[13] XIAO C F, LIU Z F. Microvoid formation of acrylic copolymer (PAC) /cellulose acetate (CA) blend fibers [J]. Journal of Applied Polymer Science, 1990, 41: 439-444.

[14] HU X Y, XIAO C F, AN S L, et al. Structure and properties of polyurethane/polyvinylidene difluoride blending hollow fiber [J]. Journal of Donghua University, 2006, 23 (5): 76-79.

[15] HUANG Q L, XIAO C F, HU X Y, et al. Fabrication and properties of poly (tetrafluoroethylene-co-hexafluoropropylene) hollow fiber membranes [J]. Journal of Materials Chemistry, 2011, 21: 16510-16516.

[16] LIU H L, XIAO C F, HU X Y, et al. Post-treatment effect on morphology and performance of polyurethane-based hollow fiber membranes through melt-spinning method [J]. Journal of Membrane Science, 2013, 427: 326-335.

[17] 肖长发, 张旭良, 胡晓宇, 等. 一种同质增强型聚偏氟乙烯中空纤维膜的制备方法: CN 201210085342. 9 [P]. 2012-03-28.

[18] 刘建立, 肖长发, 胡晓宇, 等. 一种聚偏氟乙烯复合增强型液体分离膜的制备方法: CN 201010590152. 3 [P]. 2010-12-16.

[19] 张旭良. 同质增强型聚偏氟乙烯中空纤维膜研究 [D]. 天津:天津工业大学,2014.

[20] XU J, XU Z L. Poly (vinyl chloride) (PVC) hollow fiber ultrafiltration membranes prepared from PVC/additives/solvent [J]. Journal of Membrane Science, 2002, 208 (1-2): 203-212.

[21] KHAYET M, GARCIA-PAYO M C, QUSAY F A, et al. Structural and performance studies of poly (vinyl chloride) hollow fiber membranes prepared at different air gap lengths [J]. Journal of Membrane Science, 2009, 330 (1-2): 30-39.

[22] MEI S, XIAO C F, HU X Y. Preparation of porous PVC membrane via a phase inversion method from PVC/DMAC/water/additives [J]. Journal of Applied Polymer Science, 2011, 120 (1): 557-562.

[23] JONES C A, GORDEYEV S A, SHILTON S J. Poly (vinyl chloride) (PVC) hollow fibre membranes for gas separation [J]. Polymer, 2011, 52 (4): 901-903.

[24] CUI A H, LIU Z, XIAO C F, et al. Effect of micro-sized SiO$_2$-particle on the performance of PVDF blend membranes via TIPS [J]. Journal of Membrane Science, 2010, 360 (1-2): 259-264.

[25] LIU M T, Xiao C F, Hu X Y. Fouling characteristics of polyurethane-based hollow fiber membrane in microfiltration process [J]. Desalination, 2012, 298: 59-66.

[26] 刘海亮. 增强型聚氯乙烯中空纤维膜结构设计与性能研究 [D]. 天津:天津工业大学,2014.

[27] LIU H L, XIAO C F, HU X Y. Fabrication and properties of polyvinyl chloride hollow fiber membranes plastified by dioctyl phthalate [J]. Desalination and Water Treatment, 2013, 51: 3786-3793.

[28] LIU H L, XIAO C F, HUANG Q L, et al. Preparation and interface structure study on dual-layer polyvinyl chloride matrix reinforced hollow fiber membranes [J]. Journal of Membrane Science. 2014, 472: 210-221.

[29] 肖长发,刘海亮,安树林,等. 一种同质增强型中空纤维膜的制备方法: CN 201310068918. 5 [P]. 2013-03-05.

[30] LIU H L, XIAO C F, HUANG Q L, et al. Study on interface structure and performance of homogeneous-reinforced polyvinyl chloride hollow fiber membranes [J]. Iranian Polymer Journal. 2015, 24 (6): 491-503.

[31] LIU H L, LIU W S, LU F, et al. Interfacial micro-structure and properties of dual-layer composite reinforced hollow fiber membranes [J]. Desalination and Water Treatment, 2013, 95: 51-60.

[32] 王薇,杜启云. 中空纤维复合膜 [J]. 高分子通报,2007 (5):54-59.

[33] 李红宾,石文英,王薇,等. 中空纤维复合纳滤膜的研究进展 [J]. 膜科学与技术,2016,36 (2):122-131+147.

[34] 梁长亮. 聚哌嗪酰胺/聚砜纳滤中空纤维复合膜的研制 [D]. 天津:天津工业大学,2006.

[35] ZHANG Y F, XIAO C F, LIU E H, et al. Investigations on the structures and performances of a polypiperazine amide/polysulfone composite membrane [J]. Desalination, 2006, 191 (1-3): 291-295.

[36] 安树林. 膜科学技术及其应用 [M]. 北京:中国纺织出版社,2018:65.

[37] 梁长亮,张岩,张宇峰,等. 中空纤维复合膜与平板复合膜的分离性能比较 [J]. 天津工业大学学报,2006,25 (2):16-18.

第8章

纤维增强型中空纤维膜制备方法

8.1 引言

膜生物反应器（MBR）是一种将传统生物技术与膜分离技术相结合的新型污水处理技术，具有固液分离率高、出水水质稳定、处理效率高等特点，已成为实现污水资源化和水环境治理的首选技术，近些年来发展迅速，应用广泛。但 MBR 技术对中空纤维膜性能要求高，不仅需要膜材料具有优良的分离性能，而且还要能够承受 MBR 运行过程中高强度水流冲击和曝气扰动等作用。第 7 章中介绍了可应用于 MBR 系统的以多孔基膜为增强体的基膜增强型中空纤维膜制备方法，本章所述则是以纤维或纤维集合体（如编织管）为增强体制备增强型中空纤维膜的另一种方法。在纤维增强型中空纤维膜制备过程中，可通过选择不同纤维种类（如聚酯、聚丙烯腈、醋酸纤维素等纤维）、不同组织形态（如连续纤维、纤维网状织物、中空编织管）、不同增强方式（嵌入式、外包式、皮/芯复合式）以及纤维表面预处理等改进增强体与表面分离层之间界面结合状态，从而获得高品质的纤维增强型中空纤维膜产品。

本章将着重阐述以纤维或纤维集合体为增强体的纤维增强型中空纤维膜制备原理、工艺特点及其几种纤维增强型中空纤维膜的结构与性能。

8.2 基本原理

增强型中空纤维膜的制备方法可分为基膜增强型和纤维增强型两类。前者以溶液纺丝制膜法、热致相分离法或熔融纺丝-拉伸界面致孔法制备的中空纤维多孔膜为基膜（增强体），在其表面复合聚合物分离层，制成多孔基膜增强型中空纤维膜（见第 7 章）；后者是以纤维或纤维集合体为增强体，在其表面复合分离层，制成纤维增强型中空纤维膜。纤维增强型中空纤维膜在制备过程中，采用溶液相转化法（NIPS）将聚合物溶液（铸膜液）复合在增强体表面构筑表面分离层[1]，解决好增强体与表面分离层之间界面结合问题，对制备高性能增强型中空纤维膜至关重要。

在纤维增强型中空纤维膜中，纤维增强体与表面分离层都保持着各自固有的物理、化学性质，两者之间的界面结合状态就成为影响纤维增强型中空纤维膜结构与性能的决定性因素。纤维增强型中空纤维膜是典型的复合材料结构，可采用经典的复合材料界面理论来分析和讨论其界面结构，如浸润性理论、化学键理论、扩散理论、啮合理论等[2-5]。

8.3 工艺技术特点

根据增强体与表面分离层材质的同异关系，增强型中空纤维膜可分为同质增强型（homogeneous-reinforced，HR）中空纤维膜和异质增强型（heterogeneous-reinforced，HTR）中空纤维膜。同质增强就是增强体与表面分离层为同种物质，两者之间无热力学相容性差异，复合成形后表面分离层与增强体之间易于形成较理想的界面结构，从而制得兼具溶液纺丝法高分离精度（平均孔径较小且分布较窄）和高强度（纤维增强体）、大通量（高孔隙率）的纤维增强型中空纤维膜[6]。目前，用于制备纤维增强型中空纤维膜的增强体，主要有连续纤维（长丝束）、纤维网状织物、管状非织造物及中空编织管等[7]。

8.3.1 连续纤维增强型中空纤维膜

连续纤维增强型中空纤维膜是在中空纤维膜成形过程中，将连续纤维（长丝束）与铸膜液同时经喷丝头挤出，经空气层后浸入凝固浴固化成形。如图 8-1 所示，Liu 等[8] 通过将多根沿膜径向排列的聚酯（PET）连续纤维（长丝束）与聚偏氟乙烯（PVDF）铸膜液同时经喷丝头挤出成形，制得 PET 纤维增强型 PVDF 中空纤维膜。与未增强的均质 PVDF 中空纤维膜相比，PET 纤维的存在有效增强了所得膜的拉伸强度，其拉伸强度可达 10MPa，而对膜的渗透性能、分离性能等无影响。

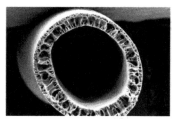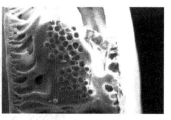

(a) 均质PVDF中空纤维膜　　　　(b) PET/PVDF增强中空纤维膜　　　　(c) 径向PET复丝局部放大

图 8-1　纤维增强型 PET/PVDF 中空纤维膜横截面形貌

日本三菱人造丝公司[9] 提出一种连续纤维（长丝束）内增强方案[图 8-2(a)]，选择不同品种纤维（如 PET 纤维、PVDF 纤维）、不同纤度（线密度）　[如 PET 纤维规格（56dtex/24f、110dtex/48f）]的连续纤维（单丝或复丝），将其嵌入不同种类的中空纤维膜[如 PVDF、聚丙烯腈（PAN）、聚砜（PSF）]壁内，制得连续纤维（长丝束）增强型中空纤维膜，所得膜的拉伸强度均大于 10MPa，而增强纤维约占膜体积的 4%～19%；日本日东电工公司[10] 公开了一种螺旋式纤维增强型中空纤维膜的制备方法[图 8-2(b)]。其原理是将 6 支纤维长丝嵌入中空纤维膜膜壁，其中 3 支左旋缠绕，3 支右旋缠绕。由于增强纤维是由两个方向旋绕嵌入，故所得增强型中空纤维膜爆破强度大幅提高。

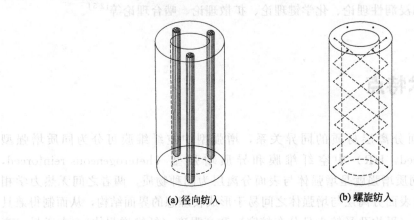

(a) 径向纺入　　　　　　(b) 螺旋纺入

图 8-2　连续纤维增强型中空纤维膜

8.3.2　编织管（网）增强型中空纤维膜

8.3.2.1　外包式增强

Caro 等[11] 公开了一种多孔网状织物增强型中空纤维膜的制膜方法（图 8-3）。其方法是在中空纤维膜或管式膜外表面包覆一层具有弹性的网状织物，当膜内腔压力增大到一定程度时，膜壁发生膨胀进而将压力传导至弹性网状织物；而受力的网状织物结构变得紧实，膜的变形也受到限制。这种增强方式适用于内压式中空纤维膜，所用弹性网状织物可包覆大约 70% 的中空纤维膜或管式膜外表面，在 28psi（约 0.193MPa）水压下增强膜可稳定地使用。

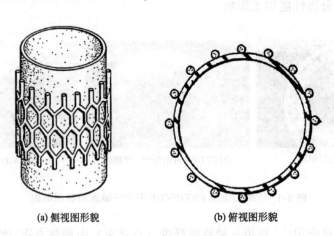

(a) 侧视图形貌　　　　　　(b) 俯视图形貌

图 8-3　外包式增强型中空纤维膜

8.3.2.2 嵌入式增强

美国 Hayano 等[12] 发明了一种用于高温水处理的嵌入式增强型中空纤维膜制备方法。所得多孔基膜为 PAN 中空纤维膜，所用纤维增强体（如 PET 纤维、PAN 纤维等）为孔隙大于 $10\mu m$ 的网络孔平面织物或中空管状织物。将纤维增强体完全嵌入 PAN 中空纤维膜壁内，制成的嵌入式纤维增强型 PAN 中空纤维膜，其孔径为 $0.05\sim5\mu m$，可用于高温（高于 $80℃$）水处理，渗透通量达 $2m^3/(m^2 \cdot d \cdot kg \cdot cm^{-2})$ 以上，且通量几乎无衰减。

如图 8-4 所示，徐又一等[13] 提出一种纤维编织管嵌入增强型中空纤维膜的制备方法，将纤维束沿着位于中心位置的芯液管外表面编织成纤维编织管，再将铸膜液、芯液、纤维编织管共挤出制得的纤维编织管嵌入增强型中空纤维膜。该方法成功地将纤维编织管嵌入中空纤维膜基体中，并将芯液引入编织管的内腔，不仅有效地控制了中空纤维膜内径，从而解决中空纤维膜内腔易堵塞问题，而且还可以制得耐高反洗压力、高力学强度、高通量、高截留、亲水性的中空纤维膜。

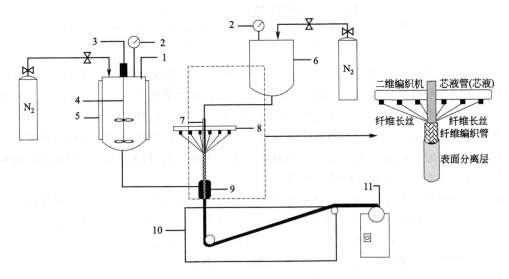

图 8-4 一种纤维编织管嵌入增强型中空纤维膜制备

1—料液釜；2—压力表；3—搅拌器；4—搅拌桨；5—加热套；
6—芯液釜；7—芯液管；8—编织机；9—摩擦轮；10—凝固浴；11—卷绕装置

李凭力等[14] 首先以 PVDF 为成膜聚合物制得 PVDF 中空纤维膜，然后用 100dtex/48f 的 PET 长丝在所得中空纤维膜外部编织成网，然后再浸入同一配比的 PVDF 铸膜液中，经固化形成网状纤维内增强型中空纤维膜。这种方法制得的中空纤维膜不会出现流道被纤维堵塞现象，通透性能好，膜的拉伸强度和爆破强度分别可达 $10\sim50MPa$ 和 $0.5\sim1MPa$。

8.3.2.3 编织管增强

如图 8-5 所示，编织管增强型中空纤维膜的制备过程类似于同心圆复合法[15]，即在编织管外表面复合聚合物表面分离层，使其与编织管紧密结合，形成内层为纤维编织管、外层为聚合物分离层以及二者之间的界面层。用于增强体的纤维编织管可通过二维编织技术获得，而表面分离层的成膜原理与 NIPS 法制膜相似。这种复合制膜方法较成熟，所得编织管增强型中空纤维超/微滤膜也是目前水处理领域应用最为广泛的中空纤维膜。

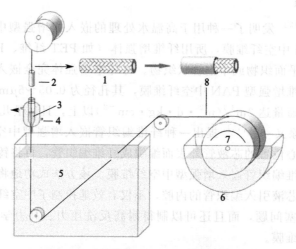

图 8-5 编织管增强型中空纤维膜制备工艺

1—中空编织管；2—张力控制装置；3—表面分离层铸膜液；4—循环保温装置；5—凝固浴；

6—卷绕槽；7—卷绕辊；8—中空编织管增强型中空纤维膜

编织管增强型中空纤维膜（图 8-6）所用增强体是由一种或多种连续纤维经二维编织技术制得的中空管状纤维增强体。因聚合物铸膜液需复合在增强体外表面，要求增强体外壁相对平整，编织密度适宜。当纤维增强体结构过于疏松时，自支撑性差，铸膜液复合成形时易发生变形，铸膜液不易均匀渗入增强体，导致中空纤维膜各向异性或堵塞编织管内腔；当编织结构过于紧密时，将影响所得增强膜的通透性能。因此，通过调控编织组织结构，可调节所得编织管与表面分离层间界面结合状态。

加拿大泽能公司开发的 Zeeweed 系统已广泛用于 MBR 污水处理。其中，该公司发明的纤维增强型中空纤维膜发挥了重要作用[16]：用二维编织技术将化纤长丝制成外径为 1～2mm 的编织管，经定型处理后表面复合聚合物铸膜液，浸入凝固浴成形，制成纤维编织管增强型中空纤维膜。采用此方法制备的增强型中空纤维膜表面分离层较薄、渗透通量较大，不仅具有很高的拉伸强度及韧性，而且通过减小纤维束细度、调整纤维束编织紧密度及改进纤维束编织方式等，可调控复合制膜过程中铸膜液渗入编织管内的程度。这种膜产品特别适用于 MBR 污水处理系统。

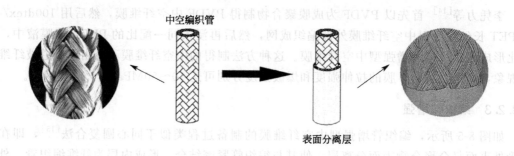

图 8-6 编织管增强型中空纤维膜

韩国科隆公司提出一种通过调节纤维编织管的喂丝速度与铸膜液挤出速度比值来控制表

面分离层厚度的方法[17]。采用这种方法可将渗入纤维编织管的铸膜液量控制在 30% 以内。所得增强型中空纤维膜表面分离层厚度小于 0.2mm，用于编织管的纤维包含粗丝与细丝，粗丝提供高强度与高韧度，细丝使编织管表面纤维间隙尺寸减小；可防止铸膜液对编织管过多渗入而导致纤维间隙通道堵塞现象发生。

为改善纤维增强型中空纤维膜表面分离层与编织管之间界面结合状态，也可采用对编织管表面进行预处理的方法。李武锡等[18] 通过提高单丝卷曲率增加表面分离层与编织管的接触面积，从而提高所得增强膜的界面剥离强度；王磊等[19] 对 PET 编织管表面进行预处理，去除纤维表面油剂并进行表面化学改性，以改进聚合物铸膜液与编织管之间的相互作用。此外，为提高界面结合强度，也可在膜表面分离层与编织管之间引入由双亲物质或黏结剂等构成的界面过渡层结构，如 Ji 等[20] 先将黏结剂涂覆在编织管表面，再复合铸膜液，黏结剂起到提高表面分离层与增强体之间界面结合强度的作用。但这种方法需解决好各组分之间相容性以及黏结剂增大渗透阻力问题。

目前，水处理领域常用的增强体多为 PET 及聚酰胺等纤维编织管，而表面分离层聚合物以 PVDF 为主。由于增强体与表面分离层材质不同，复合成膜后二者之间界面结合状态成为影响增强型中空纤维膜结构与性能的重要因素。为此，我们提出"同质复合增强"纺丝制膜原理，发明了同质增强型中空纤维膜制备方法[21-27]，即使用同种纤维编织管增强同种聚合物表面分离层，采用前述复合纺丝技术，分别制备了聚丙烯腈、醋酸纤维素、间位和对位芳香族聚酰胺等同质纤维增强型中空纤维膜。该方法有效解决了表面分离层与增强体之间界面结合不良的难题，同时还有利于废弃膜丝的回收与再利用。

8.4 应用示例

8.4.1 同质纤维增强型醋酸纤维素中空纤维膜

8.4.1.1 醋酸纤维素

醋酸纤维素是重要的天然纤维素衍生物，具有成膜性好、价格较低等优点，是使用较早且应用广泛的制膜原料。根据取代度不同，醋酸纤维素可分为一醋酸纤维素（CMA）、二醋酸纤维素（CA）和三醋酸纤维素（CTA）。CMA 工业应用价值较低；CA 可用于制备纤维、多孔分离膜等；CTA 在胶片显示器薄膜和反渗透膜等方面有很多应用。醋酸纤维素的另一指标是聚合度，聚合度大小直接影响其力学性能和加工性能。醋酸纤维素化学结构式如图 8-7 所示。

8.4.1.2 结构与性能

本节介绍以 CA 纤维以及 CA/聚丙烯腈（PAN）混杂纤维编织管为增强体，在其上复合 CA 表面分离层，制得同质 CA 纤维增强型 CA（HR CA）中空纤维膜，分析铸膜液组成（CA 浓度、溶剂种类）、编织管纤维组成（混杂纤维）、凝固浴温度等对膜结构与性能的影响。

（1）CA 浓度

表 8-1 和表 8-2 分别为 CA 铸膜液组成和制膜条件。

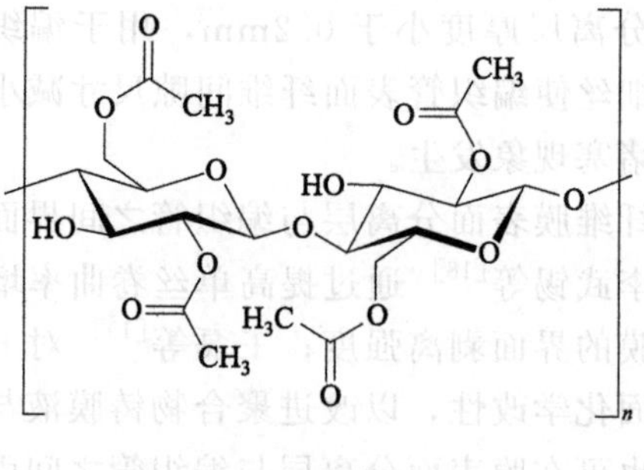

图 8-7　醋酸纤维素化学结构式

⊡ **表 8-1　CA 铸膜液组成**

样品膜	CA 质量分数/%	PEG-6000 质量分数/%	PEG-400 质量分数/%	DMAC 质量分数/%	水质量分数/%
CA6	6	6	10	76	2
CA8	8	6	10	74	2
CA10	10	6	10	72	2
CA12	12	6	10	70	2
CA14	14	6	10	68	2

⊡ **表 8-2　CA 制膜条件**

纺丝条件	参数
纺丝温度/℃	70
空气层/cm	10
凝固剂	水
凝固浴温度/℃	20
卷绕速度/(m/h)	40

图 8-8(a1)～(c1)为不同 CA 浓度铸膜液所得 HR CA 中空纤维膜横截面形貌。可见，当 CA 浓度较低时，表面分离层与编织管之间存在明显的相界面；随 CA 浓度增加，可观察到铸膜液向编织管内部渗入现象，横截面结构趋于完整，网络状孔结构变得均匀。Shojaie 等[28]和 Pekny 等[29]报道了 CA 膜成形过程中致密结构与大孔结构形成机理，发现随 CA 浓度增加，铸膜液黏度增大，铸膜液中的溶剂和凝固浴中的非溶剂之间的双扩散速度减缓，从而产生明显的延时分相，抑制了大孔的生成。

图 8-8(a2)～(c2)为不同 CA 浓度铸膜液所得 HR CA 中空纤维膜表面分离层外表面形貌。随 CA 浓度增加，膜外表面粗糙度降低，趋于平滑致密，而较致密的外表面有利于提高膜的分离精度及抗污染能力。

图 8-9 为不同 CA 浓度铸膜液所得 HR CA 中空纤维膜水通量及牛血清蛋白（BSA）截留率。当 CA 浓度为 6%～10% 时，膜的水通量无明显变化；CA 浓度增加到 10% 以上时，水通量显著降低。膜的 BSA 截留率随铸膜液中 CA 浓度增加而增大；CA 浓度越高，表面分离层致密化程度越高，孔隙率越低。

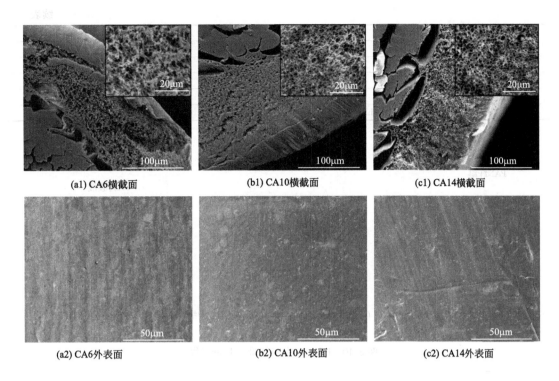

(a1) CA6横截面   (b1) CA10横截面   (c1) CA14横截面

(a2) CA6外表面   (b2) CA10外表面   (c2) CA14外表面

图 8-8   HR CA 中空纤维膜表面分离层外表面形貌

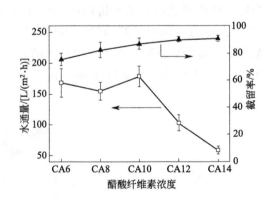

图 8-9   不同 CA 浓度铸膜液所得 HR CA 中空纤维膜水通量及牛血清蛋白截留率

（2）编织管纤维组成

如图 8-10 所示，为调控表面分离层与增强体之间的界面结合状态，采用 CA 纤维与 PAN 纤维混杂纤维制成的编织管为增强体，制成 CA/PAN 混杂纤维增强型 CA（BR CA）中空纤维膜。表 8-3 为制膜条件。

⊡ **表 8-3**   制膜条件

样品膜	M0	M1	M2	M3
（CA/PEG/DMAC）质量分数/%	12/20/68			
（CA 纤维/PAN 纤维）/根	3/0	2/1	1/2	0/3

样品膜	M0	M1	M2	M3
纺丝温度/℃			70	
空气层/cm			10	
凝固剂			水	
凝固浴温度/℃			25	
卷绕速度/(m/h)			60	

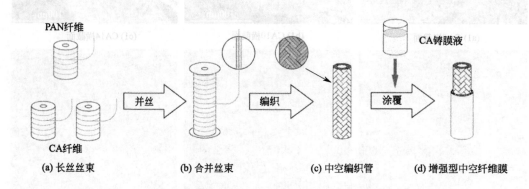

图 8-10 BR CA 中空纤维膜制备流程

图 8-11 为不同 BR CA 中空纤维膜横截面形貌。M0 为同质纤维增强膜，复合制膜过程中铸膜液中的溶剂也是编织管纤维的共溶剂，有利于两相之间的渗透和融合，所以呈现出良好的界面结合状态。M3 为异质纤维增强膜，虽然铸膜液中的溶剂也是 PAN 纤维的共溶剂（DMAC），但由于溶剂化作用程度的不同以及热力学的不相容性，使得相同制膜条件下所得 M3 中 PAN 纤维几乎无溶胀，而少量铸膜液渗入编织管间隙，固化成形后使两相界面呈某种程度的咬合形貌并出现界面分离现象。混杂纤维编织管增强型 M2 膜的形貌接近 M3，而 M1 膜接近 M0。

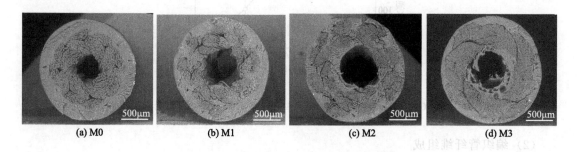

(a) M0	(b) M1	(c) M2	(d) M3

图 8-11 不同 BR CA 中空纤维膜横截面形貌

图 8-12 为 BR CA 同质/异质增强型中空纤维膜界面结合状态。在同质纤维增强膜的膜制备过程中，铸膜液因毛细作用渗入编织管纤维间隙中。在铸膜液中溶剂作用下 CA 纤维易发生溶胀，甚至部分溶解并相互粘接形成凝胶层。复合成形后在编织管外表面形成致密层，如图 8-12(a) 所示。由于表面分离层与编织管之间的共溶剂作用及无差异相容性，形成的界面具有较高的结合强度，但这也会对膜的通透性造成不利影响。而异质纤维增强膜中，

PAN 纤维编织管表面中不存在致密层，表面分离层与编织管之间存在间隙（界面分离），如图 8-12(b) 所示。在铸膜液固化过程中，表面分离层发生一定程度的收缩，导致异质增强膜的界面分离。应通过使用混杂纤维编织的方式，发挥同质增强与异质增强效应协同作用，优化膜的性能：一方面，同质增强界面赋予所得增强膜良好的界面结合状态；另一方面，异质增强界面在致密层中提供渗透通道，使所得膜具有较好的通透性能。

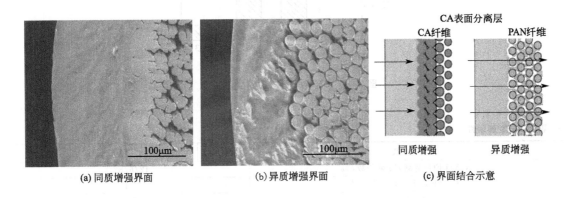

(a) 同质增强界面　　　　　　(b) 异质增强界面　　　　　　(c) 界面结合示意

图 8-12　BR CA 同质/异质增强型中空纤维膜界面结合状态

由图 8-13 可见，随编织管中 PAN 纤维比例增加，膜的拉伸强度与初始模量逐渐增大，而断裂伸长率有所降低。这是由于混杂纤维编织管中，PAN 纤维的拉伸强度优于 CA 纤维，有利于提高膜的拉伸强度。

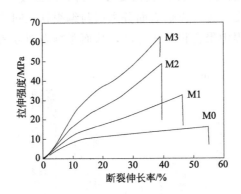

图 8-13　BR CA 中空纤维膜应力-应变曲线

如图 8-14 所示，M0 的水通量很小，这是由于同质增强界面的致密层阻碍了水分子的透过。M3 的水通量也较低，这是由于渗入编织管间隙的铸膜液固化后对水分子渗透起到阻碍作用，而混杂纤维编织结构可赋予 BR CA 中空纤维膜较好的通透性能。

（3）铸膜液溶剂种类

采用不同溶剂制备 CA 铸膜液，如 N,N-二甲基乙酰胺、N,N-二甲基甲酰胺、二甲基亚砜、N-甲基吡咯烷酮，将所得 BR CA 中空纤维膜依次命名为 M-A、M-F、M-S、M-P，分析上述四种溶剂铸膜液对所得 BR CA 中空纤维膜结构与性能影响。表 8-4 为制膜条件。

PAN纤维膜的膜中不存在大孔结构。若膜外表面没有发达之间存在化现象（参图（点）（图图 8-12b）所示。信络膜断裂初起转化中膜分离并发生一定程度则可置换膜的弱活分点，使面通过低出降多孔活得到的内缘间。发样膜结构的增倾向样出，且低化膜的性能。一方面，同膜孔膜些现单弱面的均而端性端高活分化，另一端增高通率也是中却的这是低量差源流离都合成化乃较倾影响较此也

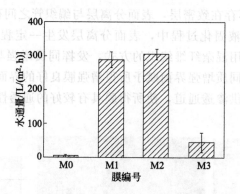

图 8-14　BR CA 中空纤维膜水通量

表 8-4　制膜条件

样品膜	M-A	M-F	M-S	M-P
（CA/PEG/溶剂)质量分数/%		12/6/82		
（CA 纤维/PAN 纤维)/根		2/1		
纺丝温度/℃		70		
空气层/cm		10		
凝固剂		水		
凝固浴温度/℃		20		
卷绕速度/(m/h)		60		

图 8-15 为使用不同溶剂所得 CA 铸膜液黏度。铸膜液黏度会影响制膜过程中铸膜液向编织管间隙内部的浸入程度，进而影响表面分离层与编织管之间的界面结合性能。此外，铸膜液黏度还会影响成膜过程中聚合物分相速度，从而影响表面分离层的孔结构。

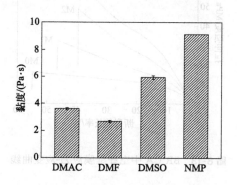

图 8-15　使用不同溶剂所得 CA 铸膜液黏度

图 8-16 为不同溶剂 CA 铸膜液所得 BR CA 中空纤维膜形貌。可见，膜外表面均为较光滑平整的致密结构，无明显大孔。铸膜液黏度较低的 M-A、M-F 膜横截面出现较多分布不均的大孔，且 M-F 膜表面分离层较薄，表面分离层与编织管之间出现某种程度的界面分离；铸膜液黏度较高的 M-S、M-P 膜表面分离层较厚，横截面几乎观察不到明显的大孔。

（4）凝固浴温度

表 8-5 为不同凝固浴温度条件下制膜条件。依据不同凝固浴温度，将所得 BR CA 中空

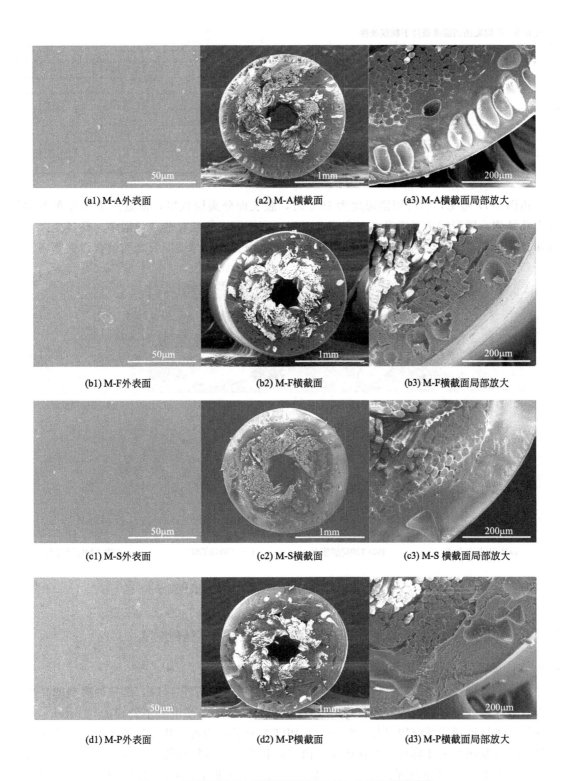

(a1) M-A外表面   (a2) M-A横截面   (a3) M-A横截面局部放大

(b1) M-F外表面   (b2) M-F横截面   (b3) M-F横截面局部放大

(c1) M-S外表面   (c2) M-S横截面   (c3) M-S 横截面局部放大

(d1) M-P外表面   (d2) M-P横截面   (d3) M-P横截面局部放大

图 8-16　不同溶剂 CA 铸膜液所得 BR CA 中空纤维膜形貌

纤维膜命名为 T10、T20、T30、T40。

⊡ 表 8-5　不同凝固浴温度条件下制膜条件

样品膜	T10	T20	T30	T40
(CA/PEG/DMAC)质量分数/%	12/6/82			
(CA 纤维/PAN 纤维)/根	2/1			
纺丝温度/℃	70			
空气层/cm	10			
凝固剂	水			
凝固浴温度/℃	10	20	30	40
卷绕速度/(m/h)	60			

由图 8-17 可见，当凝固浴温度为 10℃时，膜表面分离层较厚，横截面出现分布不均匀的大孔结构。随凝固浴温度升高，表面分离层逐渐变薄，指状孔的数量增多、孔径变大，且分布趋于均匀，膜孔之间的连通性增强；同时，表面分离层与编织管之间结合得更紧密。

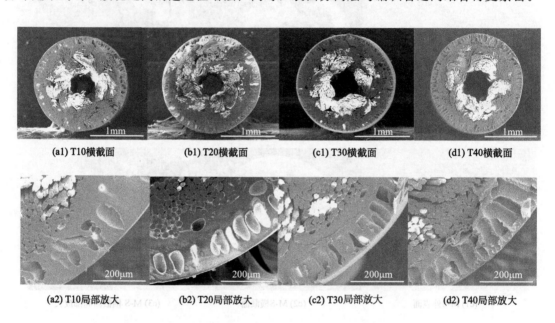

(a1) T10横截面	(b1) T20横截面	(c1) T30横截面	(d1) T40横截面
(a2) T10局部放大	(b2) T20局部放大	(c2) T30局部放大	(d2) T40局部放大

图 8-17　不同凝固浴温度所得 BR CA 中空纤维膜横截面形貌

8.4.2　同质纤维增强型聚对苯二甲酰对苯二胺中空纤维膜

8.4.2.1　聚对苯二甲酰对苯二胺

聚对苯二甲酰对苯二胺（PPTA）纤维，我国商品名为芳纶 1414，是一种典型的高性能芳香族聚酰胺纤维，如美国杜邦公司的"Kevlar"、荷兰阿克苏诺贝尔公司的"Twaron"等都在许多领域得到广泛应用[30]。图 8-18 是 PPTA 分子结构式。其大分子链中含有苯环，呈刚性，酰胺基团与苯环形成 π 共轭体系，内旋能相当高，有较高的结晶度、较强的氢键结合能力，赋予 PPTA 纤维高强高模、耐高温、抗蠕变、耐化学试剂等特性，将 PPTA 用于分离膜材料的研究受到关注。

PPTA 难溶于大部分有机试剂，仅溶于少数强酸性溶液如浓硫酸、氯磺酸等；同时，由于 PPTA 玻璃化转变温度较高，熔点高于热分解温度，所以不能采用常规熔融纺丝法纺丝制膜[31-33]。

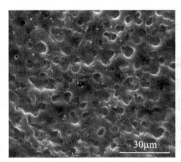

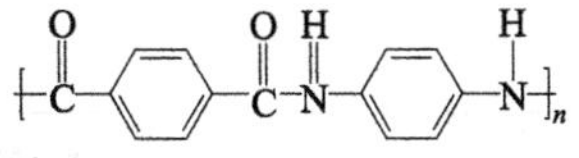

（figure 8-18 molecular structure appears here）

图 8-18 PPTA 分子结构式

8.4.2.2 结构与性能

以 PPTA 纤维（200D）编织管为增强体，通过复合 PPTA 表面分离层制得同质增强型 PPTA（HR PPTA）中空纤维膜，其中以浓硫酸（H_2SO_4）为溶剂调制铸膜液，以纳米级（12nm）二氧化硅（SiO_2）为无机物粒子添加剂。表 8-6 为 PPTA 铸膜液组成，表 8-7 为其制膜条件。

⊡ 表 8-6 PPTA 铸膜液组成

样品膜	PPTA 质量分数/%	H_2SO_4 质量分数/%	PEG 质量分数/%	PVP 质量分数/%	SiO_2 质量分数/%
MB-1[#]	1.5	88	9.5	0.5	1
MB-2[#]	2.0	88	9.5	0.5	1
MB-3[#]	2.5	88	9.5	0.5	1

⊡ 表 8-7 制膜条件

纺丝条件	参数
纺丝温度/℃	80
空气层/cm	8
凝固剂	水
凝固浴温度/℃	30
卷绕速度/(m/h)	20

图 8-19 为 HR PPTA 中空纤维膜（MB-2[#]）外表面与横截面形貌。可见，HR PPTA 中空纤维膜表面分离层较致密且粗糙，横截面上可观察到指状孔结构。在制膜过程中，浓硫酸会轻微浸蚀 PPTA 纤维编织管表面，使铸膜液渗透到编织管纤维间隙内，有利于提高 PPTA 纤维编织管与 PPTA 表面分离层之间的界面结合强度，但所得膜的通透性能有所降低。

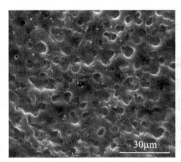

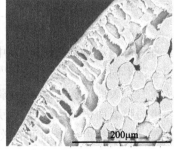

(a) 外表面   (b) 横截面   (c) 横截面局部放大

图 8-19 HR PPTA 中空纤维膜（MB-2[#]）外表面及横截面形貌

由图 8-20 可见，随铸膜液中 PPTA 浓度增加，所得膜的水通量呈明显下降趋势。当 PPTA 浓度较高时，HR PPTA 中空纤维膜的水通量衰减随时间变化较小。

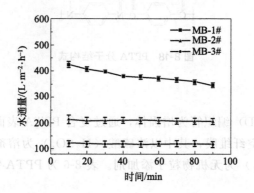

图 8-20 不同 PPTA 浓度铸膜液所得 HR PPTA 中空纤维膜水通量

PPTA 膜具有优良的化学稳定性，可用于有机试剂的分离、提纯。由图 8-21 可见，PPTA 中空纤维膜对四种有机试剂 N,N-二甲基乙酰胺（DMAC）、N-甲基吡咯烷酮（NMP）、三氯甲烷（$CHCl_3$）、四氢呋喃（THF）均表现出良好的渗透性能，120min 内对以上四种有机试剂的渗透通量衰减率均小于 20%。

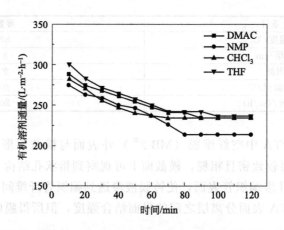

图 8-21 PPTA 膜对四种有机试剂渗透通量

将所得同质增强型 PPTA 中空纤维膜应用于活性污泥体系后，对被其污染的 PPTA 膜采用三种不同反洗方法清洗[34-37]：①超声振荡；②NaOH 溶液；③柠檬酸溶液。通过观察反洗前后膜表面形貌、表面元素变化等来评价膜的抗污染性能[38-40]。如图 8-22（a）所示，被污染的膜表面仍被大块胶体污泥层覆盖。图 8-22（b）为采用超声波处理 30min 后的膜表面形貌，可见超声波清洗可有效去除膜表面滤饼层，但仍有较多的污染物吸附在膜表面，物理方法并不能完全去除膜表面污染物。图 8-22（c）、（d）分别为采用 NaOH 溶液 0.3%（质量分数）、柠檬酸溶液 1%（质量分数）处理 1h 后的膜表面形貌。图 8-23 为其表面元素分析谱。从图中可以看到，经碱溶液清洗后的 PPTA 膜表面无胶体污染物层，但大量无机物粒子和金属离子等杂质仍附着于膜表面；而酸液清洗后的 PPTA 膜表面几乎观察不到污染层，膜表面反洗效果明显。

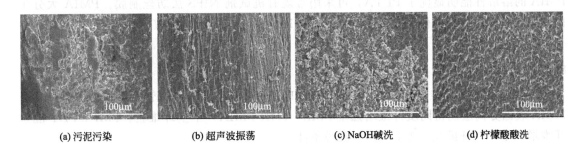

| (a) 污泥污染 | (b) 超声波振荡 | (c) NaOH碱洗 | (d) 柠檬酸酸洗 |

图 8-22 反洗前后同质增强型 PPTA 中空纤维膜外表面形貌

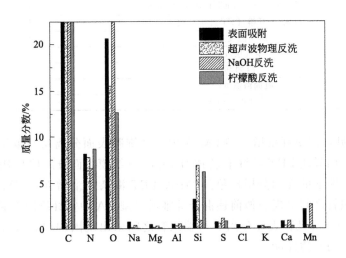

图 8-23 反洗前后同质增强型 PPTA 中空纤维膜表面元素分析谱

8.4.3 同质纤维增强型聚间苯二甲酰间苯二胺中空纤维膜

8.4.3.1 聚间苯二甲酰间苯二胺

聚间苯二甲酰间苯二胺（PMIA）纤维也是一种典型的高性能芳香族聚酰胺纤维，其分子结构式如图 8-24 所示。PMIA 纤维最早由美国杜邦公司规模化生产，商品名为"Nomex"，其后日本帝人公司也成功开发出商品化"Conex"纤维，我国商品名为芳纶1313。

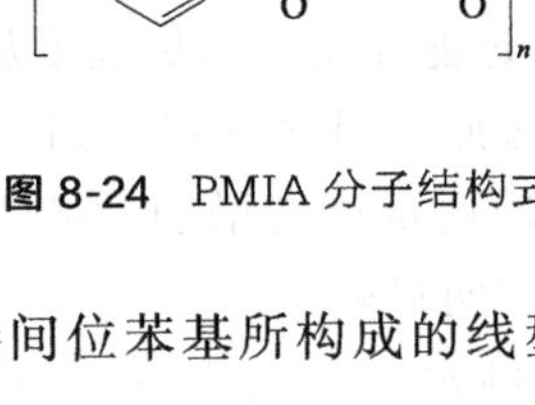

图 8-24 PMIA 分子结构式

PMIA 是由酰胺基团相互连接间位苯基所构成的线型大分子。与 PPTA 相比，间位连接共价键间无共轭效应，内旋能相对较低，使得大分子链的规整度较低，呈柔性结构，所以 PMIA 的溶解性能明显优于 PPTA，可采用常规有机试剂 NIPS 法纺丝制膜。PMIA 大分子内和大分子间可形成立体氢键结构，赋予 PMIA 优异的耐热性能（$T_g > 270℃$）、良好的力学性能及抗污染性能[41]。

8.4.3.2 结构与性能

分别以 PMIA 纤维（400D）编织管、PMIA/PET 混杂纤维编织管为增强体，通过复合 PMIA 表面分离层制得同质纤维增强型 PMIA（HR PMIA）中空纤维膜、PMIA/PET 混杂纤维增强型中空纤维膜。表 8-8 为其制膜条件。

☐ 表 8-8　制膜条件

样品膜	PMIA15		
(PMIA/PVP/PEG/ CaCl$_2$/LiCl/DMAC)质量分数/%	15/2/8/3.5/2.5/69		
(PMIA 纤维/PET 纤维)/根	2/0	1/1	0/2
纺丝温度/℃	80		
空气层/cm	8		
凝固剂	水		
凝固浴温度/℃	25		
卷绕速度/(m/h)	20		

由图 8-25 可见，同质纤维增强型 PMIA 中空纤维膜表面分离层与编织管之间具有良好的界面结合状态，而异质 PET 纤维增强 PMIA 中空纤维膜表面分离层与 PET 编织管之间结合状态较差，出现明显的界面分层现象。PMIA/PET 混杂纤维增强型 PMIA 中空纤维膜的表面分离层与编织管之间呈现类似前述混杂纤维增强型 CA 中空纤维膜形貌。此外，同质纤维增强型 PMIA 中空纤维膜表面分离层与编织管之间未出现因编织管被浸蚀而产生的致密层现象，有利于膜的通透性能。

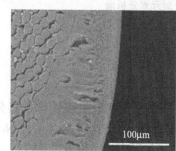
(a) PMIA编织管

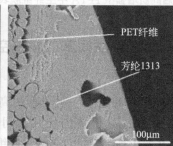
PET纤维
芳纶1313
(b) PMIA/PET混杂编织管

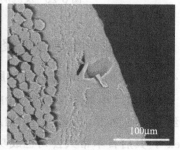
(c) PET编织管

图 8-25　不同纤维增强型 PMIA 中空纤维膜横截面形貌

选取 0.5g/L 碳素墨水溶液作为过滤介质，测试温度从 25℃增加至 90℃，并选用商用异质纤维增强型 PVDF 中空纤维膜为参照物对比观察。如图 8-26 所示，随测试温度升高，同质纤维增强型 PMIA 中空纤维膜渗透通量逐渐增加，墨水截留率保持稳定，而异质纤维增强型 PVDF 中空纤维膜的墨水截留率明显减小。

如图 8-27 所示，经过 90℃高温纯水、4h 处理后，同质纤维增强型 PMIA 中空纤维膜表

(a) 同质增强PMIA膜　　(b) 异质增强PVDF膜

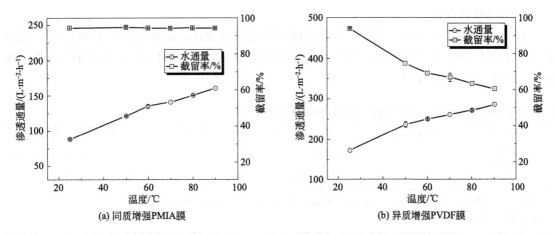

图 8-26　纤维增强型中空纤维膜渗透通量与截留性能

面形貌无明显变化，而异质纤维增强型 PVDF 中空纤维膜表面出现明显的龟裂纹。结合图 8-26 所示的异质纤维增强型 PVDF 中空纤维膜在高温条件下碳素墨水截留率降低，验证了 PMIA 大分子链中大量的苯环和氢键结构赋予了 PMIA 优异的热稳定性。

(a) 同质增强型PMIA膜　　(b) 异质增强型PVDF膜

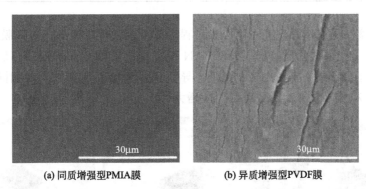

图 8-27　高温 (90℃) 纯水测试后纤维增强型 PMIA、 PVDF 中空纤维膜表面形貌

8.4.4　同质纤维增强型聚丙烯腈中空纤维膜

8.4.4.1　聚丙烯腈

腈纶是我国 PAN 纤维的商品名称，图 8-28 为 PAN 分子结构式。20 世纪 50 年代，德国和美国实现了聚丙烯腈纤维的工业化生产，商品名分别为“Perlon”和“Orlon”。PAN 大分子内聚能较高，具有良好的热稳定性，以及耐化学试剂性、耐光性、耐候性及耐霉菌性等特点[42]。作为成膜聚合物，PAN 的价格较低，纺丝制膜加工性能优良，在中空纤维膜领域有一定的市场竞争力。

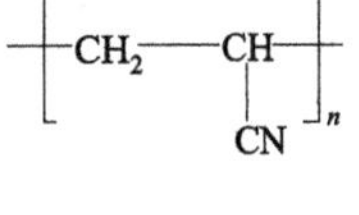

图 8-28　PAN 分子结构式

8.4.4.2　结构与性能

本节介绍成孔剂含量、纤维编织管表面浸润时间、凝固浴温度等对所得纤维增强型 PAN 中空纤维膜结构性能的影响，并讨论同质纤维增强型 PAN 中空纤维膜在 MBR 系统运行期间的抗污染行为[43,44]。

（1）成孔剂含量

以 PAN 纤维（150D）编织管为增强体，通过复合 PAN 表面分离层制得同质增强型 PAN（HR PAN）中空纤维膜。表 8-9 为不同 PVP 含量铸膜液所得 HR PAN 中空纤维膜组成。表 8-10 为其制膜条件。

⊡ **表 8-9 不同 PVP 含量铸膜液所得 HR PAN 中空纤维膜组成**

样品膜	PAN 质量分数/%	PVP 质量分数/%	TW-80 质量分数/%	DMAC 质量分数/%
PVP-6	10	6	2	82
PVP-10	10	10	2	78
PVP-14	10	14	2	74

注：TW-80，即吐温-80，具有亲水性，可促进有机溶剂在水中的溶解，提高所得膜孔隙率。

⊡ **表 8-10 制膜条件**

纺丝条件	参数
纺丝温度/℃	70
空气层/cm	10
凝固剂	水
凝固浴温度/℃	25
卷绕速度/(cm/min)	100

在铸膜液中添加 PVP 可改善固化成形过程中非溶剂的传质速率，加快膜固化成形速度。由图 8-29 可见，随 PVP 含量增加，HR PAN 中空纤维膜横截面表面分离层指状孔数量增加，孔隙率增大。然而，过高的 PVP 含量会导致铸膜液的黏度增大，在相同浸润时间内铸膜液对编织管浸入量减少，表面分离层厚度增大。

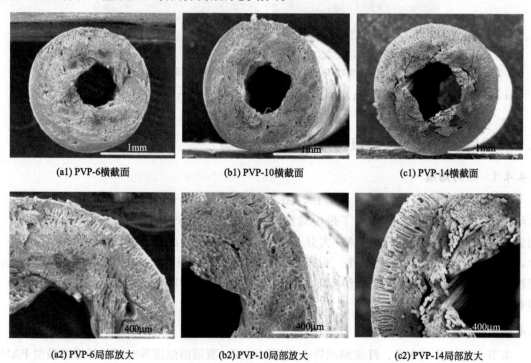

(a1) PVP-6横截面	(b1) PVP-10横截面	(c1) PVP-14横截面
(a2) PVP-6局部放大	(b2) PVP-10局部放大	(c2) PVP-14局部放大

图 8-29 不同 PVP 含量所得 HR PAN 中空纤维膜横截面形貌

（2）纤维编织管表面浸润时间

将铸膜液涂覆编织管（增强体）表面后，经一定时间（浸润时间）再浸入凝固浴中固化成形，制成的 HR PAN 中空纤维膜横截面形貌如图 8-30 所示。从图中可以看到，随浸润时间延长，浸入 PAN 纤维编织管内的铸膜液增多，对 PAN 纤维编织管表面的溶胀、溶解作用增强，表面分离层与编织管之间相互作用增强，有利于改善同质纤维增强型 PAN 中空纤维膜的界面结合状态。

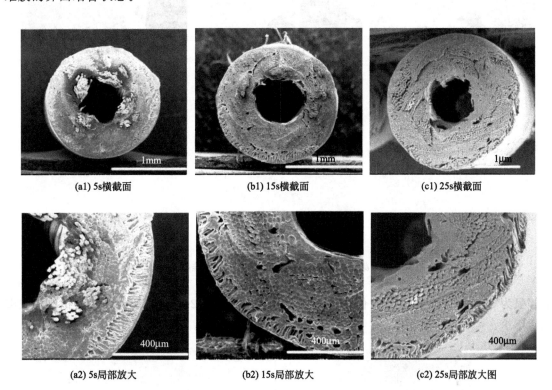

| (a1) 5s横截面 | (b1) 15s横截面 | (c1) 25s横截面 |
| (a2) 5s局部放大 | (b2) 15s局部放大 | (c2) 25s局部放大图 |

图 8-30 不同铸膜液浸润时间所得 HR PAN 中空纤维膜横截面形貌

（3）凝固浴温度

由图 8-31 可见，随凝固浴温度升高，HR PAN 中空纤维膜表面分离层在成形过程中分相速度加快，成孔剂溶出速度加快，横截面出现较多分布均匀的指状孔，表面分离层厚度减小。随凝固浴温度进一步升高，膜表面分离层遇热收缩，表面致密化程度增大，横截面指状孔数量减少，界面结合强度增大。

（4）同质纤维增强型 PAN 中空纤维膜 MBR 应用[44]

如图 8-32 所示，图 8-32（a）为同质纤维增强型 PAN 中空纤维膜组件，以 A 组件表示；图 8-32（b）为掺杂氧化石墨烯（graphene oxide，GO）改性同质纤维增强型 PAN/GO 中空纤维膜组件，以 B 组件表示。两个组件有效面积均为 $0.1m^2$，主要性能参数如表 8-11 所示。

将 A、B 膜组件置于 MBR 装置中运行，生化反应池容积为 50L，曝气量为 3.8L/min。气水比约为 30∶1，污泥负荷（以 COD 和 MLSS 计）为 0.05kg/(kg·d)。膜组件出水依靠自吸泵抽吸，控制所出水通量恒为 70 mL/min。运行方式：采用全自动间歇运行方式，9min 抽吸出水，1min 停止抽吸，曝气不间断。运行期间活性污泥浓度为 8500 mg/L 左右，

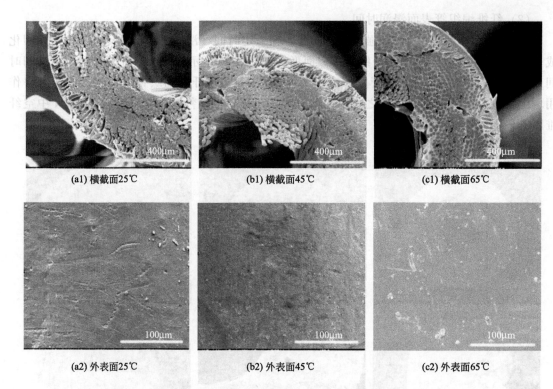

(a1) 横截面25℃　　　(b1) 横截面45℃　　　(c1) 横截面65℃

(a2) 外表面25℃　　　(b2) 外表面45℃　　　(c2) 外表面65℃

图 8-31　不同凝固浴温度所得 HR PAN 中空纤维膜横截面形貌

溶解氧为 $3.0\sim4.0~\text{mg/L}$，pH 值为 $6.5\sim7.5$，水温为 $18\sim20℃$。实验原水为模拟典型城市生活污水。

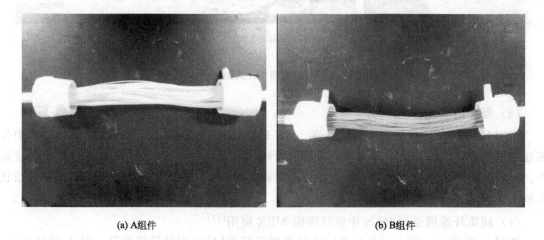

(a) A组件　　　　　　　　　　　(b) B组件

图 8-32　同质纤维增强型 PAN 中空纤维膜组件

⊡ 表 8-11　两组膜组件主要性能参数

项目	A 组件	B 组件
拉伸强度/MPa	76.4	75.9
拉伸伸长率/%	34.6	35.7
平均孔径/nm	113.7	134.2

项目	A 组件	B 组件
孔隙率/%	40.5	41.9
水接触角/(°)	73.4	53.6
BSA 截留率/%	88.6	96.2
水通量/[L/(m² · h)]	295.7	559.9
表面粗糙度/nm	115	229

为保持系统出水水质稳定，分别采用物理方法与化学方法对被污染的 A、B 膜组件进行反洗。

A 组件反洗前后膜外表面形貌如图 8-33 所示。可以观察到运行初期（58d），少量污染物沉积在同质纤维增强型 PAN 中空纤维膜外表面。由于其外表面具有良好的亲水性，采用物理清洗（表面冲洗）即可去除大部分污染物。当达到运行后期（107d）时，时膜组件被大部分污染物覆盖，形成较密实的滤饼污染层，物理清洗效果不显著。随后经化学清洗 [1%（质量分数）的柠檬酸及 0.3%（质量分数）次氯酸钠处理 4h]，膜外表面几乎无污染物附着，化学清洗效果显著。

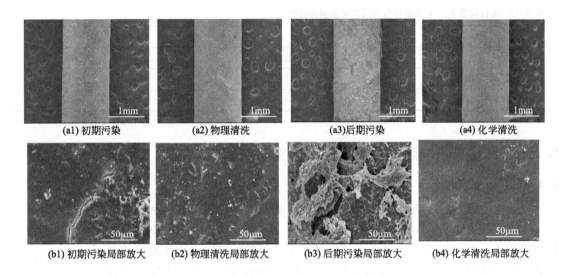

图 8-33 A 组件反洗前后膜外表面形貌

B 组件反洗前后膜外表面形貌如图 8-34 所示。B 组件由于 GO 的加入，相较于 A 组件，膜外表面较粗糙。但其亲水性较强，表面污染层结构较疏松，连续性差，不易沉积在膜外表面，污染层受曝气、水流冲击作用后易脱落，有效抑制了污染物对膜表面的吸附作用。所以，B 组件物理清洗效果优于 A 组件。

A、B 两膜组件在 120d 运行期间未出现断丝现象，截取部分运行后的膜丝，测试其拉伸强度与断裂伸长率，如表 8-12 所示。A、B 膜组件运行前后，断裂强度与断裂伸长率均无明显降低。结合图 8-33、图 8-34 形貌，未出现膜表面分离层从编织管表面脱落现象，表明同质纤维增强型 PAN 中空纤维膜与 PAN/GO 中空纤维膜的界面结合状态，可满足实际应用需求。

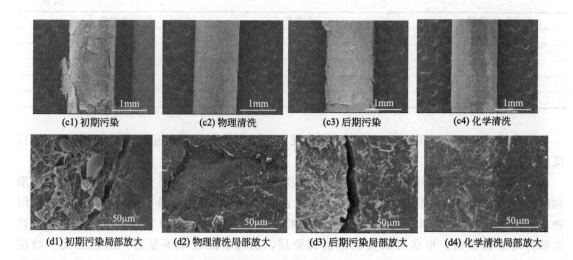

| (c1) 初期污染 | (c2) 物理清洗 | (c3) 后期污染 | (c4) 化学清洗 |

| (d1) 初期污染局部放大 | (d2) 物理清洗局部放大 | (d3) 后期污染局部放大 | (d4) 化学清洗局部放大 |

图 8-34　B 组件反洗前后膜外表面形貌

表 8-12　运行前后 A、B 膜组件拉伸强度及断裂伸长率

项目	A 组件		B 组件	
	原膜	运行后	原膜	运行后
拉伸强度/MPa	76.4	73.6	75.4	72.8
断裂伸长率/%	34.6	33.1	35.7	34.1

8.4.5　异质纤维增强型聚偏氟乙烯中空纤维膜

8.4.5.1　聚偏氟乙烯

聚偏氟乙烯（PVDF）是一种典型的含氟聚合物，最早由美国杜邦公司于 1948 年制备成功。PVDF 属半结晶大分子，C—F 键键能高，具有优良的化学稳定性、热稳定性、耐氧化性、耐候性等。PVDF 溶液（熔体）具有良好的纺丝可纺性，可采用常规的熔融纺丝法、NIPS 法、TIPS 法等纺丝制膜，是目前最常用的中空纤维超/微滤膜成膜聚合物[45]。国内北京碧水源科技股份有限公司、天津膜天膜科技股份有限公司、盐城海普润科技股份有限公司等相继实现了纤维增强型 PVDF 中空纤维超/微滤膜产业化，产品在水处理领域中得到广泛应用。图 8-35 为 PVDF 化学结构式。

图 8-35　PVDF 化学结构式

8.4.5.2　结构与性能

以 PAN 纤维编织管为增强体，通过复合 PVDF 表面分离层，制得异质纤维增强型 PAN/PVDF 中空纤维膜［表面分离层铸膜液中 PVDF 固含量为 12%（质量分数）］。同时，以 PET 纤维编织管为增强体，通过复合 PAN 表面分离层，制得异质纤维增强型 PET/PAN 中空纤维膜［表面分离层铸膜液中 PAN 的固含量为 12%（质量分数）］。表 8-13 为两种异质纤维增强型 PVDF 中空纤维膜制膜条件。

表 8-13　两种异质纤维增强型 PVDF 中空纤维膜制膜条件

纺丝条件	参数
纺丝温度/℃	70
空气层/cm	15
凝固剂	水
凝固浴温度/℃	25
卷绕速度/(cm/min)	50

图 8-36 为两种异质纤维增强型 PVDF 中空纤维膜横截面形貌。对于异质增强 PAN/PVDF 中空纤维膜，在复合过程中，铸膜液中的溶剂 DMAC 是表面分离层 PVDF 和编织管 PAN 纤维的共溶剂，因此铸膜液对编织管表面起溶胀、部分溶解作用；铸膜液中 PVDF 大分子链与编织管纤维表面 PAN 大分子链发生某种程度的相互扩散、缠结、融合作用，形成类似"同质增强"效应的界面状态，有利于改善界面结合状态。对于异质增强膜 PET/PAN 中空纤维膜，由于表面分离层与增强体之间既非同种材质也非共溶剂作用，所以 PAN 铸膜液对 PET 纤维编织管浸润作用仅能以通过渗入编织管纤维间隙、固化成形后形成的机械嵌入结合为主，界面结合状态较差。

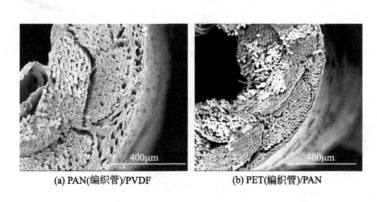

(a) PAN(编织管)/PVDF　　　　(b) PET(编织管)/PAN

图 8-36　两种异质纤维增强型 PVDF 中空纤维膜横截面形貌

采用等速拉伸法模拟外力作用对三种纤维增强型中空纤维膜界面结合状态的影响[44,45]。图 8-37 为不同伸长率下三种纤维增强型中空纤维膜横截面及表面分离层（外表面）形貌，其中图 8-37(a1)～(d1)为同质 PAN 纤维增强型 PAN 中空纤维膜（PAN/PAN），图 8-37(a2)～(d2)为异质 PAN 纤维增强型 PVDF 中空纤维膜（PAN/PVDF），图 8-37(a3)～(d3)为异质 PET 纤维增强型 PAN 中空纤维膜（PET/PAN）。其中，伸长率分别为 3% 和 30%，夹持间距为 250mm，拉伸速率为 100mm/min，拉伸定型 30min。从图 8-37 中可以看到，同质增强 PAN/PAN 中空纤维膜横截面复合结构随拉伸伸长率增大，未发生明显破损或界面分离现象；而异质增强型 PAN/PVDF、PET/PAN 中空纤维膜随伸长率增大，横截面出现明显界面破损现象。特别是在 30% 伸长率下，PET/PAN 中空纤维膜表面分离层与编织管之间出现明显的两相分离，表面分离层从编织管表面剥离脱落，表明同质界面结合性能优于异质界面。此外，相较于 PET/PAN 中空纤维膜，异质增强型 PAN/PVDF 表面分离层与编织管之间共溶剂效应对改进异质纤维增强型中空纤维膜界面结合状态起到促进作用。

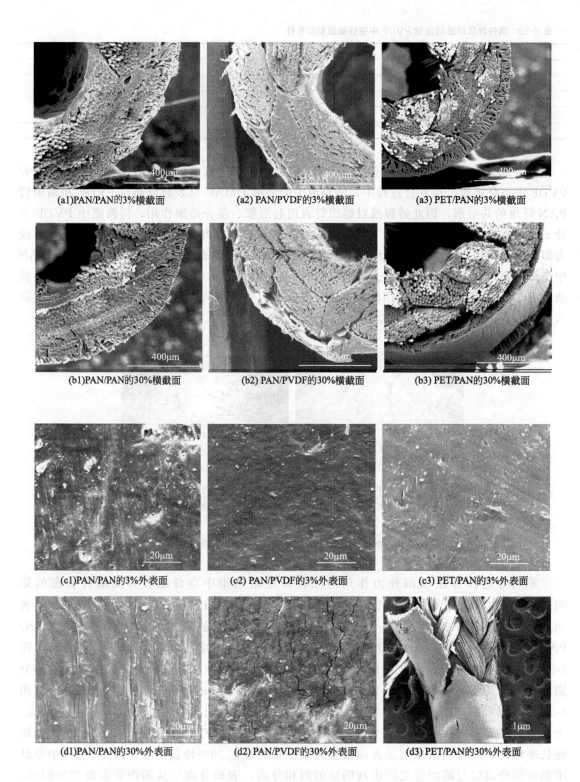

(a1)PAN/PAN的3%横截面　　　　(a2) PAN/PVDF的3%横截面　　　　(a3) PET/PAN的3%横截面

(b1)PAN/PAN的30%横截面　　　　(b2) PAN/PVDF的30%横截面　　　　(b3) PET/PAN的30%横截面

(c1)PAN/PAN的3%外表面　　　　(c2) PAN/PVDF的3%外表面　　　　(c3) PET/PAN的3%外表面

(d1)PAN/PAN的30%外表面　　　　(d2) PAN/PVDF的30%外表面　　　　(d3) PET/PAN的30%外表面

图 8-37　等速拉伸法不同伸长率下三种纤维增强型中空纤维膜横截面和外表面形貌

8.5 结论与展望

本章介绍了可用于 MBR 污水处理系统的纤维增强型中空纤维膜制备基本原理与工艺技术特点，即将 NIPS 法成膜的高分离精度、抗污染等特点与纤维增强体的优异力学性能相结合，基于"同质复合增强"原理，可有效改善纤维增强型中空纤维膜的界面结合状态。随着应用领域的不断拓宽，对纤维增强型中空纤维膜综合性能的要求越来越高。为此，以下问题还有待进一步深入和系统地研究：①制膜工艺，优化制膜配方和纺丝制膜工艺，减少表面分离层缺陷，调控表面分离层厚度，提高膜的通透性能；②增强体结构，优化纤维编织管纤维组成、编织结构以及表面预处理等，改善表面分离层与增强体之间界面结构；③应用领域，通过遴选适宜的成膜聚合物、纤维增强体，制备满足不同领域需求的耐热、耐化学试剂、耐酸碱、超高强等特种纤维增强型中空纤维膜，进一步拓宽纤维增强型中空纤维膜的应用领域。

参考文献

[1] 王瑞,肖长发,刘美甜,等. 同质编织管增强型聚丙烯腈中空纤维膜研究 [J]. 高分子学报， 2013，(2)：224-231.

[2] ZISMAN W A. Relation of equilibrium contact angle to liquid and solid constitution [J]. Advances in Chemistry Series，1964：1-51.

[3] 黄丽,陈晓红,宋怀河. 聚合物复合材料 [M]. 北京：中国轻工业出版社， 2012：264-265.

[4] 益小苏,杜善义,张立同. 聚合材料手册 [M]. 北京：化学工业出版社， 2009：223.

[5] 陈同海,贾明印,杨彦峰,等. 纤维增强复合材料界面理论的研究 [J]. 当代化工，2013，42 (11)：1558-1561.

[6] 刘海亮,肖长发,黄庆林,等. 增强型中空纤维多孔膜研究进展 [J]. 纺织学报，2015，36 (9)：154-161.

[7] 李婷. 纤维管增强聚偏氟乙烯中空纤维膜界面处理及性能研究 [D]. 天津：天津工业大学， 2017.

[8] LIU J，LI P L，LI Y D，et al. Preparation of PET threads reinforced PVDF hollow fiber membrane [J]. Desalination，2009，249 (2)：453-457.

[9] MURASE K，HABARA H，FUJIKI H，et al. Porous membrane ：US2002/046970 [P]. 2002-04-25.

[10] IKEDA K. Reinforcing material-imbedded separation membrane and manufacture thereof：JP11319519 [P]. 1999-11-24.

[11] CARO R F，SALTER R J. Membrane separation Apparatus and method ：US4787982 [P]. 1988-11-29.

[12] HAYANO F，HASHINO Y，ICHIKAWA K. Semipermeable composite membranes：US4061821 [P]. 1977-12-06.

[13] 徐又一,计根良,尤健明. 纤维编织管嵌入增强型聚合物中空纤维微孔膜的制备方法：CN101543731 [P]. 2009-09-30.

[14] 李凭力,刘杰,解利昕,等. 网状纤维增强型聚偏氟乙烯中空纤维膜的制备方法：CN1864828 [P]. 2006-11-22.

[15] FAN Z W，XIAO C F，LIU H L，et al. Preparation and performance of homogeneous braid reinforced cellulose hollow fiber membranes [J]. Cellulose，2015，22：695-707.

[16] MAILVAGANAM M，FABBRICINO L，RODRIGUES C F，et al. Hollow fiber semipermeable membrane of tubular braid：US5472607 [P]. 1995-12-05.

[17] LEE M S，CHOI S H，SHIN Y C. Braid-reinforced hollow fiber membrane：US7267872B2 [P]. 2007-09-11.

[18] 李武锡,李光珍,慎镛哲. 编织管增强的复合空心纤维膜：CN101316646B [P]. 2011-09-21.

[19] 王磊,柴续斌,容志勇,等. PET 编织管/聚合物复合中空纤维微孔膜的制备方法：CN102430348A [P]. 2012-05-02.

[20] JIANG J. Defect free composite membrane, method for producing said membranes and use of the same：

US7165682B1［P］. 2007-01-23.

［21］ QUAN Q，XIAO C F，LIU H L，et al. Preparation and characterization of braided tube reinforced polyacrylonitrile hollow fiber membranes［J］. Journal of Applied Polymer Science，2015，132（14）：1-10.

［22］ 权全，肖长发，刘海亮，等. 纤维编织管增强型中空纤维膜研究［J］. 高分子学报，2014，（5）：692-700.

［23］ 肖长发，王瑞，刘美甜，等. 一种增强型聚丙烯腈中空纤维膜的制备方法：CN102580577A［P］. 2012-07-18.

［24］ FAN Z W，XIAO C F，LIU H L，et al. Structure design and performance study on braid-reinforced cellulose acetate hollow fiber membranes［J］. Journal of Membrane Science，2015，486：248-256.

［25］ CHEN M X，XIAO C F，WANG C，et al. Study on the structural design and performance of novel braid-reinforced and thermostable poly（m-phenylene isophthalamide）hollow fiber membranes［J］. RSC Advances，2017，7：20327-20335.

［26］ CHEN M X，XIAO C F，WANG C，et al. Self-assembly of mussel-inspired Ag nanoparticles onto tubular braid reinforced poly（m-phenylene isophthalamide）（PMIA）nanofiber membrane for high efficiency dynamic catalysis applications［J］. Nanoscale，2018，10：19835-19845.

［27］ XIAO C F，WANG C，CHEN M X，et al. Method for preparing homogeneous braid-reinforced PPTA hollow fiber membrane：EP15194622.5［P］. 2015-11-13.

［28］ SHOJAIE S S，KRANTZ W B，GREENBERG A R. Dense polymer film and membrane formation via the dry-cast process part I. Model development［J］. Journal of Membrane Science，1994，94（1）：255-280.

［29］ PEKNY M R，ZARTMAN J，KRANTZ W B，et al. Flow-visualization during macrovoid pore formation in dry-cast cellulose acetate membranes［J］. Journal of Membrane Science，2003，211（1）：71-90.

［30］ 刘兆峰，曹煜彤，胡盼盼，等. 对位芳纶产业化现状及其发展趋势［J］. 高科技纤维与应用，2012，37（3）：1-4.

［31］ RAO Y，WADDON A J，FARRIS R J. Structure-property relation in poly（p-phenylene terephthalamide）（PPTA）fibers［J］. Polymer，2001，42：5937-5946.

［32］ SINGH T J，SAMANTA S. Characterization of kevlar fiber and its composites：a review［J］. Materials Today：Proceedings，2015（2）：1381-1387.

［33］ YANG B，LU Z Q，ZHANG M Y，et al. A ductile and highly fibrillating PPTA-pulp and its reinforcement and filling effects of PPTA-pulp on properties of paper-based materials［J］. Journal of Applied Polymer Science，2016（133）：1-6.

［34］ HOINKIS J，DEOWAN S. A，PANTEN V，et al. Membrane bioreactor（MBR）technology-a promising approach for industrial water reuse［J］. Procedia Engineering，2012，（33）：234-241.

［35］ PORCELLI N，JUDD S. Chemical cleaning of potable water membranes：a review［J］. Separation and Purification Technology，2010，71（2）：137-143.

［36］ MASSELIN I，CHASSERAY X，DURAND-BOURLIER L，et al. Effect of sonication on polymeric membranes［J］. Journal of Membrane Science，2011，181：213-220.

［37］ MOHAMMADI T，MADAENI S S，MOGHADAM M K. Investigation of Membrane fouling［J］. Desalination，2002，153：155-160.

［38］ LIM A L，BAI R. Membrane fouling and cleaning in microfiltration of activated sludge wastewater［J］. Journal of Membrane Science，2003，（216）：279-290.

［39］ WANG Z W，WU Z C，YIN X，et al. Membrane fouling in a submerged membrane bioreactor（MBR）under subcritical flux operation：Membrane foulant and gel layer characterization［J］. Journal of Membrane Science，2008，（325）：238-244.

［40］ 柴俪洪，肖长发，权全，等. 同质增强型 PMIA 中空纤维膜污染及其 MBR 工艺处理城市生活污水［J］. 化工学报，2016，67（9）：3954-3963.

［41］ 陈明星，肖长发，王纯，等. 聚间苯二甲酰间苯二胺中空纤维膜研究［J］. 高分子学报，2016，4：428-435.

［42］ 肖长发，尹翠玉，张华，等. 化学纤维概论［M］. 北京：中国纺织出版社，2007：128-129.

［43］ 王瑞. 同质编织管增强型聚丙烯腈中空纤维膜研究［D］. 天津：天津工业大学，2013.

［44］ 权全. 增强型聚丙烯腈中空纤维膜结构设计与性能研究［D］. 天津：天津工业大学，2016.

［45］ 赵微. 增强型 PVDF 中空纤维膜 MBR 应用及其污染机理研究［D］. 天津：天津工业大学，2015.

第9章

中空纤维反渗透膜制备方法

9.1 引言

反渗透（reverse osmosis，RO）技术是以外界压力为驱动力（克服渗透压），利用反渗透膜材料的选择透过性（只能透过溶剂而截留离子及低分子物质），使溶剂分子（通常是水）通过半透膜从高压侧扩散至低压侧，从而实现对液体混合物分离的一种膜技术，其分离原理主要是溶解-扩散机理[1]。反渗透技术具有低能耗、操作过程简单、分离效率高、设备占地小、易于集成等突出优点，已成为海水和苦咸水淡化、纯水和超纯水制备、中水回用、工业料液处理及浓缩等领域的主流技术，特别是在全球海水与苦咸水淡化市场的比例已超过65%[2]。目前，国外反渗透膜企业仍然占有主导地位，美国海德能、陶氏（Filmtec）和日本日东电工公司的膜产品占据了我国约 80% 的市场份额，其余国外膜厂商，如美国科氏（Fluid System）、通用电气、韩国世韩（Saehan）、日本东丽等公司共占据了约 10% 的市场。在海水及苦咸水淡化应用方面，国外反渗透膜产品仍然是项目首选，国产反渗透膜暂时无法进入与海外产品竞争的行列。但是，在小型工业水处理项目中，国产反渗透品牌依靠价格优势占据一定的市场份额，如时代沃顿、蓝星东丽和沁森高科国产反渗透膜。在家用净水装置领域，国产反渗透膜的应用情况有了很大改观，占到 70% 左右[3]。

反渗透膜是反渗透技术的核心部件。反渗透膜发展概况如图 9-1 所示[4]。其中，第一代是醋酸纤维素中空纤维膜，主要厂商是日本东洋纺公司；第二代是一步聚合法芳香族聚酰胺中空纤维膜，厂商主要有美国杜邦和原天津纺织工学院[5]；第三代是界面聚合法制备的芳香族聚酰胺卷式（spiral-wound）复合反渗透膜。

反渗透膜主要包括板式、管式、卷式和中空纤维式等几种结构形式[6]，各个形式的简图和填充面积（m^2/m^3）如图 9-2 所示。目前，工业化的反渗透膜主要有界面聚合法芳香族聚酰胺卷式复合膜和增塑纺丝法醋酸纤维素中空纤维膜两类。表 9-1 为中空纤维反渗透膜组件与卷式反渗透膜组件的主要技术指标。由表 9-1 可知，与芳香族聚酰胺卷式反渗透膜组件相比，醋酸纤维素中空纤维反渗透膜组件具有以下优势：①对进水水质要求低，可省去超滤前处理工艺；②耐氯性更佳；③清洗次数少，药剂用量少，易于维护，使用寿命长，运行成本低。

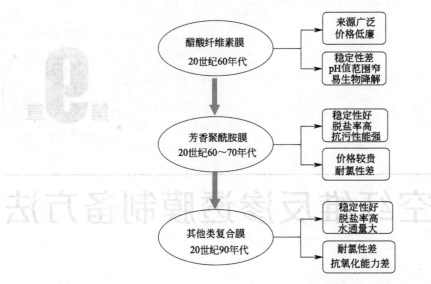

图 9-1　反渗透膜发展概况

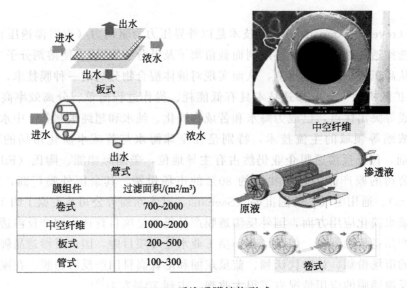

膜组件	过滤面积/(m²/m³)
卷式	700~2000
中空纤维	1000~2000
板式	200~500
管式	100~300

图 9-2　反渗透膜结构形式

⊡ 表 9-1　中空纤维反渗透膜组件与卷式反渗透膜组件的主要技术指标

性能指标	中空纤维膜组件[①]	卷式膜组件[②]
平均寿命/年	7~11 年	2~3
耐氯性/(mg/L)	5	<0.5
耐压性	良好	一般
抗氧化性	良好	较差
清洗周期	不需要(水质不好情况下 1 年实施一次)	1 周实施一次
产水量/(m³/d)	45	31
截留率/%	99.6	99.8

① HOLLOSEP® HM10255,东洋纺公司。

② FILMTEC™ SW30HR LE440i,陶氏公司。

中空纤维反渗透膜制膜方法主要包括相转化法[7]、界面聚合法[8]、增塑纺丝法[9] 等。

其中，相转化法是将聚合物溶液通过喷丝头形成的环状细流浸入凝固浴中，聚合物快速析出，形成极薄的致密层，而在致密层的下面形成多孔层的方法；界面聚合法则是采用力学强度大、孔隙率高的微孔膜作为基膜，利用两种反应活性很高的单体（通常为多元胺和多元酰氯）在两个互不相溶的溶液界面处发生聚合反应，从而在多孔基膜上形成选择性的超薄分离层的方法；增塑纺丝法制备中空纤维反渗透膜，是在制膜过程中将成膜聚合物在增塑剂作用下增大聚合物分子链之间的距离和活动空间，高剪切应力熔融挤出，使聚合物形成垂直于挤出方向的平行排列片晶结构，然后通过热定型工艺使孔结构固定。就产业的发展过程来讲，增塑纺丝法是目前制备中空纤维反渗透膜最成功的方法。

9.1.1 中空纤维反渗透膜发展概况

美国、日本是拥有中空纤维反渗透膜技术知识产权最多的两个国家。近年来，美国在此领域的研发逐渐萎缩，而日本的研发相对稳定，特别是日本东洋纺公司居于绝对领先和主导地位。东洋纺公司的 HOLLOSEP® 是目前唯一的三醋酸纤维素中空纤维反渗透膜组件[10]，其密封结构简单，用于海水淡化时无需在渗透液侧使用任何支撑材料。HOLLOSEP® 中空纤维反渗透膜组件过滤机理和编织缠绕技术如图 9-3 所示。其编织缠绕技术将数百万条中空纤维膜缠绕到组件结构中，以实现最小的压力损失和均匀的水流，从而增加中空纤维膜比表面积，既节省空间，又改善了膜抗污染性。目前，东洋纺公司的中空纤维反渗透膜还没有进入中国市场。这是因为中空纤维反渗透膜主要用于海水淡化，而国内海水淡化目前总体工程量还是偏低；其次，由于海水淡化级别的中空纤维反渗透膜只有日本东洋纺一家公司拥有，从商务角度也限制了这种产品在国内的推广，无法满足国内招投标时"货比三家"的要求。最后，东洋纺公司本身为了避免其中空纤维反渗透膜技术被中国突破，采取了"售价高"和"只进行工程总承包"的非市场推广策略，也限制了其工程应用。

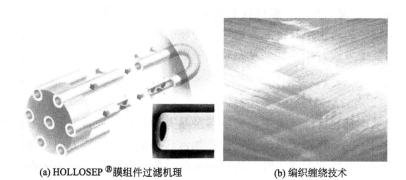

(a) HOLLOSEP®膜组件过滤机理   (b) 编织缠绕技术

图 9-3 HOLLOSEP® 中空纤维反渗透膜组件

美国中空纤维反渗透膜的代表厂商是杜邦公司。1969 年，Richter 和 Hoehn 等开发出芳香族聚酰胺非对称中空纤维反渗透膜，随后该技术和膜产品被杜邦公司完成商业化生产，并注册商标为 B-9 Permasep，成功应用于苦咸水脱盐淡化。但由于水通量和盐截留率较低，Permasep 中空纤维反渗透膜组件[11,12] 从中东市场撤出后已经下市。该产品的技术公告中详细描述了中空纤维反渗透膜组件的结构和构造原理（图 9-4）：①内部具有中空空间[图 9-4(a)]；②采用外压或内压进料；③中空纤维反渗透膜丝束采用 U 形构造[图 9-4(b)]；④进料溶液从中央分配管分配，并径向流过中空纤维束[图 9-4(c)]。

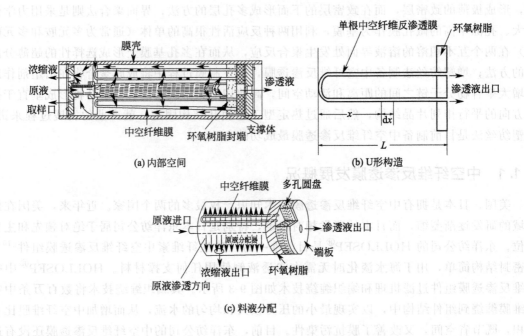

图 9-4 美国杜邦公司的 Permasep 中空纤维膜组件构造原理

我国中空纤维反渗透膜开发与应用历史较短，技术尚未成熟。20 世纪 80 年代初，国家海洋局第二研究所成功研制并生产出三醋酸纤维素中空纤维反渗透膜[13]。20 世纪 90 年代，天津纺织工学院（现天津工业大学）和杭州水处理技术中心研发出低压运行的三醋酸纤维素中空纤维反渗透膜[14]。近几年，仅有天津膜天膜科技股份有限公司[15]、康命源（贵州）科技发展有限公司[16]、北京碧水源膜科技有限公司[17] 等企业的专利报道了中空纤维反渗透膜。但就目前来讲，国产中空纤维反渗透膜组件和生产技术无论在研究层次、产业规模、开发力度还是应用范围方面，均与国外存在较大差距。

9.1.2 制膜原料

制膜原料对反渗透膜的性能有重要影响。虽然人们对制膜原料即成膜聚合物的化学结构和膜渗透性能之间的关系尚不十分清楚，但在如何选择成膜聚合物方面，研究者们提出了可供参考的科学依据，并依此发现了性能优良的反渗透膜制膜原料。目前应用的反渗透膜都是有机聚合物膜，主要为醋酸纤维素类和芳香族聚酰胺类。此外，在反渗透膜研发过程中为了改进反渗透膜耐氯、耐热等性能，也曾研究过其他聚合物，如聚苯并咪唑（PBI[18]）、聚苯砜对苯二甲酰胺（PSA[19]）、聚苯并咪唑酮（PBIL）[20] 等。下面对典型的反渗透膜制膜原料及特点进行介绍。

（1）醋酸纤维素类

醋酸纤维素，又称纤维素醋酸酯或纤维素乙酸酯（结构式如图 9-5 所示），是纤维素中部分羟基被乙酸酯化后的产物，其性能取决于乙酰化程度即酯化度（纤维素酯化时每 100 个葡萄糖残基中被酯化的羟基数）。酯化度为 280~300 的醋酸纤维素俗称三醋酸纤维素，酯化度为 200~260 的醋酸纤维素俗称二醋酸纤维素。三醋酸纤维素与二醋酸纤维素均为白色无定形屑状或粉状固体，无明显熔点，220℃时开始软化，软化温度随酯化度和溶液黏度增大而升高。三醋酸纤维素密度为 $1.42g/cm^3$，可溶于氯代烃类及吡啶溶剂；二醋酸纤维素密度为 $1.29\sim1.37g/cm^3$，易溶于酮、醚、酰胺等类溶剂[21]。醋酸纤维素亲水、耐稀酸但不耐碱。由于纤维素大分子中羟基被乙酰基所取代，削弱了分子间氢键作用，使大分子之间距离增大，所以醋酸纤维素类聚合物具有良好的成膜与成纤加工性能[22,23]。

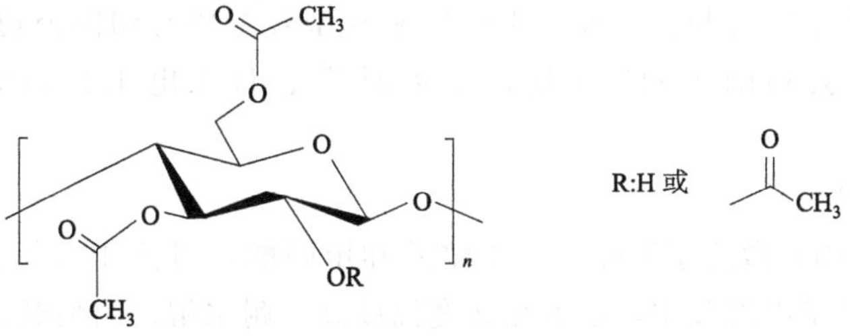

图9-5 醋酸纤维素结构式

醋酸纤维素类反渗透膜具有原料来源广泛、无毒、耐氯、价格便宜、制膜工艺简单以及易于工业化生产等特点，是最早开发的中空纤维反渗透膜。1959 年，Reid 和 Breton 首次制备了对称结构醋酸纤维素反渗透膜，其对盐有高达 98% 的截留率，但渗透通量（操作压力 0.1MPa 下）低于 10mL/ $(m^2 \cdot h)$[24]。1963 年，Loeb 和 Sourirajan 将醋酸纤维素溶解于丙酮水溶液中，采用相转化法制备了具有商业使用价值的醋酸纤维素反渗透膜，成为第一代反渗透膜材料[25,26]。二醋酸纤维素反渗透膜易被压密，高压长时间作用下易发生蠕变而导致膜孔变小，膜渗透通量发生不可逆下降。此外，二醋酸纤维素分离膜抗氧化性差，易水解，易被微生物侵蚀。Cantor 等[27] 将从地表土和湖底泥中取出的 23 种微生物在二醋酸纤维素膜表面进行培养，结果膜性能都受到破坏。由于微生物的种类及醋酸纤维素取代度和取代的化学基团不同，膜性能的破坏程度也不同。与二醋酸纤维素膜相比，三醋酸纤维素膜的韧性较强，断裂强度几乎增大一倍，耐热性、耐氯性、水解稳定性和抗微生物降解能力等都有所增强，制成膜的截留率增大，而透水率有所降低。

（2）芳香族聚酰胺类

芳香族聚酰胺类的聚合物主链中含有苯环和酰胺基，主链刚性更强，具有良好的耐压密性、热稳定性和力学性能，被广泛用于制备高性能纤维[28]、耐高温防护服[29]、阻燃纺织材料[30]、耐高温电器绝缘材料[31] 等；又因为富含酰胺基，有较好的亲水性，也常被用于制备纳滤和反渗透膜材料。芳香族聚酰胺可分为线型芳香族聚酰胺与交联芳香族聚酰胺。前者用于制备非对称膜，后者用于薄层复合膜的功能层。

1969 年，美国杜邦公司开发出线型芳香族聚酰胺非对称中空纤维膜[11]。该产品具有优异的力学稳定性、热稳定性、化学稳定性及水解稳定性，成功应用于苦咸水脱盐淡化。但是，由于该类膜的水通量和盐截留率偏低，最终退出了反渗透膜市场。1972 年，Cadotte 等[32] 以均苯三甲酰氯和间苯二胺为单体，通过界面聚合法制备交联芳香族聚酰胺板式薄层复合膜（NS-100）。交联芳香族聚酰胺薄层复合膜的出现是反渗透膜发展的里程碑。该类膜材料除了兼备高渗透通量和高分离性能外，高力学强度的聚砜和无纺布也赋予其更高的耐压密性能。早期的芳香族聚酰胺类反渗透复合膜有两个显著缺点：一是不耐污染；二是对游离氯非常敏感，氧化后性能急剧衰减。这使得膜使用寿命大大缩短，运行成本增加，从而限制了芳香族聚酰胺类反渗透复合膜技术的发展。经过近半个世纪的发展，人们通过开发新型制膜材料和改进工艺、改性膜表面等[33,34]，使芳香族聚酰胺类反渗透膜的化学稳定性和抗污染能力等都得到提高，使其成为反渗透膜的主流产品。

交联芳香族聚酰胺复合膜被引入市场后，造成新的反渗透膜的制膜原料研究和发展都大幅减少。现在主要的反渗透膜产品主要建立在 20 世纪 80 年代的产品基础上，即界面聚合法芳香族聚酰胺类反渗透复合膜。目前，生产厂家及型号主要有陶氏公司的 FILMTEC™ 复合膜系列[35]、东丽公司的 UTC-70 复合膜系列[36]、日东电工公司的 NCM1 复合膜系列[37] 等。

（3）聚苯并咪唑

聚苯并咪唑（PBI）微溶于浓硫酸、冰醋酸和甲磺酸，可溶于含氯化锂的二甲基亚砜、二甲基乙酰胺和二甲基甲酰胺中，玻璃化转变温度高，耐水解、耐酸碱、耐氯、耐氧化、耐腐蚀，吸湿性近似于棉花。双酚 A 型聚苯并咪唑的可加工性能较好，可用于气体分离膜和中空纤维反渗透膜等。

PBI 膜曾经一度是国际公认的具有优良化学稳定性和热稳定性的反渗透膜之一，但后来因为通量低退出市场。PBI 膜使用 pH 值范围为 1～12，在 10～70℃内，溶质分离几乎不变。在操作压力为 8MPa 下，对 35000mg/L 的 NaCl 水溶液进行分离测试时，膜脱盐率大于98%，水通量为 360L/(m³·d)。PBI 膜可用于对膜耐受性要求比较高的分离体系，比如碱性或酸性废水的处理、电镀废水的处理等[38]。

9.2 基本原理

本小节简单介绍制备中空纤维反渗透膜最常用三种方法即相转化法、界面聚合法和增塑纺丝法的制膜原理和注意事项。

9.2.1 相转化法

相转化法是制备分离膜应用最广泛的方法，包含干法相转化（如溶剂蒸发、控制蒸发沉淀等）[39] 和湿法相转化（如浸没沉淀、热致沉淀、蒸汽沉淀等），其中能用于制备中空纤维反渗透膜的相转化法主要有（干-湿）浸没沉淀相转化法[40]、溶剂蒸发相转化法（该法常用于制备对称膜）[41]。其中，前者更常用，在中空纤维反渗透膜的制膜发展历史中扮演重要角色。由于反渗透膜分离精度高，需要在高压下运行，所以与用相转化法制备的中空纤维超/微滤膜相比，相转化法中空纤维反渗透膜要尽量在表面生成致密层才能达到反渗透的分离水平。

目前，相转化法多用于中空纤维超/微滤膜制备，其中也包括中空纤维反渗透/纳滤薄层复合膜的基膜。相转化法成膜的孔径和孔径分布与相转化过程中的 S-L 分相和 L-L 分相密切相关[42,43]。由于中空纤维反渗透膜分离精度高，因此，用相转化法直接制备中空纤维反渗透膜时，要避免在相转化过程中出现瞬时 L-L 相分离和 S-L 相分离。低浓度纺丝溶液易得指状结构膜，而高浓度纺丝溶液可得到海绵结构膜。纺制非对称表皮型中空纤维反渗透膜时，其形态应当是海绵结构。这类膜都具有较高的脱盐率。通过配制适当浓度的纺丝溶液，可以实现表面致密层的形成。在这个前提下，还要控制合适的表皮层厚度，以得到高透水率膜。

支撑层的结构对中空纤维膜的耐压实性影响很大。通常支撑层的孔越小，其耐压实性越好。所以，在相转化制膜过程中，应当制备表皮层薄、支撑层孔小的非对称中空纤维膜。此外，相转化法中空纤维反渗透膜的耐压密性也和内外径尺寸密切相关。为了使纺制纤维达到需要的内外径尺寸范围，要求聚合物溶液有足够黏度，以便在挤压和凝结过程中结合得很好。为增加黏度，通常应增加聚合物固含量。同时，纺丝得到中空纤维膜的力学性能（例如断裂伸长率）也随着溶液中的聚合物固含量的增加而提高。

9.2.2 界面聚合法

中空纤维反渗透复合膜一般是以中空纤维超滤膜为基膜，实施多元胺与多元酰氯界面聚合以得到表面为聚酰胺交联结构的复合膜，最常用的单体是间苯二胺（MPD）和均苯三甲酰氯（TMC）[44]。界面聚合既可以在中空纤维超滤膜内表面实施，也可以在其外表面实施，分别得到内压式和外压式中空纤维反渗透复合膜。由于反渗透膜的运行压力比较高，外压式中空纤维反渗透复合膜更有前景。因为在反渗透运行过程中，高压原水在中空纤维膜外表面流动，纤维壁可承受的内向压力要比外向抗张力大，即使纤维强度不够，也只会被压瘪；或者中空内部被压实、堵塞。但其不会破裂，能起到防止产水被原水污染的作用。

中空纤维超滤基膜性质（如亲疏水性、孔隙率、孔径分布、强度等）对中空纤维反渗透复合膜的性能有重要影响[45,46]。例如，以聚砜、聚醚砜中空纤维膜为基膜制备出的反渗透复合膜性能远远好于以聚偏氟乙烯为基膜制备出的反渗透复合膜性能。这是由于聚偏氟乙烯偏疏水，在未经过改性处理的情况下，水相分子不易浸入基膜表面，因此界面聚合反应不完全，不利于表面聚酰胺网络大分子功能层的形成，得到的复合膜性能也比较差。如果中空纤维超滤基膜的强度较低，耐压性能比较差，当操作压力较大时，中空纤维复合膜因被压瘪而发生形变，导致聚酰胺功能层的破坏。中空纤维超滤基膜的孔隙率和孔径过小，会造成复合膜的通量偏低；孔径过大，不利于功能层的形成，同时操作压力过大时，功能层也容易被破坏。研究表明，基膜的截留分子量以 20000～40000 为最好，这一点与卷式反渗透复合膜的适用范围类似。

聚砜中空纤维膜被认为是最适宜进行界面聚合制备中空纤维反渗透复合膜的基膜材料。聚砜基膜的铸膜液固含量一般在 18 % 以上，以保证可以纺成有足够力学强度、理想透水率和满意多孔结构的中空纤维反渗透膜基底。与此形成鲜明对比的是，在制备用于平板反渗透和卷式反渗透膜所用聚酯无纺布-聚砜基膜时，聚砜制膜液的固体含量一般低于18%。中空纤维反渗透基膜的铸膜液体系的选择要严格控制非溶剂添加剂的含量。因为多余的非溶剂具有增塑效应，会导致聚砜多孔结构被破坏。例如，非溶剂添加过高时，热处理后的聚砜基膜会从白色变得不透明。研究表明，不含致孔添加剂的多孔聚砜膜在接近聚砜的玻璃化转变温度 T_g（195℃）时会变透明；而含有致孔添加剂的聚砜膜会在 100℃ 时就变透明。

界面聚合条件是中空纤维反渗透复合膜性能的决定性因素[47]。例如，复合膜的脱盐率一般随 TMC 浓度的增加先上升后下降，通量则先下降再上升，在 0.5%～2.0% 的 TMC 范围能制得脱盐率较高的复合膜。这是由于 TMC 浓度较低时，生成的聚酰胺较少，聚酰胺层交联密度低，此时对盐离子的截留率较低而通量较高；随着 TMC 浓度的增加，界面聚合进一步反应完全，TMC 扩散到水-油界面处反应所得网状结构的交联密度增大，形成的功能层更加致密完整，此时具有较高的脱盐率而通量较低。但当 TMC 浓度过大、反应过快时会导致分离功能层较厚，在环向和径向的压力下，易从基膜上剥离，故膜的截留率降低而通量增大。反应时间对复合膜的性能同样具有重要影响。反应初期生成的分离功能层不够致密和完善，脱盐率较低而通量较大。随着反应时间的增长，界面聚合逐步进行，反应生成的网状超薄功能层不断完善，故脱盐率上升，通量下降。从实验结果推测，对于制备中空纤维复合膜，聚合时间在 $30 \sim 60s$ 内较佳。

由于界面聚合既可以极大减小膜表面皮层厚度（$0.01 \sim 0.1 \mu m$），又可以消除易压密过渡层，因此可以使反渗透膜同时获得更高脱盐率和更大渗透通量，从而成为最常用、最有效制备反渗透复合膜的方法，已成功实施于制备卷式反渗透复合膜[48]。但用界面聚合法制备中空纤维反渗透复合膜因一直未能发展出成熟的工艺，膜性能不稳定，从而使中空纤维反渗透复合膜的推广受到限制。

9.2.3 增塑纺丝法

增塑剂加入材料中能降低材料的熔融温度或熔体黏度，以改进材料加工性，并使成品具有柔韧性，它们一般具备高沸点、较难挥发、低熔点的特点。低分子量增塑剂的改性原理多为非极性增塑原理，增塑剂进入聚合物分子链之间，由于空间位阻效应，聚合物大分子链间距离增加，减弱聚合物分子间的作用力如氢键作用、范德瓦耳斯力等，使得聚合物分子链的活动性增加，从而降低聚合物材料的玻璃化转变温度、软化温度或黏流温度。在熔融加工过程中，因低分子量增塑剂仅通过增加聚合物分子间距离来实现体积增塑，在大量使用时，增塑剂容易从聚合物体系中分离，造成成形过程不稳定，存在增塑剂"渗出"或"迁徙"的问题，影响制品的性能。增塑纺丝法主要用于制备醋酸纤维素类中空纤维反渗透膜[49,50]。

增塑纺丝法制备的中空纤维反渗透膜表层（与空气接触层）是由微晶片堆砌而成的致密结构，通称为表皮层（或致密层、功能层）。下层结构疏松，孔隙较大，为多孔层。实验证明，用电镜观察表皮层的厚度低于 $1 \mu m$（膜总厚度为 $100 \mu m$）。表皮层中的孔隙直径为 $8 \sim 20 Å (1 Å = 0.1 nm)$。对于多孔层，其厚度可认为占总膜厚度的 99%，孔隙直径约在 $0.1 \sim 0.4 \mu m$ 之间。在表皮层和多孔层之间，尚存在着孔隙直径约为 $200 Å$ 的过渡层。各层的厚度，一般取决于醋酸纤维原料和制膜条件，并非全部致密层都是起截留作用的功能层，只有致密层最上面部分才是功能层。

9.3 纺丝制膜方法

目前中空纤维反渗透膜制备方法主要有相转化法、界面聚合法及增塑纺丝法。本节着重介绍中空纤维反渗透膜制膜方法、工艺因素与示例。

9.3.1 相转化法

由于 Loeb 和 Sourirajan 等首次采用相转化法制备了第一张非对称结构的反渗透膜，所以该法又常被为 L-S 法[25,26]。相转化法是将聚合物均相溶液浸入非溶剂浴中，聚合物在界面快速析出，形成极薄的致密层，而在致密层的下面形成了多孔层，这种外密内疏的界面即相转化法膜的基本结构。相转化法包含干法相转化（如溶剂蒸发、控制蒸发沉淀等）和湿法相转化（如浸没沉淀、热致沉淀、蒸汽沉淀等），其中能用于制备中空纤维反渗透膜的相转化法主要有浸没沉淀相转化法[40]、溶剂蒸发相转化法（该法常用于制备对称膜[41]）。本节以浸没沉淀相转化法为例进行分析。

9.3.1.1 制膜工艺[51]

浸没沉淀相转化法是制备非对称膜最常用、最实用的方法。其制备中空纤维反渗透膜成膜步骤为：在反应釜中将成膜聚合物溶于溶剂中，并加入添加剂，高温搅拌后静置脱泡，配制纺丝铸膜液；铸膜液流经环形喷丝头，喷丝头内管提供芯液，经空气层进入凝固浴，此过程溶剂部分蒸发，制成初生中空纤维；将初生中空纤维浸入含非溶剂的液体（常用水）凝固浴中，溶剂与非溶剂间发生双扩散，膜在凝固浴中固化成形，经卷绕辊收集；最后对初生膜进行热处理，将膜浸泡在室温水浴中，随后升温至一定温度，保温一定时间后得到中空纤维反渗透膜。

9.3.1.2 制膜条件

相转化法制膜过程中的工艺因素主要包括成膜聚合物固含量[52]、溶剂和非溶剂比例[53]、芯液类型，以及凝固浴种类[54]、纺丝温度[55]、湿度[56,57] 等。

配制铸膜液中成膜聚合物的固含量一般在 10%～20% 范围内，少数特殊材料固含量可达 40%。固含量太低时，膜力学强度太差；固含量太高时，聚合物溶解状态不佳，可纺性差，易出现膜缺陷，重复性差。因为水是常用的非溶剂，而有些极性成膜聚合物和极性溶剂具有吸水性，要注意其含水量，所以配制铸膜液前一般先干燥成膜聚合物，必要时需对成膜聚合物和溶剂进行纯化。为了使成膜聚合物完全溶解，铸膜液通常需要一个熟化过程。熟化过程中还需要充分搅拌，以使聚合物的链段充分伸展。成膜前应去除铸膜液中的机械杂质和气泡。机械杂质可以在惰性气体中用压滤的方法除去，也可以用 200～240 目的滤网除去；残存在铸膜液中的气泡用减压法去除，在含有丙酮等低沸点溶剂时，采用静置法去除。在实验室中制膜时，一般采用静置法脱气，以脱气温度范围 60～80℃ 为宜。

溶剂挥发时要注意控制环境恒定的温度、湿度与气氛，避免周围气流的湍动（膜针状孔和亮点缺陷的原因之一）。一般认为，空气中的水分能加速膜面的凝固，导致膜面微孔孔径变大。如果湿度大，又降低了溶剂的蒸发速度，使膜表面的温度变化缓慢，已聚集的聚合物分子易于展开，导致膜表面的微孔孔径缩小。因此，最佳成膜温度下都对应着最佳的相对湿度与气氛环境。溶剂挥发时间延长，致密层厚度增加，截留率上升，渗透通量减小；若继续延长溶剂挥发时间，膜内部溶剂会通过最初在膜表面形成的微孔向外逸出，使表面微孔扩张，甚至微孔孔壁破裂，相互贯通，使截留率下降，渗透通量大幅度增加。

9.3.2 界面聚合法

界面聚合法是目前最常用、最有效的制备反渗透复合膜的方法[32]。界面聚合包括界面加聚和缩聚两种反应方式，其中界面缩聚使用更为广泛。用界面聚合法制备薄层复合膜，一般采用力学强度大、孔隙率高的超滤膜作为基膜，利用两种高反应活性的多元单体（通常为多元胺和联苯多元酰氯）在两个互不相溶的溶剂界面处发生聚合反应，从而在多孔基膜上形成选择性的超薄分离层。界面聚合法既可以极大减小膜表面皮层厚度（0.01～0.1μm），又可以消除易压密过渡层，从而使反渗透膜同时获得高脱盐率和高渗透通量。目前，界面聚合法主要用于制备卷式反渗透复合膜，基于界面聚合法制备中空纤维反渗透复合膜的工艺尚不成熟。

9.3.2.1　制膜工艺

利用界面聚合法制备中空纤维反渗透复合膜，既可以在中空纤维超滤膜的外层实施，也可以在中空纤维超滤膜的内层实施。两者的工艺过程有很大不同，可分别得到外压式中空纤维反渗透膜和内压式中空纤维反渗透膜。

用界面聚合法制备外压式中空纤维反渗透膜的典型制膜工艺[58] 如下：将一定量多元胺单体溶于水配成水相单体溶液；另取一定量的多元酰氯溶于环己烷或正庚烷中，配成有机相单体溶液。选高孔隙率的中空纤维超滤膜作为基膜，集为一束，用树脂浇铸两端（防止单体溶液进入内表面），经漂洗并晾置后，将浇铸膜组件放入水相溶液，使水相单体在膜外表面均匀附着，在风箱中静置一段时间脱去多余水相溶液。随后再将组件放入有机相溶液，使之与水相发生界面聚合，形成致密超薄分离层，风箱风干后得到外压式中空纤维反渗透复合膜。外压式中空纤维反渗透复合膜电镜形貌如图9-6所示[59]。

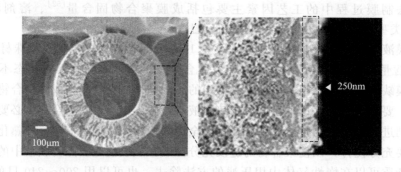

图9-6　外压式中空纤维反渗透复合膜电镜形貌

界面聚合法制备内压式中空纤维反渗透的典型制膜工艺[60] 如下：采用内涂覆设备，将高孔隙率中空纤维超滤膜作为基膜，浇铸成膜组件，将水相单体溶液以恒定流速连续循环10min，以 N_2 为循环气体吹扫去除多余溶液，随后将有机相溶液以恒定流速连续循环5min。此时，中空纤维膜内部已形成超薄分离层。最后，在70℃烘箱中热处理后以提高分离层稳定性。图9-7为界面聚合法制备内压式中空纤维反渗透复合膜制备示意。

界面聚合法中空纤维反渗透复合膜因为表面超薄分离层比较脆弱，成形后不易机械操作，使其规模化生产受限制，而界面聚合法中空纤维反渗透复合膜一步成膜方法可克服以上缺点。图9-8为界面聚合法中空纤维反渗透膜一步成膜方法制备流程[61]。具体制膜工艺：高孔隙率中空纤维微孔基膜作为支撑材料先浸入多元胺水相单体溶液水槽中，经过第二个盛有多元酰氯油相单体溶液水槽后再进入干燥/固化烘箱，将制备的中空纤维反渗透膜表面涂覆一层水溶性的聚合物保护层（如聚乙烯醇）后，被卷绕在导出辊筒上备用。界面聚合法中

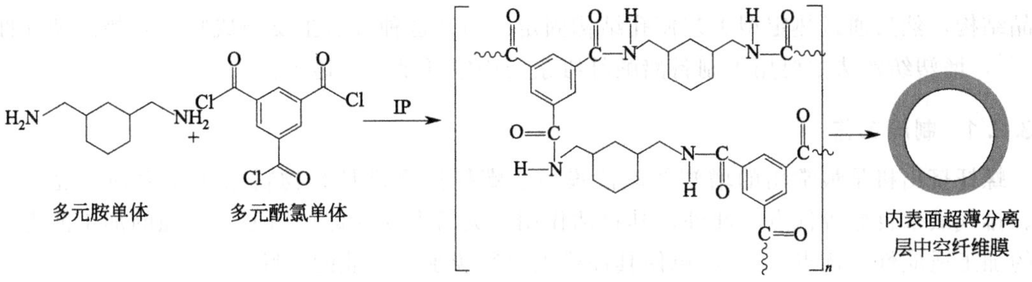

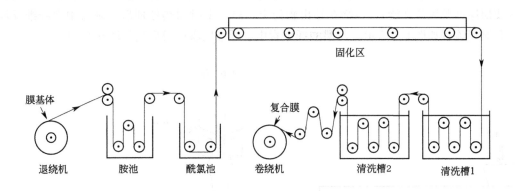

图 9-7　界面聚合法制备内压式中空纤维反渗透复合膜示意

空纤维反渗透复合膜一步成膜工艺，为中空纤维反渗透复合膜规模化生产奠定了基础。

图 9-8　界面聚合法中空纤维反渗透复合膜一步成膜方法制备流程

9.3.2.2　制膜条件

中空纤维反渗透复合膜界面聚合法制备工艺主要受多孔支撑材料种类[45]、水相与油相溶液反应时间及热处理条件[62]等因素影响。首先，多孔支撑材料的种类对膜的渗透性能有较大影响，一般不仅要求它们具有良好的孔隙率和均匀孔径分布，而且耐压密性好，具备物化稳定性。目前，主要选用的成膜聚合物包括聚砜、硝酸纤维素、聚碳酸酯、聚氯乙烯、苯乙烯丙烯腈共聚物、芳香族聚酯等。其中，聚砜中空纤维膜是最常用的支撑材料，主要是因为聚砜原料价廉易得、制膜简便、力学性能及化学性能好、耐微生物降解以及干燥操作时不影响膜透水性等。此外，聚酰亚胺等聚合物由于具备优异的耐溶剂性和耐氧化性能，也常作为多孔支撑材料。

后期热处理工艺对界面聚合法中空纤维反渗透复合膜的性能也有很大影响。研究表明，若热处理温度不足以使水相与油相单体有效交联，复合膜脱盐率将小于 96%[63]。除上述因素外，由于成膜聚合物中酰胺键易被氯（次氯酸盐或次氯酸）等氧化剂切断，界面聚合膜脱盐性能会大幅下降，因而膜耐氯、抗氧化性也一直是研究热点。

9.3.3　增塑纺丝法

增塑纺丝法[64,65]是在制膜过程中将成膜聚合物在增塑剂作用下增大聚合物分子链之间的距离和活动空间，通过高剪切应力熔融挤出，使聚合物形成垂直于挤出方向的平行排列的片晶结构，然后通过热定型工艺使孔结构固定。通常这种方法主要与成膜聚合物的硬弹性有关[66]，增塑纺丝法主要用于制备醋酸纤维素类中空纤维反渗透膜。

9.3.3.1 制膜工艺

螺杆挤出机是最常用的增塑纺丝法设备。螺杆挤出机具有物料输送能力强、混合效率高、排气效果良好等优点。此外，其自洁作用、灵活多变的螺杆构型、高强的加工能力与广泛的加工适应性等优点[67,68]，也使其深受聚合物膜加工行业的青睐。

增塑纺丝法制备中空纤维反渗透膜的具体制膜工艺为[69,70]：采用高速混料方式将成膜聚合物、增塑剂、添加剂（低分子酸类与低分子醇类）等充分混合均匀，烘箱热处理干燥后将原料喂入螺杆挤出机，通过中空纤维喷丝组件（中间孔可通入空气、氮气、二氧化碳、氩气等）挤出后，进入凝固浴（一定比例增塑剂/添加剂/水；如果水的比例过低，则会延迟成膜过程，影响皮层厚度及脱盐性能），卷绕在导出辊筒上，经一定时间热处理后，制得中空纤维反渗透膜，其制备流程如图9-9所示。三醋酸纤维素中空纤维反渗透膜形貌如图9-10所示。

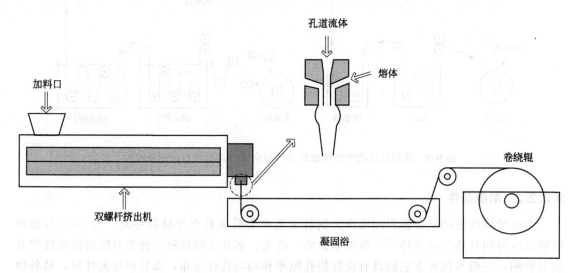

图 9-9 增塑纺丝法中空纤维反渗透膜制备流程

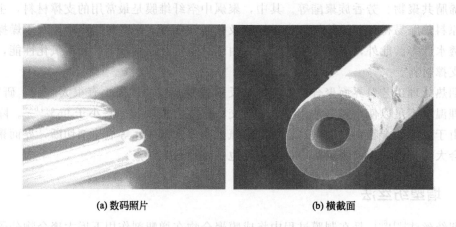

(a) 数码照片   (b) 横截面

图 9-10 三醋酸纤维素中空纤维反渗透膜形貌

由于三醋酸纤维素易被压密，高压操作时导致膜透水性能下降，而纺织纤维因经过纺丝取向具有较高拉伸强度，所以纤维及聚集体可用于中空纤维膜增强体。用于增强中空纤维膜的纤维材料主要包括：纤维丝束[71]、纤维网状织物[72]、非织造管状织物[73]和纤维编织管状织物[74]等。以上增强方式仅增强了膜拉伸强度或克服膜在应用过程中受到扰动易断丝问题，主要用于增强微滤、超滤中空纤维膜。

为克服中高压（2~6MPa）操作条件下中空纤维膜易压密及压扁问题，需寻找其他纤维增强方式。长丝纤维有多种集束方法，其中加捻纤维束不仅能够给纤维提供横向约束力，还能使长丝纤维结构有所改善，主要表现在：①可优化并改进交织结构的稳定性；②可使织物获得新的纹理效应。如图9-11所示，纤维加捻方向分为"S"捻向和"Z"捻向。沿纤维长度方向，由下而上纤维倾斜方向为自右向左称为"S"捻，又称顺手捻；由下而上纤维倾斜方向为自左向右称为"Z"捻，又称反手捻。在纺织生产中，大多数短纤维加捻方向多采用"Z"捻向。加捻程度主要通过捻角、捻度及捻系数进行表征，其中在纤维束的某一截面上，位于纤维束外层层柱面的纤维捻角大于内层层柱面，表明外层纤维因加捻而造成的倾斜程度高于内层纤维；捻度用于表征相同粗细纤维加捻程度或变形能力水平；捻系数是把捻度和纤维直径都考虑在内以表征纤维加捻程度的综合指标。

加捻纤维不仅有较好的抱合力，还能利用纤维间隙作为"水通道"，引入中空纤维反渗透膜中作为增强体。加捻纤维增强型束中空纤维反渗透膜的具体制膜工艺为[75]：采用高速混料方式将成膜聚合物、增塑剂、添加剂等充分混合均匀，烘箱热处理干燥后将原料喂入螺杆挤出机，利用具有加捻纤维束通道的特制喷丝头将成膜体系涂覆于加捻纤维束外表面，后经凝固浴形成初生加捻纤维束增强型中空纤维反渗透膜；将初生加捻纤维束增强型中空纤维反渗透膜浸入一定比例增塑剂/添加剂/水的溶液中浸泡后，再进行热处理，得到加捻纤维束增强型中空纤维反渗透膜。

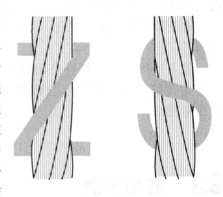

图9-11 纤维加捻方向

加捻纤维束增强型中空纤维反渗透膜不仅克服了中高压操作时中空纤维膜易压密与压扁问题，还使制备具有更薄分离层的中空纤维反渗透膜成为可能。针对渗透通量与脱盐率上限平衡效应问题，可将加捻纤维束增强型膜与相分离法、界面聚合法相结合，利用各自的优势，开发高性能中空纤维反渗透膜。

9.3.3.2 制膜条件

增塑纺丝法工艺技术影响因素主要与制膜原料、增塑剂、添加剂、热处理工艺及挤出机熔融机理有关[64,65]。在螺杆挤出过程中，聚合物在温度、压力和螺杆剪切力的共同作用下实现熔融，所以熟悉挤出过程的熔融机理对于制备性能良好的中空纤维反渗透膜具有指导意义。

常用于增塑纺丝法制备中空纤维反渗透膜的制膜原料有：醋酸纤维素、三醋酸纤维素、醋酸丁酸纤维素、醋酸丙酸纤维素以及纤维素醚等。增塑剂优选 N-甲基吡咯烷酮、环丁砜、N,N-二甲基亚砜等。添加剂主要包括低分子醇类和低分子酸类两类添加剂。其中，低分子醇类添加剂优选乙二醇、二甘醇、三甘醇、聚乙二醇等。低分子酸类优选氨基酸、芳香族羧酸、羟基酸、烷氧基酸、二元酸等。例如，在增塑纺丝法中空纤维反渗透膜制备过程中，为了促进膜的非对称化，成膜聚合物比例较大，一般为40%~60%（质量分数）。如果成膜聚合物的固含量低于上述范围，中空纤维反渗透膜分离性能和力学强度无法达到应用要求；如果高于上述范围，成膜聚合物纺丝过程中黏度过高，影响制膜稳定性和渗透性能等。增塑剂/添加剂质量比一般为80/20~95/5。如果增塑剂/添加剂的质量比低于上述范围，增塑剂蒸发受影响，导致膜表面结构致密化程度不够，脱盐性能变低；如果高于上述范围，则会发生极端的非对称膜化而无法获得所需膜力学强度[76]。

热处理工艺也是影响增塑纺丝法中空纤维反渗透膜性能重要因素[77]，通过热处理可以提高中空纤维膜的尺寸稳定性和热稳定性等。热处理的温度介于成膜聚合物的玻璃化转变温度和熔点之间，典型操作是将中空纤维反渗透膜在无张力状态下浸于凝固浴（一定比例增塑剂/添加剂/水）中，在50~90℃下进行5~60min的热处理。如果热处理温度高于上述范围，则膜结构的致密化程度过高，会使膜的脱盐性能与渗透性能之间的平衡受到破坏；如果温度过低，膜结构的非对称性不足，会影响膜的脱盐性能。热处理时间过短，无法获得足够的退火效果，还会使膜结构不均匀；热处理时间过长，也会导致膜过度致密化而无法获得所需的通量和性能平衡的优化。在通常情况下，每一个热处理温度都对应着最佳的热处理时间。

除上述因素外，螺杆挤出机熔融过程中聚合物固体颗粒形态与结构的变化、熔融边界的迁移、能量的产生与传递等也会对增塑纺丝法中空纤维反渗透膜结构与性能产生影响。

9.4　应用示例

9.4.1　二醋酸纤维素中空纤维反渗透膜

本示例参照 Idris 等[51] 对二醋酸纤维素中空纤维反渗透膜研究，具体制膜过程及参数如下。

采用乙酰基含量为 39.8% 的二醋酸纤维素（$M_n \approx 30000$）作为成膜聚合物。采用分析纯的丙酮和二氧六环作为溶剂，分析纯的甲酰胺作为添加剂。预处理过程中使用的是分析纯的乙醚和甲醇。

将固含量为 22%（质量分数）的二醋酸纤维素作为成膜聚合物，丙酮、二氧六环作为混合溶剂 [67%（质量分数），丙酮/二氧六环＝2∶1]，11%（质量分数）的甲酰胺作为添加剂以提高丙酮溶剂能力[56]，在 75℃反应釜中搅拌 4~5h 后静置脱泡得到纺丝铸膜液；取20%（质量分数）醋酸钾溶液作为芯液以控制溶剂和非溶剂之间的扩散速率；铸膜液挤出速度为 2.5mL/min，空气层高度为 14.4cm。

图 9-12 为相转化法二醋酸纤维素中空纤维反渗透膜的纺丝流程。铸膜液流经环形喷丝头，喷丝头内管提供芯液，高压注射泵输送芯液流速为挤出速度的三分之一。进入凝固浴

前，中空纤维膜会通过一个可调控的空气层，即强制对流室（中空有机玻璃圆筒）。强制对流室内通入流量可调控的纯氮气，为诱导初始相分离提供可控的对流环境。中空纤维长丝在凝固浴中经过一系列辊筒的拉伸、收卷，通过清洗/处理浴，在直径17cm卷绕辊上形成初生中空纤维反渗透膜。

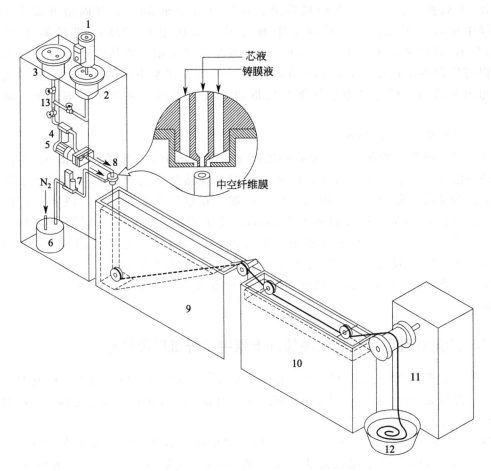

图 9-12 相转化法制备二醋酸纤维素中空纤维反渗透膜的纺丝流程

1—搅拌桨；2—反应釜；3—铸膜液罐；4—过滤器；5—计量泵；6—内凝固浴；

7—流量计；8—喷丝头；9—凝固浴；10—清洗/处理浴；11—卷绕机；12—收集箱；13—控制阀

取出初生中空纤维反渗透膜在50℃去离子水中浸泡1～2d。在测试前，对膜进行致密化热处理[57]。热处理过程需在室温下将膜浸泡在水浴中，随后升温至90℃，保温20～30min后直接放入0℃冷水浴中。为防止膜在测试时损坏，需对膜预处理，将膜在23℃的甲醇中浸泡10min，再置于0℃的乙醚中浸泡10min。经上述处理后，可直接对二醋酸纤维素中空纤维反渗透膜进行性能测试。

9.4.2 界面聚合法中空纤维复合反渗透膜

本示例参照 Verissimo 等[58] 的界面聚合法中空纤维反渗透复合膜研究，具体制膜工艺过程及参数如下。

（1）高孔隙率聚砜中空纤维基膜制备

将聚砜置于真空烘箱 [24h，（110±2）℃，200Pa] 中干燥以除去水分，将21%（质量分数）的聚砜、67%（质量分数）的 N,N-二甲基乙酰胺与12%（质量分数）的 PEG-20000 加入纺丝机反应釜中，将进料口完全拧紧后将反应釜升温至75℃下充分搅拌8h后静置脱泡；将纺丝机管道、计量泵升温至50℃，凝固浴升温至30℃，芯液罐中加入无水乙醇。在反应釜中通入氮气加压至0.2MPa，芯液罐中加压至0.05MPa，计量泵转速为26.8r/min，铸膜液呈线状流出。将从喷丝头喷出的膜丝流经凝固浴后以卷绕速度22.3r/min卷绕至辊上，将膜在水中浸泡24h，萃取初生膜中的添加剂和溶剂，然后将中空纤维基膜取出，放入甘油水溶液中浸泡24h，晾干后备用。

（2）超薄表面分离层制备

将一定量间苯二胺和十二烷基硫酸钠溶于水配成水相单体溶液；另取一定量的均苯三甲酰氯溶于环己烷或正庚烷中，配成有机相单体溶液。选制备的高孔隙率聚砜中空纤维膜作为基膜，集为一束，用树脂浇铸两端。在空气中晾置后，将浇铸膜组件放入水相溶液（温度30℃，浸没时间为15min），使水相单体溶液充分浸润聚砜基膜致密层，在风箱中静置10min后脱去多余水相溶液，之后再放入有机相溶液（温度30℃，反应时间为30s），使之与水相发生界面聚合，形成致密超薄分离层。最后，放入60℃烘箱中热处理8min对芳香族聚酰胺功能层进行退火熟化，干燥后得到中空纤维反渗透复合膜。

9.4.3 加捻纤维束增强型三醋酸纤维素中空纤维反渗透膜

本示例参照东洋纺公司专利[69,70]及肖长发等[75]的研究，以聚对苯二甲酰对苯二胺（PPTA）纤维束为例，简单介绍采用增塑纺丝法制备 PPTA 加捻纤维束增强型三醋酸纤维素中空纤维反渗透膜的工艺流程。

制膜前的原料准备过程简述如下。需将三醋酸纤维素和苯甲酸置于真空烘箱 [24h，（80±2）℃，200Pa] 中干燥以除去水分。将40%（质量分数）的三醋酸纤维素树脂（LT35，分子量约100000）、50%（质量分数）的环丁砜、7%（质量分数）的苯甲酸和3%（质量分数）的乙二醇置于高速混料机中强力搅拌均匀混合，环丁砜作为增塑剂，既可降低聚合物分子化学键相互作用力，同时也可增加聚合物链流动性，从而降低三醋酸纤维素熔融纺丝温度，防止其分解。用苯甲酸和乙二醇作为低分子增塑剂，利用捻线机制备耐高温PP-TA加捻纤维束。

将混合好的原料喂入双螺杆挤出机机，双螺杆各区温度为90℃、110℃、120℃、130℃、140℃、150℃、160℃，特制喷丝头设计为可将 PPTA 加捻纤维束穿过。三醋酸纤维素熔体经喷丝头挤出后涂覆于加捻纤维束表面，经凝固浴（25℃）后形成初生 PPTA 加捻纤维束增强型三醋酸纤维素中空纤维反渗透膜。空气层高度和卷绕速度分别设置为10cm和10.8m/min。将初生中空纤维反渗透膜浸入含有一定比例环丁砜和添加剂的溶液（10℃，环丁砜/乙二醇/水＝30/5/65）中浸泡24h，然后进行热处理（将膜浸泡在室温水浴中，随后升温至70℃，保温20～30min）。最后，将膜丝放入0℃冷水中后待测。PPTA 加捻纤维束增强型三醋酸纤维素中空纤维反渗透膜制备流程如图9-13所示，其结构及形貌如图9-14

所示。

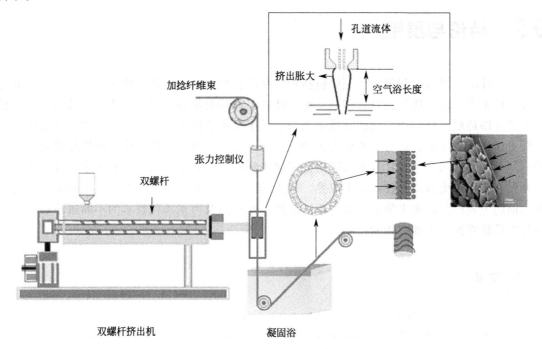

图 9-13　PPTA 加捻纤维束增强型三醋酸纤维素中空纤维反渗透膜制备流程

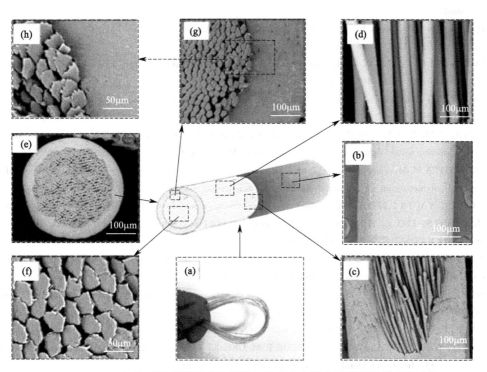

图 9-14　PPTA 加捻纤维束增强型三醋酸纤维素中空纤维反渗透膜结构及形貌

（a）数码照片；（b）外表面形貌；（c）内表面形貌；（d）PPTA 加捻纤维束

支撑层表面形貌；（e）横截面形貌；（f）PPTA 加捻纤维束支撑层横截面形貌；

（g）结合界面；（h）结合界面放大

9.5 结论与展望

中空纤维反渗透膜制膜方法主要包括相转化法、界面聚合法和增塑纺丝法等，就产业的发展过程来讲，增塑纺丝法是目前制备中空纤维反渗透膜最为成功的方法。与芳香族聚酰胺类卷式反渗透膜组件相比，醋酸纤维素类中空纤维反渗透膜组件具有对进水水质要求低、耐氯性更佳、易于维护、运行成本低等优势。目前，美国、日本是拥有中空纤维反渗透膜技术知识产权最多的两个国家，日本东洋纺公司居于绝对领先和主导地位。我国中空纤维反渗透膜开发与应用历史较短，技术尚未成熟。反渗透膜组件主要有四种形态，其中卷式反渗透膜为当前的主要产品。未来随着淡水资源需求的不断提高及海水淡化技术的不断进步，中空纤维反渗透膜将拥有更加广阔的市场。

参考文献

[1] 肖长发,刘振. 膜分离材料应用基础 [M]. 北京:化学工业出版社, 2014：73-78.

[2] SONG J, LI T, WRIGHT-CONTRERAS L, et al. A review of the current status of small-scale seawater reverse osmosis desalination [J]. Water International, 2017, 42 (5)：618-631.

[3] 张红阳. 海水淡化以反渗透法为主:反渗透膜经历三代技术革新 [EB/OL]. 2019. http://www.jzcx.net/article/1029.html.

[4] SHENVI S S, ISLOOR A M, ISMAIL A F. A review on RO membrane technology：developments and challenges [J]. Desalination, 2015, 368 (7)：10-26.

[5] HAO J, DAI H, YANG P, et al. Cellulose acetate hollow fiber performance for ultra-low pressure reverse osmosis [J]. Desalination, 1996, 107 (3)：217-221.

[6] LI D, WANG H. Recent developments in reverse osmosis desalination membranes [J]. Journal of Materials Chemistry, 2010, 20 (22)：4551-4566.

[7] ISRIS A, ISMAIL A F, NOORDIN M Y, et al. Optimization of cellulose acetate hollow fiber reverse osmosis membrane production using Taguchi method [J]. Journal of Membrane Science, 2002, 205 (1-2)：223-237.

[8] JI J, MEHTA M. Mathematical model for the formation of thin-film composite hollow fiber and tubular membranes by interfacial polymerization [J]. Journal of Membrane Science, 2001, 192 (1-2)：41-54.

[9] TOKIMIS, YAGI T, ITO Y. Hollow fiber type reverse osmosis membrane. JP5370871B2 [P]. 2013-12-18.

[10] HAYASHI S, ITO Y, KUMANO A. High permeability and low pressure CTA hollow fiber reverse osmosis membrane "HOLLOSEP © HW" [J]. Membrane, 2013, 38 (3)：145-148.

[11] MWHTA G D, LOEB S. Performance of permasep B-9 and B-10 membranes in various osmotic regions and at high osmotic pressures [J]. Journal of Membrane Science, 1978, 4 (2)：335-349.

[12] SHIELDS C P. Five year's experience with reverse osmosis systems using Du Pont "Permasep" permeators [J]. Desalination, 1979, 28 (3)：157-179.

[13] 郝继华,尹春燕,戴海平,等. 低压 CTA-CA 共混中空反渗透膜的研制 [J]. 膜科学与技术, 1992, 4 (1)：47-52.

[14] WARD I W J, BROWALL W R, SALEMME R M. Ultrathin silicone/polycarbonate membranes for gas separation processes [J]. Journal of Membrane Science, 1976, 1 (4)：99-108.

[15] 胡晓宇,李梁梁,孙文挺,等. 一种中空纤维反渗透膜及其制备方法：CN105126643 [P]. 2015-08-21.

[16] 秦舒浩,崔振宇,杨敬葵. 一种高强度耐溶剂抗污染中空纤维反渗透膜及其制备方法：CN106512758 [P]. 2017-03-22.

[17] 陈亦力,丑树人,彭文娟,等. 一种增强型中空纤维复合膜及其制备方法：CN105797601A [P]. 2016-03-25.

[18] WANG K Y, YANG Q, CHUNG T S, et al. Enhanced forward osmosis from chemically modified polybenzimid-azole (PBI) nanofiltration hollow fiber membranes with a thin wall [J]. Chemical Engineering Science, 2009, 64 (7): 1577-1584.

[19] PARK S H, KWON S J, SHIN M G, et al. Polyethylene-supported high performance reverse osmosis membranes with enhanced mechanical and chemical durability [J]. Desalination, 2018, 436 (2): 28-38.

[20] KAMIZAWA C, MASUDA H, MASUDA M, et al. Studies on the treatment of gold plating rinse by reverse osmosis [J]. Desalination, 1978, 27 (3): 261-272.

[21] OLSSON C, WESTMAN G. Direct dissolution of cellulose: background, means and applications [J]. Cellulose-Fundamental Aspects, 2013, 10 (7): 521-544.

[22] LING Z, CHEN S, ZHANG X, et al. Exploring crystalline-structural variations of cellulose during alkaline pre-treatment for enhanced enzymatic hydrolysis [J]. Bioresource Technology, 2017, 224 (3): 611-617.

[23] HABIBI Y, LUCIA L A, ROJAS O J. Cellulose nanocrystals: chemistry, self-assembly, and applications [J]. Chemical Reviews, 2010, 110 (6): 3479-3500.

[24] REID C E, BRETON E J. Water and ion flow across cellulosic membranes [J]. Journal of Applied Polymer Science, 1959, 1 (2): 133-143.

[25] STRATHMANN H, SCHEIBLE P, BAKER R W. A rationale for the preparation of Loeb-Sourirajan-type cellulose acetate membranes [J]. Journal of Applied Polymer Science, 1971, 15 (4): 811-828.

[26] SO M T, EIRICH F R, STRATHMANN H, et al. Preparation of asymmetric Loeb-Sourirajan membranes [J]. Journal of Polymer Science: Polymer Letters Edition, 1973, 11 (3): 201-205.

[27] CANTOR P A, MECHALAS B J. Biological degradation of cellulose acetate reverse-osmosis membranes [C]. Journal of Polymer Science Part C: Polymer Symposia. New York: Wiley Subscription Services, Inc., A Wiley Company, 1969, 28 (1): 225-241.

[28] JONES R S, TAN M, CHOE E W. High performance wholly aromatic polyamide fibers: US4162346 [P]. 1979-07-24.

[29] BEHNKE W P, CHAPIN R S, FIERRO J F, et al. Aromatic polyamide fiber blend for protective clothing: US4120914 [P]. 1978-10-17.

[30] TANAKA M, NAKAYAMA G, TAKIMOTO N, et al. Aromatic polyamide fiber-polyester fiber-blended spun yarn fabric: US5356700 [P]. 1994-10-18.

[31] ASAKURA T, ITOGA M, HAYAKAWA T, et al. Aromatic polyamide-type films: US3966686 [P]. 1976-06-29.

[32] CADOTTE J E. Reverse osmosis membrane: US4039440 [P]. 1977-08-02.

[33] KANG G D, GAO C J, CHEN W D, et al. Study on hypochlorite degradation of aromatic polyamide reverse osmosis membrane [J]. Journal of Membrane Science, 2007, 300 (1-2): 165-171.

[34] XU J, WANG Z, WEI X, et al. The chlorination process of crosslinked aromatic polyamide reverse osmosis membrane: New insights from the study of self-made membrane [J]. Desalination, 2013, 313 (3): 145-155.

[35] MAJAMAA K, WARCZOK J, LEHTINENn M. Recent operational experiences of FILMTEC™ NF270 membrane in Europe [J]. Water Science and Technology, 2011, 64 (1): 228-232.

[36] KURIHARA M, HIMESHIMA Y. The major developments of the evolving reverse osmosis membranes and ultrafiltration membranes [J]. Polymer Journal, 1991, 23 (5): 513-520.

[37] CEVAAL J N, SURATT W B, BURKE J E. Nitrate removal and water quality improvements with reverse osmosis for Brighton, Colorado [J]. Desalination, 1995, 103 (1-2): 101-111.

[38] 杨座国. 膜科学技术过程与原理 [M]. 上海:华东理工大学出版社, 2009.

[39] 白莹,吴峰,吴川,等. 干法制备聚合物锂离子电池用于 PVDF-HFP 隔膜的研究 [J]. 化工新型材料, 2009, 37 (12): 17-19.

[40] IDRIS A, ISMAIL A F, GORDEYEV S A, et al. Rheology assessment of cellulose acetate spinning solution and its influence on reverse osmosis hollow fiber membrane performance [J]. Polymer testing, 2003, 22 (3): 319-325.

[41] KESTING R E. Preparation of reverse osmosis membranes by complete evaporation of the solvent system: US3884801 [P].

1975-05-20.

[42] LLOYD D R, KINZER E K, TSENG H S. Microporous membrane formation via thermally induced phase separation. I. Solid-liquid phase separation [J]. Journal of Membrane Science, 1990, 52 (3): 239-261.

[43] LLODY D R, KIM S S, KINZER E K. Microporous membrane formation via thermally-induced phase separation. II. Liquid-liquid phase separation [J]. Journal of Membrane Science, 1991, 64 (1-2): 1-11.

[44] 张艳萍, 张宇峰, 郭豪, 等. 中空纤维中低压反渗透复合膜的研究 [J]. 天津工业大学学报, 2008, 27 (3): 68-70.

[45] GHOSH A K, HOKE E M V. Impacts of support membrane structure and chemistry on polyamide-polysulfone interfacial composite membranes [J]. Journal of Membrane Science, 2009, 336 (1-2): 140-148.

[46] 齐丽环, 安树林, 邱大鹏, 等. 中低压反渗透中空纤维复合膜基膜的研制 [J]. 天津工业大学学报, 2008, 27 (1): 9-12.

[47] GHOSH A K, JOENG B H, HUANG X F, et al. Impacts of reaction and curing conditions on polyamide composite reverse osmosis membrane properties [J]. Journal of Membrane Science, 2008, 311 (1-2): 34-45.

[48] JEONG B H, HOKE E M V, YAN Y S, et al. Interfacial polymerization of thin film nanocomposites: A new concept for reverse osmosis membranes [J]. Journal of Membrane Science, 2007, 294 (1-2): 1-7.

[49] CHEN K K, XIAO C F, HUANG Q L, et al. Fabrication and properties of graphene oxide-embedded cellulose triacetateRO composite membrane via melting method [J]. Desalination, 2018, 425: 175-184.

[50] 刘好花, 崔莉, 郭丹丹, 等. 二醋酸纤维素的增塑改性及熔融纺丝研究 [J]. 合成纤维工业, 2011, 34 (5): 23-25.

[51] IDRIS A, ISMAIL A F, NOORDIN M Y, et al. Optimization of cellulose acetate hollow fiber reverse osmosis membrane production using Taguchi method [J]. Journal of Membrane Science, 2002, 205 (1-2): 223-237.

[52] GAO L, TANG B, WU P. An experimental investigation of evaporation time and the relative humidity on a novel positively charged ultrafiltration membrane via dry-wet phase inversion [J]. Journal of Membrane Science, 2009, 326 (1): 168-177.

[53] ZHANG H, LAU W Y, SOURIRAJAN S. Factors influencing the production of polyethersulfone microfiltration membranes by immersion phase inversion process [J]. Separation science and technology, 1995, 30 (1): 33-52.

[54] ZHOU C, WANG Z, LIANG Y, et al. Study on the control of pore sizes of membranes using chemical methods Part II. Optimization factors for preparation of membranes [J]. Desalination, 2008, 225 (1-3): 123-138.

[55] WANG P, MA J, SHI F, et al. Behaviors and effects of differing dimensional nanomaterials in water filtration membranes through the classical phase inversion process: a review [J]. Industrial & Engineering Chemistry Research, 2013, 52 (31): 10355-10363.

[56] KESTING R E, MENEFEE A. The role of formamide in the preparation of cellulose acetate membranes by the phase inversion process [J]. Kolloid-Zeitschrift and Zeitschrift ü rPolymere, 1969, 230 (2): 341-346.

[57] WANG Y, LAU W Y, SOURIRAJAN S. Effects of pretreatments on morphology and performance of cellulose acetate (formamide type) membranes [J]. Desalination, 1994, 95 (2): 155-169.

[58] VERISSIMO S, PEINEMANN K V, BORDADO J. Thin-film composite hollow fiber membranes: an optimized manufacturing method [J]. Journal of Membrane Science, 2005, 264 (1-2): 48-55.

[59] ZHANG Y, YANG L, PRAMODA K P, et al. Highly permeable and fouling-resistant hollow fiber membranes for reverse osmosis [J]. Chemical Engineering Science, 2019, 207 (12): 903-910.

[60] JO E S, AN X, INGOLE P G, et al. CO_2/CH_4 separation using inside coated thin film composite hollow fiber membranes prepared by interfacial polymerization [J]. Chinese Journal of Chemical Engineering, 2017, 025 (3): 278-287.

[61] QASIM M, BADRELZAMAN M, DARWISH N N, et al. Reverse osmosis desalination: A state-of-the-art review [J]. Desalination, 2019, 459 (6): 59-104.

[62] JEGAL J, MIN S G, LEE K H. Factors affecting the interfacial polymerization of polyamide active layers for the formation of polyamide composite membranes [J]. Journal of Applied Polymer Science, 2002, 86 (11): 2781-2787.

[63] YU S, LIU M, LIU X, et al. Performance enhancement in interfacially synthesized thin-film composite polyamide-urethane reverse osmosis membrane for seawater desalination [J]. Journal of Membrane Science, 2009, 342 (1-

2）：313-320.

[64] HOOSHMAND S，AITOMAKI Y，SKARIFAVARS M，et al. All-cellulose nanocomposite fibers produced by melt spinning cellulose acetate butyrate and cellulose nanocrystals [J]. Cellulose，2014，21（4）：2665-2678.

[65] MIN B G，SON T W，KIM B C，et al. Plasticization behavior of polyacrylonitrile and characterization of acrylic fiber prepared from the plasticized melt [J]. Polymer Journal，1992，24（9）：841-848.

[66] 潘炳杰，周冲，朱磊，等. 硬弹性材料拉伸成孔机理及 PVDF 多孔膜的制备 [J]. 高科技纤维与应用，2011，36（6）：35-40.

[67] LASKE S，PAUDEL A，SCHEIBELHOFER O. A review of PAT strategies in secondary solid oral dosage manufacturing of small molecules [J]. Journal of Pharmaceutical Sciences，2017，106（3）：667-712.

[68] NADI A，BOUKHRISS A，BENTIS A，et al. Evolution in the surface modification of textiles：a review [J]. Textile Progress，2018，50（2）：67-108.

[69] MIYAGI M，OHNO M，KANNIZUMI M. Method of making a hollow fiber membrane for dialysis：US4681713 [P]. 1987-07-21.

[70] OGAWA H，KATO N，YOKOTA H，et al. Hollow fiber membrane for treating liquids：US8225941 [P]. 2012-7-24.

[71] LIU J，LI P，LI Y，et al. Preparation of PET threads reinforced PVDF hollow fiber membrane [J]. Desalination，2009，249（2）：453-457.

[72] LEE M S，YOON J K，CHOI S H，et al. Tubular braid and composite hollow fiber membrane using the same：US8201485 [P]. 2012-06-19.

[73] COTE P L，PEDERSEN S K. Non-braided，textile-reinforced hollow fiber membrane：US9061250 [P]. 2015-06-23.

[74] LEE M S，CHOI S H，SHIN Y C. Braid-reinforced hollow fiber membrane：US7413804 [P]. 2008-08-19.

[75] CHEN K K，Xiao C F，Liu H L，et al. Design of robust twisted fiber bundle-reinforced cellulose triacetate hollow fiber reverse osmosis membrane with thin separation layer for seawater desalination [J]. Journal of Membrane Science，2019，578（2）：1-9.

[76] HAMADA K，TAKATA Z，NUMATA K. Process for the production of a hollow fiber semipermeable membrane：US 4371487 [P]. 1983-02-01.

[77] KUMAZAWA H，SADA E，NAKATA K，et al. Enrichment of helium by asymmetric hollow-fiber membrane of cellulose triacetate [J]. Journal of applied polymer science，1994，53（1）：113-119.

第10章

无机中空纤维膜制备方法

10.1 引言

无机中空纤维膜是由陶瓷、金属等无机材料制成的外径 $\Phi \leqslant 3mm$ 的微管式膜。根据有效分离层的材料或性质,其可分为金属膜、陶瓷膜和分子筛膜,膜的形状和尺寸取决于多孔支撑体。表 10-1 为常见无机中空纤维膜种类、结构、性能、用途及其分离机理。无机中空纤维膜具有化学及热稳定性高、抗污染和再生性能强、膜面积/体积比大、使用寿命长等优点,可应用于高温高压、强酸碱、含溶剂等苛刻环境条件下的物质分离,在化工、冶金、生物、制药、食品、环境、能源等领域具有广阔的应用前景。

⊡ 表 10-1 常见无机中空纤维膜种类、结构、性能、用途及其分离机理

	膜种类/材料	结构	性能/用途	分离机理
金属膜	Pd、Ni 及其合金	致密膜	H_2 分离	溶解-扩散
	Ag 及其合金	致密膜	O_2 分离	溶解-扩散
	不锈钢、Ni	多孔膜	气-固、液-固分离 多孔支撑	筛分
陶瓷膜	Al_2O_3、ZrO_2、TiO_2、SiC、Si_3N_4	多孔膜	液体分离 气-固、液-固分离 多孔支撑	筛分
	ZrO_2(YSZ)、CeO_2(GDC)、钙钛矿复合氧化物	致密膜	O^{2-} 或 H^+ 传输(燃料电池) O_2 或 H_2 分离;催化膜	离子扩散 离子-电子传输
分子筛膜	碳、SiO_2、 NaA、ZSM-5 等沸石分子筛	微孔膜	气体分离 液体分离(渗透气化)	分子筛分

无机中空纤维膜的常规制备方法是先制备中空纤维多孔支撑体,再通过表面修饰制得一层或多层的过渡层,最后在过渡层上制成具有特定结构和分离作用的有效分离层,其制备工艺流程如图 10-1 所示。后一级制备的膜层比前一级膜层具有更小的孔径和厚度,而前一级膜层的质量好坏对后一级膜层的制备有重要影响。一般要求多孔支撑体具有平滑的表面和窄的孔径分布,大孔或不规则孔以及支撑体表面破裂的颗粒都可能导致形成缺陷而无法制备完整的过渡层及有效分离层。中空纤维多孔支撑体与分离层(膜)可以由相同或不同的材料制

成。当为同一种材料时称为自支撑膜，一般具有良好的结构稳定性；而当多孔支撑体与分离膜为不同材料时，要求支撑体与分离膜材料间不发生渗透或反应，且有良好的热匹配性。不同的分离膜有不同的成膜工艺。常用方法主要有溶胶-凝胶法、化学镀法、化学/电化学气相沉积法（chemical/electrochemical vapor deposition，CVD/EVD）、水热合成法、溅射法等[1]。为得到最好的膜分离性能，要求分离层均匀、无缺陷且膜厚度尽可能薄，这需要优化成膜工艺条件。由于无机中空纤维膜制备工艺路线长、影响因素多、操作复杂，且需要多次高温烧结，因而成本高、价格贵。开发高性能（高通量、高选择性、高稳定性）无机中空纤维膜制备新技术，降低制备成本是无机中空纤维膜研究的主要方向和重点。

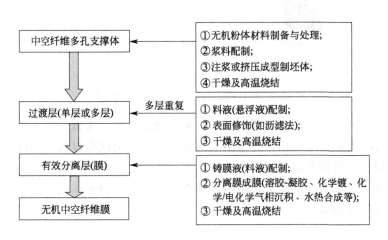

图 10-1　无机中空纤维膜常规制备工艺流程

　　相转化法是近些年发展起来的制备无机中空纤维膜新技术[2]，即采用浸入凝胶相转化法将含无机膜材料粉体和聚合物的铸膜液纺丝制成无机中空纤维膜坯体（或前驱体），再通过高温烧结除去有机组分得到无机中空纤维膜。与常规无机膜制备技术相比，相转化法具有显著的优越性：①中空纤维膜的多孔支撑层、过渡层和有效分离层可以一步生成，大大简化制膜工艺；②多孔支撑层、过渡层和有效分离层由同一种材料经过一次烧结而成（自支撑膜），具有高度的结构稳定性；③适用性广，既可以制备各种陶瓷中空纤维膜，也可以制备玻璃或金属中空纤维膜；既可以制备多孔膜，也可以制备致密膜；④操作简单，不需要昂贵的设备，适合于规模化生产，可有效降低无机膜的生产成本；⑤制备的中空纤维膜具有大的膜面积/体积比（$>1000m^2/m^3$），可显著减小膜组件体积和膜系统成本。

　　本章着重阐述相转化法制备无机中空纤维膜技术以及膜的结构、性能与应用。

10.2　基本原理

10.2.1　膜前驱体的制备

　　相转化法制备无机中空纤维膜是以陶瓷或金属等无机粉体为原料，将其均匀分散在有机聚合物溶液中制成稳定的陶瓷或金属颗粒悬浮液（铸膜液），利用聚合物溶液的非溶剂诱导相分离原理，通过纺丝制成具有一定结构的陶瓷或金属中空纤维（膜前驱体），再通过高温烧结除去聚合物等有机成分并使陶瓷或金属颗粒熔合成膜。相转化法制备无机中空纤维膜过程如图10-2所示。

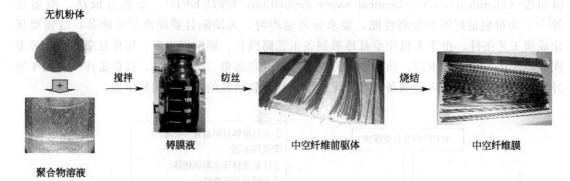

图 10-2　相转化法制备无机中空纤维膜过程

在铸膜液中，无机陶瓷或金属颗粒分散在聚合物溶液中，无机物粒子被有机聚合物分子所包覆，即聚合物溶液为连续相，因而中空纤维膜前驱体的成形过程可近似看成是包含无机物粒子的聚合物、溶剂和非溶剂体系的相转化成膜过程。当铸膜液浸入非溶剂（通常为水）凝固浴后，包覆了无机物粒子的聚合物固化构成中空纤维膜前驱体的骨架结构，并形成具有类似聚合物膜的非对称结构。

10.2.2　高温烧结成膜

制备无机膜都需要烧除有机成分，剩下的无机组分决定膜的结构和性能。在高温烧结过程中，无机物粒子间的空隙形成膜孔，而接触的粒子间发生熔合，提高膜的强度。因此，无机物粒子的堆积状态对膜的烧结和性能有重要影响，高质量无缺陷膜一般要求粒子间紧密堆积，即有最大的堆积密度。制膜过程中粒子的堆积可以是有序排列堆积、随机松散堆积或随机致密堆积，并影响膜的孔隙率和孔隙结构。单一粒径的球形粒子有序堆积可分为立方、正交、四方和菱形[3]。它们具有不同的配位数 N（即与粒子相接触的其他粒子个数）和堆积密度 ρ_b，如图10-3所示。堆积密度随配位数的增加而增加。

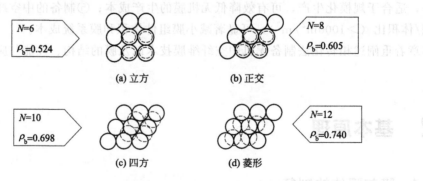

图 10-3　球形粒子堆积方式与堆积参数

当粉体中混有小颗粒时，较小的颗粒会填充大颗粒之间的空隙，从而提高堆积密度。图10-4 表示两种不同大小粒子的比容（即体积/质量比）与堆积状态和大小粒子配比的关系。

当大小粒子配比正好使大颗粒彼此接触时，比容最小，堆积结构最佳。

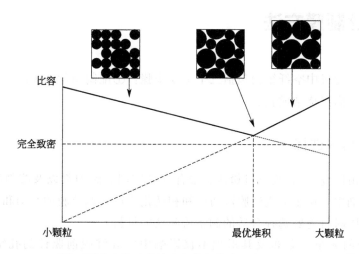

图 10-4 两种不同大小粒子的比容与堆积状态和大小粒子配比关系[4]

　　高温烧结过程中发生颗粒的粘接熔合、晶粒生长、晶界移动以及孔隙闭合等现象，膜强度提高。图 10-5 表示无机颗粒烧结生长模型，烧结开始时无机颗粒间发生快速颈部生长，相互连通的孔隙变得圆整，体积收缩（3%～5%）、孔隙率降低（<12%）；随后，晶粒缓慢生长，孔隙形状和大小逐渐变化。最后，晶粒快速长大，孔隙收缩形成独立孔或完全闭合。

　　烧结过程中晶粒生长是通过晶界面积减少而降低晶界能量的过程，通常伴随着一些较小晶粒的消失，稳定的晶粒结构应是所有晶界具有相同的能量。图 10-6 表示晶粒间孔形成和生长过程，晶粒为六边形时（$N=6$），晶界为直线；$N>6$ 时晶界为凹形；$N<6$ 时则为凸边界。由于边界趋于向其曲率中心迁移，$N>6$ 的晶粒生长，而 $N<6$ 的晶粒收缩。膜孔由多个晶粒包围而成，构成孔的晶粒数（配位数）$N=6$ 时，孔边界为平面；而 $N>6$

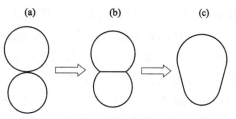

图 10-5 无机颗粒烧结生长模型
（a）不同尺寸球形颗粒；（b）表面扩散引起颈部生长；（c）晶粒生长

时孔边界则为凸面。由于孔的表面向其曲率中心移动，因此 $N<6$ 的孔将收缩，而 $N>6$ 的孔将生长。通过仔细控制烧结过程中的颗粒堆积和晶粒生长，可获得收缩孔，并控制膜孔径大小。

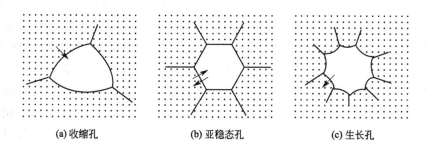

（a）收缩孔　　　　　　（b）亚稳态孔　　　　　　（c）生长孔

图 10-6 晶粒间孔形成和生长过程

10.3　纺丝制膜方法

相转化法制备无机中空纤维膜包括三个主要步骤：①配制纺丝铸膜液；②纺丝制备中空纤维膜前驱体；③高温烧结成膜。

10.3.1　制膜材料选择

纺丝铸膜液由陶瓷/金属膜材料粉体、聚合物黏结剂、添加剂以及溶剂组成，其中聚合物、溶剂和添加剂主要用于促进铸膜液纺丝和相转化成形，调节膜的结构和形貌。因此，制备无机中空纤维膜时首先要选择合适的制备铸膜液的材料。

无机物粒子的大小、分布及其形貌不仅影响中空纤维膜前驱体的孔结构形成，而且影响膜的烧结过程，并最终影响膜的孔结构和分离性能。一般而言，用于制备纺丝铸膜液的无机物粒子大小应在 $0.1\sim10\mu m$ 的范围，小粒子的比表面积大，配制铸膜液需要的溶剂和聚合物量大，在铸膜液中难以分散均匀，或得到的铸膜液黏度太高，不利于纺丝；粒子太大则粒子间的空隙大，烧结性能差，成膜后孔径大、分布宽，膜强度低[5]。具有一定粒度分布的膜材料粉体有利于制得孔径小、强度大的高质量微孔膜或致密膜，合适的粒度分布应使粒子堆积比容最小。球形粒子可使粒子堆积比容小，而且粒子间空隙均匀，有利于高质量成膜。

聚合物起着无机物粒子间黏结剂的作用。因此，选择的聚合物应与无机物粒子有较好的亲和性，并能够在烧结阶段完全烧除；同时，由于聚合物都要在高温烧结阶段分解去除，因此还需考虑聚合物分解产物是否与无机膜材料粒子反应。比如，含硫聚合物高温分解产生的 SO_2，可能与钙钛矿膜材料反应生成硫酸盐，降低膜性能[6]。

溶剂的选择标准是能很好地溶解聚合物以及分散剂、增塑剂、成孔剂等添加剂，形成均相聚合物溶液；同时，由于聚合物溶液起着中空纤维膜孔结构成形的作用，因此聚合物溶液相转化成膜体系应根据所需膜结构来选择。溶剂-非溶剂亲和性好（相互作用强，互溶性好）的成膜体系如二甲基亚砜-水、二甲基甲酰胺-水、N-甲基吡咯烷酮-水、二甲基乙酰胺-水等，通常都发生瞬时液-液分相形成大空腔或指状孔结构。

制备纺丝铸膜液所用的添加剂包括分散剂、增塑剂、烧结助剂等。分散剂、增塑剂主要用于促进铸膜液纺丝成形。在铸膜液中，无机物粒子间由于静电力及范德瓦耳斯力的作用而发生团聚，应用分散剂通过减小固-液界面积而降低自由能使体系更稳定。由于团聚体粒子间充满空气，铸膜液中的粒子团聚使得在纺丝后的中空纤维膜前驱体中形成气泡，并导致最终烧结膜内产生针孔和缺陷，严重影响膜结构与性能。可在悬浮聚合物溶液中加入分散剂，使无机颗粒间产生一层隔离层，通过空间位阻作用消除粒子团聚，制得均匀而稳定的铸膜液。烧结助剂用于改善无机物粒子的烧结性能，降低烧结温度，阻止晶型转变或抑制晶粒长大。添加剂的用量一般为 $0.1\%\sim1.0\%$（质量分数）。表 10-2 列出制备无机中空纤维膜常用原料。

种类	名称	备注
无机粉体材料	Al_2O_3、ZrO_2、TiO_2	多孔陶瓷膜
	SiC、Si_3N_4	多孔膜
	掺杂 ZrO_2 和 CeO_2（YSZ、GDC）	致密电解质膜
	钙钛矿氧化物（ABO_3）	致密离子膜
	不锈钢、金属 Ni	金属膜
聚合物黏结剂	聚砜、聚醚砜	含硫聚合物
	聚醚酰亚胺、聚偏氟乙烯	
	聚乙烯醇缩丁醛	聚酯类
	醋酸纤维素	
溶剂	N-甲基吡咯烷酮（NMP）	
	N，N-二甲基乙酰胺（DMAC）	
	N，N-二甲基甲酰胺（DMF）	
	二甲基亚砜（DMSO）	
分散剂	吐温、聚乙烯吡咯烷酮（PVP）	
	聚丙烯酸（PAA）及其盐类、聚甲基丙烯酸铵、聚乙烯亚胺	
	聚乙烯醇（PVA）、聚乙二醇（PEG）	
	鱼油、脂肪酸	Si_3N_4
增塑剂	乙二醇、甘油、邻苯二甲酸二丁酯	
	聚乙烯醇	
烧结助剂	ZnO、CuO、Bi_2O_3、NiO、Co_2O_3	金属氧化物
	B_2O_3、V_2O_5	非金属氧化物
	CuO-V_2O_5、Bi_2O_3-B_2O_3	复合助剂
非溶剂添加剂	水、乙醇、丙醇等	

10.3.2 铸膜液配制

选定聚合物黏结剂、溶剂以及添加剂等制膜材料后，根据计算的铸膜液配比制备铸膜液。制备纺丝铸膜液的几个重要原则是：①分散剂的量必须保持铸膜液稳定；②溶剂量必须达到保持均相铸膜液的最小值；③有机组分和陶瓷粉体比尽可能小，但不影响铸膜液的相转化性能；④增塑剂与聚合物黏结剂比必须使中空纤维膜前驱体柔软并容易纺丝。

铸膜液的制备工艺过程对铸膜液的结构和性能有一定的影响。通常是先将聚合物溶解在有机溶剂中，加入分散剂、增塑剂等添加剂制成均相的聚合物溶液；然后再逐步加入计量的无机粉体，充分搅拌混合均匀，得到稳定的铸膜液。在铸膜液制备过程中，应保证无机物粒子充分分散，并避免铸膜液因吸收空气中的水分而改变铸膜液性质。为此，需要改进铸膜液的制备工艺，如先将无机粉体分散在溶解添加剂的溶剂中，再加入聚合物黏结剂和增塑剂，在隔绝空气的条件下通过搅拌使其完全溶解。铸膜液的流变性能随时间而变化，因此铸膜液配制好后应尽快纺丝。

铸膜液流变性质显著影响聚合物溶液的分相成膜过程，从而影响中空纤维膜的结构和性能[7]，而含无机颗粒的铸膜液流变行为受颗粒尺寸分布、颗粒形状、固体体积分数、颗粒间力的大小等因素的影响。随着无机粉体含量增加，铸膜液黏度增大，使分相速度减小，有利于海绵孔结构层生成，因而，烧结后的成膜也变致密。一般来说，可用以纺制中空纤维膜的铸膜液黏度应达到 $1Pa \cdot s$ 以上[8-11]。通过在铸膜液中加入水或乙醇等非溶剂，可调节铸膜液黏度以及分相速度，从而控制中空纤维膜结构。

铸膜液中粒子分散度可以通过微电泳、光学显微镜和激光散射等技术测量，测试参数包括ζ电位、等电点和等效球形直径；通过沉降实验表征纺丝悬浮液的稳定性。铸膜液的流变性、黏度用旋转流变仪测定，得到剪切应力与剪切速率的关联式，判断铸膜液的流体性质并测量其黏度值。

10.3.3 中空纤维膜前驱体制备

无机中空纤维膜前驱体的纺丝过程与聚合物中空纤维膜相同。纺丝前，必须先将铸膜液脱气，除去混合过程中可能夹带的空气，以避免气泡在膜前驱体中形成空隙，导致最终膜内产生针孔缺陷，并可能形成裂缝。由于含无机粉体粒子的铸膜液黏度很高，通常需要在搅拌状态下进行真空脱气。

图10-7为中空纤维膜纺丝设备。用一定压力的N_2将脱气后的铸膜液挤压通过纺丝头进入凝固浴中固化成形，铸膜液挤出速度由N_2压力和调节阀及计量泵控制，纺丝头的安置应使中空纤维膜前驱体垂直向下进入凝固浴中。成形后的中空纤维膜前驱体被引导通过洗涤浴，洗出其中的有机溶剂，使膜孔结构完全固化；将中空纤维膜前驱体裁剪成需要的长度，拉直、干燥后即可进行烧结。

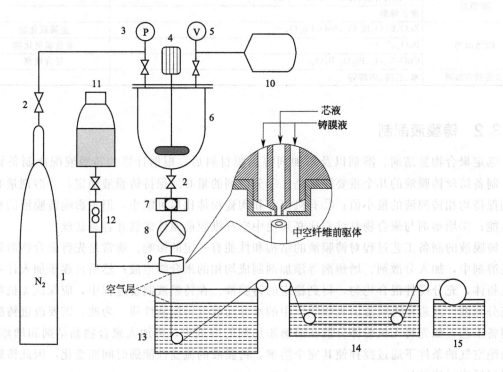

图10-7 中空纤维膜纺丝设备

1—N_2钢瓶；2—阀门；3—压力表；4—搅拌器；5—真空表；6—储料罐；
7—过滤器；8—计量泵；9—纺丝头；10—真空泵；11—芯液罐；12—流量计；
13—凝固浴槽；14—洗涤水槽；15—牵引与收丝设备

纺丝过程中的操作条件对中空纤维膜的孔结构有重要影响。芯液和外凝固浴的改变会影响溶剂-非溶剂的交换速率，从而影响分相动力学过程，最终影响膜的微观结构。比如，在凝固浴中加入乙醇、甘油或溶剂，以降低铸膜液与凝固浴间扩散传质交换的化学势，从而降低相互的扩散速率，这样一方面降低了界面处的聚合物浓度，促进形成多孔的表皮层；另一方面使铸膜液发生延迟分相，有利于大空腔的生成[10]。当加入凝固浴中的溶剂超过最小值时可以得到多孔膜，不同的体系具有不同的最小值。例如，在芯液中加入一定浓度的溶剂使中空纤维膜内表面发生延迟分相，这样可直接将大空腔指状孔生长到中空纤维内表面，得到内开孔的中空纤维膜[12-14]。

空气层意味着中空纤维膜前驱体在进入凝固浴前经历了一段水蒸气沉淀相分离过程，由于这一阶段是铸膜液从气浴中吸收水蒸气而诱导分相的，其传质速度慢，有利于形成多孔皮层和海绵状孔结构。因此，通过改变空气层的气浴湿度、温度、空气层高度（即膜在气浴中的停留时间），可以对中空纤维膜孔结构进行调控。例如，Kingsbury 发现，随着空气层高度增加，Al_2O_3 中空纤维膜的外表面指状孔的形成受到抑制，而海绵孔结构层增厚[8,9]。

纺丝温度直接影响溶剂-非溶剂的交换扩散速度，从而影响膜结构。降低铸膜液温度时，分相时间延长，有利于贫相核的粗化和生成，便于表皮下层形成指状孔结构；而温度较高时，相分离时间短，固化过程快，有利于表皮下层生成链状孔结构。

10.3.4　中空纤维膜烧结

将拉直、干燥后的中空纤维前驱体放入高温电炉中进行烧结，有机组分受热分解被除去，而无机物粒子熔合生长并连接成膜。烧结过程通常都要经历预烧结、有机成分（溶剂、聚合物黏结剂、有机添加剂等）热分解和高温烧结成形三个阶段。

① 预烧结阶段。粒子表面化合水或结晶水蒸发去除时，会产生蒸汽压力或膨胀应力，这时膜前驱体容易出现裂缝或缺陷甚至断裂。表面水在加热初期即可除去，而吸附水或结晶水的脱除温度需超过 200℃。

② 有机成分热分解阶段。黏结剂、分散剂等有机组分的热分解去除。黏结剂和添加剂的热化学特性、黏结剂浓度、膜前驱体尺寸与微观结构、加热速率及炉内气氛均可影响热分解行为。有机物的分解导致膜内部产生气体压力，压力大小取决于气体生成速率、透出速率以及膜前驱体结构和尺寸，有机组成含量低的膜前驱体产生的气体量少，容易排出；而较致密的膜前驱体，热解时间相对较长。有机物去除不完全和不可控的热分解可能导致膜缺陷生成，影响膜的性能。选择适当的聚合物黏结剂及加热气氛和程序，可使膜前驱体在热解过程中不变形，不形成裂纹或生成膨胀孔。

③ 高温烧结成形阶段。烧结过程中无机颗粒粘接熔合、晶粒生长、晶界移动，孔隙形状和大小逐渐变化。较低温度时通常发生收缩或致密化，而较高温度下主要是晶粒生长，收缩小。烧结初期，由于颗粒刚好相互接触形成颈部，原来的颗粒堆积结构不发生明显改变，控制好这一阶段对于保证中空纤维膜既有好的力学强度又有足够的孔隙率十分重要。

不同膜材料有不同的烧结温度和烧结过程，具体烧结工艺路线可通过测定中空纤维膜前驱体的热重-差热（TGA-DTA）曲线，来确定烧结温度、烧结时间、烧结程序以及升温速率等工艺参数。图 10-8 为一典型的陶瓷中空纤维膜前驱体 TGA-DTA 曲线，从图中可看出中空纤维膜前驱体的预烧结脱水（a 区间：40～400℃）、有机物热分解（b 区间：400～560℃）以及碳酸盐分解（c 区间：720～980℃）三个阶段。

为避免中空纤维膜烧结过程引入外界杂质导致膜缺陷，通常采用吊烧的方法进行烧结，这要求烧结炉内有均匀的温度分布（恒温段高度决定了中空纤维膜的有效长度）；同时，由于中空纤维膜内的应力在烧结过程中随着有机黏结剂和添加剂分解烧除、无机物粒子迁移重排而不断变化，控制好烧结工艺路线和条件对提高中空纤维膜的成品率至关重要。

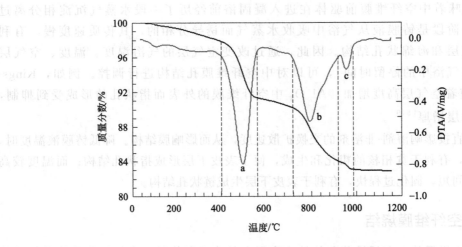

图 10-8　陶瓷中空纤维膜前驱体 TGA-DTA 曲线

很多研究表明，中空纤维膜的大孔（指状孔）结构在烧结过程中基本保持原来的形貌，而海绵网状孔结构则趋向于致密化[15]。因此，中空纤维膜结构主要是在纺丝相转化过程中形成的。然而，高温烧结过程中由于有机物烧除和无机物粒子迁移熔合，也会引起陶瓷中空纤维膜微结构改变，烧结条件如烧结温度、烧结时间、升温速率、烧结气氛以及烧结程序等都对中空纤维膜性能有重要影响。

① 烧结温度。一般情况下，提高烧结温度会促使无机物粒子熔融，从而使膜表面更为致密，孔隙率下降，力学强度增加。但对某些陶瓷材料，温度过高也会发生过烧结，使力学强度下降。

② 烧结时间。一般来说，随着烧结时间的延长，中空纤维膜的孔隙率下降，相对密度增大。由于中空纤维膜通常在 30~60min 时间内就可以完成大部分收缩，因此更长的烧结时间对中空纤维膜收缩的影响不明显。

③ 升温速率。升温速率直接影响了水汽化及有机物烧除速率，从而影响成膜的力学强度和完整性。升温速度太快，短时间内有机黏结剂的分解产生的大量 CO_2 会使膜前驱体开裂。

④ 烧结气氛。烧结气氛根据膜材料而定，比如金属氧化物膜在含氧气氛下烧结；金属膜一般需要在含氢的还原气氛下进行烧结，这时 H_2 浓度应控制在安全范围内；烧结 SiC、Si_3N_4 等陶瓷膜时，应在 N_2 等惰性气氛中进行。由于没有氧气，因此会有残余炭，而残余炭可去除无机颗粒表面的吸附氧，并作为碳化物和氮化物陶瓷的烧结助剂。

⑤ 烧结程序。烧结程序对中空纤维膜成膜质量有重要影响。$Wu^{[16]}$ 在烧结 $Al_2O_3/$PES 中空纤维膜时，先在静态空气中进行加热预处理，去除部分有机物，再通过高温热解使剩余有机物变成碳化合物，碳化合物填充到陶瓷粒子之间，抑制陶瓷粒子的成长。最后，

将碳化合物烧除，可显著提高膜通量。

10.4　应用示例

10.4.1　Al$_2$O$_3$ 中空纤维多孔膜

10.4.1.1　简介

用于制备多孔无机膜的材料主要有 Al$_2$O$_3$ 等金属氧化物、耐热玻璃、Si$_3$N$_4$/SiC 等陶瓷以及不锈钢等金属或合金等。这类无机膜由于具有很好的热及化学稳定性，特别适用于高温腐蚀性流体过滤、溶剂分离等[17,18]。本章节以 Al$_2$O$_3$ 中空纤维膜为例，阐述多孔无机中空纤维膜的相转化制备过程[19]。

10.4.1.2　制备方法

以平均粒径为 1μm、比表面积为 10m^2/g 的 Al$_2$O$_3$ 粉末为原料制备多孔中空纤维膜，通过加入 0.01μm、比表面积 100m^2/g 的 Al$_2$O$_3$ 粉体提高膜强度与结构性能，所用聚合物为聚醚砜（PES），溶剂为 N-甲基吡咯烷酮，以聚乙烯吡咯烷酮（PVP-K90，M_W=630000）为分散剂，并调节铸膜液的黏度。先将 PES 和 PVP 溶解在 NMP 溶剂中制备聚合物溶液，然后逐渐加入 Al$_2$O$_3$ 粉体，强烈搅拌使其完全分散均匀得到纺丝铸膜液；室温下真空脱气 60min 后，以普通自来水为外凝固浴和芯液，用 Φ 2.0mm/0.72mm 的喷丝头纺丝，经清水浸泡洗涤，取出晾干后进行高温烧结。多孔 Al$_2$O$_3$ 中空纤维膜制备操作条件如表 10-3 所示。

▣ **表 10-3**　多孔 Al$_2$O$_3$ 中空纤维膜制备操作条件

实验条件		参数值
铸膜液组成及其所占质量分数/%	Al$_2$O$_3$ 粉体(1μm)	50~57.7
	Al$_2$O$_3$ 粉体(0.01μm)	0~2.9
	PES,Radel A-300	6.4~10
	NMP	35~40
	PVP K-90	0.5~0.9
纺丝温度/℃		27
芯液流速/(mL/min)		3
挤出压力(N$_2$)/psi		20~30
空气层高度/cm		2
纺丝挤出速度/(mL/min)		5
烧结温度/℃		1180~1600
升温速率/(℃/min)		5
烧结时间/h		5

注：1psi=0.006895MPa。

10.4.1.3　膜结构与性能

图 10-9 为 Al$_2$O$_3$ 中空纤维前驱体与烧结后中空纤维膜的 SEM 结果，我们看到在中空纤维前驱体的外表面侧和内表面侧都形成了相转化膜的指状孔结构，而中间为海绵孔结构。

由于外表面的溶剂-非溶剂交换速度比内表面的交换速度快，外表面侧的指状孔比内表面侧的指状孔小，而中空纤维前驱体表面比较致密光滑，表明 Al_2O_3 粒子能很好地分散在聚合物中。经过 1500℃ 高温烧结后，中空纤维膜 OD/ID（外径/内径）从 $1287\mu m/847\mu m$ 缩小到 $1044\mu m/726\mu m$，而总体横截面结构并没有发生明显改变。但从膜表面，可以清楚看出烧结后 Al_2O_3 粒子熔合形成的晶界以及粒子间形成的孔。

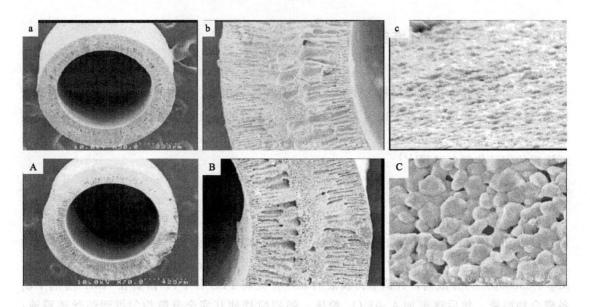

图 10-9 Al_2O_3 中空纤维前驱体（a、b、c）与烧结后（烧结温度 1500℃）中空纤维膜（A、B、C）的 SEM 结果
a、A 为横截面；b、B 为中空纤维管壁；c、C 为外表面

表 10-4 列举了不同条件下制备的 Al_2O_3 中空纤维膜结构性质，可以看到中空纤维膜孔径和孔隙率随 Al_2O_3/PES 比的增加而降低。但当 Al_2O_3/PES＞9 时，铸膜液黏度太大而无法纺制中空纤维膜前驱体。随着烧结温度的升高，最大膜孔径及孔隙率都减小，这意味着烧结过程中主要是孔收缩而不是孔膨胀主导膜结构的变化。

▢ **表 10-4** 不同条件制备的多孔 Al_2O_3 中空纤维膜结构性质

编号	Al_2O_3/PES 质量比	烧结温度 /℃	Al_2O_3 颗粒大小 /(1μm /0.01μm)	孔径/μm		孔隙率	
				d_{max}	$\overline{d}$	(ε/q^2) /$\times10^{-2}$	ε_v
1	5	1600	100/0	0.257	0.106	0.339	0.266
2	8	1600	100/0	0.162	0.067	0.242	—
3	9	1600	100/0	0.132	0.056	0.194	—
4	5	1180	100/0	0.521	0.130	0.647	0.488
5	5	1400	100/0	0.306	0.097	0.513	0.427
6	5	1500	100/0	0.275	0.114	0.393	0.285
7	8	1550	100/0	0.187	0.040	0.037	0.062
8	8	1550	97/3	0.152	0.043	0.081	0.096
9	8	1550	95/5	0.113	0.048	0.155	0.133

图 10-10 表示了粉体中小颗粒 Al_2O_3 含量对中空纤维膜孔径的影响[19]，从图中可

以看到，随着 $0.01\mu m$ 小颗粒含量的增加，最大孔径减小而平均孔径则基本不变，即膜的孔结构更均匀。但当小颗粒含量大于 5％后，得到的铸膜液流动性差，无法纺丝成中空纤维膜。

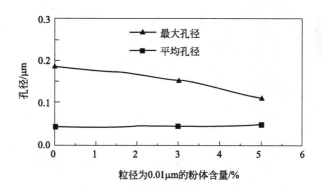

图 10-10 粉体中小颗粒 Al_2O_3 含量对中空纤维膜孔径的影响（$Al_2O_3/PES=8$；烧结温度为 1550℃）

图 10-11 为烧结温度对 Al_2O_3 中空纤维膜抗折强度和透气性的影响[20]，从图中可以看到，力学强度随着烧结温度升高而增加。但在较低温度时（＜1500℃），膜强度随温度升高近似线性增加；而烧结温度大于 1500℃后，膜强度迅速增加，但同时气体渗透性也大幅降低。这表明 Al_2O_3 烧结应在 1500℃以上，而且在力学强度和气体渗透性之间存在平衡关系。

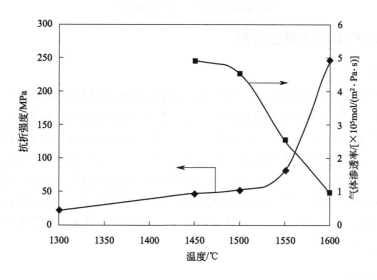

图 10-11 烧结温度对 Al_2O_3 中空纤维膜抗折强度和透气性的影响

（Al_2O_3 粒径为 $0.3\mu m$；$Al_2O_3/PES=5$）

通过在铸膜液中加入非溶剂水改变铸膜液性质可以实现对 Al_2O_3 中空纤维膜结构的控制。如图 10-12 所示[9]，当铸膜液中无非溶剂水时，指状孔长度可达中空纤维壁厚的 80％；当加入 2％～6％（质量分数）的非溶剂水后，指状孔长度约减小到壁厚的 40％，且指状孔大小随水含量增加而减小。当水含量提高到 8％（质量分数）时，指状孔长度约减少到壁厚的 30％；而继续增加水含量到 10％（质量分数）时，指状孔完全消失，形成对称膜。在铸膜液中加入非溶剂水，一方面使聚合物相更接近其沉淀点而提高固化速度；另一方面导致铸膜液黏度增加，从而抑制指状孔的生长，减小指状孔长度。

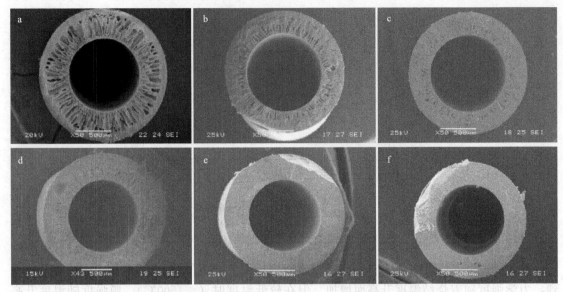

图 10-12 铸膜液中水含量对 Al_2O_3 中空纤维膜结构的影响

a—0%（质量分数）；b—2%（质量分数）；c—4%（质量分数）；d—6%（质量分数）；

e—8%（质量分数）；f—10%（质量分数）；空气层高度为 150mm；芯液流速为 0.17 mL/s；$Al_2O_3/PES=5$；

烧结温度为 1450℃；烧结时间为 10h

10.4.2 LSCF 中空纤维透氧膜

10.4.2.1 简介

陶瓷透氧膜是由能同时传导氧离子和电子的陶瓷电解质材料制成的致密膜[21-23]，通过高温（通常＞600℃）下气相氧与膜内氧离子的交换反应以及膜内氧离子由高浓度侧向低浓度侧的定向扩散实现氧气分离。与其他制氧技术相比，陶瓷透氧膜的制氧速度快（氧透量可达到有机膜的 200 倍）、透氧选择性高（理论上为 100%）、制氧成本低（比传统深冷精馏或 PSA 方法低 30%～50%）、力学强度高、耐腐蚀性好，因而可以在苛刻的环境下操作；而且其工艺及操作简单，尤其适合于小规模用氧环境，具有十分广阔的市场前景。本章节以 $La_{0.6}Sr_{0.4}Co_{0.2}Fe_{0.8}O_{3-\delta}$（LSCF）钙钛矿中空纤维膜为例，阐述非对称致密陶瓷中空纤维膜的相转化制备过程[13,24]。

10.4.2.2 制备方法

首先，应用溶胶-凝胶法制备 LSCF 粉体材料[25]，将 LSCF 粉体在 800℃下煅烧 3h 以除去残余炭，然后球磨 48h，用 200 目筛子筛分后，用于制备纺丝铸膜液。粉体的比表面积为 10.8m^2/g，粒径为 0.1～7.11μm，平均粒径为 0.8μm。其粒度分布如图 10-13 所示。

按常规方法制备铸膜液：在 NMP 溶剂中加入 PVP（K30，$M_w=10000$），再加入 PES（Radel-A 300）黏结剂，搅拌使其完全溶解。然后加入筛分后的 LSCF 粉体，搅拌 24h，得到均匀分散的铸膜液，用 UDS-200 流变仪测定铸膜液黏度为 55800mPa·s。铸膜液真空脱气 60min 后，用不同浓度的乙醇-NMP 或 H_2O-NMP 混合液作为芯液，自来水为外凝固液，

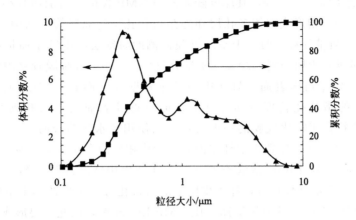

图 10-13 $La_{0.6}Sr_{0.4}Co_{0.2}Fe_{0.8}O_{3-\delta}$ (LSCF) 粉体粒度分布[25]

用 $\Phi3.0mm/1.5mm$ 的喷丝头纺丝制备中空纤维膜前驱体。在常温水浴中浸泡洗涤 24h 后，拉直、晾干，用立式管式炉在静态空气中进行高温烧结，得到致密 LSCF 中空纤维膜。LSCF 中空纤维膜制备条件如表 10-5 所示。

☐ **表 10-5　LSCF 中空纤维膜制备条件**

实验条件		参数值
铸膜液组成及其质量分数/%	LSCF 粉体	62.98
	PES	6.30
	NMP	25.18
	PVP	3.71
	H_2O	1.85
纺丝温度/℃		25
芯液流速/(mL/min)		20
挤出压力(N_2)/MPa		0.1
空气层高度/cm		0
纺丝速度/(m/min)		4.5
烧结温度/℃		1420
升温速率/(℃/min)		5
烧结时间/h		4
芯液组成(a-水；b-乙醇；数字代表混合芯液中 NMP 的质量分数)	a-0	纯水
	a-50	50%(质量分数) H_2O-50%(质量分数) NMP
	a-70	30%(质量分数) H_2O-70%(质量分数) NMP
	a-90	10%(质量分数) H_2O-90%(质量分数) NMP
	b-0	纯乙醇
	b-50	50%(质量分数) EtOH-50%(质量分数) NMP
	b-70	30%(质量分数) EtOH-70%(质量分数) NMP
	b-90	10%(质量分数) EtOH-90%(质量分数) NMP

10.4.2.3　膜结构与性能

图 10-14 为 LSCF 中空纤维膜前驱体横截面和内表面的 SEM 照片，我们可以清楚地看到中空纤维膜前驱体内由海绵孔层和指状孔层构成的非对称结构。以纯水为芯液的中空纤维膜管壁（a-0）是两个指状孔层之间夹着海绵孔层的三明治结构；同时，其内、外表面也都是海绵状结构。当用≥50%（质量分数）NMP 的水溶液作芯液时，中空纤维内表面侧的指

状孔基本消失而成为海绵孔结构，其厚度随芯液中 NMP 含量的增加而减小。然而，当用纯乙醇作芯液时（b-0），则形成内侧多孔层和外侧指状孔层的双层管壁结构。当芯液中 NMP 含量增加到 50%（质量分数）时，中空纤维膜内侧的海绵层厚度减小而指状孔变长。当芯液中的 NMP 含量进一步增加到 ≥70%（质量分数）后，中空纤维膜管壁内侧的海绵状结构消失，指状孔一直延伸到内表面，只在中空纤维管壁外表面有一层薄的海绵层（b-70/b-90），靠近内表面的指状孔长度可达 $300\mu m$，而靠近外表面的指状孔则小得多。这表明 LSCF 铸膜液完全符合相转化成膜的一般规律。当使用纯水作芯液时，内表面上的溶剂-非溶剂交换速率接近外表面，导致中空纤维内外侧形成相似的多孔结构，即三明治结构；而当使用 NMP-H_2O 或 NMP-EtOH 溶液作芯液时，在初生中空纤维膜内侧发生延时沉淀。当 NMP 含量 ≥70%（质量分数）时，外表皮层下的指状孔可直接延伸到中空纤维的内表面形成开孔。由于 NMP-H_2O 的延时沉淀速度比 NMP-EtOH 慢，因此，要形成开孔内表面，芯液中的 NMP 浓度应更高 [>95%（质量分数）]。从中空纤维前驱体内表面形貌上看，当 NMP-H_2O 芯液中的 NMP 含量 <70%（质量分数）时，其内表面致密光滑；而当 NMP 含量 >90%（质量分数）时，其内表面存在许多小孔且变得粗糙（a-90）。当 NMP-EtOH 作芯液时，内表面粗糙多孔，且孔径随着 NMP 含量的增加而增大。当 NMP 含量增加到 90%（质量分数）时，内表面形成许多凸起。这些结果进一步表明乙醇和 NMP 之间的交换速度比水-NMP 之间的交换速度慢得多。

图 10-15 为经过 1420℃ 高温烧结 4h 后 LSCF 中空纤维膜的横截面和内表面的 SEM 照片。对比图 10-14 可以看到，中空纤维膜基本上保持了烧结前的结构和形貌，如在 a-90 中空纤维膜的粗糙内表面上存在小孔隙，而在 b-90 和 b-70 中空纤维膜的内表面上存在大孔。这表明中空纤维膜的主体结构主要是在相转化过程中形成的，而高温烧结不会改变中空纤维膜的整体结构。同时，虽然 b-90 和 b-70 中空纤维膜都有开孔内表面，但 b-90 中的指状孔比 b-70 的指状孔更多、更长，即 b-90 中空纤维膜的表皮层更薄。另一方面，尽管 b-50 中空纤维前驱体内表面的孔比 b-0 更多，但烧结后的中空纤维膜的内表面也是致密和光滑的。这意味着烧结过程中微孔趋于闭合，只有孔径大于一定值的孔才能保留；也就是说，中空纤维前驱体中的海绵状区域倾向于致密化，而指状孔则基本能保留原始形貌。

图 10-16 表示芯液中 NMP 含量对中空纤维膜孔隙率和抗折强度的影响。我们可以看到，随着芯液中 NMP 含量的增加，中空纤维膜的孔隙率也增加而抗折强度显著降低。同时，使用 NMP-乙醇溶液为芯液的中空纤维膜比用 NMP-H_2O 作芯液的中空纤维膜的孔隙率更高，但抗折强度更低。使用纯水和纯乙醇作为内部凝固浴的中空纤维膜具有最高的抗折强度，达到约 154MPa；而 b-90 中空纤维膜的孔隙率最大可达 46.92%，其抗折强度只有 89.1MPa。

图 10-17 为以不同芯液制备的 LSCF 中空纤维膜氧渗透通量与温度的关系。可以看到，无论是以 NMP 水溶液还是以 NMP 乙醇溶液作芯液制备中空纤维膜，膜的氧渗透通量均随芯液中 NMP 含量的增加而增加，而且 NMP-EtOH 作芯液的膜的氧透量高于相同 NMP 浓度的水溶液作芯液的膜，这与中空纤维膜结构变化是相对应的。如上所述，当纯水作芯液时，形成三个致密层和两个多孔层，其阻力最大，氧透量最低；50%（质量分数）的 NMP 水溶液作芯液时，只有两个致密层和一个多孔层，阻力因而减小，氧通量提高。当芯液中的 NMP 提高到 90%（质量分数）后，形成内表面多孔结构，促进了氧表面交换反应速度及氧

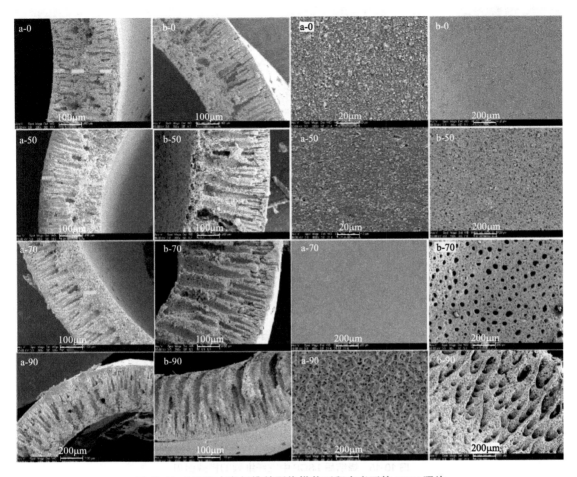

图 10-14 LSCF 中空纤维前驱体横截面和内表面的 SEM 照片

（a—以 H_2O-NMP 为芯液；b—以乙醇-NMP 为芯液；数值代表溶剂 NMP 的质量分数）

渗透速度。另一方面，使用 NMP 乙醇溶液作芯液时，形成较长的指状孔而使有效膜厚度减小。当指状孔直接伸向内表面时，有效膜分离层厚度即为外表皮层的厚度，氧渗透通量显著提高，如 b-90 中空纤维膜在 900℃下的氧通量分别是 a-0 和 b-0 的 12.1 倍和 2.1 倍。

烧结温度对 LSCF 中空纤维膜结构及性能的影响分别如图 10-18 和图 10-19 所示[24]。图 10-18 为不同温度下烧结的 LSCF 中空纤维膜的外表面形貌，从图中可以看到，1200℃下烧结的膜表面是由 $0.28 \sim 0.91 \mu m$ 的陶瓷颗粒构成的多孔结构，其中 90% 以上颗粒尺寸集中在 $0.41 \sim 0.74 \mu m$ 之间。当烧结温度增加到 1250℃时，陶瓷颗粒发生的熔合使膜表面的孔明显减少。当烧结温度进一步提高到 1275℃时，晶粒尺寸增加到 $0.51 \sim 2.15 \mu m$。当烧结温度升高到 1300℃时，膜表面变得光滑，发生了明显的晶粒熔合且出现明显的晶界，晶粒尺寸增加到 $0.57 \sim 2.67 \mu m$。当烧结温度继续增加到 1350℃时，膜表面上的所有孔都消失，晶粒尺寸则增加到 $0.96 \sim 4.26 \mu m$。随着烧结温度进一步升高到 1400℃、1450℃和 1500℃，晶粒尺寸分别提高到 $1.62 \sim 6.53 \mu m$、$3.71 \sim 15.38 \mu m$ 和 $4.57 \sim 25.67 \mu m$。图 10-19 为平均晶粒大小（按晶粒平均面积计算）与烧结温度的 Arrhenius 关系。当烧结温度从 1200℃增加到 1500℃时，平均晶粒直径从 $0.22 \mu m$ 增加到 $8.51 \mu m$，晶粒生长活化能为 270.2kJ/mol。

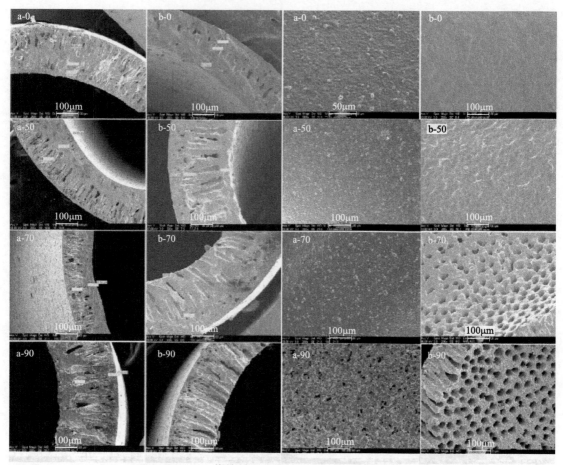

图 10-15 烧结后 LSCF 中空纤维膜的横截面和
内表面的 SEM 照片（烧结温度为 1420℃，烧结时间为 4h）

　　图 10-20 为中空纤维膜表观密度、收缩率和力学强度随烧结温度的变化关系，可以看到，1200℃烧结的中空纤维的表观密度和力学强度都是最低，明显是因为没有烧结致密的结果；随着温度升高，力学强度逐渐提高，表明高温能促进更多的粒子熔合。但当温度高于1250℃以后，中空纤维膜的表观密度和收缩率随温度升高变化不大，表明中空纤维膜结构不再随烧结温度的升高而显著改变。

10.4.3　金属 Ni 中空纤维膜

10.4.3.1　简介

　　金属 Ni 膜与金属 Pd 膜一样，是基于金属对 H_2 解离和 H 原子在金属晶格的扩散来实现 H_2 分离的，具有 100% 选择透氢性能。与金属 Pd 膜相比，Ni 具有成本低、稳定性好等优势[26,27]，近年来在高温氢气分离如核能制氢、催化反应制氢等方面的应用受到人们高度关注[28]。然而，金属 Ni 膜的氢渗透率［约 2×10^{-11} mol/（m·s·$Pa^{0.5}$）］远低于 Pd 膜［约 1.1×10^{-8} mol/（m·s·$Pa^{0.5}$）][29]，为提高透氢速度必须降低膜厚度[30,31]。可应用相转化制备自支撑结构的致密金属 Ni 中空纤维膜[32,33]，通过多种途径降低膜厚度，提高膜的透氢性能。

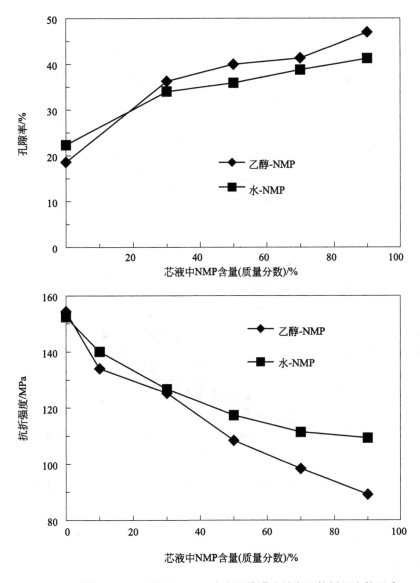

图 10-16 芯液中 NMP 含量对 LSCF 中空纤维膜孔隙率和抗折强度的影响

10.4.3.2 制备方法

按上面所述方法制备致密金属 Ni 中空纤维膜。首先，将聚砜溶于 NMP 溶剂中得到聚合物溶液，逐渐加入纯度为 99.9%、平均粒径为 1~1.5μm 的金属 Ni 粉，强力搅拌 36h，制得均匀分散的铸膜液；将铸膜液真空脱气 30min，然后以去离子水为芯液，用 N₂ 加压将铸膜液通过内/外芯直径为 Φ1.5mm/3.0mm 的喷丝头挤入自来水凝固浴中，浸泡 24h 去除溶剂使其完全固化得到中空纤维膜前驱体；裁剪中空纤维前驱体，拉直、晾干后，用立式管式炉进行高温烧结，以 3℃/min 的升温速率升温到 600℃，保温 1h，以除去有机聚合物黏结剂。再通入 50% 的 H₂-N₂ 混合气体作保护气，以 3℃/min 速率升温到 1200~1400℃，保温 3h 以获得致密的金属镍膜。最后，在氢气气氛下以 3℃/min 的速率降到室温。金属 Ni 中空纤维膜制备条件列于表 10-6。

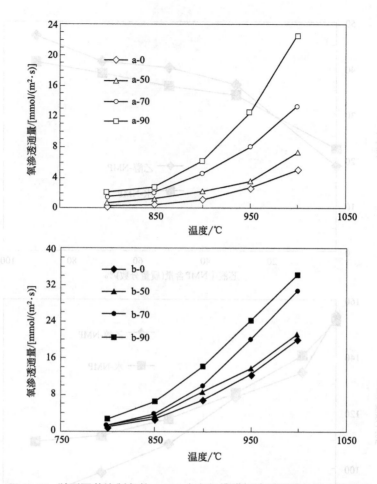

图 10-17 以不同芯液制备的 LSCF 中空纤维膜氧渗透通量与温度的关系

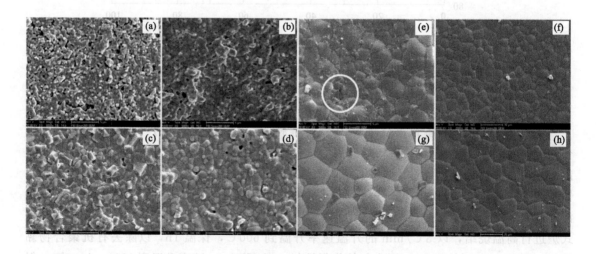

图 10-18 不同烧结温度下 LSCF 中空纤维膜外表面形貌

(a) 1200℃；(b) 1250℃；(c) 1275℃；(d) 1300℃；(e) 1350℃；(f) 1400℃；(g) 1450℃；(h) 1500℃

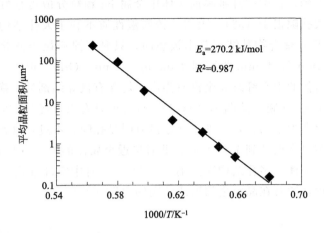

E_a=270.2 kJ/mol

R^2=0.987

图 10-19 平均晶粒大小（按晶粒平均面积计算）与烧结温度的 Arrhenius 关系 （烧结时间= 4h）

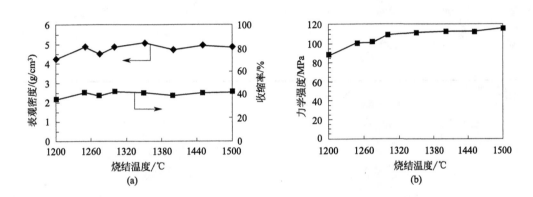

图 10-20 烧结温度对 LSCF 中空纤维膜表观密度和收缩率 (a) 及力学强度 (b) 的影响 （烧结时间= 4h）

▫ **表 10-6 金属 Ni 中空纤维膜制备条件**

项目	实验条件	参数值
铸膜液组成及其质量分数/%	金属 Ni 粉(1~1.5μm)	66.67
	PS(Udel® P-3500)	6.67
	NMP	26.66
纺丝温度/℃		25
芯液流速/(mL/s)		0.14
挤出压力(N$_2$)/MPa		0.15
空气层高度/cm		0.5
烧结气氛		50%(摩尔分数)H$_2$-N$_2$
升温及降温速率/(℃/min)		3
烧结温度/℃		1200~1400
烧结时间/h		3

10.4.3.3 膜结构与性能

图 10-21 为金属 Ni 中空纤维膜前驱体和不同温度下烧结的金属 Ni 中空纤维膜的 SEM

照片，从图中可以看到，在中空纤维膜前驱体中金属 Ni 颗粒分散得很好，形成了相转化膜的非对称结构，但大孔隙很少（a2），表明该铸膜液性质不利于大孔结构的形成。在空气气氛下 600℃煅烧 1h 后，聚合物黏结剂基本被烧净，只剩下镍粉粒子彼此相连，中空纤维膜的外径/内径从 2.20mm/1.45mm 收缩到 2.0mm/1.33mm（b1）。但由于在低温下粒子之间没有很好熔合，这时候的中空纤维完全没有强度。烧除有机黏结剂后，换成氢气气氛进行高温烧结，得到致密金属 Ni 膜。从图 10-21(c1)～(c3)可以看出，经过 1200℃烧结 3h 后，中空纤维膜内侧仍然存在少量的孔，但外表面已没有明显孔隙。不过，气密性试验表明该膜并不完全致密。当烧结温度提高到 1400℃时，此时接近金属镍的熔点（1455℃），中空纤维膜内的镍颗粒近乎熔成一体，多孔结构完全消失（d2）。这时中空纤维膜壁厚为 256μm，外表面变得非常光滑平坦，同时在晶粒之间形成清晰的边界（d3）。

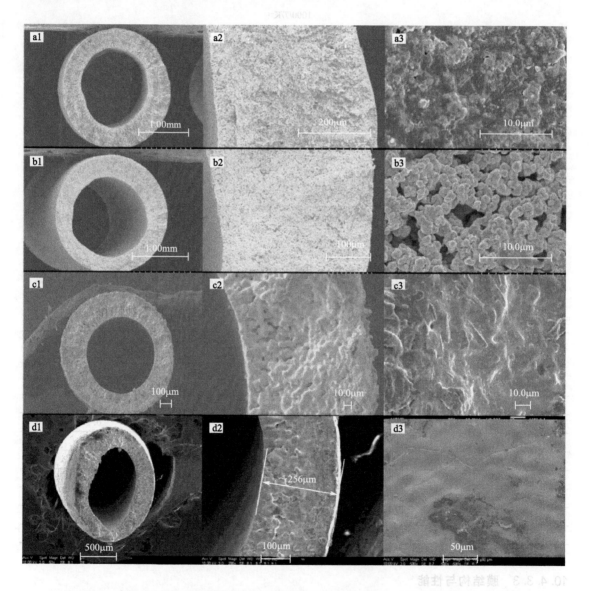

图 10-21　金属 Ni 中空纤维膜前驱体和不同温度下烧结的金属 Ni 中空纤维膜的 SEM 照片

a—中空纤维前驱体；b—600℃烧结 1h；c—1200℃烧结 3h；d—1400℃烧结 3h；1—截面；2—管壁；3—外表面

图 10-22 为金属 Ni 中空纤维膜的 N_2 渗透率随烧结温度的变化关系，可以看出，N_2 渗透率随烧结温度升高呈指数式下降。当烧结温度为 1400℃ 时，中空纤维膜在 0.155MPa 的压差下的 N_2 渗透率达到 $2.6 \times 10^{-10} mol/(m^2 \cdot s \cdot Pa)$，远低于 Ni 膜在高温下的 H_2 渗透率，因而可认为是完全致密的。

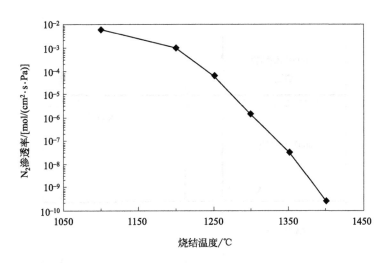

图 10-22　金属 Ni 中空纤维膜的 N_2 渗透率随烧结温度的变化关系

图 10-23 为金属 Ni 粉和中空纤维镍膜 XRD 谱图。可以看到，600℃ 煅烧后的 XRD 谱图除了金属 Ni 的三个特征峰外，还出现了 NiO 的三个特征峰，表明有 NiO 生成。但经过含氢气气氛下 1400℃ 的高温烧结后，NiO 峰消失，表明 NiO 被还原成金属镍。不过，由于晶体的择优取向不同，导致 XRD 衍射峰的相对强度发生了改变；同时，透氢试验后的 Ni 膜也保持纯金属 Ni 相。

表 10-7 显示了应用不同空气层和芯液流量（其他制备参数保持不变）制备的金属 Ni 中空纤维膜物理性质。从表 10-7 中可以看到，中空纤维膜壁厚随芯液流速或空气层高度的增加而减小。在没有空气层的湿纺条件下，增加芯液流速主要增大中空纤维膜内径，而外径几乎不发生改变，这是因为中空纤维前驱体的外表面在挤出喷丝头后立即与大量水接触，从而导致外表面的快速沉淀固化。然而，在芯液流率恒定时（如 4mL/min），中空纤维前驱体由于重力作用，其外径和内径都随着空气层高度的增加而减小。当空气层高度大于 8 cm 时，中空纤维很容易断裂而不能成形；同时，在 HF-01 和 HF-02 中空纤维膜的外表面上形成凹凸表面，这意味着在具有较小芯液流速的湿纺中空纤维膜前驱体中可能存在较大的应变力。而当芯液流速增加到 8mL/min，或在纺丝中存在空气层时，凹凸表面消失。高温烧结后，由于有机黏结剂的去除和 Ni 颗粒团聚体的致密化，中空纤维前驱体的径向收缩率约为 40%；而且由于铸膜液的组成相同，所有中空纤维表现出相近的收缩率，并且具有类似的微观结构。因此，所有中空纤维膜的相对密度处于一个很窄范围内（97.1%～98.9%）。此外，纺丝条件对中空纤维膜的强度和伸长率也有一定的影响。例如，尽管 HF-03 和 HF-04 中空纤维具有相近的壁厚（约 0.14～0.15mm），但它们的拉伸强度分别为 187.98 MPa 和 297.98 MPa，表明存在空气层时的中空纤维膜比没有空气层的湿纺中空纤维膜结构更为致密，强度更高。

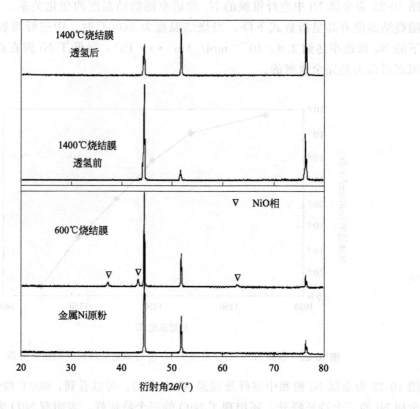

1400℃烧结膜
透氢后

1400℃烧结膜
透氢前

▽　NiO相

600℃烧结膜

金属Ni原粉

衍射角2θ/(°)

图10-23　金属 Ni 粉和金属 Ni 中空纤维膜 XRD 谱图

⊡ **表10-7　不同条件制备的金属 Ni 中空纤维膜物理性质**

中空纤维膜	HF-01	HF-02	HF-03	HF-04	HF-05	HF-06
空气间隙/cm	0	0	0	1	3	5
芯液流速/(mL/min)	4	6	8	4	4	4
中空纤维前驱体(外径/内径)/mm	2.27/1.33	2.21/1.42	2.31/1.75	2.08/1.55	1.83/1.46	1.78/1.40
中空纤维膜(外径/内径)/mm	1.36/0.76	1.29/0.87	1.38/1.10	1.24/0.94	1.09/0.89	0.98/0.80
收缩率/%	40.1/42.9	41.6/38.7	40.3/37.1	40.4/39.3	40.4/39.0	44.9/42.9
中空纤维膜壁厚/mm	0.30	0.21	0.14	0.15	0.10	0.09
相对密度/%	97.19	98.97	94.93	97.10	97.65	97.95
拉伸强度/MPa	275.00	282.52	187.98	297.98	318.47	294.74
断裂伸长率/%	21.45	19.74	16.59	19.53	17.5	12.37

图 10-24 为金属 Ni 中空纤维膜（HF-03）在不同进料浓度（x_f）下的 H_2 渗透通量随温度的变化。图中实线为 H_2 理论渗透速率。从图 10-24 中可以看到，Ni 膜的透氢速率在 500℃以下很低，而温度高于 600℃后渗透速率显著提高。通过拟合实验数据得到金属 Ni 中空纤维膜的氢渗透率为 $P_H = 5.406 \times 10^{-7} \exp\left(-\dfrac{5.146 \times 10^4}{RT}\right)$ mol/(m·s·Pa$^{0.5}$)，透氢活化能为 $E_a = 51.46$ kJ/mol，显著高于 Pd 膜的活化能（8～15kJ/mol）[34]。这也表明金属 Ni 中空纤维膜更适合在高温下应用，如 900℃时，Ni 中空纤维膜的透氢率为 2.76×10^{-9} mol/(m·s·Pa$^{0.5}$)，与 Pd-Ag/γ-Al$_2$O$_3$ 膜在 400℃时的渗透率相当[35]。

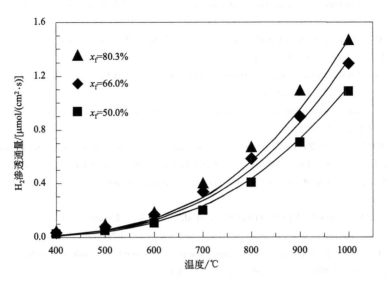

图 10-24 金属 Ni 中空纤维膜（HF-03）在不同进料浓度（x_f）下的 H_2 渗透通量随温度的变化

H_2-He 进料流速为 1.56×10^{-5} mol/s；N_2 吹扫流速为 5.43×10^{-5} mol/s

10.5 结论与展望

　　无机中空纤维膜因其化学及热和力学稳定性高、耐酸碱、耐溶剂、抗污染和再生性能强、生物亲和性好，以及膜面积/体积比大、填充密度高等优点而受到人们的高度关注，已广泛应用于化工、生物、医药、食品饮料、环保、能源等领域。特别是其在高温、高压、强酸碱等苛刻工艺条件下的物质分离时，具有有机膜不可比拟的优越性甚至不可替代性，在国家的产业结构调整、传统产业改造、节能减排中发挥重要作用。应用相转化法制备无机中空纤维膜，可以一次性制备出中空纤维多孔支撑层、过渡层和有效分离层，通过调节铸膜液组成、纺丝及烧结工艺条件可方便地调节膜的结构形貌和性能，从而大幅简化制膜工艺，很好地解决无机膜成本高、价格贵的问题。然而，要实现无机中空纤维膜相转化法制备的产业化应用，仍然需要更深入研究无机膜材料的物理化学特征、铸膜液组成和性质、制备操作条件（包括纺丝和烧结）等对膜结构性能的影响规律，确定无机中空纤维膜结构性能与关键制备参数之间的量化关系，建立膜微结构科学设计方法，并探明膜制备的放大效应，构建连续制膜过程数字控制系统，实现规模化连续生产。

参考文献

[1] BURGGRAAF A J，COT L. Fundamentals of inorganic membrane science and technology [M]. The Netherlands：Elsevier Science B. V.，1996.

[2] TAN X，Li K. Inorganic hollow fibre membranes in catalytic processing [J]. Curr Opin Chem Eng，2011，1 (1)：69-76.

[3] RAHAMAN M N. Ceramic processing and sintering [M]. New York：Marcel Dekker Inc.，1995.

[4]　LI K. Ceramic membranes for separation and reaction [M]. 1 ed. West Sussex, England: John Wiley & Sons Ltd, 2007.

[5]　WEI C C, CHEN O Y, LIU Y, et al. Ceramic asymmetric hollow fibre membranes——One step fabrication process [J]. J Membr Sci, 2008, 320 (1-2): 191-197.

[6]　QIU Z, HU Y, TAN X, et al. Oxygen permeation properties of novel $BaCo_{0.85}Bi_{0.05}Zr_{0.1}O_{3-\delta}$ hollow fibre membrane [J]. Chem Eng Sci, 2018, 177: 18-26.

[7]　BERGSTROM L. Rheological properties of concentrated, nonaqueous silicon nitride suspensions [J]. J Am Ceram Soc, 1996, 79 (12): 3033-3040.

[8]　KINGSBURY B F K, WU Z, LI K. A morphological study of ceramic hollow fibre membranes: A perspective on multifunctional catalytic membrane reactors [J]. Catal Today, 2010, 156 (3-4): 306-315.

[9]　KINGSBURY B F K, LI K. A morphological study of ceramic hollow fibre membranes [J]. J Membr Sci, 2009, 328 (1-2): 134-140.

[10]　OTHMAN M H D, WU Z, DROUSHIOTIS N, et al. Morphological studies of macrostructure of Ni-CGO anode hollow fibres for intermediate temperature solid oxide fuel cells [J]. J Membr Sci, 2010, 360 (1-2): 410-417.

[11]　DESHMUKH S P, LI K. Effect of ethanol composition in water coagulation bath on morphology of PVDF hollow fibre membranes [J]. J Membr Sci, 1998, 150 (1): 75-85.

[12]　TAN X, LIU Y, LI K. Preparation of $La_{0.6}Sr_{0.4}Co_{0.2}Fe_{0.8}O_{3-\delta}$ hollow fiber membranes for oxygen production by a phase-inversion/sintering technique [J]. Ind Eng Chem Res, 2005, 44: 61-66.

[13]　TAN X, LIU N, MENG B, et al. Morphology control of the perovskite hollow fibre membranes for oxygen separation using different bore fluids [J]. J Membr Sci, 2011, 378 (1-2): 308-318.

[14]　YIN W, MENG B, MENG X, et al. Highly asymmetric yttria stabilized zirconia hollow fibre membranes [J]. J Alloy Compd, 2009, 476 (1-2): 566-570.

[15]　LIU Y, LI K. Preparation of $SrCe_{0.95}Yb_{0.05}O_{3-\alpha}$ hollow fibre membranes: Study on sintering processes [J]. J Membr Sci, 2005, 259 (1-2): 47-54.

[16]　WU Z, FAIZ R, LI T, et al. A controlled sintering process for more permeable ceramic hollow fibre membranes [J]. J Membr Sci, 2013, 446: 286-293.

[17]　WEBER R, CHMIEL H, MAVROV V. Characteristics and application of new ceramic nanofiltration membranes [J]. Desalination, 2003, 157 (1-3): 113-125.

[18]　JULBE A, FARRUSSENG D, GUIZARD C. Porous ceramic membranes for catalytic reactors - overview and new ideas [J]. J Membr Sci, 2001, 181 (1): 3-20.

[19]　TAN X, LIU S, LI K. Preparation and characterization of inorganic hollow fiber membranes [J]. J Membr Sci, 2001, 188 (1): 87-95.

[20]　LIU S, LI K, HUGHES R. Preparation of porous aluminium oxide (Al_2O_3) hollow fibre membranes by a combined phase-inversion and sintering method [J]. Ceram Int, 2003, 29 (8): 875-881.

[21]　SUNARSO J, BAUMANN S, SERRA J M, et al. Mixed ionic-electronic conducting (MIEC) ceramic-based membranes for oxygen separation [J]. J Membr Sci, 2008, 320 (1-2): 13-41.

[22]　SMART S, LIN C X C, DING L, et al. Ceramic membranes for gas processing in coal gasification [J]. Energy Environ Sci, 2010, 3 (3): 268-278.

[23]　GEFFROY P M, FOULETIER J, RICHET N, et al. Rational selection of MIEC materials in energy production processes [J]. Chem Eng Sci, 2013, 87 (0): 408-433.

[24]　TAN X, WANG Z, LI K. Effects of sintering on the properties of $La_{0.6}Sr_{0.4}Co_{0.2}Fe_{0.8}O_{3-\delta}$ perovskite hollow fiber membranes [J]. Ind Eng Chem Res, 2010, 49 (6): 2895-2901.

[25]　WANG Z, YANG N, MENG B, et al. Preparation and oxygen permeation properties of highly asymmetric $La_{0.6}Sr_{0.4}Co_{0.2}Fe_{0.8}O_{3-\alpha}$ perovskite hollow-fiber membranes [J]. Ind Eng Chem Res, 2008, 48 (1): 510-516.

[26]　LEIMERT J M, KARL J. Nickel membranes for in-situ hydrogen separation in high-temperature fluidized bed gasification processes [J]. Int J Hydrogen Energy, 2016, 41 (22): 9355-9366.

[27]　LEIMERT J M, DILLIG M, KARL J. Hydrogen production from solid feedstock by using a nickel membrane

reformer [J]. J Membr Sci, 2018, 548: 11-21.

[28] LEE S K, OHN Y G, NOH S J. Measurement of hydrogen permeation through nickel in the elevated temperature range of 450-850°C [J]. J Korean Phy Soc, 2013, 63 (10): 1955-1961.

[29] VIANO D M, DOLAN M D, WEISS F, et al. Asymmetric layered vanadium membranes for hydrogen separation [J]. J Membr Sci, 2015, 487: 83-89.

[30] YU C-Y, SEA B-K, LEE D-W, et al. Effect of nickel deposition on hydrogen permeation behavior of mesoporous γ-alumina composite membranes [J]. J Colloid Interf Sci, 2008, 319 (2): 470-476.

[31] ERNST B, HAAG S, BURGARD M. Permselectivity of a nickel/ceramic composite membrane at elevated temperatures: A new prospect in hydrogen separation? [J]. J Membr Sci, 2007, 288 (1-2): 208-217.

[32] WANG M, SONG J, LI Y, et al. Hydrogen separation at elevated temperatures using metallic nickel hollow fiber membranes [J]. AIChE J, 2017, 63 (7): 3026-3034.

[33] WANG M, SONG J, WU X, et al. Metallic nickel hollow fiber membranes for hydrogen separation at high temperatures [J]. J Membr Sci, 2016, 509: 156-163.

[34] HWANG K-R, LEE C-B, RYI S-K, et al. Hydrogen production and carbon dioxide enrichment using a catalytic membrane reactor with Ni metal catalyst and Pd-based membrane [J]. Int J Hydrogen Energy, 2012, 37 (8): 6626-6634.

[35] ISRANI S H, HAROLD M P. Methanol steam reforming in single-fiber packed bed Pd-Ag membrane reactor: Experiments and modeling [J]. J Membr Sci, 2011, 369 (1-2): 375-387.

附 录

附录 I　D 试剂在中空纤维超滤膜测试中的应用

　　溶液纺丝是制备中空纤维超滤膜的重要方法之一。超滤膜的分离特性是指膜的透过通量和截留率，它们与膜的孔结构密切相关。采用切割分子量方法可以表征超滤膜的特性。切割分子量与膜的平均孔径有一定的对应关系[1]。聚乙二醇（PEG）作为线型截留基准物，在测定超滤膜切割分子量中得到广泛应用。当超滤膜截留聚乙二醇达到 90% 以上时，其聚乙二醇相应的分子量就是该分离膜的切割分子量。

　　以不同分子量的聚乙二醇（分子量为 6000、10000 和 20000）作为截留率测量的基准物时，为了提高测定的准确性，在国家海洋局行业标准 HY/T050—1999《中空纤维超滤膜测试方法》中，规定了超滤原液的测试浓度（5g/L）和分光光度计的最佳可分辨浓度范围（5～30mg/L）。同时，为了提高分光光度计对聚乙二醇水溶液测试时的灵敏度，还需要添加 Dragendoff 显色剂（以下简称 D 试剂）。安树林等[2]在超滤膜对聚乙二醇截留实验的测试过程中，发现 D 试剂的用量以及 D 试剂的稳定性对截留测试结果将产生很大影响。他们选用分子量为 6000 和 20000 的聚乙二醇作为基准物，对 D 试剂的稳定性做了较深入研究，并提出一种超滤膜生产中截留聚乙二醇的简易测量方法。

　　(1) 实验方法

　　① D 试剂的配制。A 液：准确称取 0.8000g 次硝酸铋置于 50mL 容量瓶中，加 10mL 乙酸，再加蒸馏水稀释至刻度。B 液：准确称取 20.0000g 碘化钾置于 50mL 棕色容量瓶中，加蒸馏水稀释至刻度。D 试剂：移取 A 液、B 液各 50.00mL 置于 1000mL 棕色容量瓶中，加 400mL 冰乙酸，再加蒸馏水稀释至刻度。把配制好的 1000mL 的 D 试剂分成两份置于 500mL 棕色容量瓶中，其中一瓶放在冰箱的 5℃ 保鲜室中，另一瓶置于 25℃ 常温下。

　　② 乙酸-乙酸钠缓冲液的配制。量取 0.2mol/L 乙酸钠溶液 590.0mL 及 0.2mol/L 乙酸溶液 410.0mL，置于 1000mL 容量瓶中，配制成 pH=4.8 的乙酸-乙酸钠缓冲液。

　　③ 标准曲线的制作。以 PEG-20000 水溶液的标准曲线制作为例，将 PEG-20000 放入真

空干燥箱内，在 60℃下干燥 4h 除去水分。准确称取 PEG-20000 1.000g 溶于 1000mL 容量瓶，再从中分别吸取 PEG 水溶液置于 100mL 容量瓶，使其浓度分别为 0mg/L、5mg/L、10mg/L、15mg/L、20mg/L、25mg/L、30mg/L 的标准溶液。准确移取不同浓度的聚乙二醇标准溶液各 5.0mL，置于已洗净的 10mL 容量瓶中。分别加入 1.0mL D 试剂和 1mL 乙酸-乙酸钠缓冲液，加蒸馏水稀释至刻度。在 510nm 波长下的可见光分光光度计中测定吸光度，并得到吸光度与 PEG-20000 浓度之间的关系，绘制 PEG-20000 吸光度-浓度的标准曲线。每 7 天分别测 1 次，加入 5℃以及 25℃下储存的 D 试剂，观察不同储存条件下的 D 试剂对 PEG-20000 水溶液的吸光度与浓度标准曲线的影响。PEG-6000 操作方法和上述一样，所作曲线相关系数 R^2 均大于 0.99。

每 7 天分别使用在 5℃以及 25℃下储存的 D 试剂，测 1 次 PEG（分子量为 6000、20000）吸光度的标准曲线。

（2）D 试剂的储存条件对标准曲线的影响

由附图 1-1～附图 1-4 可以看出，对于 PEG-6000 和 PEG-20000 的测试液，滴加不同温度条件下保存的 D 试剂时，标准曲线都随 D 试剂保存时间的延长，整体向上偏移，即相同浓度的测试原液显示的吸光度逐渐增大；且刚开始 7d 变化幅度最大，之后几周过程中曲线呈向上平移趋势。此外，5℃保存的 D 试剂的平移速度比 25℃保存的 D 试剂平移速度慢，即 D 试剂保存温度越高，所测相应吸光度的数值变化越大。以吸光度 0.3 为例，使用 25℃下保存的 D 试剂，第 1 天测定 PEG-20000 的浓度为 23.88mg/L，第 29 天则降至 15.55mg/L；5℃下保存的 D 试剂，浓度由第 1 天的 23.88mg/L 降至第 29 天的 18.09mg/L。25℃下保存的 D 试剂用于测定 PEG-6000 的浓度时，则由第 1 天的 29.99mg/L 降至第 29 天的 12.83mg/L；5℃下保存 D 试剂测定 PEG-6000 的浓度时，则由第 1 天的 29.99mg/L 降至第 29 天的 15.62mg/L。由此可见，常温保存 D 试剂吸光度的偏差大于冰箱中低温保存的偏差。

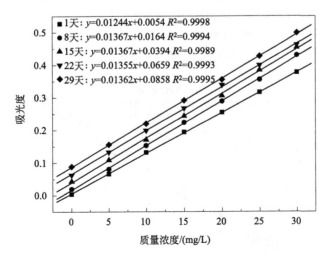

附图 1-1　25℃时 D 试剂 PEG-20000
质量浓度与吸光度标准曲线

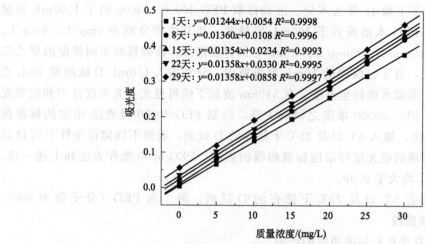

附图 1-2 5℃时 D 试剂 PEG-20000
质量浓度与吸光度标准曲线

图例：
- 1天: $y=0.01244x+0.0054$ $R^2=0.9998$
- 8天: $y=0.01360x+0.0108$ $R^2=0.9996$
- 15天: $y=0.01354x+0.0234$ $R^2=0.9993$
- 22天: $y=0.01358x+0.0330$ $R^2=0.9995$
- 29天: $y=0.01358x+0.0858$ $R^2=0.9997$

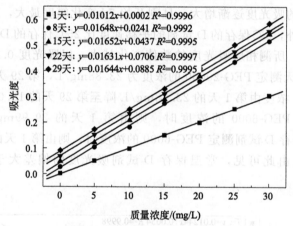

附图 1-3 25℃时 D 试剂 PEG-6000
质量浓度与吸光度标准曲线

图例：
- 1天: $y=0.01012x+0.0002$ $R^2=0.9996$
- 8天: $y=0.01648x+0.0241$ $R^2=0.9992$
- 15天: $y=0.01652x+0.0437$ $R^2=0.9995$
- 22天: $y=0.01631x+0.0706$ $R^2=0.9997$
- 29天: $y=0.01644x+0.0885$ $R^2=0.9995$

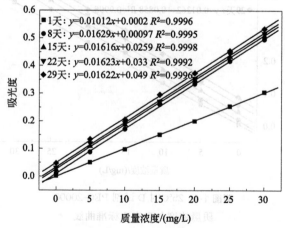

附图 1-4 5℃时 D 试剂 PEG-6000
质量浓度与吸光度标准曲线

图例：
- 1天: $y=0.01012x+0.0002$ $R^2=0.9996$
- 8天: $y=0.01629x+0.00097$ $R^2=0.9995$
- 15天: $y=0.01616x+0.0259$ $R^2=0.9998$
- 22天: $y=0.01623x+0.033$ $R^2=0.9992$
- 29天: $y=0.01622x+0.049$ $R^2=0.9996$

以上结果表明，使用该方法表征超滤膜的分离性能时，因标准曲线随 D 试剂保存时间的延长以及保存温度条件的变化而有所不同。为了准确检测超滤膜对 PEG 的截留率，最好同时制作所需标准曲线，以免 D 试剂随存放时间变化带来的误差。此外，低温下保存 D 试剂时，误差会有所减小。

在本实验的 D 试剂存放时间范围内，不同存放时间的 PEG 浓度与吸光度基本是线性关系。按照本实验方法，制作某一特定 D 试剂保存温度下（如冰箱冷藏温度），D 试剂不同存放时间的系列标准曲线，也可减少每次测定超滤膜的截留率现场制作标准曲线的烦琐工作。当然，每次配制的 D 试剂尽量少些，减少 D 试剂的存放时间，以及 D 试剂的低温保存也是必要的。

（3）检测 PEG 截留率的简便方法

国家海洋局行业标准规定 D 试剂有效期为半年。但在实际使用过程中，D 试剂随着存放时间的延长以及存放温度的不同对试样吸光度产生较大影响。每次做截留检测时，都要重新绘制标准曲线。此外，每次检测所配制的 PEG 溶液浓度也要相当准确，而检测多个试样截留率时，保证测试中 PEG 溶液浓度不变也比较困难。在生产超滤膜过程中，对一个确定的产品，其截留要求是确定的，为此安树林等提出一种简便测试截留率方法。根据截留率定义：

$$R = \frac{C_1 - C_2}{C_1} \times 100\% \tag{1-1}$$

式中　R——超滤膜截留率，%；

　　　C_1——测试原液中 PEG 浓度，g/L；

　　　C_2——透过液 PEG 浓度，g/L。

在超滤膜行业中，以 PEG 线型分子截留率 $\geqslant 90\%$，表征超滤膜的切割分子量。根据公式要求 $R = (C_1 - C_2)/C_1 \times 100\% \geqslant 90\%$，得到 $C_1 \geqslant 10C_2$。而吸光度测得浓度范围要求为 $0 \sim 30\text{mg/L}$，对 PEG 原液 C_1（5g/L）稀释 250 倍得到 C_{10}，超滤液 C_2 稀释 25 倍得到 C_{20}。测得 C_{10} 对应吸光度 ABS_{10}，C_{20} 对应吸光度 ABS_{20}，比较 ABS_{10} 与 ABS_{20} 值的大小。如果 $\text{ABS}_{10} \geqslant \text{ABS}_{20}$，则截留率 $\geqslant 90\%$。此法可以在生产中快速检测超滤膜的截留性能是否达标。而省去制作标准曲线的烦琐。此法消除了 PEG 原液配制和使用中产生的误差，同时消除了 D 试剂随存放时间、存放温度变化带来的误差。

这种快速检测法不仅适宜超滤膜对不同分子量 PEG 截留性能的检测，也可用于卵清蛋白等球状蛋白截留性能的检测，只需把截留率要求改成 95% 即可。

附录 Ⅱ　反渗透膜评价及储存

（1）性能评价

反渗透膜制备后需要对其进行简单评价，以了解膜的基本性能。膜性能通常包括物理、化学性能以及分离透过特性。

物理性能一般指膜的力学强度，可以通过手撕的方式定性地感觉膜的拉伸强度。化学性能指膜的耐酸碱、耐氧化、耐氯、抗水解及其耐热等特性。而膜的分离透过性能对于反渗透膜，包括以下内容，即脱盐率、透水率和压密系数。

1）脱盐率

① 计算方法。脱盐率（R）有两种表示方法，即：

$$R_0=\left(1-\frac{C_3}{C_1}\right)\times100\%\tag{2-1}$$

$$R_r=\left(1-\frac{C_3}{C_2}\right)\times100\%\tag{2-2}$$

式中 C_1——膜高压侧水溶液中溶质的本体浓度，g/L；

C_2——膜高压侧界面上水溶液的溶质浓度，g/L；

C_3——膜低压侧水溶液的溶质浓度，g/L；

R_0——膜的表观截留率；

R_r——膜的实际截留率。

由于在反渗透过程中存在浓差极化现象，所以 $C_2>C_1$，$R_r>R_0$；浓差极化越严重，二者之间的差值越大。但是，在实验中难以测得膜高压侧界面上的浓度，所以实际应用中都用 R_0 计算。

② 测定方法

a. 配制一定浓度的 NaCl［一般为 3.5%（质量分数）］水溶液。

b. 在评价池中倒入一定量（约 100mL）NaCl 的水溶液，密封评价池，缓慢加压至该膜所需的操作压力。用 10mL 量筒接透过液，接满第 5 个 10mL 时，关闭压力，使压力表值回至 0。

c. 分别测定浓缩液和第 5 只量筒里透过液的溶质浓度。

d. 按式（2-1）计算脱盐率 R_0。

2）透水率

① 计算方法。透水率表示单位时间内透过单位膜面积的水的体积，也称渗透通量，实验室用的单位常为 L/(m²·h)。其表达式如下：

$$J=L_p(\Delta P-\Delta\pi)\tag{2-3}$$

式中 L_p——膜的水渗透系数，L/(m²·s·MPa)；

ΔP——膜两侧的压力差，MPa；

$\Delta\pi$——膜两侧的渗透压差，MPa。

或用纯水做实验时，$\Delta\pi=0$，因此，上式变为：

$$J=L_p\Delta P\tag{2-4}$$

② 测定方法。向评价池内加一定量的纯水（一般为 100mL），密封评价池，加压至所需压力，前 40mL 作为压密，不记录时间；然后，在用量筒收集透过液的同时按下秒表，记下每 10mL 所用的时间，最后取平均值 $\bar{t}$。最后水通量：

$$J=\frac{10}{a\times t}\tag{2-5}$$

式中 a——膜面积，m²；

t——透过 10mL 纯水所用的时间，h。

3）压密系数

① 计算方法。压密系数又称流量衰减系数，经验式如下：

$$\lg \frac{J_1}{J_t} = -m \lg t \tag{2-6}$$

式中　J_1——第 1 小时膜的透水率；

　　　J_t——第 t 小时膜的透水率；

　　　t——操作时间；

　　　m——压密系数。

② 测定方法。只要使膜连续运行，分别测出第 1 小时和第 t 小时的透水率即可按式（2-6）进行计算。

4）膜的物理、化学性能

① 力学强度。膜的力学强度指标包括爆破强度和拉伸强度。爆破强度是指膜受到垂直方向压力时所能承受的最高压力，以单位面积上所受压力表示（MPa）；拉伸强度是指膜受到平行方向的拉力时，所能承受的最高拉力，以单位面积上所受拉力表示（MPa）。

膜的力学强度主要取决于膜材料的化学结构及其增强材料等。这些性能可用一般或改装的塑料材料力学性能测试仪测定。

② 亲水性和疏水性。亲水性和疏水性与膜的吸附有密切关系，主要取决于制膜原料的化学结构（如一些亲水基团的存在）与性能。一般用测定接触角的方法来表征膜的亲疏水性能。

5）形态结构

目前，研究反渗透膜形态结构的主要工具是扫描电子显微镜，它不仅给人以直观的形象，还能提供一些定量的数据。中空纤维膜的形态结构主要包括层结构和孔结构两个方面。层结构是指相对致密的表面分离层，也有一些膜在致密皮层与多孔支撑层之间存在着一层小孔过渡层，如附图 2-1 所示。层结构中最重要的是皮层厚度，与膜的渗透性能直接相关。

日本日东电工公司在改进膜性能的研究中发现，致密皮层表面长满类似小蘑菇突出物的反渗透膜，与平滑表面的反渗透膜的渗透通量相比有较大提高。通常将这种几何形状的变化称为表面粗糙度，常采用原子力显微镜进行观察。附图 2-2 为原子力显微镜观察方式及膜形貌。

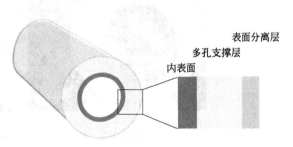

附图 2-1　膜的三层结构模型

膜的孔结构主要研究膜的致密表面分离层和多孔支撑层两部位，包括孔形和孔径（平均孔径、最大孔径、孔径分布）等方面。对于反渗透膜致密皮层表面孔的情况，一般用扫描电子显微镜观察不到。Ohya 等[3] 曾经用气体吸附法间接地测量醋酸纤维素反渗透膜的致密表面分离层孔径分布，范围约为 1.5～3nm。多孔支撑层的孔结构可以用扫描电子显微镜直接测得。附图 2-3 为扫描电子显微镜采用冷冻断裂法取样部分放大观察海绵状孔和指状孔结构膜形貌。

（2）膜的储存

反渗透膜的储存目标是防止微生物在膜面上繁殖及破坏，防止膜的水解、冻结和膜的收缩变形。储存办法有干法和湿法两种，目前大多数研究都是针对醋酸纤维素类反渗透膜。

1）干法储存

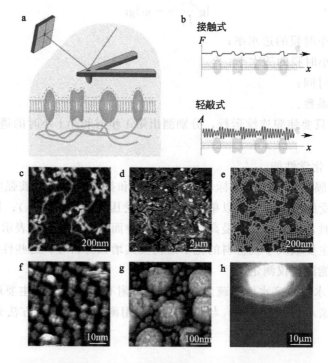

附图 2-2　原子力显微镜观察方式及膜形貌

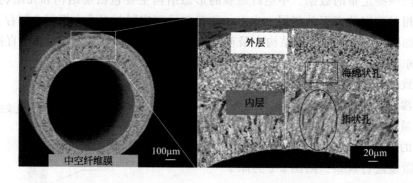

附图 2-3　放大观察海绵状孔和指状孔结构膜形貌

　　无论是长距离运输，还是制作膜组件的黏结密封，干燥的膜总比湿膜便于操作。膜的干化通常先采用脱水剂进行湿膜的脱水处理，然后再干燥。脱水剂的主要成分通常是甘油等多元醇、表面活性剂和杀菌剂等。Vos 等[4] 首先用 0.1%～0.4% 的非离子型、阳离子型、阴离子型和两性的表面活性剂溶液来处理反渗透膜，处理后的干膜经湿润后可以恢复以前的性能。为了解决干膜发脆的问题，可以加入甘油或乙二醇处理，或者用表面活性剂或增塑剂在一定温度下处理醋酸纤维素膜；然后在温度为 40～50℃、室内湿度为 70% 的条件下干燥，得到的干膜可储存 1 年以上，且膜的性能基本上不变。

　　2）湿法储存

　　对于醋酸纤维素膜而言，0.5% 的甲醛水溶液、5% 的食盐水和乙酸的混合液、0.1% 的硫酸铜溶液以及乙酸-乙酸钠混合水溶液等，为常用的保存液。这些保存液均可以防止微生物的繁殖，在 5～10℃ 的条件下保存时可有效抑制微生物。为了防止膜的冻结，可以在保存液中加入甘油，配方为 20% 甘油、0.2% 甲醛的水溶液，并用酸调节适宜的 pH 值。为了使膜的水解速度降到最小，必须将醋酸纤维素膜保存液的 pH 值调到 4.5～5.0。

对于芳香族聚酰胺膜的储存，可以参照醋酸纤维素膜的保存液进行配制。但需要注意的是，一定要保证储存液中没有游离氯，因为氯能与膜中的亚氨基—NH—发生作用，破坏膜的化学结构。如附表 2-1 所列为常见反渗透膜的保存液配方。

⊡ **附表 2-1　常见反渗透膜的保存液配方**

膜类型	保存液类型	配方	备注
醋酸纤维素类	游离氯	0.1～1.0mg/L	采用游离氯的方法，即将膜元件与含有 50mg/L 游离氯的水每 2 周接触 1h；如果给水中含有腐蚀产物，则游离氯会引起膜的降解，此时建议用最高浓度为 10mg/L 的氯胺来代替游离氯
	甲醛	0.1%～1%	可用其系统杀菌及长期保护之用
	异噻唑啉酮	15～25 mg/L	通常由水处理药品制造商供应，商标名为 Kathon，市售溶液含 1.5% 的活性成分
聚酰胺类复合膜	甲醛	0.1%～1%	可用其系统杀菌及长期停用保护，至少应在膜元件使用 24 h 之后才可与甲醛溶液接触
	异噻唑啉酮	15～25mg/L	通常由水处理药品制造商供应，商标名为 Kathon，市售溶液含 1.5% 的活性成分
	亚硫酸氢钠	500mg/L	用作微生物生长抑制剂，可用 500mg/L 的剂量每天接触 30～60min；可用于膜元件长期停转时的保护液
	过氧化氢	小于 0.2%	可使用过氧化氢或过氧化氢与乙酸的混合溶液作为杀菌剂，使用过氧化氢时水温不能超过 25℃；不能将其作为膜元件长期停转时的保护液

附录 Ⅲ　致密中空纤维膜气密性测定

致密中空纤维膜的气密性能通过测试室温下的 N_2 渗透率测定[5]，测试装置如附图 3-1 所示。将中空纤维膜一端用环氧树脂密封，并用环氧树脂密封安置在不锈钢样品架上，然后装入圆柱形不锈钢气缸构成渗透池。用 N_2 作试验气体，利用皂泡流量计测量 N_2 渗透速率，用压力传感器测量气缸内压力随时间的变化，根据以下公式计算 N_2 渗透系数：

$$P = \frac{p_a V/RT}{A_m (p - p_a)} \tag{3-1}$$

当气体流速太低时，可以通过气缸内压力随时间的变化进行计算：

$$P = \frac{V_c}{RTA_m t} \ln\left(\frac{p_0 - p_a}{p_t - p_a}\right) \tag{3-2}$$

其中，P 表示 N_2 渗透率，$mol/(m^2 \cdot s \cdot Pa)$；$V$ 是渗透气流速，m^3/s；R 为理想气体常数，$8.314 J/(mol \cdot K)$；T 为试验温度，K；p、p_0、p_t 和 p_a 分别为渗透压力、气缸初始压力、终压力和大气压，Pa；V_c 为气缸内体积，m^3；A_m 为膜渗透面积，m^2；$A_m =$

$\dfrac{2\pi(R_\mathrm{o}-R_\mathrm{in})L}{\ln(R_\mathrm{o}/R_\mathrm{in})}$，其中 R_o 和 R_in 分别为中空纤维膜外径和内径，m；L 为中空纤维膜长度，m；t 为测试时间，s。

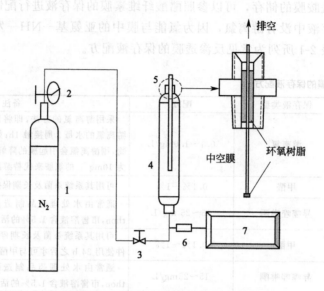

附图 3-1　致密中空纤维膜气密性测定装置
1—N₂ 气瓶；2—减压器；3—球阀；4—测试罐；
5—膜容器；6—压力传感器；7—数字压力表

参考文献

[1]　安树林.膜科学技术及其应用［M］.北京：中国纺织出版社，2018：78.

[2]　倪澄峰，安树林，邓利华，等.D 试剂法超滤膜截留聚乙二醇的研究［J］.膜科学与技术，2016，36（1）：109-113.

[3]　OHYA H，KONUMA H，NEGISHI Y. Posttreatment effects on pore size distribution of loeb-sourirajan-type modified cellulose acetate ultrathin membranes ［J］. Journal of Applied Polymer Science，1977，21（9）：2515-2527.

[4]　VOS K D，BURRIS JR F O. Drying cellulose acetate reverse osmosis membranes ［J］. Industrial & Engineering Chemistry Product Research and Development，1969，8（1）：84-89.

[5]　TAN X，LIU Y，LI K. Mixed conducting ceramic hollow fiber membranes for air separation ［J］. AIChE J，2005，51：1991-2000.